油田回注水水质稳定控制技术

孙焕泉　王增林　韩　霞　编著

中国石化出版社

内 容 提 要

本书介绍了油田回注水的水质特征以及在注水系统沿程发生水质变化的机理，重点阐述了影响回注水水质稳定的主要因素及水质稳定控制技术。通过现场示范，论证了回注水水质控制技术的有效性和可实施性，为油田生产现场实施水质稳定控制提供技术参考和指导。

本书可供国内各大油田从事注水开发领域的研究技术人员、管理人员及现场技术人员，以及石油院校有关专业的师生阅读参考。

图书在版编目(CIP)数据

油田回注水水质稳定控制技术 / 孙焕泉等编著. —北京:中国石化出版社,2012.3
ISBN 978-7-5114-1399-4

Ⅰ.①油… Ⅱ.①孙… Ⅲ.①回注-水质控制
Ⅳ.①TE357.6

中国版本图书馆 CIP 数据核字(2012)第 030830 号

中国石化出版社出版发行
地址:北京市东城区安定门外大街 58 号
邮编:100011 电话:(010)84271850
读者服务部电话:(010)84289974
http://www.sinopec-press.com
E-mail:press@sinopec.com
北京科信印刷有限公司印刷
全国各地新华书店经销
*
700×1000 毫米 16 开本 18.75 印张 342 千字
2012 年 3 月第 1 版 2012 年 3 月第 1 次印刷
定价:69.00 元

前 言

20 世纪 80 年代，胜利油田进入注水开发阶段，大多数油田将采出水进行处理后用于油田注水。众所周知，注水的水质是注水开发的关键所在。多年来油田污水的治理、监督重点多集中在污水处理站内，对污水站后续注水系统沿程的水质疏于管理。2006 年开始，胜利油田对东辛采油厂广利油田从污水站、注水站、配水间至注水井口沿程回注水水质进行了详细的跟踪检测，发现回注水自污水站后沿注水系统各节点，多项水质指标均存在不同程度的变化，尤其是悬浮物、细菌、腐蚀等指标到注水井口明显恶化。

目前油田注水水质沿程变差的原因，主要是由于回注水沿程水质稳定控制措施不到位、细菌沿程大量繁殖、输送管线腐蚀结垢老化等，造成水质沿程二次污染严重，注水井口的水质超标，导致吸水指数成倍下降，影响了油田的注水开发效果，同时也造成注水压力升高、水井年维护费用增加，地面生产能耗增加。为解决此问题，本书编者在回注水水质特性研究、水质类型划分、水质稳定控制等方面开展了多年的研究，提出了源头控制和沿程控制的水质稳定控制模式。源头控制的主要目的是控制腐蚀结垢及细菌繁殖，去除原水中铁、硫、成垢离子；沿程控制主要是加强过程控制，抑制腐蚀及细菌生长。项目研究期间申报了 2 项发明专利，实用新型专利 3 项，编制标准 2 项，在核心期刊发表了数篇技术论文。并在胜利油田利津、广利、滨一等几个油田的注水系统开展沿程水质稳定控制治理，注水井口水质稳定率达到了 90% 以上。

本书孙焕泉主编，王增林、韩霞、祝威、张建负责各章节的编写，各章的编写情况如下：第一章，王增林、张建；第二章，韩霞；第三章，韩霞、祝威；第四章，王增林、张建、韩霞、祝威；全书由孙焕泉统稿。

本书的编写依托于中国石油化工集团“十条龙”科技攻关项目“胜利油区主力油田注水开发关键技术研究”的研究成果，该项目获得2011年度中石化集团公司科技进步一等奖。本书的编写得到了多年来一起参与该项工作的胜利油田胜利勘察设计研究院、中国石油大学(华东)、中国石油大学(北京)、华中科技大学、青岛科技大学、清华大学的帮助和支持，在此表示感谢。

由于我们水平有限，书中定有不少错误之处，敬请读者批评指正。

目　录

第一章 概　述

水质稳定技术是指油田回注水在处理、输送和回注过程中引起输送管道和设备的腐蚀、结垢，或产生生物污垢，不仅使设备损坏，管道阻力增加甚至堵塞，降低传热效率，增加能耗，而且注入后堵塞地层，导致注水压力升高，吸水指数降低等，因此需要进行防结垢、防污垢和防腐蚀处理，这种技术通常称为水质稳定技术。

目前我国油田以向油层注水保持油层压力来提高原油采收率为主要采油手段。胜利油田原油综合含水率高达90%左右，目前日处理水量$89.4\times10^4m^3$，日注水量达到$60.4\times10^4m^3$，平均每采1t原油需注入$8.4m^3$水。在稠油开采过程中，由于原油在油层流动性极差，通常向油层注入高压蒸汽和热水提高油温来降低原油黏度，掺水量$9.7\times10^4m^3/d$。其他富余的水量回灌或外排。可见水仍然是油田采油的重要介质。

由于不断向油层回注水或高压蒸汽，这些介质在保持油层压力、提高原油温度的同时，在原油开采过程中还不断地与原油相互渗透、混合，使不含水的原油或低含水的原油变成含水原油，或高含水原油。当然在一些油层边水活跃油田，也会造成原油含水。

油田开采注入的水，注入蒸汽凝结的水，或原有地层存在的水又随着原油被开采出来，被定义为油田回注水，或称含油污水。在地面经油水分离、污水处理后的回注水再次回注地层进行驱油，所以油田回注水是油田回用的重要水源。

油田回注水的水质随着原油开采油品性质、油层地质条件、采油工艺、油气集输流程和原油脱水方式在不断的发生变化。例如有的回注水矿化度高达$30\times10^4mg/L$，而有的仅只有几百个毫克每升，有的回注水中所含原油密度在$0.8g/cm^3$左右，而有的高达$0.98g/cm^3$以上，由于性质不同，处理难易程度也有很大的差别。

第一节　油田回注水的性质

油田回注水水质比较复杂，不仅被原油所污染，它在高温、高压的油层中还溶解了地层中的各种盐类和气体；在采油过程中，从油层里携带许多悬浮固体；在采油、油气集输、原油脱水过程中还掺进了各类化学药剂；回注水中含有大量有机物，又有适宜微生物的生存环境。因此，油田回注水是含有多种杂质的工业废水。

回注水中污染物质可分为无机物、有机物和微生物。根据回注水中杂质的基本颗粒尺寸可将水中杂质大致分为悬浮状态、胶体状态和真溶液状态三类，水中分散颗粒尺寸见表1－1。

表1－1　水中分散颗粒尺寸表

分散颗粒	真溶液状态		胶体状态		悬浮状态			
颗粒尺寸	0.1nm	1nm	10nm	100nm	1μm	10μm	100μm	1mm
分辨工具	质子显微镜可见		超显微镜可见		显微镜可见		肉眼可见	
分散系外观	透　明		光照下浑浊		浑　浊			

注：$1mm = 10^3 \mu m$；$1\mu m = 10^3 nm$。

一、悬浮杂质

将分散体微粒较大的一些胶体颗粒和悬浮颗粒统称为悬浮杂质，主要包括下列物质：原油、矿物、微生物和有机物。

1. 回注水中的原油

在回注水中以各种形式存在于（分散于）回注水中的原油称为回注水中含油。从显微镜下观察，绝大部分是以微小的油珠分散在回注水中，形成“水包油”状态，根据分散在水中的粒径大小分为以下四种状态：

（1）浮油：粒径大于100μm，稍加静置即可浮升至水面；

（2）分散油：粒径为10～100μm，有足够的静置时间油珠亦可浮升至水面；

（3）乳化油：粒径为0.1～10μm，具有一定的稳定性，单纯用静置的方法很难使油水得到分离；

（4）溶解油：粒径小于0.1μm，分散在水中，可见光透过肉眼不可见。

回注水中往往同时含有以上几种分散状态的油珠，只是所占比例不同而已，现列举辛一、坨六和孤三三个接转站排放出回注水为例，见表1－2。

表1－2　各站回注水中油珠分散状态

站　名	含油量/(mg/L)	不同油珠的分散度组成(重量%)		
		浮油 d(>100μm)	分散油 d(10～100μm)	乳化油、溶解油 d(<10μm)
辛一	135	36	50.6	13.4
坨六	771	36	51.4	12.6
孤三	584	34.1	61.5	4.5

2. 回注水中的悬浮固体

固体的溶解度是按给定质量溶剂中所能存在的溶质量确定的，它只在结晶物质的条件下才能精确数值。对大分子而言，在结晶体和相应的饱和溶液之间不存在精确的平衡；当其由固态逐渐过渡到溶液态时，往往是连续进行的。并且，大分子溶质常含有不同大小的分子。

在回注水中分散体为矿物杂质的悬浊液，常称回注水中悬浮固体。悬浮固体按粒径大小分为三个基本粒级：泥质（$d<10\mu m$）、粉质（$d=10\sim100\mu m$）和砂质（$d>100\mu m$）。悬浮固体的粒径、矿物组成、总含量和开采的油层情况、开采工艺相联系，现列举二座油田含油污水处理站水样分析资料。

1976 年 10 月在滨二污水处理站取样分析，泥砂含量高达 0.28%，其中碳酸盐垢沉淀物占 95%，颗粒粒径组成分析见表 1－3。

表 1－3 滨二污泥颗粒粒径组成百分数

颗粒粒径	粉 质（89.7%）		泥 质（10.3%）	
	$d(100\sim50\mu m)$	$d(50\sim10\mu m)$	$d(10\sim5\mu m)$	$d(<5\mu m)$
重量百分比/%	20.0	69.7	6.2	4.1

1981 年 9 月在辛一含油污水站取样分析，悬浮物含量为 249.4mg/L，颗粒粒径组成分析见表 1－4。

表 1－4 辛一污泥颗粒粒径组成百分数

颗粒粒径	粉 质（52.3%）		泥 质（47.7%）	
	$d(100\sim50\mu m)$	$d(50\sim10\mu m)$	$d(10\sim5\mu m)$	$d(<5\mu m)$
重量百分比/%	15	37.3	40.5	7.2

3. 微生物

油田回注水中常见的微生物是硫酸盐还原菌、铁细菌、腐生菌等，这些菌是由多数细胞连接而成单丝状，或具有短侧枝的丝状群体，称为丝状细菌，丝状菌一般宽度为 $0.5\sim2\mu m$，长度因种类不同而异。

回注水的物理、化学性质，以及溶解于水中的氧、二氧化碳和硫化氢气体相应性质提供了微生物发育条件。回注水的无机物和有机物，有些可成为微生物的食物，而有些则不利于微生物生存。

微生物一般是指单细胞的，它们的不断活动对元素的循环、分解和合成过程起作用，没有这些过程生命就会停止。回注水中有的微生物大量繁殖，导致系统腐蚀甚至堵塞，致使水质恶化产生二次污染。但有的微生物经人们“驯化”可以将回注水中有害物质分解，合成达到水处理的目的。

在水里最重要的微生物是细菌，现叙述如下：

同所有的生物细胞一样，细菌细胞含有一个主要由染色体组成的细胞核，染色体内聚集着染色质，染色质由脱氧核糖核酸(DNA)组成。细胞核控制繁殖，把细胞谱系保持在遗传密码中，并由信使 RNA(核糖核酸)传递，细胞质中的合成蛋白质和酶是一种胶态物质，它含有 RNA 粒子、核糖体以及各种细胞器——线粒体、溶菌酶等，它们各自负担着完全确定的任务。细菌细胞外面包了一层硬膜以形成细胞的形状。游动型微生物有丝状体或鞭毛(见图 1－1)。

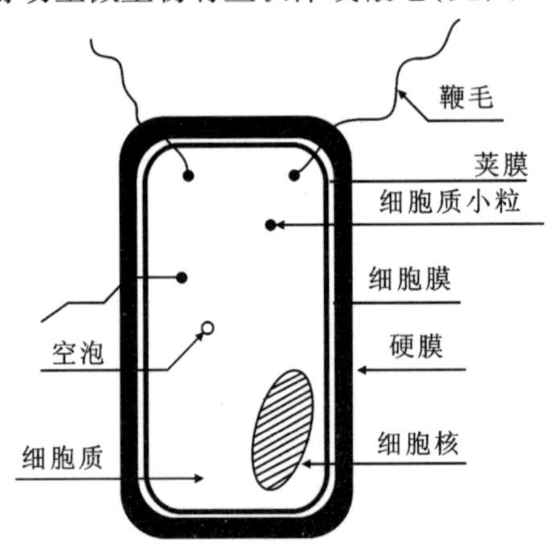

图 1－1　游动型微生物

细菌的表面积与体积之比大于其他生物，于是代谢随此比值增大而加快；细菌较更高级的生物要活泼些。

繁殖率取决于介质中营养物质的浓度。曾经观察到，在极为有利的条件下，细胞可在 15～20min 内发生分裂；有时则需要几天时间。

细菌只在具有某些特性的介质内存活，这些特性包括含水量、pH 值、含盐量、氧化还原电势和温度。氧化还原电势是否有利完全取决于细菌是在需氧条件下抑或在厌氧条件下活动。

这些条件与细菌分泌的酶系统的成分密切相关。介质特性的主要变化可能导致菌种的选择。影响染色体基因的突变可使酶系统发生改变。

细菌依其酶的最适宜温度可分为：嗜热菌(40℃以上)、嗜温菌(30℃左右)、嗜冷菌(0～15℃)和嗜冰菌(－5～0℃)。

有些菌种因形成孢子可能具有特殊形状，它们产生的孢子是假死的细胞，具有耐性特强的结构，如耐热和耐干。当条件转为正常时，孢子发芽并再活。

因此，对复杂的细菌培养体，可以通过选择和变异来适应对喂养它的底物成分的缓慢变化。对异养生物而言，主要营养底物为蛋白质，糖类和脂类。

4. 有机物

油田回注水中存在的有机物组分繁多，水中的原油就是多种成分的有机物，如分散在回注水中的环烷酸、酚、石蜡、沥青质等，在开采原油过程中，由于油气集输工艺、采油工艺和井下作业工艺的需要，还以药剂形式向原油中投加各种有机物，如破乳剂、降黏剂、清蜡剂、缓蚀剂、防垢剂、杀菌剂等。据渤海石油公司绥中 36－1 油田在“明珠号”储油轮电脱水器出口油田回注水取样分析，有机物组分达 69 种，其相对百分比含量见表 1－5，总有机碳含量为 102.1mg/L，COD_C434mg/L，$BOD_5$93.6mg/L。

表 1－5　回注水中有机污染物百分含量

主要有机污染物	相对百分含量/%
苯酚	37
环烷烃	26
多环芳烃	18
烃类	11
其他(醇、酮、羧、醛类)	8

二、溶解杂质

溶解杂质是指溶解于水中形成真溶液的低分子及离子物质，主要包括溶解在水中的气体如氧气、二氧化碳和硫化氢等；溶解在水中的盐类，以离子形式存在于水中。

油田地质条件比较复杂，油层埋藏深度也不一样，岩层温度、压力也不一致，油层地下水流经地层矿床各异，与矿床接触时间也不相同，主要离子含量差异较大，所以各油田的回注水的性质也不一样，现就胜利油田部分油田回注水水质，归纳有以下特点：

1. 矿化度

油田回注水一般矿化度都较高，例如大庆、辽河油田在 2500～5000mg/L 左右，胜利油田为 5000～70000mg/L，中原、江汉、新疆有些地区可高达 200000mg/L 以上，高矿化度使水的电导率增大，大大加快了水对金属的腐蚀。溶盐主要为氯化钠，氯离子含量为总离子量的 50%～60%，钠离子量为 30%～32%，氯化物盐类一般极易溶解，并不生成沉淀物或水垢，但氯离子体积小，活性很大，它对金属表面形成的保护膜穿透力极强，不利于防止金属的腐蚀。

2. 温度

胜利油田回注水一般在 45℃左右，稠油回注水温可达到 70℃以上。国内有些油区回注水水温在30℃以下，但也有高达90℃左右。

3. H_2S、CO_2和O_2等有害气体

在油田回注水中以溶解状态存在的气体主要有空气、氧、氮、二氧化碳、硫化氢、甲烷。前四者都是大气组成部分，后者则是有机体与分解产生。

一般气体多少都能溶解于水中，不同的气体在水中的溶解度不同。同一气体，在不同的温度、压力下溶解度也不同。压力不变时，温度越高，气体的溶解度越小，到沸点时多数气体在水中的溶解度降为零。温度不变时，某气体在水中的溶解度与该气体的压力成正比。混合气体，则同该气体的分压力成正比，气体的溶解度 S 与其种类、分压 P_n 和水温有关：

$$S = K \cdot P_n$$

式中　K——比例系数，当已知温度和一个大气压力时，等于气体的溶解度。

现将上述气体的 S 值列入表1－6。

表1－6　在1个大气压下各种气体在不同温度下在水中溶解度（mg/L）

气体名称	水　温/℃				
	30	40	50	60	70
空气	24.24	20.75	18.36	16.64	15.44
纯氧	33.61	28.79	26.05	22.84	20.81
纯氮	15.10	12.87	11.52	10.46	9.65
二氧化碳	1184.90	919.32	730.36	591.67	502.01
硫化氢	2792.21	2203.56	1789.35	1483.29	1236.64

由于空气的组成是相对恒定的（大气压力760mmHg柱，空气中含氧量为20.9%），空气中氧在淡水中溶解度应从上表空气溶解度乘以0.209即可求出。例如，30℃水温时，空气中氧在淡水中溶解度为 $24.24 \times 0.209 = 5.07$mg/L。

水中含盐类的数量对气体的溶解度也有影响，一般是含盐量大时，气体的溶解度略有减小。溶于水中的氧很不容易传布到水的表层下面去。完全静止、温度不变，缺乏氧气的纯水中，估计要用一年的时间，氧气才能传布到6m深的水层，其含量不超过0.25mg/L。但是直接接触空气的水面，氧的溶解速度并不是这样慢。水流动时，与空气接触面增大，可使氧气的溶解速度增加，与静止水比较，其速度能增加100倍之多。

回注水本身不含 O_2，但由于在含水原油集输、回注水处理过程中没有严格密封设施时，易使空气中氧气进入回注水中，O_2是强的阴极去极化剂，使阳极的Fe失去电子变成 Fe^{2+}，Fe^{2+} 与 OH^- 结合成 $Fe(OH)_2$，造成电化学腐蚀连续进行。O_2与H_2S、CO_2的协合作用，使回注水腐蚀速度成倍的增加。

H_2S 腐蚀具有明显的点蚀性质，H_2S 与水中溶解铁盐反应变成黑色的硫化铁，使水中悬浮物上升，并散发出臭味。回注水中含有超量的侵蚀性 CO_2 会产生腐蚀，如果游离 CO_2 小于平衡 CO_2，水会产生结垢。

4. 含有大量的成垢离子

油田回注水中含有 HCO_3^- 和 Ca^{2+}、Mg^{2+}、Cr^{2+}、Ba^{2+} 等易结垢的离子，当水温、水压、pH 值发生变化时，CO_2 气体失去平衡时很容易产生碳酸盐垢，当 Cr^{2+}、Ba^{2+} 与 SO_4^{2-} 相结合时，立即产生硫酸盐垢。

阳离子组分：

（1）钙离子。钙离子是油田回注水的主要成分之一，有时它的浓度比较低，但有时它的含量可高达 3000mg/L。钙离子对油田回注水的影响也是重要的，因为它能很快地与碳酸根或硫酸根离子结合，经沉淀生成附着的垢或悬浮固体，因而通常是造成堵塞的主要原因之一。

（2）镁离子。通常镁离子浓度比钙离子低得多，但镁离子与碳酸根离子或氢氧根离子结合也会引起结垢和堵塞问题。不同的是通常碳酸镁引起的结垢和堵塞不如碳酸钙那样严重。

（3）铁离子。地层水中天然的铁离子含量很低，因此在水系统中铁离子的存在并达到一定含量通常标志金属腐蚀比较严重。在水中的铁离子可能以高铁（Fe^{3+}）或亚铁（Fe^{2+}）的离子形式存在，也可能作为沉淀出来的铁化合物悬浮在水中，故通常可用铁离子的含量来检验或监视腐蚀情况。应当注意，沉淀出来的铁化合物还会引起地层的堵塞。

（4）钡离子。钡离子在油田回注水中之所以重要，主要是由于它能和硫酸根离子结合生成硫酸钡（$BaSO_4$），而硫酸钡是极其难溶解的，甚至少量硫酸钡的存在也能引起严重的堵塞。与此类似，油田回注水中的锶离子（Sr^{2+}），也会导致严重结垢和堵塞。

阴离子组分：

（1）氯离子。在回注水中氯离子是主要的阴离子，在通常的淡水中也是一个主要组分。氯离子的主要来源是氯化钠等盐类，因此有时水中氯离子浓度被用来作为水中含盐量的度量。此外，由于氯离子是一个稳定成分，因此它的含量也是鉴定水质的较容易的方法之一。氯离子可能造成的影响，主要是随着水中含盐量的增加，水的腐蚀性也增加。因此，在其他条件相同的情况下，水中氯离子浓度增高更容易引起腐蚀，尤其是点腐蚀。

（2）碳酸根离子和碳酸氢根离子。由于这类离子能生成不溶解的水垢，因此它们在油田回注水中也是重要的阴离子。在水的碱度测定中，以碳酸根离子浓度表示的碱度称为酚酞碱度，而以碳酸氢根离子浓度表示的碱度则称为甲基橙碱度。

（3）硫酸根离子。由于硫酸根离子能与钙，尤其是与钡和锶等生成不溶解的水垢，因此硫酸根离子的含量在油田回注水中也是值得注意的一个问题，至于硫酸根离子对腐蚀的影响，则至今尚有一些争议而未得出定论。

由于油田回注水溶解了大量上述无机盐，具有电的传导性，电解的可能性等电特性。这是由于至少有部分分子离解成为简单的带电组分(阳离子和阴离子)所引起的。各种支配化学平衡的定律，特别是质量作用定律，必须考虑非离解分子和各种离子。某些酸和碱，即使在相当浓的溶液中也是完全离解的。它们称为强电解质。例如，普通氯化钠溶液并不含有 NaCl 分子，而是含有 Cl^- 和 Na^+。

另外一些物质，如醋酸 CH_3COOH，在溶液中只部分离解，这些称为弱电解质。在这种情况下，我们必须区别包含所有可能的 H^+ 的总酸度与只含实际存在的 H^+ 的游离酸度。

水本身是按下列可逆反应部分离解成离子的：

$$H_2O \rightleftharpoons H^+ + OH^-$$

（1）H 的概念：

在纯水中：$(H^+) = (OH^-) = 10^{-7}$mol/L

“酸介质”一词是指(H^+)大于 10^{-7}mol/L 的溶液，而“碱介质”则为(H^+)小于 10^{-7}mol/L 的溶液。

习惯以 H^+ 浓度的幂或 pH(氢电位)表示溶液的酸度或碱度：

$$pH = -\lg(H^+)$$

即 pH 等于 7 为中性介质，pH 小于 7 为酸性介质，pH 大于 7 为碱性介质。

（2）水溶液的酸和碱的强度：

酸是一种可丧失质子即 H^+ 的物质。碱是一种可接受这种质子的物质。所以，在水溶液中，通过下列平衡关系定义一个酸碱对：

$$\text{酸} + H_2O \rightleftharpoons \text{碱} + H^+$$

应用质量作用定律并把 H_2O 分子浓度视为常数，可得：

$$\frac{[\text{碱}][H^+]}{[\text{酸}]} = K_A \text{和} pK_A = -\lg K_A$$

这样定义的 K_A 称为酸碱对的亲合常数。

酸的强度是由它放出 H^+ 的多少决定的，也就是说，K_A 值愈大或 pK_A 值愈小，酸性愈强。碱性愈强则 K_A 值愈小。酸按强度递减顺序排列，而碱则按强度递增顺序排列。

如果在质量作用定律中以浓度(通过分析得到)代替活度，则必须计算表观离子常数 K'_A 或 pK'_A(已考虑到离子的强度)。

按 pK_A的概念，可以计算相应的酸、碱、盐溶液的混合溶液的 pH 值：

总浓度为 c 的溶液的 pH 为：

$$pH=(1/2)pK_A-(1/2)\lg c$$

碱溶液的 pH 为：

$$pH=7+(1/2)pK_A+(1/2)\lg c$$

盐溶液的 pH 为：

$$pH=(1/2)pK_1+(1/2)pK_2$$

K_1和 K_2为相应的酸和碱的亲合常数。

(3) 缓冲溶液：

对于浓度为(A)的酸与浓度为(B)的相应的碱的混合溶液，如果(A)=(B)，则称为缓冲溶液。例如：醋酸－醋酸盐溶液。

缓冲溶液的 H^+增减时，溶液的 pH 值变化很小。当希望反应在恒定的 pH 值发生时，这种溶液是很有用的。

醋酸盐、酸式苯二酸盐和磷酸二氢钾是制备整个范围的缓冲溶液的基本物质。

(4) 微溶化合物的溶解度：

微溶或不溶物质的离子平衡状态为：

$$AC \rightleftharpoons A^- + C^+$$

$$[A^-][C^+]=K_S$$

对于给定的温度和溶液的离子强度，K_S值(即溶度积)为常数。物质的溶解度愈低，其 K_S值愈小。碳酸钙的溶解度为 12mg/L，其 K_S为 $10^{-8.32}$mol/L。和 pH 类似，可以写做：

$$pK_S=-\lg 10^{-8.32}=8.32$$

总之，成垢离子的存在是造成回注水水质易腐蚀、易结垢的基本原因。准确的原水成分分析是选择合理的水处理流程、适当的化学药剂及剂量的重要基础资料。

(5) 水的氧化还原反应：

根据不同的试验条件，水可按照下述可能的反应式参与氧化还原反应：

$$2H_2O-4e^- \rightleftharpoons 4H^+ + O_2\uparrow$$

$$2H_2O-2e^- \rightleftharpoons 2OH^- + H_2\uparrow$$

在前一情况下，水为电子的给体；它是还原剂；而电子的受体为氧化剂。在有水的情况下氧化剂释放氧。在后一情况下，水为电子的受体；它是氧化剂；而电子的给体为还原剂。在有水的情况下还原剂释放氢。

在没有催化剂的情况下这些反应是很慢的，因此水的氧化还原反应作用一般可忽略不计。然而，很强的氧化剂和还原剂对水的反应非常迅速，例如，氯很容易按照下列反应变成Cl^-阴离子状态：

$$Cl_2 + 2e^- \longrightarrow 2Cl^-$$

因而氯与水反应，$2Cl_2 + 2H_2O \longrightarrow 4H^+ + 4Cl^- + O_2$放出氧，介质变成酸。

水能够按下列反应分裂成为氧和氢：

$$2H_2O \rightleftharpoons 2H_2 + O_2$$

反应具有氧化还原性，这与氢、氧的压力相等相对应，压力$pH_2 = 10^{-27}Pa$。

5. 有机物

由于水分子具有极性，因而某种液体在水中的溶解度与其分子的极性有关。例如：含有OH^-基(如乙醇、糖类)、SH^-基和NH_2^-的分子极性很强，很容易溶于水，而另一些非极性液体(如碳氢化合物、四氯化碳、油和脂等)则很难溶解。

有可能存在部分溶混性；例如：两种物质只有在高于临界温度(水与酚的溶混必须高于63.5℃)，或低于某一最低温度(三甲胺只有在低于18.5℃时，才能以任意比例溶解于水)，或在上下两个临界温度之间(水－烟碱系统)，才是可溶混的。

第二节　回注水指标要求

目前，油田回注水水质检测方法执行油田行业标准SY/T5329—1994“碎屑岩油藏注水水质指标及分析检测方法”。回注水质基本要求：

(1) 水质稳定，与油层水相混不产生沉淀；

(2) 水注入油层后不使黏土矿物产生水化膨胀或悬浊；

(3) 水中不得携带大量悬浮物，以防堵塞注水井渗滤端面及渗流孔道；

(4) 对注水设施腐蚀性小；

(5) 当采用两种水源进行混合注水时，应首先进行室内试验，证实两种水的配伍性好，对油层无伤害才可注入。

如果注水水质超标，将导致注水压力上升、欠注层增多。如2008年利津油田因注水水质不合格导致注水量下降乃至注不进水的井共计15口，日欠注水量$400m^3$。以利29区块为例，该区块沙二段砂岩储层，平均渗透率$0.257\mu m^2$，最高为$1.009\mu m^2$，最低为$0.036\mu m^2$，渗透率变异系数为0.53，孔隙度平均24.1%。该块目前有9口注水井，开井8口，日配注$545m^3$，日注水$450m^3$，日欠注$95m^3$。利29－8、利29－14、利29－24三口注水井平均注水压力由7.9MPa上升至14MPa，平均日注水量由$300m^3$下降至$130m^3$，酸化增注效果均较差。

所以针对不同油田油藏的性质对回注水水质的要求，国内外以及不同油田的回注水标准不同。国外部分油田注水水质指标见表 1－7，我国石油工业不同时期注水水质标准见表 1－8，目前国内油田执行的 SY/T 5329—1994“碎屑岩油藏注水水质指标及分析检测方法”见表 1－9 和表 1－10。

表 1－7 国外部分油田注水水质指标

项目＼油田	英国北海 Forties	英国 Magna	挪威 Ula	美国 Bay Marchand	中东波斯湾 Ummshaif	尼日利亚 Meren	挪威 Ekofisk
岩性	砂岩	砂岩	砂岩	砂岩	灰岩	砂岩	灰岩
渗透率/($\times10^{-3}\mu m^2$)	400～3900	50～1000	0.2～2800	<100；2000	1～60	1140～1750	12～100
悬浮物/(mg/L)	0.2～0.8				0.2	4	
浊度/NTU					0.2	0.34	
固体颗粒	$d>5\mu m$ 去 95%；$d>10\mu m$ 去 100%		$d>2\mu m$ 去 98%	1～5μm	2μm	1μm 去 95% 以上	2μm 去 97%
Fe/(mg/L)	0.05～1				0.8		
腐生菌/(个/mL)	100～1000					10～100	
SRB/(个/mL)	<1		<1	<1	10		

表 1－8 我国石油工业不同时期注水水质标准

标准指标＼标准来源			20 世纪 50 年代	采油技术手册 1977	油田开发条例 1979	油气田地面建设规划设计 1979	油田注水设计规定 1983	油田注水系统规定 1985	SY 5329—88 标准 1988 年 注入层渗透率/μm^2		
									< 0.1	0.1～0.6	>0.6
悬浮固体	浓度/(mg/L)		<2	<2	<2	<2	<5	2～5	≤1.0	≤3.0	≤5.0
	粒径/μm								≤2.0	≤3.0	≤5.0
含油量/(mg/L)				<10			<30	<30	≤5.0		≤10.0
溶解氧/(mg/L)	总矿化度/(mg/L)	<5000						<0.5	≤0.5		
		>5000						<0.05	≤0.05		
平均腐蚀率/(mm/a)							0.076～0.125		≤0.076		
总铁/(mg/L)			<0.5	<0.5	<0.5	<0.5	<0.5	<0.5	≤0.5		
游离 CO_2/(mg/L)					<0.5	<5			≤10		
硫酸盐还原菌/(个/mL)				<5	<5	<5		<100	$<10^2$		

续表

标准来源 / 标准指标	20世纪50年代	采油技术手册1977	油田开发条例1979	油气田地面建设规划设计1979	油田注水设计规定1983	油田注水系统规定1985	SY 5329—88 标准1988年		
							注入层渗透率/μm^2		
							< 0.1	0.1 ~0.6	>0.6
铁细菌/(个/mL)		<100	<100	<100					
腐生菌/(个/mL)		<200	<200	<200		< 103	102	103	104
硫化物(S^{2-})/(mg/L)						10.0	<10.0		
pH值			6.5 ~8.5						
膜滤系数(*MF*)						>15	≥20	≥15	≥10
结垢率/(mm/a)						<0.5	<0.5		

表1-9　碎屑岩油藏注水水质推荐主要指标

注入层平均空气渗透率/μm^2		<0.10			0.10 ~0.6			>0.6		
标准分级		A1	A2	A3	B1	B2	B3	C1	C2	C3
控制指标	悬浮固体含量/(mg/L)	≤1.0	≤2.0	≤3.0	≤3.0	≤4.0	≤5.0	≤5.0	≤7.0	≤10.0
	悬浮固体颗粒直径中值/μm	≤1.0	≤1.5	≤2.0	≤2.0	≤2.5	≤3.0	≤3.0	≤3.5	≤4.0
	含油量/(mg/L)	≤5.0	≤6.0	≤8.0	≤8.0	≤10.0	≤15.0	≤15.0	≤20.0	≤30.0
	平均腐蚀率/(mm/a)	<0.076								
	点腐蚀	A1B1C1级，度片各面都无点腐蚀； A2B2C2级，度片有轻微点腐蚀； A3B3C3级，度片有明显点腐蚀								
	SRB菌/(个/mL)	0	<10	<25	0	<10	<25	0	<10	<25
	铁细菌/(个/mL)	$n \times 10^2$			$n \times 10^3$			$n \times 10^4$		
	腐生菌/(个/mL)	$n \times 10^2$			$n \times 10^3$			$n \times 10^4$		

注：① $1 < n < 10$；② 清水水质指标中去掉含油量。

表1-10　碎屑岩油藏注水水质推荐辅助指标

溶解氧	回注水：≤0.10mg/L(最好小于0.05mg/L)
	清水：<0.50mg/L
侵蚀性CO_2/(mg/L)	$-1.0 \leq c(CO_2) \leq 1.0$
硫化物	清水：不含硫化物
	回注水：<2.0mg/L

续表

pH 值	应控制在 7.0 ±0.5 为宜
铁	水中含 Fe^{2+} 时，由于铁细菌作用可将 Fe^{2+} 转化为 Fe^{3+} 而生成氢氧化铁沉淀；当水中含硫化物(S^{2-})时，可生成硫化亚铁沉淀，使水中悬浮物增加

第三节　油田回注水处理工艺

油田回注水处理的任务是改变原水的水质，以满足油田采油工艺回用水水质标准的要求。由于原水水质差异较大，而且不同的油藏其渗透率和孔喉半径等差异较大对处理后回注水水质要求不一样，一般需要多种基本的方法互相配合进行水质处理，按性质这些方法可分为物理的、化学的和生物的，其作用首先是去除悬浮杂质，其次是去除胶体物质和溶解的无机或有机污染物质，再次是控制腐蚀、结垢和细菌滋生等，最终达到处理后的水达标且水质稳定。

一、主要处理方法

1. 水质净化处理方法

去除回注水中颗粒粒径在 1μm 以上悬浮杂质，常用的是水处理中的水质净化工艺，有两项不同的原理可应用于从水中分离悬浮杂质，它们是：

（1）重力沉降分离，主要有自然除油、斜板沉降、混凝沉降、粗粒化、气浮选和旋流等除油装置。

（2）过滤或筛除分离，主要有滤层过滤，如双滤料过滤装置，核桃壳过滤装置等；表层过滤，如微孔过滤器、膜过滤器等装置。

2. 水质稳定处理方法

油田回注水是在绝氧的油层随原油开采出来，为了防止在输送和处理过程中从空气中溶进氧，常在工艺流程中采用密闭的系统下进行，然后在流程中投加适量的缓蚀剂、阻垢剂、杀菌剂和脱氧剂防止回注水对金属腐蚀、结垢和微生物产生的危害，从而达到水质稳定的目的。水质稳定处理贯穿于整个水处理、输送和回注过程。

二、工艺流程

1. 工艺流程组成

工艺流程一般由主流程、辅助流程和水质稳定处理流程组成：

（1）主流程：主要包括水质净化工艺、水质软化工艺、水质生化和氧化工艺流程。

(2) 辅助流程：主要指从主流程中分离出来的物质，需要进行再一次处理，回收的工艺流程。流程可分为原油回收流程、自用水回收流程、污泥处理流程等。

(3) 水质稳定流程：使水质不产生对金属腐蚀、结垢和微生物繁殖等危害，包括隔绝空气中氧进入回注水，或脱除回注水有害气体的流程，防止不相溶水混合流程，投加水质稳定剂的流程。

2. 主流程分类

该流程以去除原水中悬浮杂质，使回注入油层的回注水不产生堵塞油层为目的。根据沉降分离选用设备不同分下列流程。

(1) 混凝沉降——过滤流程(见图1-2)：

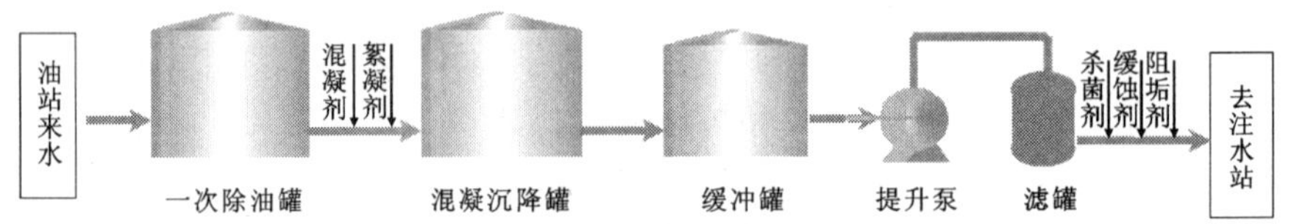

图1-2 混凝沉降——过滤流程图

(2) 气浮选——过滤流程(见图1-3)：

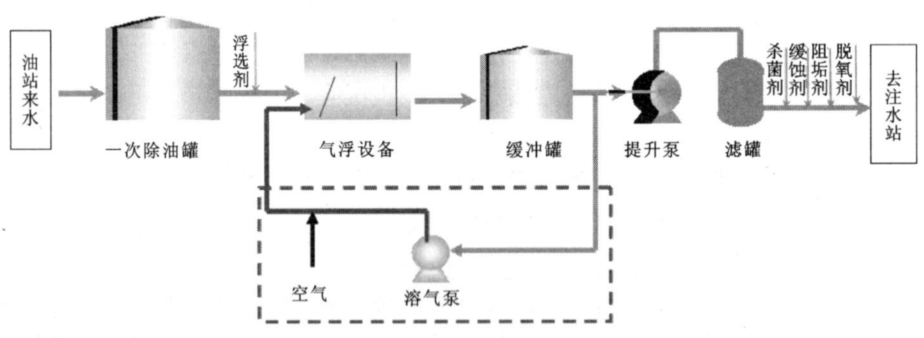

图1-3 气浮选——过滤流程图

(3) 旋流——过滤流程(见图1-4)：

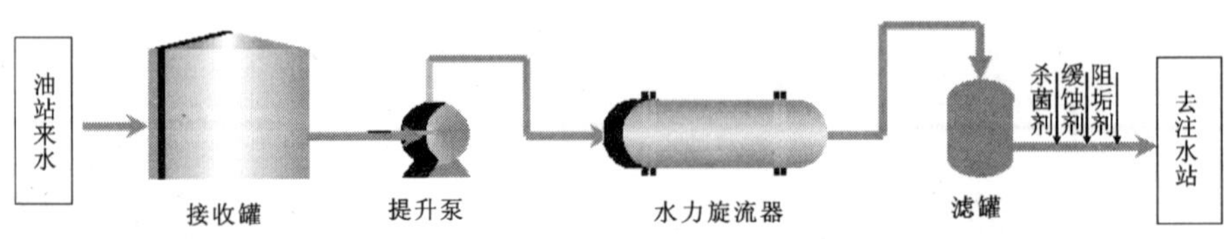

图1-4 旋流——过滤流程图

（4）水质改性——过滤流程（见图1－5）：

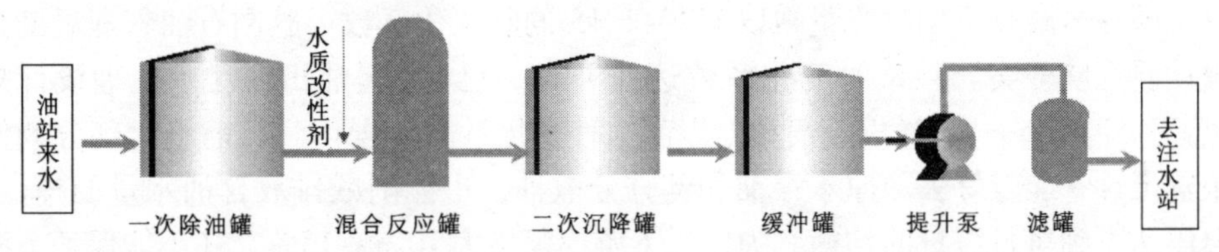

图1－5 水质改性——过滤流程图

当注水注入低渗透油层时，以上流程难以去除2μm以下颗粒时，还需将处理后水进一步进行精细过滤处理。

三、常规流程

当原水中油含量在1000mg/L以下，悬浮固体在300mg/L左右。经过处理后能达到油层渗透率大于0.6μm^2碎屑岩油藏注水水质指标：悬浮固体含量≤5.0mg/L；悬浮物颗粒直径中值≤3.0μm，含油量≤15.0mg/L的工艺流程为基本净化处理流程，俗称常规流程。当回注水质需注入中、低渗透率油层或需回用于湿蒸汽发生器给水，还需在常规处理流程基础上进一步进行精细过滤处理或软化处理。常规流程工艺流程图见图1－6。

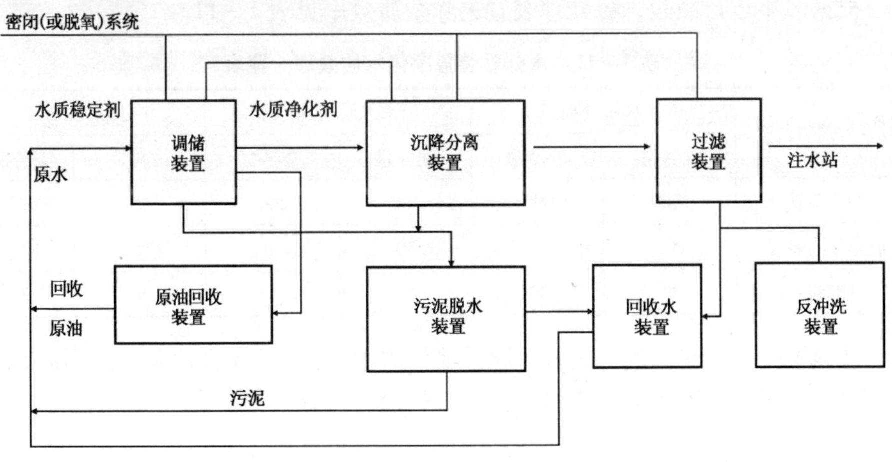

图1－6 水处理常规流程图

1. 调储装置

目前将调储装置称为自然除油罐，一次除油罐或接收罐。调储装置的主要任务除对原水进行油、水、悬浮固体自然分离外，还应对下游流程均质、均量处理起作用，即为沉降分离装置提供平稳的水质，均衡的水量。

原油脱水工艺受多种因素制约，脱出的水中含油量也会出现超标，每天排放的含油污水量也不均衡。目前含油污水处理站设计流量均按最高日的最大时计算，即在最高日平均时流量乘以1.1～1.15的时变化系数。胜利石油管理局勘察设计研究院曾实测某站时变化系数达到1.18，已超过《油田回注水处理设计规范》SY/T 0006—1999（以下简称“规范”）时变化系数上限值。目前绝大部分调储装置设计，能较好去除原水浮油和部分分散油，也能削减排放含油水量的峰值，但还达不到每日流量的均衡。为此，下游规模增大10%～15%，还不能保证下游平稳运行。

2. 沉降分离装置

油田回注水中大约有20%溶解油、乳化油、分散油的乳浊液和80%泥质、粉质悬浮固体具有较好的稳定性。这些杂质单靠自然沉降是很难得到沉降分离的，必须采用化学、物理方法加速悬浮杂质的分离。通常根据原水水质、处理水量分别选用混凝沉降罐、浮选机、粗粒化除油装置、旋流除油器等处理构筑物作为沉降分离装置。

3. 过滤装置

在流程中，过滤装置设置在最后，它将沉降分离装置不能截留的微粒杂质分离出来，是保证回用水质达标的重要装置，也是深度水质预处理的重要环节。由于滤层逐渐堵塞，必须对滤层进行周期性的反冲洗，无疑增加了工艺的复杂性。

根据多年运行经验，各处理装置去除杂质效率见表1－11。

表1－11　水处理装置净化水质效率一览表

处理构筑物名称	进水水质/(mg/L)		出水水质/(mg/L)		去除率/%	
	油含量	悬浮物	油含量	悬浮物	油含量	悬浮物
调储装置	1000	300	200	240	80	20
沉降分离装置	200	240	30	30	85	87.5
过滤装置	30	30	15	5	50	83

从表1－11可知，调储装置去除含油污水中悬浮杂质（含油和悬浮固体）总量的66.%，沉降分离装置为29.2%，过滤装置为4.59%。

第二章 回注水水质稳定影响因素

在注水过程中，我们首先从腐蚀和堵塞的观点来看水中的杂质组分。表2－1中所列为油田回注水的主要杂质组分和性质。

表2－1　油田回注水中主要的杂质组分和性质

油田回注水主要杂质组分		油田回注水性质
阳离子	阴离子	
钙(Ca^{2+})	氯根(Cl^{-})	pH值
镁(Mg^{2+})	碳酸根(CO_3^{-})	温度
铁(Fe^{2+})	碳酸氢根(HCO_3^{-})	溶解氧
钡(Ba^{2+})	硫酸根(SO_4^{2-})	硫化物(H_2S)
锶(Sr^{2+})	—	细菌
钠＋钾($Na^{+}+K^{+}$)	—	悬浮固体
—	—	含油量

含有多种有害成分的油田回注水对金属设备和管道会产生严重的腐蚀。胜利油田回注水矿化度一般在5000～70000mg/L，部分矿区矿化度更高，属氯化钙水型，成垢离子HCO_3^{-}、Ca^{2+}、Mg^{2+}含量较高，还含有溶解氧、二氧化碳、硫化氢等腐蚀性溶解气体，大量的硫酸盐还原菌(SRB)、腐生菌(TGB)、铁细菌(FB)以及泥砂，导致高含水集输管道腐蚀、结垢、磨蚀严重，部分强腐蚀区块平均腐蚀速率1～1.7mm/a，点腐蚀速率在10mm/a以上。

污水中大量成垢盐类随着温度、压力变化，以及因与不同水的混合，将出现结垢、堵塞现象。例如梁南油田，由于不同层位的采出液不配伍，主要是纯26区块回注水中含大量SO_4^{2-}，纯47区块回注水中含大量Sr^{2+}、Ba^{2+}，不同区块采出液混输后，导致梁南集输管线结垢严重，3个月管线就被垢死。而防垢剂的大量投加，以及污水的影响，导致管线腐蚀严重，管线投产6个月就开始腐蚀穿孔。

污水中含有大量有机杂质，为有害细菌提供了滋生的环境。胜利油田回注水中硫酸盐还原菌含量一般为 $10^2 \sim 10^4$ 个/mL，有些区块污水中高达 $10^5 \sim 10^6$ 个/mL，导致水质恶化严重，腐蚀加剧。

油田回注水的不合理回注和排放，不仅使地面设备不能正常工作，而且会因地层堵塞而带来危害，同时也会造成环境污染。因此，针对油田回注水腐蚀、结垢和细菌造成的危害，采取有力的缓蚀、阻垢和杀菌措施，不断提高和改进油田回注水处理技术，搞好油田回注水的“三防”处理必不可少。

油田回注水处理与循环冷却水有某些共同之处，例如都是用于近中性的水质，都存在腐蚀、结垢、细菌繁殖、污垢沉积等问题，这些问题的产生机理及防止方法也基本相似，因此有些药剂是可以通用的。但是油田回注水与循环冷却水也有很多不同之处，因此某些在冷却水系统中使用效果很好的药剂在油田回注水处理中就不一定适用。例如，就腐蚀问题来说，油田回注水中所含成分比工业冷却水复杂得多，一般都是含高氯离子(有些可达几万至十几万毫克每升)，并含有H_2S、CO_2等腐蚀性气体，这些都是引起金属腐蚀的因素；但是油田回注水由于来自地下，即使是在开式系统中，它所含的溶解氧也比冷却水要低得多，因此它们的腐蚀机理是不完全相同的，所用的缓蚀剂也必须有所不同。由于油田回注水水量大药剂用量大，药剂费用的限制对药剂的选用具有更苛刻的要求。

油田回注水是一个复杂的体系，油田回注水处理系统的腐蚀、结垢其成因也是复杂的。回注水系统的腐蚀过程、结垢过程、细菌繁殖和沉积物形成过程既是密切相关，又是互为影响因素。这些过程都会对回注水中的悬浮固体含量产生影响。例如钢制设备、管线腐蚀造成水中铁离子含量的增高，在有氧的情况下，形成 $Fe(OH)_3$沉淀；硫酸盐还原菌在厌氧条件下滋生产生的 H_2S 对金属腐蚀特别严重，同时生成 FeS 沉淀物。水中的细菌数量超过一定值后，产生的游离菌团，通过检测也反映在悬浮固体含量上，等等。因此，影响油田回注水水质稳定的因素复杂多变。

第一节　油田回注水腐蚀

“腐蚀”这个术语起源于拉丁文“Corrdere”，意即“损坏”、“腐烂”。关于腐蚀的定义，许多著名的学者都有自己的表述。20 世纪 50 年代前腐蚀的定义只局限于金属的腐蚀。它是指金属在周围环境介质(最常见的是液体和气体)作用下，由于化学变化、电化学变化或物理溶解而产生的破坏。这个定义明确指出了金属腐蚀是包括金属材料和环境介质两者在内的一个具有反应作用的体系。金属要发生腐蚀必须有外部介质的作用，而且这种作用是发生在金属与介质的相界上。它不包括因单纯机械作用引起的金属磨损破坏。

国际标准化组织(ISO)对腐蚀定义为:“金属与环境间的物理－化学的相互作用,造成金属的性能变化,导致金属、环境或由其构成的一部份体系功能的损坏”。我国SY/T 30—87标准采用了这一定义。定义中“环境”也就是指腐蚀介质。油田地面集输系统中,钢构筑物(管、罐、容器、设备)所处的“环境”,即腐蚀介质为采出液、回注水、土壤与大气。本书涉及的主要是集输系统钢构筑物的内腐蚀,所以腐蚀介质为采出液或回注水。

随着非金属材料(特别是合成材料)的迅速发展,它的破坏作用引起了人们的重视。50年代以后,许多权威的腐蚀学者或研究机构倾向于把腐蚀的定义扩大到所有材料。有人把腐蚀定义为:“由于材料和它所处的环境发生反应而使材料和材料的性质发生恶化的现象”,也有人定义为:“腐蚀是由于物质与周围环境作用而产生的损坏”。现在已把扩大了的腐蚀定义应用于塑料、混凝土及木材的损失。但通常还是指金属的损坏,因为金属及其合金至今仍然是最重要的结构材料,所以金属腐蚀还是最引人注意的问题之一。

从热力学观点看,绝大多数金属都具有与周围介质发生作用而转入氧化(离子)状态的倾向。因此,金属发生腐蚀是一种自然的趋势,且到处可见。例如金属构件在大气中因腐蚀而生锈;埋于地下的金属管道因腐蚀发生穿孔;钢铁在轧制过程中因高温下与空气中的氧作用产生大量的氧化铁。在化工生产中金属设备与强腐蚀性介质(如酸、碱、盐等)接触,尤其在高温、高压和高流速的工艺条件下,腐蚀问题更显得突出和严重。

由于腐蚀给金属材料造成的直接损失是巨大的。估计全世界每年因腐蚀报废的钢铁设备约相当于年产量的30%,假如其中2/3可回炉再生,仍有10%的钢铁将由于腐蚀而一去不复返。显然,金属构件的毁坏,其价值远比金属材料的价值大得多。据统计全世界每年因腐蚀造成的经济损失约占GDP的4%左右;我国每年因腐蚀造成的经济损失相当于GDP的5%,如2001年损失4979亿元;我国石油石化行业每年因腐蚀造成的经济损失占产值的6%左右,约700多亿;90年代我国油田回注水回注系统每年因腐蚀造成的经济损失超4亿元。不仅如此,腐蚀给油田的生产也产生了很大影响,如沿程回注水水质二次污染产生再生悬浮物,集输管线及设备、油水井的油套管腐蚀穿孔,不仅减少设备寿命,同时对油藏、地层造成堵塞,致使注水压力升高,酸化压裂等作业措施增多等等。因此,金属腐蚀不容忽视。

一、金属的腐蚀过程及分类

在自然界中大多数金属通常是以矿石形式存在,即以金属化合物的形式存在。例如铁在自然界中多为赤铁矿，其主要成分是 Fe_2O_3，而铁的腐蚀产物——铁锈，其主要成分也是 Fe_2O_3。可见，铁的腐蚀过程就是金属铁恢复到它的自然存在状态(矿石)的过程。但若要从矿石冶炼金属，则需要提供一定量的能量(如热能或电能)才能完成这种转变。所以金属状态的铁和矿石中的铁存在着能量上的差异，即金属铁比它的化合物具有更高的自由能。所以，金属铁具有放出能量而回到热力学上更稳定的自然存在形式——氧化物、硫化物、碳酸盐及其他化合物的倾向。由铁矿石转化成金属铁所需能量与腐蚀后形成同样的化合物时所放出的能量是等同的。只不过是吸收和放出能量的速度不同而已。显而易见，能量上的差异是产生腐蚀反应的推动力，而放出能量的过程便是腐蚀过程。伴随着腐蚀过程的进行，将导致腐蚀体系自由能的减少，故它是一个自发过程。

1. 金属腐蚀过程

金属在一定的环境介质中经过反应恢复到它的化合物状态，这个腐蚀过程可用一个总的反应过程表示：

金属材料 + 腐蚀介质——→腐蚀产物

它至少包括三个关键步骤：

(1) 通过对流和扩散作用使腐蚀介质向界面迁移；

(2) 在相界面上进行反应；

(3) 腐蚀产物从相界迁移到介质中去或在金属表面上形成覆盖膜。

另外，腐蚀过程还受到离解、水解、吸附和溶剂化作用等其他过程的影响。

由于腐蚀过程主要在金属与介质之间的界面上进行，故它们具有如下两个特点：

(1) 因腐蚀造成的破坏一般先从金属表面开始，然后伴随着腐蚀过程的进一步发展，腐蚀破坏将扩展到金属材料内部，并使金属性质和组成发生改变。在这种情况下金属可全部或部分地溶解(例如锌在盐酸中可较快地溶解)，或者所形成的腐蚀产物沉积于金属上(例如在潮湿的大气中，铁腐蚀后铁锈附着在铁表面上)。有时候，腐蚀过程的进行(例如不锈钢和铝合金的晶间腐蚀)还可导致金属和合金的物化性质改变，以致于造成金属结构的崩溃。

(2) 金属材料的表面状态对腐蚀过程的进行有显著的影响。一般在金属的表面上具有钝化膜或防氧化覆盖层，故金属的腐蚀过程与这一保护层的化学成分、组织结构状态以及孔径、孔率等因素密切相关。实验结果表明，一旦表面保护层受到机械损伤或者化学侵蚀以后，金属的腐蚀过程将大大加快。

金属材料在腐蚀体系中的行为，还与其化学成分、金相结构、力学性能等因素有关。金属在介质中的腐蚀行为基本上由它的化学成分所决定。另外，金属材料的金相结构经冶炼后虽已确定，但这种结构还可以通过热处理和机械处理加以改变。而结构反过来又将决定材料的力学性能。就金属被腐蚀的形态来说，对于某一金属将出现的是一种选择性腐蚀还是缝隙腐蚀，这完全取决于材料的金相结构(如铬镍钢中有奥氏体、铁素体和马氏体)和沉淀相(碳化物和氧化物)的分布情况。又由金属的受力状态(如拉应力、多变应力、冲刷应力等)也可引伸出应力腐蚀、腐蚀疲劳及磨蚀等特殊的破坏形式。

同样，腐蚀介质对金属材料的腐蚀过程也有重大的影响。关于腐蚀介质的情况是很复杂的。它除了可分为液相、气相和固相之外，还可进一步分为单相和多相。例如含有固体物质的液体(液－固混合相)、含有气泡的液体(液－气混合相)和雾气中含有水滴(气－液混合相)三种。多相介质通常是造成金属材料发生空泡腐蚀和磨蚀的原因。

介质的化学成分、组分及浓度等对金属腐蚀过程的影响主要表现在速度和破坏形式上。例如碳钢在稀硫酸中发生均匀腐蚀的速度大于在水中的速度，碳钢在30%稀硝酸中的腐蚀速度大于60%硝酸中的速度；18－8型不锈钢在含有高氯离子水中的点蚀倾向远大于一般水溶液等等。

一般地说，提高介质的温度可加快腐蚀过程的进行。至于液体介质流动状态对腐蚀的影响情况也是很复杂的。有一些腐蚀(如小孔腐蚀)主要出现在静止不动的液体介质中，而另一些腐蚀(空泡腐蚀)则主要出现于流动很快的溶液之中。

2. 金属腐蚀的分类

由于金属腐蚀的现象与机理比较复杂，因此金属腐蚀的分类方法也是多样的，至今尚未统一。以下只介绍常用的分类方法。

按照腐蚀环境分类，可分为化学介质腐蚀、大气腐蚀、海水腐蚀和土壤腐蚀等。这种分类方法是不够严格的，因为土壤和大气中也都含有各种化学介质。不过这种分类方法可帮助我们大体上按照金属材料所处的周围环境去认识腐蚀的规律。

根据腐蚀过程的特点，金属的腐蚀也可以按照化学、电化学和物理腐蚀三种机理分类。具体的金属材料是按哪一机理进行腐蚀，主要决定于金属表面所接触的介质的种类(是非电解质、电解质，还是液态金属)。

化学腐蚀是指金属表面与非电解质直接发生纯化学作用而引起的破坏。其反应历程的特点为在一定条件下，非电解质中的氧化剂直接与金属表面的原子相互作用而形成腐蚀产物，即氧化还原反应是在反应粒子相互作用的瞬间于碰撞的那一个反应点上完成的。这样，在化学腐蚀过程中，电子的传递是在金属与氧化剂之间直接进行的，因而没有电流产生。实际上，单纯化学腐蚀的例子是很少见的。例如铝在四氯化碳、三氯甲烷或乙醇中；镁和钛在甲醇中；金属钠在氯化氢气体中等皆属化学腐蚀。但上述介质往往因含有少量水分而使金属的化学腐蚀转为电化学腐蚀。金属因高温氧化而引起的腐蚀，在50年代前一直作为化学腐蚀的典型实例，但在1952年瓦格纳(C. Wagner)根据氧化膜的近代观点提出，在高温气体中金属的氧化最初虽然是通过化学反应，但后来，膜的成长过程则是属于电化学机理。这是因为此时金属表面的介质已由气相改变为既能电子导电，又能离子导电的半导体氧化膜。金属可在阳极(金属－膜界面)离解后，通过膜把电子传递给膜表面上的氧，使其还原变成氧离子(O^{2-})，而氧离子和金属离子在膜中又可进行离子导电，即氧离子向阳极(金属)迁移和金属离子向阴极(膜－气相界面)迁移，或在膜中某处再进行第二次化合。所有这些均已划入电化学腐蚀机理的范畴，故现在已不再把金属的高温氧化视为单纯的化学腐蚀了。

金属的电化学腐蚀是指金属表面与离子导电的介质因发生电化学作用而产生的破坏。任何一种按电化学机理进行的腐蚀反应至少包含有一个阳极反应和一个阴极反应，并以流过金属内部的电子流和介质中的离子流联系在一起。阳极反应是金属离子从金属转移到介质中和放出电子的过程，即阳极氧化过程。相对应的阴极反应便是介质中氧化剂组分吸收来自阳极的电子的还原过程。例如碳钢在酸中腐蚀时，在阳极区铁被氧化为Fe^{2+}，所放出的电子自阳极(Fe)流至钢中的阴极(Fe_3C)上被H^+吸收而还原成氢气，即

阳极反应：　$Fe \longrightarrow Fe^{2+} + 2e$

阴极反应：　$2H^+ + 2e \longrightarrow H_2\uparrow$

总反应：　$Fe + 2H^+ \longrightarrow Fe^{2+} + H_2\uparrow$

由此可见，与化学腐蚀不同，电化学腐蚀的特点在于它的腐蚀历程可分为两个相对独立并且可同时进行的过程。由于在被腐蚀的金属表面上一般具有隔离的阳极区和阴极区，腐蚀反应过程中电子的传递可通过金属从阳极区流向阴极区，其结果必有电流产生。这种因电化学腐蚀而产生的电流与反应物质的转移可通过法拉第定律定量地联系起来。

由上所述，电化学腐蚀的机理，实际上是一个短路了的伽伐尼(Galvani)原电池的电极反应的结果，这种原电池又称为腐蚀原电池。电化学腐蚀是最普遍、最常见的腐蚀。金属在各种电解质水溶液中，在大气、海水和土壤等介质中所发生的腐蚀皆属此类。

电化学作用既可单独造成金属腐蚀，也可和机械作用、生物作用共同导致金属的腐蚀。当金属同时受到电化学作用和固定拉应力作用时，将发生应力腐蚀破裂。应力腐蚀破裂的例子很多，例如碱液蒸发器的腐蚀，奥氏体不锈钢在含氯化物水溶液的高温环境中非常容易发生应力腐蚀破裂。在高温碱水溶液、常温的硫化氢、含连多硫酸的水溶液、高温高压水、高温的硫化物纸浆制造液等介质中，奥氏体不锈钢的应力腐蚀开裂已成为工业上的问题。

金属在交变应力和电化学的共同作用下，将产生腐蚀疲劳(例如螺旋桨轴、泵轴的腐蚀)。金属的疲劳极限因此大为降低，故可过早地破裂。金属若同时受到电化学和机械磨损作用，则可发生磨损腐蚀。例如管道弯头处和热交换器管束进口端因受液体湍流的作用而发生冲击腐蚀；又如高速旋转的螺旋桨和泵的叶轮由于在高速流体的作用下产生了所谓空穴，空穴会周期性地产生和消失，当它消失时，因周期高压形成很大压力差。在靠近空穴的金属表面发生“水锤”作用，破坏了金属表面的保护膜，加快了金属的腐蚀，故称为“空穴”或“空化”腐蚀。

微生物对金属的直接破坏是很少见的，但它能为电化学腐蚀创造必要的条件，促进金属的腐蚀。例如土壤中的硫酸盐还原菌可把 SO_4^{2-} 还原成 H_2S，从而大大加快了土壤中碳钢管道的腐蚀速度。

物理腐蚀是指金属由于单纯的物理溶解作用所引起的破坏。许多金属在高温熔盐、熔碱及液态金属中可发生物理腐蚀。例如用来盛放熔融锌的钢容器，由于铁被液态锌所溶解，故钢容器逐渐地变薄了。

金属被腐蚀之后的外观特征怎样？也即金属被破坏的形式如何？这是我们研究腐蚀时首先观察到的一些现象。一般根据金属被破坏的基本特征可把腐蚀分为全面腐蚀和局部腐蚀两大类。

1)全面腐蚀

腐蚀分布在整个金属表面上，它可以是均匀的，也可以是不均匀的。碳钢在强酸、强碱中发生的腐蚀属于均匀腐蚀。均匀腐蚀的危险性相对而言比较小，因为我们若知道了腐蚀速度和材料的使用寿命之后，便可估算出材料的腐蚀容差，并在设计时将此因素考虑在内。

2)局部腐蚀

腐蚀主要集中于金属表面某一区域，而表面的其他部分则几乎未被破坏。局部腐蚀有很多类型，下面选择几种重要的加以介绍。

A. 应力腐蚀

破裂在局部腐蚀中居于首位。化工设备因应力腐蚀破裂造成的损坏尤为突出。根据腐蚀介质性质和应力状态的不同，裂纹特征会有不同，在金相显微镜下，显微裂纹呈穿晶、晶界或两者混合形式。裂纹既有主干，也有分支，形似树枝状。裂纹横断面多为线状。裂纹走向与所受拉应力的方向垂直。例如碳钢、低合金钢在熔融的 NaOH 中，含 H_2S 或 HCN 的溶液中以及在海水里均可发生应力腐蚀破裂。又如奥氏体不锈钢在热氯化物水溶液(如 NaCl、$MgCl_2$、$BaCl_2$溶液)，含 H_2S 的水溶液及含 HF 酸的介质中也常有应力腐蚀破裂发生。铝合金、铜合金和钛合金等在适宜的介质中也可能产生应力腐蚀破裂。

B. 小孔腐蚀

这种破坏主要集中在某些活性点上，并向金属内部深处发展。通常其腐蚀深度大于其孔径。严重时可使设备穿孔。不锈钢和铝合金在含有氯离子的溶液中常呈现这种破坏形式。

多数情况下，钝化金属发生的重要条件是在溶液中有侵蚀性阴离子(典型的 Cl^-)以及溶解氧和氧化剂存在。实际上氧化剂的作用主要是使金属电位升高达到或超过点蚀电位(击穿电位)，这时 Cl^- 等就可能击穿表面膜导致点蚀核的产生。点蚀电位反映了表面膜被击穿的难易程度。一般认为，在无点蚀的金属表面上只有当电位高于点蚀电位时，点蚀才能萌生并发展(生长)；当电位位于保护电位和击穿电位之间时，不会萌生新的点蚀孔，但原有的蚀孔将继续发展(成为不完全钝化电位区)；当电位低于保护电位时，即不会萌生新的点蚀孔，原有的蚀孔也停止发展(成为完全钝化电位区)。

C. 晶间腐蚀

这种腐蚀首先在晶粒边界上发生，并沿着晶界向纵深处发展。这时，虽然从金属外观看不出有明显的变化，但其机械性能确已大为降低了。通常晶间腐蚀出现于奥氏体不锈钢、铁素体不锈钢和铝合金的构件。

D. 电偶腐蚀

凡具有不同电极电位的金属互相接触，并在一定的介质中所发生的电化学腐蚀即属电偶腐蚀。例如热交换器的不锈钢管和碳钢花板连接处，碳钢在水中作为阳极而被加速腐蚀。

E. 选择性腐蚀

合金中的某一组分由于腐蚀优先地溶解到电解质溶液中去，从而造成另一组分富集于金属表面上。例如黄铜的脱锌现象即属这类腐蚀。

F. 氢脆

在某些介质中，因腐蚀或其他原因而产生的氢原子可渗入金属内部，使金属变脆，并在应力的作用下发生脆裂。例如含硫化氢的油、气输送管线及炼油厂设备常发生这种腐蚀。

G. 其他局部腐蚀类型

除上述局部腐蚀类型外，缝隙腐蚀、沉积腐蚀(如垢下腐蚀)、浓差电池腐蚀、湍流腐蚀等也均属于局部腐蚀之列。图 2－1 为腐蚀的基本类型。

腐蚀瘤是一个复杂的局部腐蚀过程导致的一个肿瘤状结构。它经常形成于液体流速较低区域，这里沉积的污泥或铁锈可以对局部表面形成护罩而且氧匮乏，这部分与水溶液接触却匮乏氧的区域将作为阳极，其腐蚀速率将大于其余部分。腐蚀瘤(锈瘤)的腐蚀机制过程见图 2－2。

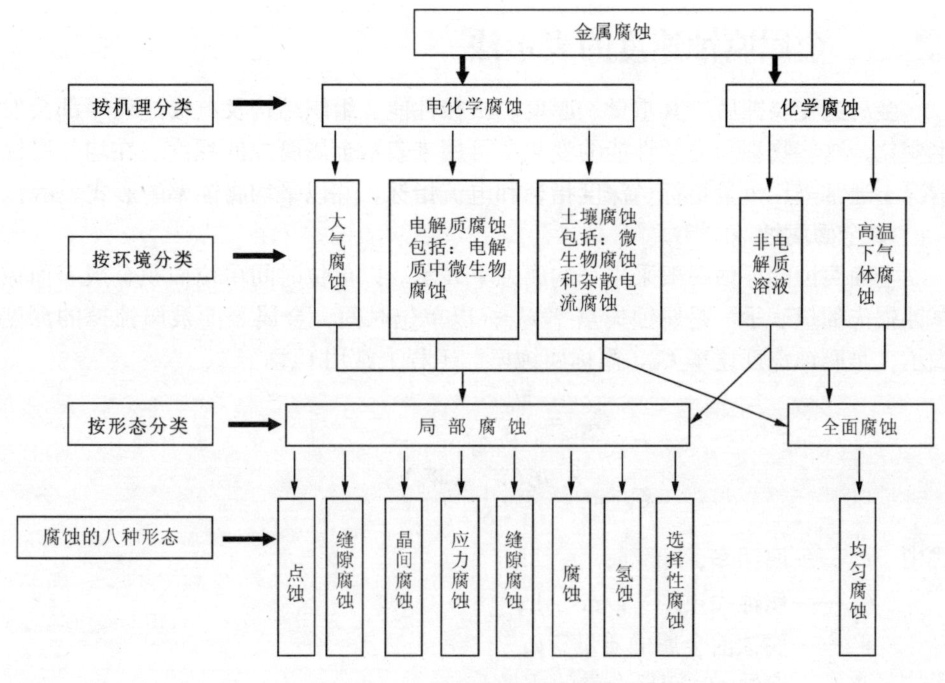

图 2-1　腐蚀的基本类型

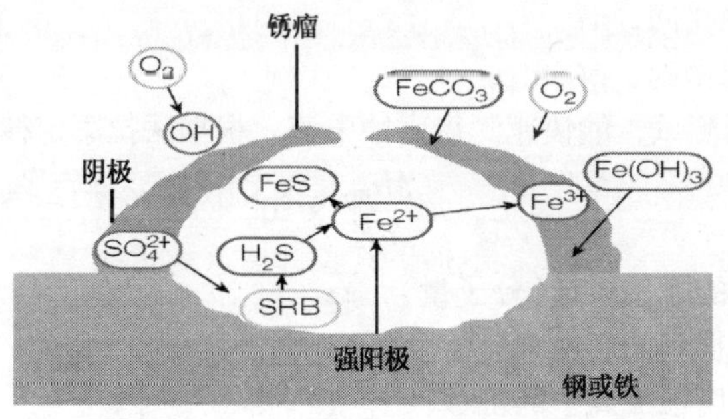

图 2-2　腐蚀瘤(锈瘤)的腐蚀机制过程

讨论腐蚀基本过程的目的在于阐明腐蚀机理。要合理地应用一种腐蚀检测方法或有效地采用一种控制腐蚀的措施，就必须了解有关的腐蚀机理。通常，首先要找出整个腐蚀过程中决定腐蚀速度的那个反应步骤，然后再确定主要参数(如腐蚀介质的浓度、温度、流速、电极电位和时间等等)间的相互关系。在一个相界上的反应方式对于确定反应机理具有决定性作用。例如锌在硫酸中发生腐蚀时，在相界面上金属点阵中的锌原子因氧化变成锌离子进入溶液，同时溶液中作为氧化剂的氢离子却被还原。显然，这种类型的相界反应属于电化学腐蚀机理。

二、金属腐蚀速度的表示法

金属遭受腐蚀后，其重量、厚度、机械性能、组织结构及电极过程等都会发生变化，这些物理和力学性能的变化率可用来表示金属腐蚀的程度。在均匀腐蚀情况下通常采用重量指标、深度指标和电流指标，并以平均腐蚀率的形式表示。

1. 全面腐蚀

全面腐蚀的评估一般采用平均腐蚀率表示。以单位时间单位面积金属表面被腐蚀损失的量表示，是腐蚀失重率 C_W；以单位时间，金属表面被腐蚀掉的深度表示，是腐蚀深度速率 C_k，简称腐蚀率。工程上常用 C_K。

$$C_W = \frac{W_0 - W_t}{S \cdot t}$$

$$C_K = \frac{8.76(W_t - W_0)}{\rho \cdot S \cdot t}$$

式中 C_K——腐蚀率，mm/a；

C_W——腐蚀失重率，$g/m^2 \cdot h$；

W_0——腐蚀前金属的质量，g；

W_t——腐蚀 t 时间后金属的质量，g；

S——被腐蚀金属的表面积，m^2；

t——腐蚀时间，h；

ρ——金属密度，g/cm^3。

用电化学仪器测试，能快速测得腐蚀电流，根据法拉第定律可换算成 C_w

$$C_W = \frac{Mi_{CO}}{nF} \times 10^4$$

式中 M——金属的摩尔质量(分子量)，g；

i_{CO}——实测得到的腐蚀电流密度，A/m^2；

n——金属腐蚀成离子的价数；

F——法拉第常数，26.8A · h。

对于密度为 $7.80g/cm^3$ 的碳钢，可得

$$C_K = 1.17 \times 10^{-3} i_{CO}$$

2. 局部腐蚀的评估

局部腐蚀的形态较多，不同的腐蚀形态造成的结果各不相同，油田回注水系统中，最常见，最重要的是点蚀。点蚀的特点是失重小而危害大。因此，点蚀的评估应尽可能反映出对构筑物危害的严重程度。因此，一般采用综合评估，既反映点蚀数量(点蚀密度)，又反映严重程度(点蚀深度)，常见的有两种方法：

(1) 点蚀深度：在 $1dm^2$ 的金属表面上取 10 个最大的蚀孔深度，用其平均值

和最大点蚀深度表示。

（2）点蚀系数：用最大点蚀深度和按全面腐蚀计算的 C_K 值之比表示。点蚀系数越大，点蚀越严重，均匀腐蚀的点蚀系数为 1。

3. 英制单位及换算

常用的英制单位是 mil/a(mpy) 和 in/a。1in = 25.4mm，1mil = 10^{-3}in，1in = 0.0254m，所以：1mil/a = 0.0254mm/a；1mm/a 相当于 39.4mil/a。

腐蚀的重量指标和深度指标对于均匀的电化学腐蚀和化学腐蚀都可采用。除上述单位外，在腐蚀文献上尚有以 mg/dm^2 · d(毫克/分米^2 · 天)、in/a(英寸/年) 和 mil/a(密耳/年) 作为重量指标和深度指标。这些单位之间可以相互换算。表 2-2 列出了一些常用腐蚀速度单位的换算因子。

表 2-2 常用腐蚀速度单位的换算因子

腐蚀速度采用单位	换算因子				
	克/米^2 · 小时	毫克/分米^2 · 天	毫米/年	英寸/年	密耳/年
克/米^2 · 小时	1	240	$8.76/\rho$	$0.345/\rho$	$345/\rho$
毫克/分米^2 · 天	4.17×10^{-3}	1	$3.65 \times 10^{-2}/\rho$	$1.44 \times 10^{-3}/\rho$	$1.44/\rho$
毫米/年	$1.14 \times 10^{-1} \times \rho$	$274 \times \rho$	1	3.94×10^{-2}	39.4
英寸/年	$2.9 \times \rho$	$696 \times \rho$	25.4	1	10^3
密耳/年	$2.9 \times 10^{-3} \times \rho$	$0.696 \times \rho$	2.54×10^{-2}	10^{-3}	1

根据金属年腐蚀深度的不同，可将金属的耐蚀性分为十级标准和三级标准，如表 2-3 和表 2-4 所示。从表 2-3 和表 2-4 两个标准看来，十级标准分得太细，且腐蚀深度也不都是与时间成线性关系，因此，按试验数据或用手册上查得的数据的计算结果难于精确地反映出实际情况。三级标准比较简单，但它在一些要求严格的场合又往往过于粗略，如一些精密部件不允许微小的尺寸变化，腐蚀率即使小于 1.0mm/a 的材料也不见得“可用”。对于高压和处理剧毒、易燃、易爆物质的设备，对均匀腐蚀深度的要求比普通设备要严格得多，所以在选材时应从严选用。

表 2-3 均匀腐蚀的十级标准

耐蚀性评定	耐蚀性等级	腐蚀深度/(mm/a)	耐蚀性评定	耐蚀性等级	腐蚀深度/(mm/a)
Ⅰ完全耐蚀	1	<0.001	Ⅳ尚耐蚀	6	0.1 ~ 0.5
Ⅱ很耐蚀	2	0.001 ~ 0.005		7	0.5 ~ 1.0
	3	0.005 ~ 0.01	Ⅴ欠耐蚀	8	1.0 ~ 5.0
Ⅲ耐蚀	4	0.01 ~ 0.05		9	5.0 ~ 10.0
	5	0.05 ~ 0.1	Ⅵ不耐蚀	10	>10.0

表 2－4　均匀腐蚀的三级标准

耐蚀性评定	耐蚀性等级	腐蚀深度/(mm/a)
耐蚀	1	<0.1
可用	2	0.1～1.0
不可用	3	>1.0

SY/T 0026—1999《水腐蚀性测试方法》中列出了管道和储罐内介质腐蚀性分级标准，具体指标见表 2－5。

表 2－5　管道和储罐内介质腐蚀性分级标准

项目＼等级	低	中	高	严重
平均腐蚀速率/(mm/a)	<0.025	0.025～0.125	0.126～0.254	>0.254
点蚀腐蚀速率/(mm/a)	<0.305	0.305～0.610	0.611～2.438	>2.438

三、电化学腐蚀倾向的判断

从热力学观点考虑，金属的电化学腐蚀过程是单质形式存在的金属和它的周围电解质组成的体系，从一个热力学不稳定状态过渡到热力学稳定状态的过程。其结果是生成各种化合物，同时引起金属结构的破坏。例如我们把一铁片浸到盐酸溶液中，就可见到有氢气放出，并以相同于氢放出的速率将铁溶解于溶液中，即铁发生了腐蚀。又如把一紫铜片置于无氧的纯盐酸中时，却不发生铜的溶解，也看不到有氢气析出，但是一旦在盐酸中有氧溶解进去之后，我们即可见到紫铜片不断地遭受腐蚀，可是仍然无氢气产生。为搞清上述问题，首先必须了解电极电位、平衡电极电位和非平衡电极电位等概念，并且还要了解它们与金属发生腐蚀的倾向之间存在的关系。

1. 电极与电极电位

金属或导电材料浸在电解质溶液中就成了电极，电极与溶液组成电极系统。在电极与溶液的界面上发生的反应叫电极反应。

金属在含有本金属离子溶液中组成的电极系统，有二种情况：

（1）金属离子很易被极性水分子吸引而进入溶液中，金属离子进入溶液的速度大于溶液中金属离子在电极上析出的速度，如 Fe 在 $FeCl_2$ 溶液中：

$$Fe^{2+}\cdot 2e \underset{慢}{\overset{快}{\rightleftharpoons}} Fe^{2+}+2e$$

电极上的金属离子	进入溶液中的离子	留在电极上的电子

此时金属电极表面带负电荷，如图 2－3 所示。

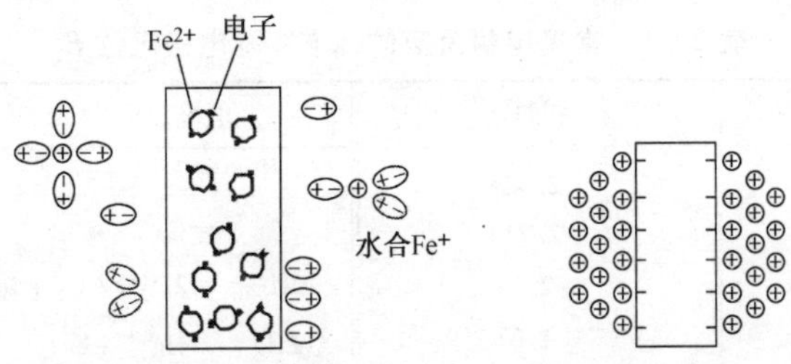

图 2－3　Fe 在 $FeCl_2$溶液中产生电极电位示意图

（2）金属离子很难被水分子吸引，金属离子进入溶液的速度远小于溶液中金属离子在电极上析出的速度，如 Cu 在 $CuSO_4$溶液中。

$$Cu^{2+} + 2e \underset{慢}{\overset{快}{\rightleftharpoons}} Cu^{2+} \cdot 2e$$

溶液中的 Cu^{2+}　　电极上的电子　　溶液中的 Cu^{2+}沉积电极上

此时金属表面呈正电性，如图 2－4 所示。

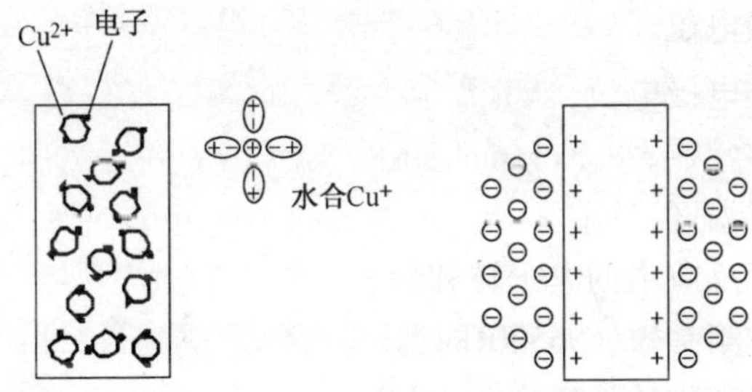

图 2－4　Cu 在 $CuSO_4$溶液产生电极电位示意图

这种由于金属电极表面与溶液之间建立双电层，而使金属与溶液之间产生的电位差叫电极电位。

2. 标准电极电位 E^0 与能斯特公式

单独一个电极的电极电位的绝对值是无法测得的，但我们可以测得原电池的电动势。

25℃时 H^+ 活度为 1mol/L，H_2的分压为 1atm 时的铂氢电极，称为标准氢电极，并规定其电极电位为 0.0000。

被测电极浸入含有本金属离子（活度为 1mol/L）的容器中与标准氢电极组成一个原电池，25℃时测得的电动势，即为该电极的标准电极电位 E^0。

标准电极电位 E^0 为正值时，该电极容易进行还原反应，当 E^0 为负值时，该电极容易起氧化反应。因此，E^0 越负，该金属的腐蚀倾向就越大。表 2－6 是常

见电极反应 E^0 值。

表 2－6　常见电极反应的标准实际电极电位 E^0

电极反应	E^0/V	电极反应	E^0/V
$K \rightleftharpoons K^+ + e$	－2.924	$H_2 \rightleftharpoons 2H^+ + 2e$	0.0000
$Na \rightleftharpoons Na^+ + e$	－2.714	$Ca \rightleftharpoons Ca^{2+} + 2e$	0.345
$Mg \rightleftharpoons Mg^{2+} + 2e$	－2.34	$4OH^- \rightleftharpoons 2H_2O + O_2 + 4e$	0.401
$Ae \rightleftharpoons Ae^{3+} + 3e$	－1.67	$2Hg \rightleftharpoons Hg^{2+} + 2e$	0.789
$Zn \rightleftharpoons Zn^{2+} + 2e$	－0.762	$Ag \rightleftharpoons Ag^+ + e$	0.799
$Fe \rightleftharpoons Fe^{2+} + 2e$	－0.441	$2H_2O \rightleftharpoons 4H^+ + O_2 + 4e$	1.229

标准氢电极使用很不方便，工业上常用一些稳定的电极系统替代标准氢电极，这种电极我们称参比电极。常用的参比电极有铜－饱和硫酸铜电极、银－氯化银电极、甘汞电极。

当电极反应不是在标准状态下进行时，电极电位 E_e 可按能斯特公式计算：

$$E_e = E^0 + \frac{RT}{nF}\ln\frac{[a_0]}{[a_R]}$$

式中　E_e——电极电位，V；

E^0——标准电极电位，V；

R——气体常数，8.31J/mol·K；

T——绝对温度，K；

n——电极反应中的电子转移数；

F——法拉第常数，96500Col；

$[a_0]$——氧化态物质的活度，mol/L；

$[a_R]$——还原态物质的活度，mol/L。

25℃时上式简化为：

$$E_e = E^0 + \frac{0.059}{n}\lg\frac{[a_0]}{[a_R]}$$

3. 稳定电极电位

以上讨论的是平衡电极电位。所谓“平衡”是指金属与溶液界面已建立起可逆的平衡状态，即电荷与物质从金属电极向溶液中迁移的速度和从溶液中向金属电极迁移的速度相等。

如 Fe 在 $FeCl_2$溶液中

$$Fe - 2e \underset{U_{反}}{\overset{U_{正}}{\rightleftharpoons}} Fe^{2+} \qquad U_{正} = U_{反}$$

如果电极上失去电子是某一个电极反应的过程，得到电子则是另一个过程，这样的电极电位并不是在达到平衡时建立的，如 Fe 在盐酸溶液中：

失去电子的氧化过程：　$Fe - 2e \xrightarrow{i_a} Fe^{2+}$

得到电子的还原过程：　$2H^+ + 2e \xrightarrow{i_c} H_2$

两个电极反应各自朝一个方向进行，这种不可逆的电极反应为非平衡电极电位。如上述反应，电荷转移平衡了，即 $i_a = i_c$，物质转移不平衡，此时的电极电位叫稳定电极电位。

金属在不含有本金属离子的溶液中形成的电极电位多是稳定电极电位。稳定电极电位不能用能斯特公式计算，只能用实验方法测得。稳定电极电位 E_H 值越正，越易进行还原反应；E_H 越负，越易起氧化反应，也就是 E_H 越负的金属，腐蚀的倾向越大，表 2－7 是常见金属材料在海水中的稳定电极电位（电偶序）。回注水处理系统中，金属（主要是碳钢）在回注水中的电位，都是稳定电极电位。因此表 2－7 可供设计选材时参考。

表 2－7　常见金属材料在海水中的稳定电极电位 E_H

金　属	E_H/V	金　属	E_H/V
镁	－1.45	镍（活态）	－0.12
镁合金	－1.20	α 黄铜（30% Zn）	－0.11
锌	－0.80	青铜（5% ～10% Al）	－0.10
铝合金（10% Mg）	－0.74	铜锌合金（5% ～10% Zn）	－0.10
铝合金（10% Zn）	－0.70	铜	－0.08
铝	－0.53	铜镍合金（30% Ni）	－0.02
镉	－0.52	石墨	＋0.02～0.3
杜拉铝	－0.50	不锈钢 Cr（钝态）	＋0.03
铁	－0.50	镍（钝态）	＋0.05
碳钢	－0.40	因科镍	＋0.08
灰口铁	－0.36	Cr17 不锈钢（钝态）	＋0.10
不锈钢 Cr13 和 Cr17（活态）	－0.32	Cr18Ni19 不锈钢（钝态）	＋0.17
Ni－Cu 铸铁（11% ～12% Ni，5% ～7% Cu）	－0.30	哈斯特合金（20% Mo，18% Cr，6% W，7% Fe－Ni）	＋0.17
		蒙乃尔	＋0.17
不锈钢 Cr19Ni9（活态）	－0.30	Cr18Ni12Mo3 不锈钢（钝态）	＋0.20
不锈钢 Ci18Ni12Mo2Ti（活态）	－0.30	银	＋0.12～0.2
铅	－0.30	钛	＋0.11～0.2
锡	－0.25	铂	＋0.40
α＋β 黄铜（40% Zn）	－0.20		
锰青铜（5% Mn）	－0.20		

注：选自上海科技出版社 1989 年版《金属防腐蚀手册》，中国腐蚀与防护学会编。

4. 腐蚀电池

同一金属由于各种原因可以造成金属表面的不均匀性。如金属的相组织不同，有杂质，焊口区受力不匀变形等，导致金属表面的电极电位也不相同，电极电位相对正的区域和电极电位相对负的区域在电解质溶液中构成一个原电池。两种不同的金属相连，并放入电解质溶液中也构成了原电池，如图2－5、图2－6所示。

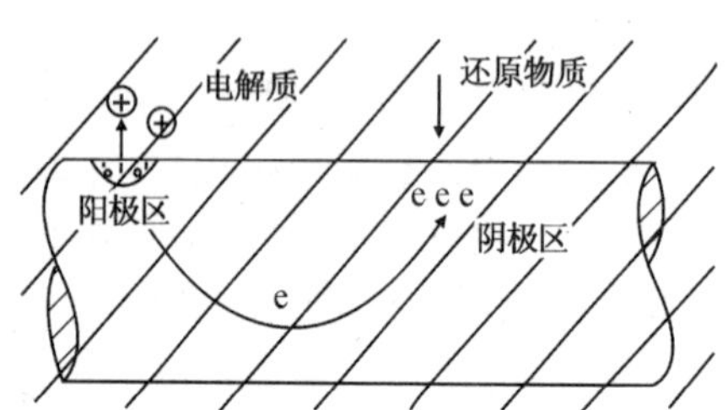

图2－5　同一金属表面电极电位不同的区域

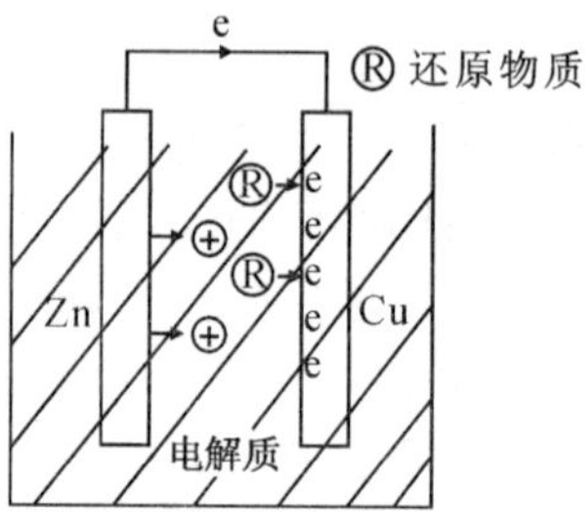

图2－6　异种金属在电解质中相连组成原电池

原电池工作过程中，电极电位相对较负的区域金属不断氧化成离子溶解后进入介质中，如碳钢：

$$Fe - 2e \longrightarrow Fe^{2+}\text{（电极电位较负的区域）}$$

电子则转移到电极电位相对较正的区域，电解质中最易还原的物质（E_H最正的物质），在此得到电子后被还原，如在酸性溶液中，H^+的还原：

$$2H^+ + 2e \longrightarrow H_2$$

在原电池的工作过程中，使阳极区的金属不断腐蚀消耗掉，所以也称腐蚀电池。

电化学学科规定，起氧化反应的电极是阳极；起还原反应的电极是阴极。从外电路看阴极是流出电流的电极，是正极；阳极是负极。

两种不同的金属在同一介质中接触，由于电极电位的不同，有电流流动，使电位相对较负的金属加快溶解，造成接触的局部腐蚀，叫电偶腐蚀。钢螺栓用铜垫片，碳钢上连接不锈钢的附件造成的腐蚀，都是典型的电偶腐蚀。电偶腐蚀其实质就是上述两种不同金属在电解质溶液中构成的腐蚀电池。两种不同金属在同一介质中接触构成的腐蚀电池比同种金属在不同区域构成的腐蚀电池的两极间距离要大得多，所以两种不同金属构成的腐蚀电池称腐蚀宏电池，同种金属构成的腐蚀电池称为腐蚀微电池。

电化学腐蚀或者说腐蚀的电化学过程，是由不同电极电位的阳极和阴极构成的腐蚀电池的工作过程。在这个过程中，阳极不断氧化被腐蚀，而在阴极进行还原反应，产生新的物质。

热力学第二定律证明，化学反应自发进行的条件是，体系内能变化的结果

$\Delta G<0$。腐蚀的电化学反应，有电流产生，其内能变化，即电能的变化(电量与电位差的积)为：

$$\Delta G=-nF(E_{e,c}-E_{e,a})$$

式中　ΔG——体系自由能的变化，J；

n——转移的电子数；

F——法拉弟常数，96500 COL；

$E_{e,c}$——阴极的平衡电位，V；

$E_{e,a}$——阳极的平衡电位，V。

由于$E_{e,c}$大于$E_{e,a}$，$\Delta G<0$，所以腐蚀反应是自发进行的。金属在自然界中必定要自发氧化成化合物。这就是金属为什么总以化合物矿石的形态存在的根本原因。

5. 电化学腐蚀倾向

在化学热力学中提出通过自由能的变化(ΔG)来判别化学反应进行的方向及限度。任意的化学反应，它的平衡条件可表示如下：

$$(\Delta G)_{T.P}=\sum_i v_i\mu_i=0$$

式中　V——对于反应物而言取负值，而对于生成物来说则取正值。

从热力学观点看，腐蚀过程是由于金属与其周围介质构成了一个热力学上不稳定的体系，此体系有从不稳定趋向稳定的倾向。对于各种金属来说，这种倾向是极不相同的。这种倾向的大小可通过腐蚀反应的自由能变化$(\Delta G)_{T.P}$来衡量。倘若$(\Delta G)_{T.P}<0$，则腐蚀反应可能发生。自由能变化的负值愈大一般表示金属愈不稳定；如果$(\Delta G)_{T.P}>0$，则表示腐蚀反应不可能发生，自由能变化的正值愈大通常表示金属愈稳定。

需要指出的是，通过计算ΔG值得到的金属腐蚀倾向的大小，并不是腐蚀速度大小的度量。因为具有高负值的ΔG并不总是具有高的腐蚀速度。在ΔG为负值的情况下，反应速度可大可小。这主要取决于各种因素对反应过程的影响。速度问题，是属于动力学讨论的范畴。不过ΔG为正值时，却可以肯定，在所给条件下，腐蚀反应将不可能进行。

6. 电位－pH 图的应用

由于大多数金属腐蚀过程的本质是电化学的氧化还原反应，所以它不仅与溶液中离子的浓度有关，而且还与溶液的 pH 值有关。因此，电极电位与溶液的浓度和酸度存在着一定的函数关系。如果用这些变数来作图，就可以清楚地看出腐蚀体系各种化学平衡和电化学平衡的一个总轮廓。为简化起见，往往将浓度变数指定一个数值，则电位－pH 图中的各条直线代表一系列的等温、等浓度的电位－pH 线。

电位-pH图首先是比利时学者布拜提出的。它是基于化学热力学原理建立起来的一种电化学的平衡图。布拜最早用它来研究金属腐蚀和防护的问题，以后在无机、分析、湿法冶金和地质等领域也得到广泛地应用。

最简单的电位-pH图仅涉及某一元素（及其含氧和含氢化合物）与水构成的体系。它是与相对于标准氢电极的电极电位为纵坐标，用溶液的pH值为横坐标而绘制出的线图。图中明确地表示出在某一电位和pH值的条件下，体系的稳定状态或平衡状态。因此，有了电位-pH图我们即可知道反应中各组分生成的条件及各组分稳定存在的电位-pH范围。布拜等已将90种元素与水构成的电位-pH图汇集成册——电化学平衡图谱。它们也被称作理论电位-pH图。

下面以Fe-H_2O体系的理论电位-pH图为例，介绍这种图在金属腐蚀和腐蚀控制方面的应用。如果将溶液中的有关离子的浓度都取10^{-6}M，就可以认为，金属、金属氧化物或金属氢氧化物是稳定的，因而可得简化的电位-pH图（见图2-7）。

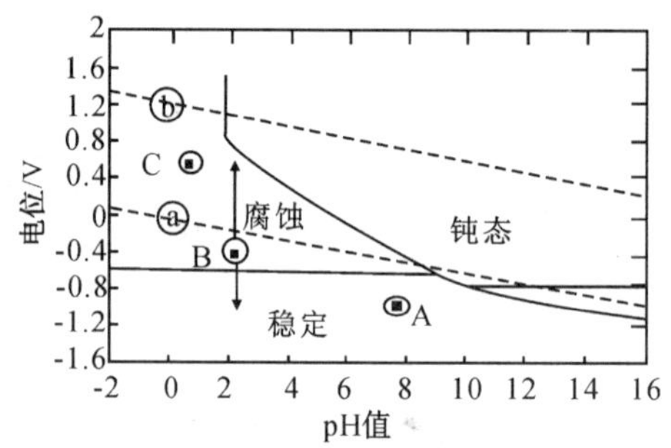

图2-7　Fe-H_2O体系的电位-pH图

图2-7中每一条线代表固相与溶液相之间的平衡。由此便把Fe-H_2O体系中电位-pH图分成三个区域。

（1）腐蚀区：在该区内稳定状态的是可溶性的Fe^{2+}、Fe^{3+}、FeO_4^{2-}和FeO_2^{-}等离子。因此，对金属而言处于不稳定状态，可能发生腐蚀。

（2）稳定区：在这区域内金属处于热力学稳定状态，故金属不发生腐蚀。

（3）钝化区：在该区由于具有保护性氧化膜故金属腐蚀不明显。

有了电位-pH图，我们便可以从理论上预测金属的腐蚀倾向和选择控制腐蚀的途径。对于Fe-H_2O体系来说，可根据水溶液的pH值和Fe在该水溶液中所具有的电极电位值，通过电位-pH图可明确地显示Fe的各种不同类型的腐蚀，并提出防腐措施的方向。

由图2-7可看出，代表氢析出反应的平衡线a在整个pH的范围内都位于Fe的稳定区之上，这意味着铁在水溶液中所有pH范围内，都可能发生腐蚀并有H_2析出。但在不同的pH值时，铁的腐蚀产物是不相同的。

我们现在分析图 2－7 中所标各点情况：

铁如位于 A 点位置，因该区是 Fe 和 H_2的稳定区，所以不会发生腐蚀。

在 B 点所处的区域是 Fe^{2+} 和氢气稳定区，因此，如果铁处于 B 点，则将出现析氢型的腐蚀：

阳极反应：　$Fe \longrightarrow Fe^{2+} + 2e$

阴极反应：　$2H^+ + 2e \longrightarrow H_2$

电池反应：　$Fe + 2H^+ \longrightarrow Fe^{2+} + H_2$

倘若铁处于 C 点状态，因这个区对于 Fe^{2+} 和水是稳定的，故铁仍将发生腐蚀。但由于 φ_c位于 a 线之上，将不会发生 H^+的还原，而是发生电位比 φ_c更正的氧还原过程。这种氧化还原型的腐蚀反应为：

阳极反应：　$Fe \longrightarrow Fe^{2+} + 2e$

阴极反应：$2H^+ + 1/2O_2 + 2e^- \longrightarrow H_2O$

电池反应：　$Fe + 2H^+ + 1/2O_2 \longrightarrow Fe^{2+} + H_2O$

如果我们想将铁从 B 点移出腐蚀区，从电位－pH 图来看，可以采取三种措施：

（1）把铁的电极电位降低至非腐蚀区，这就要对铁实施阴极保护。

（2）把铁的电极电位升高使它进入钝化区，这可使用阳极保护法或在溶液中添加阳极型缓蚀剂来实现。

（3）调整溶液的 pH 值在 9～13 之间也可使铁进入钝化区。

我们知道电位－pH 图是根据热力学的数据绘制的，所以也称为理论电位－pH 图。借助这种理论电位－pH 图可以较方便地来研究许多金属腐蚀问题，但也必须注意，此图也存在以下几方面的局限性：

（1）由于金属的理论电位－pH 图是一种热力学的电化学平衡图，故它只能用来预示金属腐蚀倾向的大小，而无法预测腐蚀速度的大小。

（2）电位－pH 图中的各条平衡线，是以金属与其离子之间或溶液中的离子与含有该离子的腐蚀产物之间建立的平衡为条件的，但在实际腐蚀情况下，可能偏离这个平衡条件。

（3）电位－pH 图只考虑 OH^-这种阴离子对平衡产生的影响。但在实际的腐蚀环境中，确往往存在着 Cl^-、$SO_4{}^{2-}$、$PO_4{}^{3-}$等阴离子，它们可能因发生一些附加反应而使问题复杂化。

（4）理论电位－pH 图中的钝化区并不能反映出各种金属氧化物、氢氧化物等究竟具有多大的保护性能。

（5）绘制理论电位－pH 图时，在一个平衡反应中，如涉及有 H^+或 OH^-的生成，则认为整个金属表面附近液层同整体溶液的 pH 值相等。但在实际的腐蚀体系中金属表面局部区域的 pH 值可能不同；金属表面的 pH 值和溶液内部的 pH 值也会有一定差别。

虽然理论电位－pH 图有上所述的局限性，但若补充一些关于金属钝化方面的实验或经验数据就可得到所谓经验的或实验的电位－pH 图，并且在使用电位－pH图时结合考虑有关的动力学因素，那么它在金属腐蚀研究中将具有更广泛的用途。

四、电化学腐蚀动力学

由于热力学的研究方法中没有考虑到时间因素及反应进行的细节，因此腐蚀倾向并不能作为腐蚀速度的尺度。一个大的腐蚀倾向不一定就对应着一个高的腐蚀速度。对于金属设备和材料来说，人们想方设法来降低腐蚀反应的速度，以达到延长其使用寿命的目的。为此，必须了解腐蚀过程的机理及影响腐蚀速度的各种因素，掌握在不同条件下腐蚀作用的动力学规律，并通过实验进行研究和了解解决具体问题的方法。

1. 极化与去极化

以上我们讨论的电极电位都是在没有电流流过电极的情况下测得的平衡电位或稳定电位。当组成一个腐蚀电池时，二个电极就有电流通过，这时电极的平衡或稳定状态就被破坏，电极电位发生偏移，这种现象叫极化。偏移后的电位与平衡电位的差，叫过电位。过电位越大，极化程度也越大。实验证明，极化程度与电极上通过的电流密度成正比。阳极极化时，电极电位向正向偏移；阴极极化时，电极电位向负向偏移。两电极间的电位差，随极化的进行，而逐渐变小。腐蚀电流一经形成，就必然产生极化。腐蚀速度随时间的增长而逐渐变慢，就是极化的原因。极化有利于腐蚀的控制。阴极保护就是人为对保护对象施加外电流，使保护对象极化成阴极（相对于人为增加的阳极）而成为抑制腐蚀的一种电化学方法。

产生极化主要有两个原因：

（1）电极上化学反应的速度（得失电子的速度）小于电子转移的速度。如阳极反应产生的电子很快转移到阴极，但阴极上还原反应（消耗电子的反应）速度慢，使阴极上电子增多、电位负移。同样道理，阳极反应放出电子的速度，小于电子从阳极转移到阴极的速度，使阳极表面正电荷增多，电位正移。这种由于化学反应速度小于电子转移速度而引起的极化叫电化学极化。

（2）离子在溶液中向电极迁移的速度小于电极反应消耗离子的速度，使电极附近的离子浓度变小，而使离电极稍远处（扩散层）的离子浓度增大，使电极电位正移（阳极）或负移（阴极）这叫浓差极化。

降低或抑制极化的产生，叫去极化。如不断搅拌溶液，就能减少浓差极化。能起去极化作用的物质叫去极化剂，经常遇到的是氢离子还原的阴极反应和氧分子还原的阴极反应，特别是氧还原反应作为阴极反应的腐蚀过程最为普遍。例如溶于水中的氧能和阴极的电子反应，使阴极电子不断消耗，减缓极化，所以水中溶解的氧是阴极去极化剂。

2. 极化曲线

为了使电极电位随通过的电流强度或电流密度的变化情况更清晰准确，经常利用电位－电流图或电位－电流密度图。例如，图2－8中的原电池在接通电路后，铜电极和锌电极的电极电位随电流的变化可以绘制成图2－9的形式。因为铜电极和锌电极浸在溶液中的面积相等，所以图中的横坐标采用电流密度 i。图中的 φ_{Cu}^0 和 φ_{Zn}^0 分别为铜电极和锌电极的开路电极电位。从图中可以看出，随着电流密度的增加，阳极电位沿曲线 φ_{Zn}^0A 向正的方向移动，而阴极电位沿曲线 φ_{Cu}^0K 向负的方向移动。

我们把表示电极电位与极化电流或极化电流密度之间关系的曲线成为极化曲线。图2－9中的 φ_{Zn}^0A 曲线是阳极极化曲线，$\varphi_{Cu}{}^0$K 是阴极极化曲线。

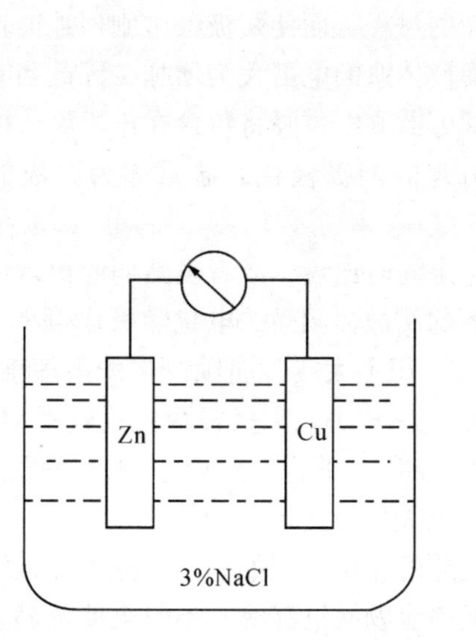

图2－8　腐蚀电池及其电流变化示意图

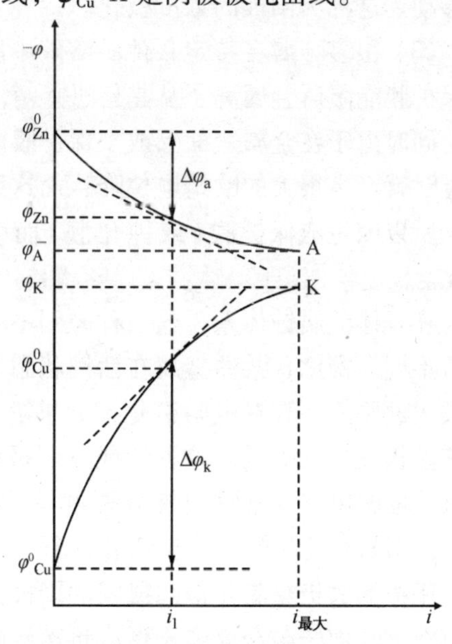

图2－9　极化曲线示意图

从极化曲线的形状可以看出电极极化的程度，从而判断电极反应过程的难易。例如，若极化曲线较陡，则表明电极的极化率较大，电极反应过程的阻力较大；若极化曲线较平坦，则表明电极的极化率较小，电极反应过程的阻力也较小，反应就容易进行。极化曲线对于解释金属腐蚀的基本规律有重要的意义，用实验方法测绘极化曲线并加以分析研究，是揭示金属腐蚀机理和探讨控制腐蚀措施的基本方法之一。

3. 阳极极化

对于金属电极反应来说，可写成如下的通式：

$$M \rightleftharpoons M^{n+} + ne$$

在腐蚀过程中，它进行的是不可逆的阳极反应，即金属氧化后，生成金属离子和等当量的电子。

产生阳极极化的原因：

(1) 阳极反应过程中，如果金属离子离开晶格进入溶液的速度比电子离开阳极表面的速度慢，则在阳极表面上就会积累较多的正电荷而使阳极电位向正的方向移动。这样的阳极极化称为阳极的电化学极化。

(2) 阳极反应产生的金属离子进入并分布在阳极表面附近的溶液中，如果这些金属离子向溶液深处扩散的速度比金属离子从晶格进入阳极表面附近溶液的速度慢，就会使阳极表面附近的金属离子浓度逐渐增加，因而阳极电位就向正的方向移动。这称为阳极的浓度极化。

(3) 很多金属在特定条件的溶液中能在表面生成保护膜使金属进入钝态。这种保护膜能阻碍金属离子从晶格进入溶液的过程，而使阳极电位剧烈地向正方移动。同时由于在金属表面形成了保护膜而使体系的电阻大为增加，因此当有电流通过时就产生很大的欧姆电位降，而这部分欧姆电位降将包含在阳极电位的测量中。所以因生成保护膜(或钝化膜)而引起的阳极极化，通常称为阳极的电阻极化。

在具体的腐蚀体系，这三种原因不一定同时出现，或者虽然同时出现但程度有所不同。例如，某些金属在活性状态下的腐蚀，阳极的电化学极化很小，因不形成表面膜故不存在电阻极化，如果溶液体积很大或者腐蚀产物的溶解度很小，则浓度极化也很微弱。这种情况下阳极极化率较小，阳极极化曲线较平坦(如图2-10的φ_a^0BC)，金属阳极溶解度反应将较容易进行。对处于钝态下的金属来说，阳极极化程度很大，其极化曲线有着很大的极化率。

阳极的去极化就是消除或减弱阳极极化的作用，例如，向溶液中加入络合剂或沉淀剂，由于与金属离子形成难离解的络合物或沉淀物，不仅会使金属表面附近溶液中金属离子的浓度大大降低，而且，还会在一定程度上加快金属离子从晶格进入溶液的速度，以进一步与之形成络合物或沉淀物，这样既基本上消除了阳极的浓度极化，同时又减弱了阳极的电化学极化。又如，向使金属处于钝态的溶液中加入某种活性阴离子，将破坏已形成的钝态使金属重新回到活性溶解状态，从而消除因形成保护膜而产生的阳极的电阻极化。此外，搅拌溶液或使溶液的流速加快，也可以消除或减弱阳极的浓度极化。

总之，阳极的极化可以减缓金属腐蚀过程，而阳极的去极化则加速金属腐蚀过程。

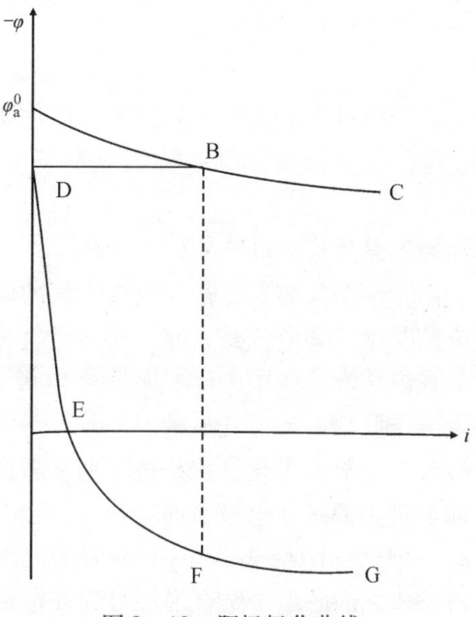

图 2－10　阳极极化曲线

4. 阴极极化

如果没有阴极反应过程，电化学腐蚀的阳极反应过程就不可能发生，因为阳极反应产生的电子如不被消耗，它们就会阻止金属离子脱离晶格进入溶液而使金属维持原状不变。电化学腐蚀之所以发生，是因为溶液中含有能使金属氧化的氧化剂，这种氧化剂迫使金属进行阳极反应以夺取其产生的电子而使本身还原，故常称之为腐蚀过程的去极化剂。凡是吸收电子而本身被还原的物质都可作为腐蚀过程的去极化剂，其还原反应都属于电化学腐蚀过程的阴极反应。因此，腐蚀过程的阴极反应可写成如下的通式：

$$D + e \rightleftharpoons D^{n-}$$

在腐蚀过程中它进行的是不可逆还原反应，生成的 D^{n-} 或者形成新相，或者溶解在溶液中。

产生阴极极化的原因有：

（1）去极化剂与电子结合的速度比外电路输入电子的速度慢，使得电子在阴极上积累。由于这种原因引起的电位向负的方向移动，称为阴极的电化学极化。

（2）去极化剂到达阴极表面的速度落后于去极化剂在阴极表面还原反应的速度，或者还原产物离开电极表面的速度缓慢——这既阻碍去极化剂到达阴极表面，也阻碍去极化剂在阴极表面还原反应的顺利进行，都将导致电子在阴极上的积累。由于这种原因引起的阴极电位向负的方向移动，称为阴极的浓度极化。

阴极极化表明阴极反应受到了阻碍，它将影响阳极反应的进行并因而减缓金属腐蚀速度。电化学腐蚀过程中最主要的阴极反应是氢离子和氧的还原反应，其机理详见氢去极化腐蚀和氧去极化腐蚀。

5. 氢去极化腐蚀

以氢离子还原反应为阴极过程的腐蚀，称为氢去极化腐蚀。阴极反应为 $2H^+ + 2e \longrightarrow H_2$ 的电极过程，在金属腐蚀学中称为氢离子去极化过程，简称氢去极化。

氢离子在电极上还原的总反应：$2H^+ + 2e \longrightarrow H_2$

其最终产物是氢分子。由于两个氢离子直接在电极表面的同一位置上同时放电的几率极小，因此该反应的初始产物应该是氢原子而不是氢分子。考虑到氢原子的高度活泼性，可以认为在电化学步骤中先生成吸附在电极表面的氢原子 MH，然后吸附氢原子结合为氢分子脱附并形成气泡析出。

一般认为在酸性溶液中，氢去极化过程是按下列步骤进行的：

(1) 水化氢离子向电极扩散并在电极表面脱水：

$$H^+ \cdot H_2O + 2e \longrightarrow H^+ + H_2O$$

(2) 氢离子与电极(M)表面的电子结合形成吸附在电极表面上的氢原子 MH：

$$H^+ + M(e) \longrightarrow MH$$

(3)吸附氢原子的复合脱附：

$$MH + MH \longrightarrow H_2 + 2M$$

或电化学脱附：

$$MH + H^+ + M(e) \longrightarrow H_2 + 2M$$

(4)氢分子形成气泡析出。

在这些步骤中，如果有一个步骤进行得较缓慢，就会影响到其他步骤的顺利进行，而使整个氢去极化过程受到阻碍，导致电极电位向负方移动，产生一定的过电位。

在碱性溶液中，在电极上还原的不是氢离子，而是水分子，析氢的阴极过程按下列步骤进行：

(1)水分子到达电极与氢氧离子离开电极；

(2)水分子电离及氢离子还原生成吸附在电极表面的氢原子：

$$H_2O \longrightarrow H^+ + OH^-$$

$$H^+ + M(e) \longrightarrow MH$$

(3)吸附氢原子的复合脱附：

$$MH + MH \longrightarrow H_2 + 2M$$

或电化学脱附：

$$MH + H^+ + M(e) \longrightarrow H_2 + 2M$$

(4)氢分子形成气泡析出。

不论在酸性溶液还是在碱性溶液中，对于大多数金属电极来说，第二个步骤即氢离子与电子结合的电化学步骤最缓慢，是控制步骤。但也有少数金属如铂，则第三个步骤——复合脱附步骤进行得最缓慢，是控制步骤。其他步骤对于氢去极化过程的影响不大。

在有些金属电极上，例如在镍电极和铁电极上，一部分吸附氢原子会向金属内部扩散，这就是导致金属在腐蚀过程中可能发生氢脆的原因。

铁在酸中的腐蚀具有以下特点：

(1)如果酸溶液中没有其他电极电位比氢电极电位更正的去极化剂存在，则腐蚀的阴极过程仅是析氢反应。实际上，放置于空气中的酸溶液中溶解有一定量的氧。在酸溶液中氧还原的标准平衡电位比氢离子还原的标准平衡电位正1.229V，所以溶解氧比氢离子更容易还原。但由于氧在酸溶液中的溶解度非常小(例如，在20℃的0.05N硫酸溶液中氧的饱和浓度仅为2.67×10^{-4}g/L)，故氧还原反应的极限扩散电流密度很小。因此通常考虑在静置的酸溶液中的腐蚀时，可以忽略空气中溶解于溶液中的氧的作用，且不致引起明显的误差。但若酸溶液中含有抑制以氢离子为去极化剂的缓蚀剂时，特别是在溶液剧烈搅动的情况下，溶于溶液中的氧的作用就不能忽视。

(2)在绝大多数情况下，铁在酸溶液中的腐蚀是在表面上没有钝化膜或其他成相膜存在的情况下进行的。如在浓硝酸这样的强氧化性酸溶液中铁可以处于钝化状态，但在氧化性较弱或非氧化性酸溶液中，铁腐蚀的产物是水化的亚铁离子。即使铁在浸入酸溶液以前表面上存在着氧化物膜，在浸入酸溶液后也会很快被溶解掉。因此，铁在氧化性较弱或非氧化性酸溶液中的腐蚀是活性区的腐蚀，即表面上没有钝化膜存在的腐蚀。

(3)在大多数情况下，铁在酸溶液中的腐蚀从宏观上看是均匀腐蚀，不能明确地在金属表面上区分出阳极区和阴极区。但随酸溶液体系的不同和研究观察的尺度的不同，铁在酸溶液中腐蚀的均匀程度也是不同的。例如大多数情况下，铁在酸溶液中腐蚀后表面变得粗糙了。如取很小的面积范围以较大的放大倍数来观察，可以发现表面的腐蚀深度实际上往往是不均匀的。但这种腐蚀深度的差异与整个表面的平均腐蚀深度相比还是较小的，因此仍然可以认为整个腐蚀过程是均匀腐蚀。

(4)实验证明，如果酸溶液中氢离子浓度大于10^{-3}g/L，则氢离子还原的阴极反应过程的浓度极化可以忽略不计。这是因为水溶液中氢离子的扩散系数特别大，其次是由于铁表面上不断析出的氢气产生了搅拌作用，再一个原因是氢离子向电极表面的传质过程，除了扩散以外，还有电迁作用。特别是当溶液中除氢离子外没有大量别的阳离子存在时，电迁作用更不可忽视。此外，腐蚀产物亚铁离子 Fe^{2+} 中的一部分要转变成 $FeOH^{+}$，同时生成氢离子，这也会使靠近铁表面的溶液层中消耗掉的氢离子得到部分补偿。因此，在 pH 值小于 3 的酸溶液中铁的腐蚀过程中氢离子的浓度极化可以忽略。

金属在酸溶液中发生活性腐蚀时，腐蚀电位随溶液的 pH 值降低而变正，这是由于析氢反应的电位随 pH 值的降低而变正所致。这与在中性溶液中的腐蚀情况相反，对像于铁这样可钝化的金属在中性溶液中的腐蚀来说，通常在 pH 值较高的溶液中腐蚀电位较正，随着 pH 值降低，由于钝化膜的变薄或破坏，腐蚀电位将变负。因此若与金属表面的不同区域接触的溶液层的 pH 值有差异，则在中性溶液腐蚀的情况下，与 pH 值较低的溶液接触的金属表面区域将成为阳极区。而在酸溶液中活性腐蚀的情况下则相反，与 pH 值较高的酸溶液接触的表面区域的电位较负，将成为阳极区。这个规律对于了解不同介质中的局部腐蚀如隙缝腐蚀现象很重要。由于析氢反应的电位随 pH 值降低而变正从而增大了腐蚀的驱动力，所以铁在酸溶液中活性腐蚀时的腐蚀速度随着 pH 值的降低而增大。

6. 氧去极化腐蚀

在中性和碱性溶液中，溶解在溶液中的氧是腐蚀去极化剂，故这类腐蚀称为氧去极化腐蚀。与氢离子还原反应相比，氧还原反应可以在正得多的电位下进行，因此氧去极化腐蚀比氢去极化腐蚀更为普遍。大多数金属在中性和碱性溶液中以及少数正电性金属在含有溶解氧的弱酸性溶液中的腐蚀都属于氧去极化腐蚀。

在氧去极化的阴极过程中，浓度极化常常占主导地位。这是因为：

(1) 氧分子向电极表面的输送只能依靠对流和扩散；

(2) 由于氧的溶解度不大，所以氧在溶液中的浓度很小(在一般情况下最高浓度约为 10^{-4}M)；

(3) 不发生气体的析出，不存在附加搅拌，反应产物只能依靠液相传质方式离开金属(电极)表面。

因此，氧去极化的阴极过程可以分为两个基本环节：氧向金属表面的输送过程和氧离子化反应过程。

氧电极过程是个复杂的四电子反应，在酸性溶液中为：

$$O_2 + 4H^+ + 4e \longrightarrow 2H_2O$$

在碱性溶液中为：

$$O_2 + 2H_2O + 2e \longrightarrow 4OH^+$$

由于反应过程有不稳定的中间产物出现，故使研究工作较难进行，因此对氧电极过程的认识远不如对氢电极过程的认识透彻。根据现有的实验事实，大致可将氧还原反应过程的机理分为两类：

第一类的中间产物为过氧化氢或二氧化一氢离子。在酸性溶液中的基本步骤为：

（1）形成半价氧离子：

$$O_2 + e \longrightarrow O_2^-$$

（2）形成二氧化一氢：

$$O_2^- + H^+ \longrightarrow HO_2$$

（3）形成二氧化一氢离子：

$$HO_2 + e \longrightarrow HO_2^-$$

（4）形成过氧化氢：

$$HO_2^- + H^+ \longrightarrow H_2O_2$$

（5）形成水：

$H_2O_2 + 2H^+ + 2e \longrightarrow 2H_2O$ 或 $2H_2O_2 \longrightarrow O_2 + 2H_2O$

在碱性溶液中的基本步骤为：

（1）形成半价氧离子：

$$O_2 + e \longrightarrow O_2^-$$

（2）形成二氧化一氢离子：

$$O_2^- + H_2O + e \longrightarrow HO_2^- + OH^-$$

（3）形成氢氧离子：

$$HO_2^- + H_2O + 2e \longrightarrow 3OH^- \text{ 或 } 2HO_2^- \longrightarrow O_2 + 2OH^-$$

在上述基本步骤中，一般倾向于认为在酸性溶液中第一个步骤是控制步骤，在碱性溶液中第二个步骤是控制步骤。总之，控制步骤是接受一个电子的还原步骤。

第二类反应机理中不生成过氧化氢或二氧化一氢离子，而以吸附氧或表面氧化物作为中间产物。在酸性溶液中的基本步骤为：

（1）$O_2 + 2M \longrightarrow 2M-O$

（2）$M-O + 2H^+ + 2M(e) \longrightarrow 2H_2O + 3M$

在碱性溶液中的基本步骤为：

（1）$O_2 + 2M \longrightarrow 2M-O$

（2）$M-O + 2H_2O + 2M(e) \longrightarrow 2OH^- + 3M$

在大多数金属电极上氧还原反应过程是按第一类机理进行的；在某些活性碳及少数金属氧化物电极上氧的还原反应则可能按第二类机理进行，但其细节尚有待于进一步研究。

在讨论了氢去极化腐蚀与氧去极化腐蚀的一般规律后，可用表格形式将它们作一简单比较(见表2-8)。

表2-8 氢去极化腐蚀与氧去极化腐蚀的比较

比较项目	氢去极化腐蚀	氧去极化腐蚀
去极化剂的性质	氢离子，可以对流、扩散和电迁三种方式传质，扩散系数很大	中性氧分子，只能以对流和扩散传质，扩散系数较小
去极化剂的浓度	浓度很大，酸性溶液中氢离子作为去极化剂，中性或碱性溶液中水分子作为去极化剂	浓度较小，在室温及普通大气压下，在中性水中的饱和浓度约为10^{-4}M，随温度升高和盐浓度增加，溶解度将下降
阴极反应产物	氢气以气泡形式析出，使金属表面附近的溶液得到附加搅拌	水分子或氢氧根离子，只能以对流和扩散离开金属表面，没有附加搅拌作用
腐蚀的控制类型	阴极控制、混合控制和阳极控制都有，阴极控制较多见，并且主要是阴极的活化极化控制	阴极控制居多，并且主要是氧扩散控制，阳极控制和混合控制的情况比较少
合金元素或杂质的影响	影响显著	影响较小
腐蚀速度的大小	在不发生钝化现象时，因氢离子的浓度和扩散系数都较大，所以单纯的氢去极化腐蚀速度较大	在不发生钝化现象时，因氧的溶解度和扩散系数都很小，所以单纯的氧去极化腐蚀速度较小

五、油田回注水处理系统腐蚀概论

回注水处理及回注系统中的钢构筑物腐蚀环境为回注水(内表面腐蚀)、土壤和大气(外壁腐蚀)。最严重，最难于控制的是回注水对钢构筑物内表面的腐蚀。不论是回注水，土壤还是大气对钢构筑物的腐蚀都是电化学腐蚀。图2-11是胜利油田某集输管线腐蚀状况。

图2-11 胜利油田某集输管线腐蚀状况

1. 阳极反应

碳钢在回注水，土壤或大气中，阳极反应均为：

$$Fe - 2e \longrightarrow Fe^{2+}$$

介质中如溶解 O_2较多，则 Fe^{2+}可以继续氧化为 Fe^{3+}。

$$4Fe^{2+} + O_2 + 2H_2O \longrightarrow 4Fe^{3+} + 4OH^-$$

阴极反应相对较复杂，视回注水的情况而异。

2. 阴极反应

1)氧的去极化反应

由于氧还原的标准电极电位值为 0.401V，远大于氢还原的电极电位值(0.00V)和其他离子还原的电极电位值，所以在中性或碱性溶液中，阴极反应主要是溶解 O_2的还原：

$$O_2 + 2H_2O + 4e \longrightarrow 4OH^-$$

阳极反应生成电子，转移到阴极，立即被溶解 O_2还原消耗掉，使阳极 Fe 的溶解加快。所以这个反应叫氧的阴极去极化反应，腐蚀产物为：

$$Fe^{2+} + 2OH^- \longrightarrow Fe(OH)_2$$

如水中溶解 O_2较多，则继续氧化，生成 Fe^{3+}

$$4Fe(OH)_2 + O_2 + 2H_2O \longrightarrow 4Fe^{3+} + 12OH^-$$

水溶液中溶解 O_2是一个很好的去极化剂，所以是一个最重要的腐蚀因素。除去 O_2或严格控制 O_2的含量是控制腐蚀最有效的措施。

2) H^+的阴极去极化反应

在酸性溶液中，由于 H^+浓度高，H^+参与阴极反应，成为阴极去极化剂：

$$2H^+ + 2e \longrightarrow H_2\uparrow$$

同 O_2的去极化反应一样，阳极反应生成的电子转移到阴极，被 H^+还原消耗掉，使阳极 Fe 的溶解加快。腐蚀产物为 $Fe(OH)_2$。

图 2－12 是集输管线腐蚀机理示意图。

六、回注水处理及回注系统中影响腐蚀的因素

金属腐蚀的本质是金属的氧化和介质中电极电位最正的物质的还原，即金属变成离子(即腐蚀)的阳极反应和还原物质的阴极反应。但影响这两个反应的因素是由腐蚀介质本身的特点所决定的。油田回注水具有水温高，矿化度高，含腐蚀性气体，微生物滋生，有污油，易结垢等特点，情况比较复杂，具体来说，对腐蚀的影响主要有以下几种：

1. 温度的影响

温度几乎能提高所有化学反应的速度。对油田回注水腐蚀的影响主要表现在

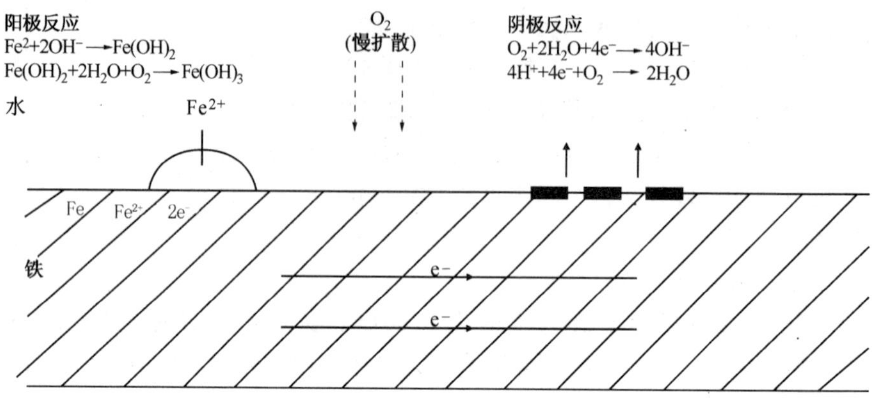

图 2-12 集输管线腐蚀机理示意图

两方面：一方面温度的升高，加快了腐蚀反应的速度，使腐蚀加剧；另一方面由于水温升高，溶解氧含量减少，使阴极去极化能力减弱，对阴极反应主要是氧的去极化反应的中性和碱性溶液来说，温度升高，腐蚀减缓，两者综合，温度升高，腐蚀还是要加剧，但变化相对较慢。但对酸性溶液，因为参与阴极去极化反应的是氢离子而不是氧，温度升高加快了阴极去极化反应的速度，所以，如果回注水呈酸性，则温度对腐蚀的影响要大于中性和碱性的回注水，呈指数关系上升(约温度每升高 10℃腐蚀加快 2~3 倍)。

2. 矿化度的影响

矿化度对腐蚀的影响也表现在两方面。一方面矿化度高，溶液的电导率大，有利于电荷的转移，腐蚀速度加快；另一方面矿化度高，溶解氧含量减少，不利于阴极的去极化，使腐蚀速度减慢。对以氧的阴极去极化反应为主的腐蚀过程，矿化度在 30000~40000mg/L 时，腐蚀速度达到最大值，矿化度再高时，腐蚀速度下降。

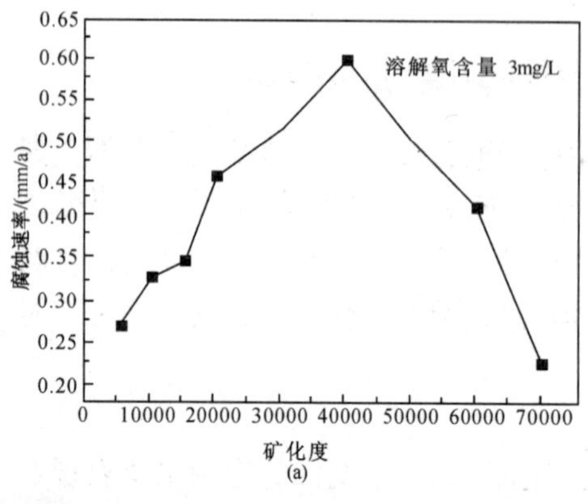

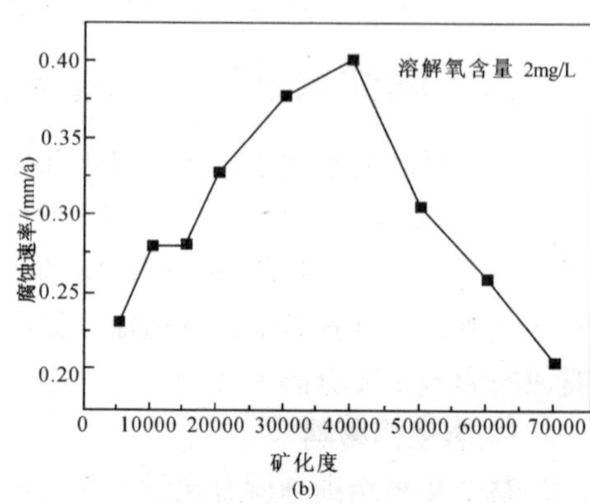

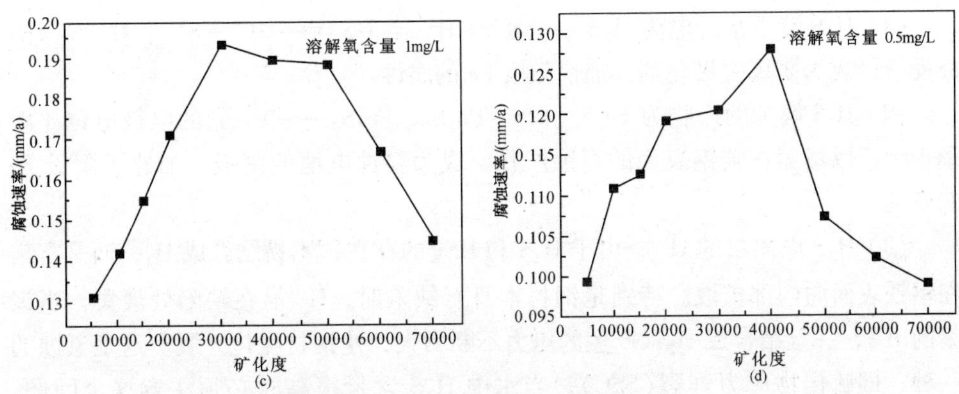

图 2 – 13 腐蚀速率与矿化度之间的关系

3. 酸、碱度(pH)的影响

pH 值对腐蚀的影响主要是由于 pH 值影响金属表面上氧化膜的形成和溶解，从实验数据(见图 2 – 14)可以看出，在相同条件下，油田回注水 pH 值在 7 ~ 8 后腐蚀达最小。

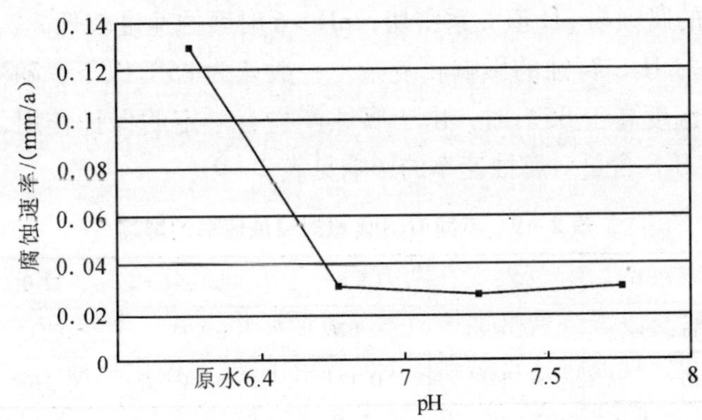

图 2 – 14 腐蚀速率与 pH 值之间的关系

4. Cl^- 的影响

实践中发现许多设备的点蚀多来自含 Cl^- 的介质引起的。Cl^- 的存在是引起碳钢点蚀的主要原因，当 Cl^- 与 O_2 或氧化性金属离子(Cu^{2+}、Fe^{3+})同存时，加速点蚀的进行，一些含氧非侵蚀性的阴离子(如 NO_3^-、SO_4^{2-}、OH^-、CO_3^{2-}、CrO_4^- 等)可起点蚀缓蚀剂的作用，减缓点蚀。

金属或合金耐点蚀的判断，可由它们的点蚀电位 E_b 确定，E_b 越正，耐点蚀性能越好。

5. H_2S 的腐蚀

H_2S 对碳钢的腐蚀有下列情况：

（1）H_2S 溶于水，电离 $H_2S \rightleftharpoons H^+ + HS^-$，$HS^- \rightleftharpoons H^+ + S^{2-}$，$H^+$ 参与阴极反应，成为阴极去极化剂，加快阳极 Fe 的腐蚀。

（2）H_2S 腐蚀的产物为 Fe_xS_y（FeS、Fe_2S_3、Fe_3S_4……），它的电极电位比碳钢正。所以覆盖在碳钢表面的腐蚀产物，成为腐蚀电池的阴极，加速了阳极 Fe 的腐蚀。

（3）H_2S 电离出的 H^+，由于 H_2S 和 HS^- 的存在，不易结合成 H_2，而是富集在钢铁表面向内部扩散。特别是钢材本身有缺陷时，H^+ 易在缺陷处聚集，当聚集的 H^+，一旦结合成 H_2，产生的压力不断增大，使钢材脆化开裂。这是氢蚀的一种，即硫化物应力开裂（SSC）。当水中 H_2S 含量很高时必须注意这个问题。NACE MR0175 标准指出了敏感材料发生 SSC 时 H_2S 的最低量及选用的材料和工艺。NACE MR0177 标准规定了金属材料抗 SSC 的评定方法。

回注水中的 H_2S，一方面来自油层及伴生气中；另一方面由于微生物的作用使原油、水中的含硫物转化而来。最重要的细菌是硫酸盐还原菌（SRB），它对碳钢的腐蚀和对水质的破坏作用最大。

（4）H_2S 的腐蚀与 pH 值关系密切，$pH > 6$ 时腐蚀速度较低。

（5）温度对 H_2S 腐蚀的影响较复杂。一般认为 85℃以下，随温度升高，腐蚀速度加快。温度高于 85℃时，由于腐蚀产物有一定的保护作用，腐蚀速度有所降低。不同 H_2S 含量对腐蚀速率的影响见表 2－9。

表 2－9　不同 H_2S 含量对腐蚀速率的影响

H_2S/(mg/L)	0.3	5.6	11.5	22.0	30
腐蚀电流密度/(mA/cm^3)	0.049	0.076	0.094	0.119	0.134
腐蚀速率/(mm/a)	0.043	0.124	0.243	0.3109	0.3816

表中的数据显示：在低浓度情况下，硫化氢对腐蚀的影响较大。

6. CO_2 的腐蚀

CO_2 溶入水形成碳酸以后对钢铁材料有极强的腐蚀性，比同 pH 值下盐酸对钢铁的腐蚀性还要严重。CO_2 溶解于水生成 H_2CO_3，金属在 H_2CO_3 溶液中发生电化学腐蚀，机理见图 2－15。

（1）CO_2 和 H_2S 一样溶于水中，电离出 H^+：

$$CO_2 + H_2O \rightleftharpoons H^+ + HCO_3^-$$

$$HCO_3^- \rightleftharpoons H^+ + CO_3^{2-}$$

H^+ 与阳极反应生成的电子在阴极结合，成为阴极去极化剂，促使腐蚀加快。

（2）温度小于60℃时，主要是均匀腐蚀。腐蚀速度与CO_2含量（分压）有关。经验公式为：

$$\lg VCO_2 = 0.67\lg pCO_2 + C$$

式中　VCO_2——CO_2对碳钢的腐蚀速度；

pCO_2——溶液中CO_2的分压；

C——与温度有关的常数。

温度高于60℃，由于腐蚀产物松厚，结晶粗大易破损，因此局部腐蚀严重。

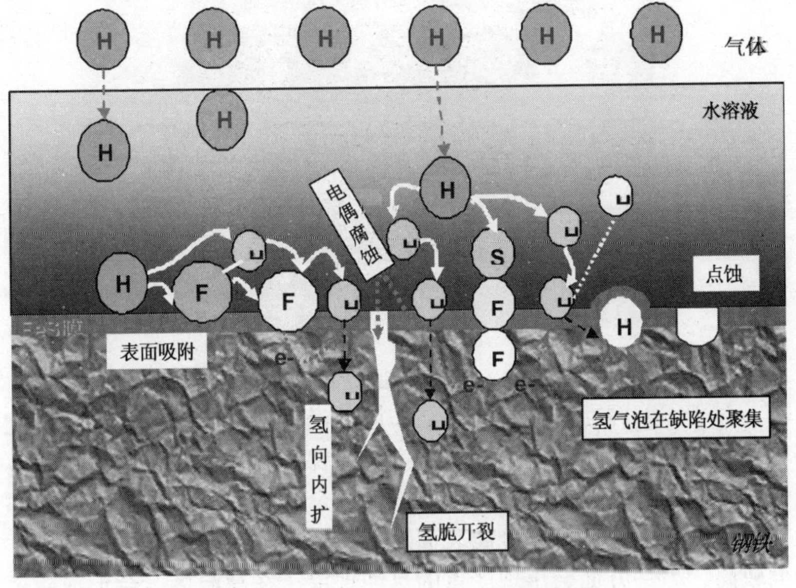

图2－15　H_2S电化学腐蚀机制示意图

（3）CO_2腐蚀类型：均匀腐蚀（见图2－16）和局部腐蚀（见图2－17）。

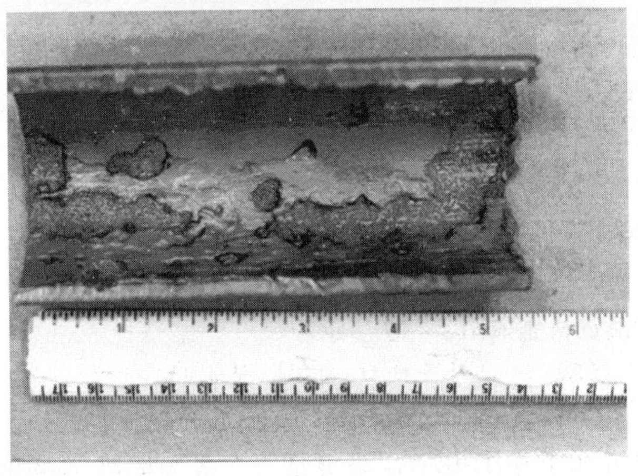

图2－16　均匀腐蚀减薄

CO_2均匀腐蚀速率受金属表面形成的腐蚀产物膜控制，同时也和温度、流速、CO_2分压、介质成分等有关。

CO_2局部腐蚀包括点蚀、台面状腐蚀，这将会导致油管刺穿，是油管主要的失效形式。局部腐蚀的产生与碳钢在CO_2腐蚀环境下生成的腐蚀产物膜密切相关，而且流体会对局部腐蚀产生重要的影响。

图 2-17 台地状局部腐蚀

目前，对于CO_2腐蚀产物膜的重要作用已经被广泛接受，致密、稳定、黏附力良好的腐蚀产物膜对基体金属会产生有效的保护作用。不同温度区CO_2腐蚀机制如图 2-18 所示。在低温区，腐蚀产物膜在金属表面不易形成，所以腐蚀类型表现为均匀腐蚀；在中温区，金属表面形成的是多孔疏松的腐蚀产物膜，腐蚀速率一方面较高，另一方面会出现严重的点蚀现象；在高温区，会形成致密、黏附力强的腐蚀产物膜，腐蚀速率大大降低，腐蚀类型为均匀腐蚀。

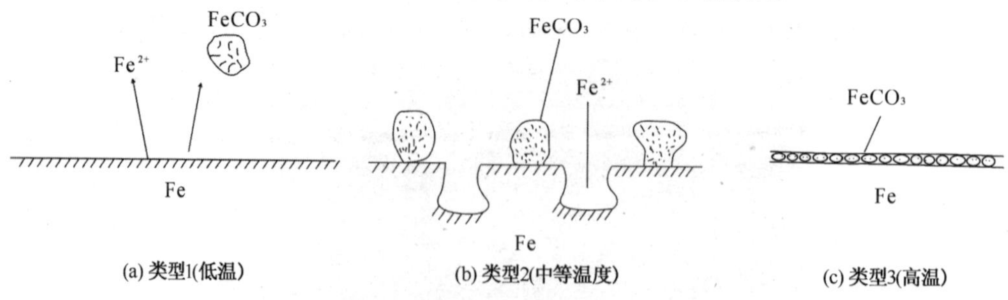

图 2-18 不同温度区CO_2腐蚀机制示意图

CO_2电化学腐蚀机制如图 2-19 所示。

7. 溶解氧的影响

油田回注水中的溶解氧在浓度小于 1mg/L 的情况下也能引起碳钢的严重腐蚀。在回注水中本来不含有溶解氧，但在回注水地面集输、处理过程中存在暴氧点，导致空气中的氧溶入回注水中。

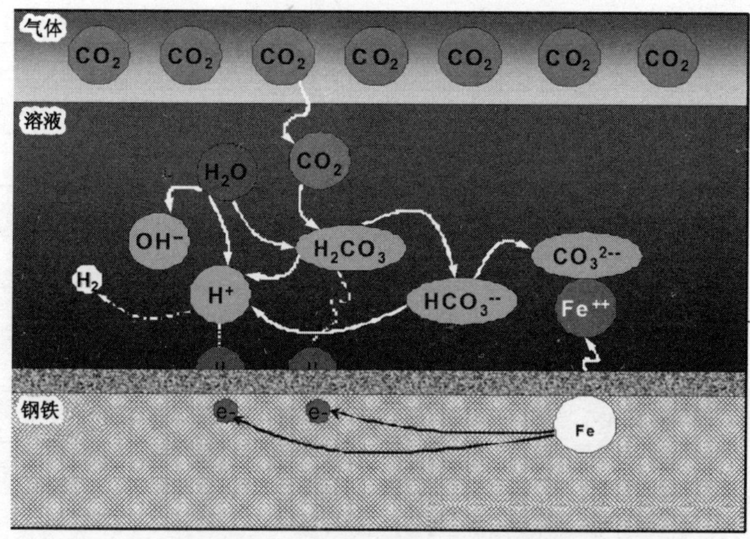

图 2－19　CO_2电化学腐蚀机制示意图

氧气在水中的溶解度是压力、温度和氯化物含量的函数。氧气在盐水中的溶解度小于在淡水中的溶解度。表 2－10 给出在不同温度下，当空气压力为 1atm 时，氧气在盐水中的溶解度。

表 2－10　氧在盐水中的溶解度

温度/℃	氯化物浓度/(mg/L)				
	0	5000	10000	15000	20000
0	14.62	13.70	12.97	12.14	11.32
1	14.23	13.41	12.61	11.82	11.03
2	13.84	13.05	12.28	11.52	10.76
3	13.48	12.72	11.98	11.24	10.50
4	13.13	12.41	11.80	10.97	10.25
5	12.80	12.00	11.30	10.70	10.01
6	12.48	11.79	11.12	10.45	9.76
7	12.17	11.51	10.85	10.21	9.57
8	11.87	11.24	10.61	9.98	9.36
9	11.59	10.97	10.38	9.76	9.17
10	11.33	10.73	10.13	9.55	8.98
11	11.03	10.49	9.92	9.25	8.80

续表

温度/℃	氯化物浓度/(mg/L)				
	0	5000	10000	15000	20000
12	10.83	10.28	9.72	9.17	8.62
13	10.50	10.05	9.52	8.98	8.46
14	10.37	9.85	9.32	8.80	8.30
15	10.15	9.65	9.14	8.53	8.14
16	9.95	9.45	8.96	8.47	7.99
17	9.74	9.25	8.78	8.30	7.84
18	9.54	9.07	8.62	8.15	7.70
19	9.35	8.89	8.45	8.00	7.56
20	9.17	8.73	8.30	7.86	7.42
21	8.99	8.57	8.14	7.71	7.28
22	8.83	8.42	7.99	7.57	7.14
23	8.58	8.27	7.85	7.43	7.00
24	8.53	8.12	7.71	7.30	6.87
25	8.38	7.95	7.56	7.15	6.74
26	8.22	7.81	7.42	7.02	6.61
27	8.07	7.67	7.28	6.88	6.49
28	7.92	7.53	7.14	6.75	6.37
29	7.77	7.39	7.00	6.62	6.25
30	7.53	7.25	6.89	6.49	6.13

一般碳钢在室温下不通气的纯水中的腐蚀速度小于0.04mm/a，如果水被空气中的氧饱和后，在室温时其初始腐蚀速度可达0.45mm/a。经过几天以后，形成的锈层起了氧扩散势垒的作用，碳钢的腐蚀速度开始下降，自然腐蚀速度约为0.1mm/a。这类腐蚀往往是不均匀的全面腐蚀。上述的腐蚀速度是指碳钢在含氧纯水或含有害离子浓度较低的水中的腐蚀情况，碳钢在含盐量较高的水中有可能出现局部腐蚀，局部腐蚀的速度可高达3~5mm/a。

碳钢在接近中性水溶液中的溶解氧腐蚀主要有四个过程：

(1) 铁素体放出自由电子而成为 Fe^{2+} 进入溶液;

(2) 自由电子从阳极铁素体流入阴极渗碳体;

(3) 去极化剂溶解氧在渗碳体上吸收电子,阴极反应产物 OH^- 离子进入溶液;

(4) 阴、阳极产物相结合生成 $Fe(OH)_2$沉淀。

这四个过程中最慢的是溶解氧扩散到阴极的速度,因此溶解氧扩散速度控制了整个过程的腐蚀速度。腐蚀产物 $Fe(OH)_2$是一个溶度积很低的弱碱,溶度积 $K_{sp}=10^{-11}$,$pH=9.5$,由于碳钢的阴、阳极靠得很近,在纯水中形成均匀腐蚀,整个碳钢表面被 $Fe(OH)_2$覆盖后,其 pH 值高于溶液中的 pH 值而呈碱性。溶解氧不仅直接参与了阴极反应,它还可以把 $Fe(OH)_2$进一步氧化成 $Fe(OH)_3$,其反应式是:

$$4Fe(OH)_2 + O_2 + 2H_2O \longrightarrow 4Fe(OH)_3$$

实际上碳钢表面上的锈层是很复杂的,决不是单一的二价或三价的氢氧化物,往往是各种价数的氧化物、氧化物的水合物或氢氧化合物的混合物。在全面腐蚀中,尽管这层腐蚀产物不如钝化膜那样完整和致密,但它毕竟也阻滞了氧的扩散速度,氧穿过覆盖物要被消耗一部分后,才能和铁相接触。

凡是能阻滞扩散速度的现象都称为扩散势垒,锈层能阻滞氧的扩散速度,所以锈层起了氧扩散势垒的作用。在碳钢水腐蚀中,氧浓度和氧扩散势垒控制了整个腐蚀反应的速度。光洁的碳钢表面,氧扩散势垒小,因而起始腐蚀速度较高(0.45mm/a),随着腐蚀过程的进行,扩散势垒层产生,腐蚀速度下降,最后达到了恒定的腐蚀速度(0.1mm/a)。

8. 溶解氧和矿化度共同的影响

根据对现场调研资料的分析,分别选取 0~3mg/L 范围内 5 个不同的溶解氧含量和 5000~70000mg/L 范围内 9 个不同的矿化度,研究溶解氧含量和矿化度两个因素变化碳钢在油田回注水中腐蚀规律。另外,根据现场的工况条件,温度定为45℃,pH 值控制在 7.0~7.5,气体总压为一个大气压。实验结果见图2-20。

1)腐蚀速率的变化

从图 2-20 中可以看出,腐蚀速率与溶解氧含量之间近似成线性关系,腐蚀速率随着溶解氧含量的升高而增大。氧含量在 0mg/L 时腐蚀速率最小,在 3.0mg/L 时腐蚀速率最大。

溶解氧含量为 0mg/L 时的试样表面仍为腐蚀前的光亮表面,基本上没有发生腐蚀。溶解氧含量为 0.5mg/L 和 1mg/L 时的试片表面形成了一层较薄的腐蚀产物,但膜与基体的结合力比较差,很容易脱落下来。大部分腐蚀产物在清洗过

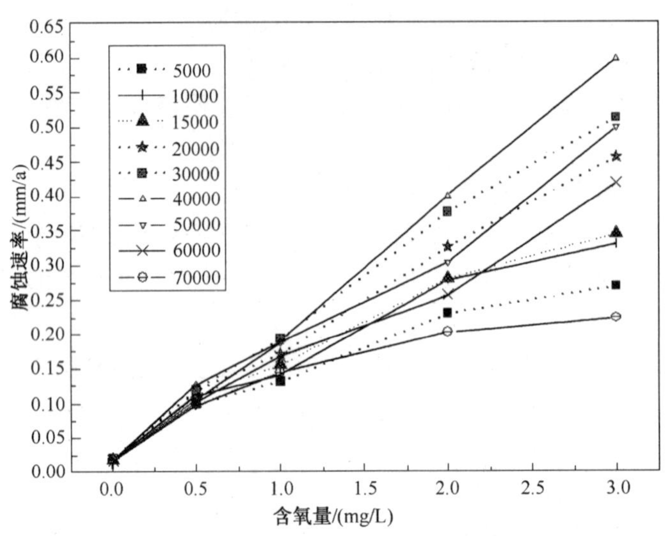

图 2－20　不同矿化度时腐蚀速率与溶解氧含量关系曲线

程中已被冲刷掉，所以腐蚀产物不能对基体起到保护作用。

溶解氧含量为 2mg/L 和 3mg/L 时的试片表面发生较轻微的腐蚀，试样表面形成很薄的腐蚀产物膜，腐蚀产物堆积分布的更广，腐蚀形式主要是均匀腐蚀。而溶解氧为 2mg/L 时的试片腐蚀形式为全面腐蚀；溶解氧为 3mg/L 时的试片表面局部有较浅的腐蚀坑，表面发生了全面腐蚀和局部腐蚀。

2）腐蚀产物微观形貌

选择矿化度为 5000mg/L、10000mg/L、50000mg/L、60000mg/L、70000mg/L 的试样，利用扫描电子显微镜观察了腐蚀产物膜的表面形貌。图 2－21～图2－25 为试片腐蚀后腐蚀产物 SEM 表面形貌。

比较图 2－21 和图 2－22，可以看出：低矿化度时，溶解氧含量为 0mg/L 时，试片表面光滑无腐蚀产物，这与腐蚀速率一致。随着溶解氧含量增大，腐蚀产物面积随之增大。由于腐蚀产物疏松，对腐蚀介质阻隔效果比较差，对基体没有保护性，所以对应的腐蚀速率一直在增大，但是腐蚀速率都比较小。

比较图 2－23、图 2－24 和图 2－25，可以看出：中高矿化度时，溶解氧含量为 0mg/L 时，试片表面出现疏松的腐蚀产物，但腐蚀程度不大，对应的腐蚀速率比较小。随着溶解氧含量的增大，溶解氧含量为 1mg/L、2mg/L 时，试片表面的腐蚀产物面积逐渐增大，表明腐蚀速率也随之增大。3mg/L 时，腐蚀后表面形成的腐蚀较为密集，但腐蚀产物膜内也出现显微裂纹，腐蚀介质可以通过腐蚀产物膜开裂处进入膜/基体界面对基体进行腐蚀，对应的腐蚀速率也较大。

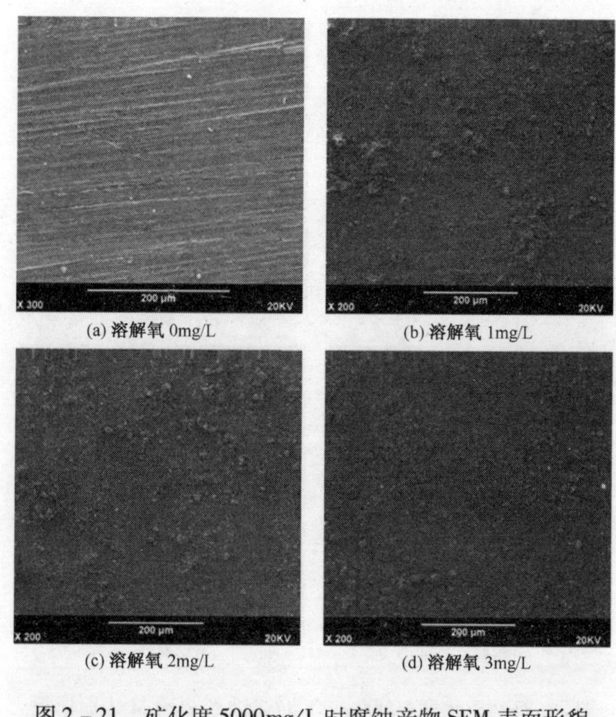

(a) 溶解氧 0mg/L (b) 溶解氧 1mg/L

(c) 溶解氧 2mg/L (d) 溶解氧 3mg/L

图 2－21 矿化度 5000mg/L 时腐蚀产物 SEM 表面形貌

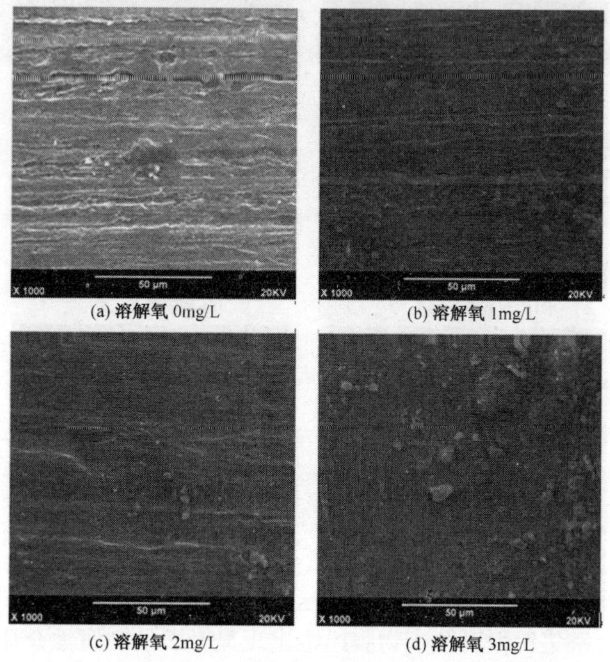

(a) 溶解氧 0mg/L (b) 溶解氧 1mg/L

(c) 溶解氧 2mg/L (d) 溶解氧 3mg/L

图 2－22 矿化度 10000mg/L 时腐蚀产物 SEM 表面形貌

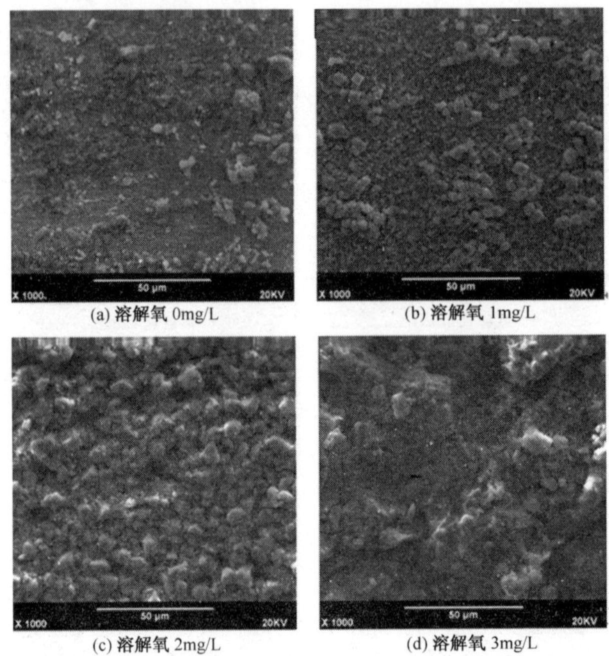

(a) 溶解氧 0mg/L (b) 溶解氧 1mg/L

(c) 溶解氧 2mg/L (d) 溶解氧 3mg/L

图 2－23 矿化度 50000mg/L 时腐蚀产物 SEM 表面形貌

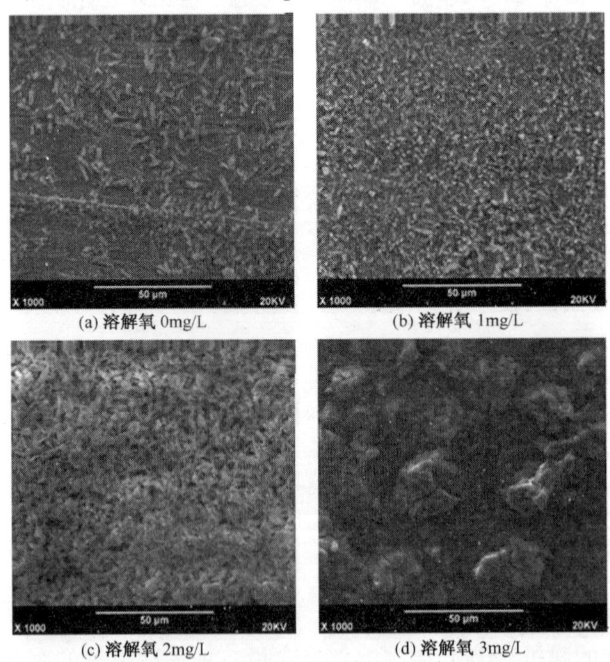

(a) 溶解氧 0mg/L (b) 溶解氧 1mg/L

(c) 溶解氧 2mg/L (d) 溶解氧 3mg/L

图 2－24 矿化度 60000mg/L 时腐蚀产物 SEM 表面形貌

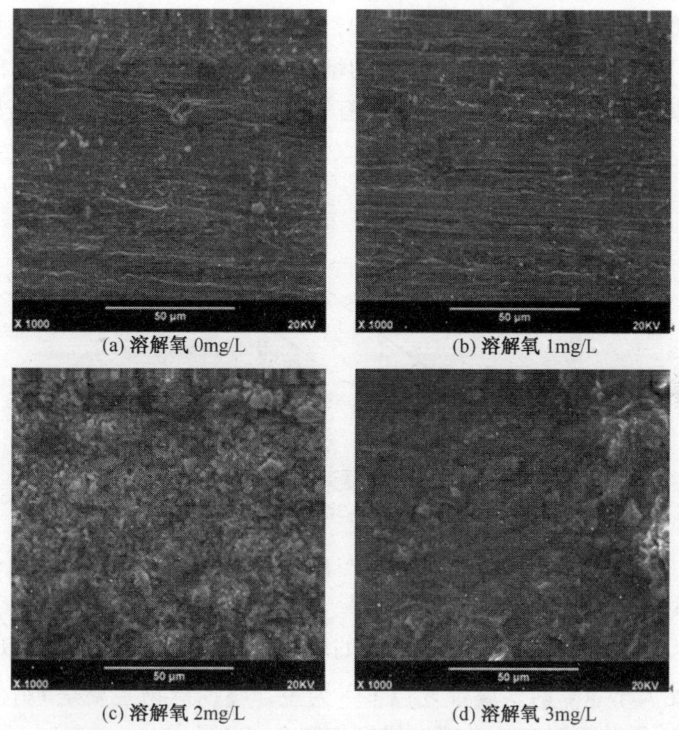

(a) 溶解氧 0mg/L　(b) 溶解氧 1mg/L

(c) 溶解氧 2mg/L　(d) 溶解氧 3mg/L

图 2－25　矿化度 70000mg/L 时腐蚀产物 SEM 表面形貌

9. CO_2 和 O_2 共同的影响

水中溶解氧的存在对二氧化碳的腐蚀具有促进作用，溶解氧含量对二氧化碳腐蚀的影响见图 2－26。

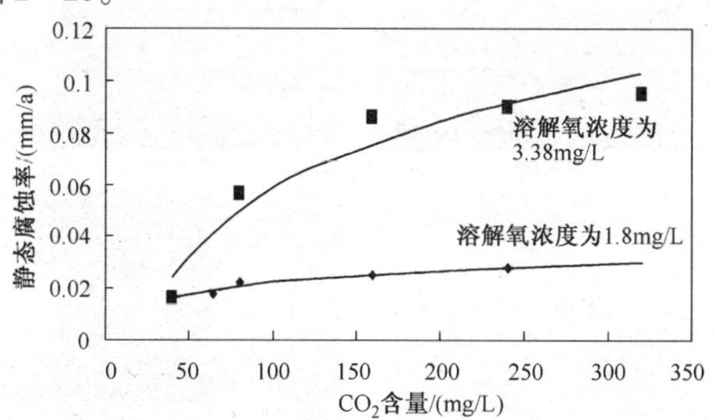

图 2－26　溶解氧含量对二氧化碳腐蚀的影响

10. H_2S 和 O_2 共同的影响

硫化氢引起的腐蚀，与介质中溶解氧含量有关。溶解氧的存在，在水中硫化氢含量小于 2mg/L 时，随着硫化氢浓度的增加，腐蚀速率较小；但硫化氢含量大于2mg/L时，随着硫化氢浓度的增加，腐蚀速率快速增加，尤其是硫化氢含量大于5mg/L以后，随着硫化氢含量的增加，溶解氧的存在，体系的腐蚀速率较无氧体系快的多。图2－27显示了在有氧存在的条件下，硫化氢与腐蚀速率的关系。

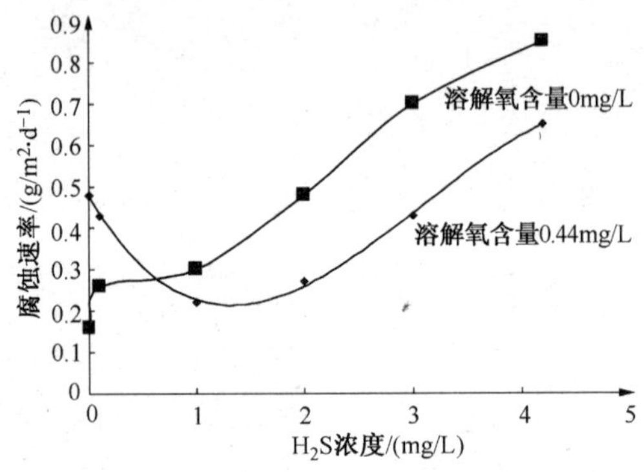

图2－27　硫化氢与腐蚀速率的关系图

11. H_2S 和 CO_2 共同影响

H_2S 与 CO_2 共存时，CO_2 促进 H_2S 的腐蚀，腐蚀产物主要是FeS。当 CO_2 与 H_2S 分压之比大于500时，腐蚀才以 CO_2 为主，腐蚀产物主要是 $Fe_2(CO_3)_3$。溶解氧、H_2S、CO_2 共存时电化学腐蚀机制如图2－28所示。

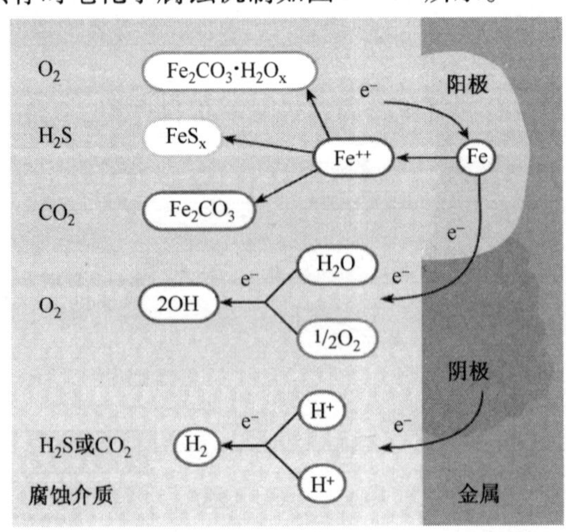

图2－28　溶解氧、H_2S、CO_2 共存时电化学腐蚀机制示意图

溶解氧、H_2S 和 CO_2 三种腐蚀剂中 H_2S 和 CO_2 的腐蚀是氢去极化腐蚀，O_2 是氧去极化腐蚀。

12. Cl^-、污垢和 O_2 共同的影响

实践中发现许多设备的点蚀多来自含 Cl^- 的介质引起的。当 Cl^- 与 O_2 或氧化性金属离子(Fe^{3+})同存时，可加速点蚀的进行。图 2-29 显示了 Cl^-、污垢和 O_2 的孔蚀机理。

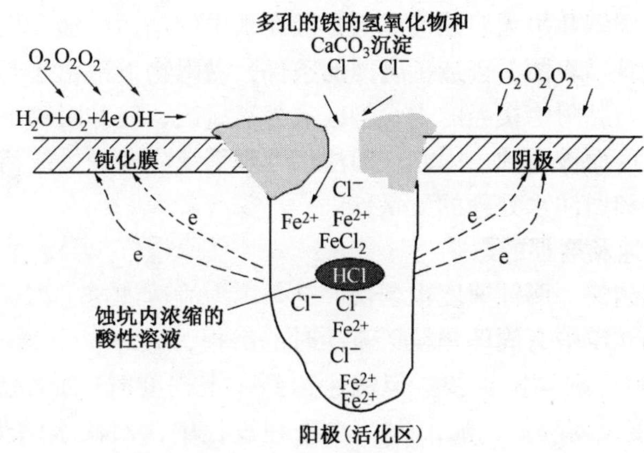

图 2-29 Cl^-、污垢和 O_2 的孔蚀机理

这种点蚀机理的特征如下：

（1）点蚀孔：蚀孔内的初级阳极反应为：

$$Fe \longrightarrow Fe^{2+} + 2e$$

随之发生水解反应生成 H^+，溶液显酸性：

$$Fe^{2+} + H_2O \longrightarrow FeOH^+ + H^+$$

（2）蚀孔口：通过下属步骤生成 Fe_2O_3 和铁锈($FeOOH$)膜层而组成酸性阳极液和碱性阴极液的混合。Fe 和 $FeOH^+$ 被溶解氧氧化：

$$4FeOH^+ + O_2 + 4H^+ \longrightarrow 4FeOH^{2+} + 2H_2O$$

$$4Fe^{2+} + O_2 + 4H^+ \longrightarrow 4Fe^{3+} + 2H_2O$$

反应产物随后发生水解反应，溶液显酸性，蚀孔内处于酸性介质阳极活化区，反应如下：

$$FeOH^{2+} + H_2O \longrightarrow Fe(OH)_2^+ + H^+$$

$$Fe^{3+} + H_2O \longrightarrow FeOH^{2+} + H^+$$

以及生成 Fe_2O_3 和铁锈($FeOOH$)的沉淀：

$$2FeOH^{2+} + Fe^{2+} + H_2O \longrightarrow Fe_2O_3 + H^+$$

$$Fe(OH)_2{}^+ + OH^- \longrightarrow FeOOH + H_2O$$

（3）蚀孔外部：溶解氧的还原反应：

$$O_2 + 2H_2O + 4e \longrightarrow 4OH^-$$

以及铁锈的还原反应：

$$3FeOOH + e \longrightarrow Fe_3O_4 + 2H_2O + OH^-$$

由于溶解氧的消耗导致蚀孔内外氧浓差电池，这也是蚀孔进一步发展的原因之一。

13. 水中含油的影响

原油本身对碳钢几乎无腐蚀性。但分散在水中的油污、油与垢、油与泥砂等物黏附在金属构筑物表面，创造了腐蚀的条件，黏附物下部由于与水流隔绝，形成一个缺氧区，与黏附物接界的未污染区成为富氧区，使黏附物下部成为氧浓差腐蚀电池的阳极区而被腐蚀。因此，回注水处理系统应考虑系统清洗工艺，提高腐蚀控制的能力和回注水处理的质量。

14. 水的流速及磨损的影响

介质的流速越快，腐蚀速度也越快，这是因为流速加速了离子的移动，抑止了浓差极化。如介质中有固体颗粒，流动时的磨损，破坏了金属表面保护膜（氧化膜、钝化膜等），则腐蚀更快。但流速达到一定程度时（有文献报道在12m/s左右），腐蚀速度反而降低。油田回注水处理过程中，回注水的流速不会太高，但回注水中有不少固体颗粒，也应给于重视。

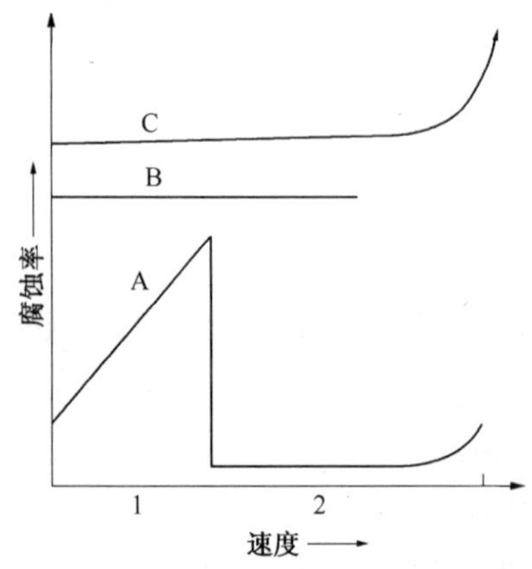

图2－30　介质流速对腐蚀影响示意图

腐蚀速率与溶液的运动速度有关，且这种关系非常复杂。这主要决定于金属和介质的特性。图2－30给出了当搅拌或提高溶液流速时，几种典型的变化。对于受活化极化控制的腐蚀过程，搅拌和流速对腐蚀率没有影响。如图2－30中曲线B所示，铁在稀盐酸中，18Cr－8Ni在硫酸中就是这种情况。当腐蚀过程受阴极扩散控制时，搅拌将使腐蚀率增加，如图2－30中曲线A中的1区。这种情况，一般发生在含有很小量的氧化剂时，如酸或水中含有溶解氧时。铁或铜在有溶解氧水中就是这种情况。

如果过程受扩散控制而金属又容易钝化，可观察到相应于曲线A的1和2区的行为。这就是当增加搅拌时，金属将由活性转变为钝性。当腐蚀介质流速高时，容易钝化的金属，通常耐蚀性更高，如钛在盐酸加 Cu^{2+} 中和不锈钢18Cr－8Ni在硫酸加 Fe^{3+} 中就是属于这种情况。

15. 污垢的影响

油田回注水中常见的垢为碳酸盐垢和硫酸盐垢，垢本身没有腐蚀性，但在系统中由于垢覆盖在金属表面上不严密，不均匀，容易使垢下的贫氧区和无垢区的富氧区形成氧的浓差电池，加快腐蚀。

关于盐垢和微生物在回注水中所产生的腐蚀在以下专门的章节中介绍。

第二节　油田回注水结垢

一、油田回注水系统中盐垢的类型

油田回注水在处理、管输运行过程中，水中的某些组分在构筑物表面沉积的过程叫结垢。垢可分为盐垢(水垢 Scale)、淤泥(Sludge)、生物沉积物(Biological Deposits)和腐蚀产物(Crrosion Products)四类。后三类统称为污垢(Fouling)。盐垢主要是回注水中溶解盐的沉积物。污垢一般是由颗粒细小的泥砂、尘土、油污、腐蚀产物，特别是微生物尸体及其黏性分泌物组成。油田回注水结的垢往往是这几类垢的混合物。

结垢是油田回注水水质控制中遇到的最严重问题之一。结垢可以发生在地层和井筒的各个部位，有些井和油层由于垢在井筒炮眼的生产层内沉积而过早地废弃；结垢也可以发生在砾石填充层、井下泵、油管管柱、油嘴及储油设备、集输管线、锅炉和注水及排污管线等设备及水处理系统的任何部位。结垢给生产带来严重危害：因为水垢是热的不良导体，水垢的形成大大降低了传热效果；水垢的沉积会引起设备和管道的局部腐蚀，在短期内穿孔而破坏；水垢还会降低水流截面积，增大水流阻力和输送能量，增加清洗费用和停产检修时间。

盐垢一般都是具有反常溶解度的难溶或微溶盐类，它们具有固定晶格，单质水垢较坚硬致密。常见的盐垢主要有：碳酸钙、硫酸钙(石膏或硬石膏)、硫酸钡、镁盐、氧化铁等。盐垢的生成主要决定于盐类是否过饱和以及盐类结晶的生长过程。水是一种很强的溶剂，当水中溶解盐类的浓度低于离子的溶度积时，它们将仍然以离子状态存在于水中，一旦水中溶解盐类的浓度达到过饱和状态时，设备粗糙的表面和杂质对结晶过程的催化作用就促使这些过饱和盐类溶液以水垢形态结晶析出。

影响油田油井及地面处理设备结垢的因素很多，其中一个重要的因素是油田回注水的成分及类型。当油田回注水中含有高浓度的碳酸盐、硫酸盐、氯化物和钡盐时，油田回注水就有了形成碳酸钙、硫酸钙和硫酸钡水垢的基本化学条件，只要环境条件发生变化，打破了原来油层水中溶解物质的平衡状态，就有可能形成水垢。含有高浓度碳酸氢钙的油田回注水，在压力降低和温度升高时，碳酸氢钙会分解成二氧化碳和析出碳酸钙。例如在油井开采过程中，压力逐渐降低，油田回注水中的碳酸氢钙就会不断被分解。如果是在密闭系统，二氧化碳不易扩散逸出，碳酸氢钙在水中仍然处于稳定状态，一般不会产生碳酸钙垢，但在油井中的抽油泵，由于抽吸作用造成脱气现象，因此在油井的泵筒内会发现碳酸钙垢。从油井中采出的液体首先到计量站加温，由于二氧化碳很快逸散，换热器上也会产生严重的碳酸钙垢。

油田回注水的沉积物除了水垢外，还有有机物质(油、细菌、有机残渣)、淤泥及黏土(砂子、泥浆)等形成的污泥。污泥是表面具有滑腻感的黏胶状物体，往往是亲水性的，它们能形成体积庞大的湿而软的片状物。污泥中含有各种无机盐类和微生物。例如输水管道等部位由于铁细菌繁殖使污泥中包含有腐蚀产物氢氧化铁而呈棕红色；有些设备的滞流区由于污泥中含有分解的有机物或硫化物而呈黑色。微生物的新陈代谢使微生物黏泥具有一层黏液外壳，悬浮在水中的泥砂、有机物和腐蚀产物都可能被黏附在黏泥表面，从而增加污泥的沉积。很多微生物的残骸也会黏附在金属表面而形成污泥沉积。

二、油田回注水系统结垢的机理

当盐在水中的溶解速度与盐从水中析出的速度相等时，该盐在水中的溶解量达到饱和。此时该盐在水中的离子浓度积为一常数，即溶度积。当工况条件变化，如温度、压力、pH 值等改变；或不同水性的水混合后，使盐在水中产生过饱和的不稳或暂稳状态，此时离子的浓度积大于溶度积，过饱和部分的盐将沉淀析出成垢。

1. 晶种的作用

研究微溶盐类的结晶过程表明，在没有杂质的单一盐类和碳酸钙或硫酸钙的过饱和溶液中，可以达到很高的过饱和程度而没有结晶析出。一旦结晶析出，形成晶体的晶格很规则，排列整齐，晶体间的内聚力以及晶体与金属表面间的黏着力都很强，所以形成的垢层比较结实而且是连续增长的。例如碳酸钙是具有离子晶格的盐，Ca^{2+} 上带有部分正电荷；CO_3^{2-} 上带有部分负电荷，只有当碳酸钙晶体带有部分正电荷的 Ca^{2+} 和另一个碳酸钙晶体带有部分负电荷的 CO_3^{2-} 碰撞，才能彼此结合，因此碳酸钙垢是按一定的方向，具有严格次序排列的硬垢。然而，在油田回注水中，水垢的形成过程往往是一个混合结晶过程。水中的悬浮粒子可以成为晶种，粗糙的表面或其他杂质离子都能强烈地催化结晶过程，使得溶液在较低的过饱和度下就会析出结晶。悬浮粒子和析出的晶体共同沉淀，使晶格中含有一定数量的杂质。此外，油田回注水中往往有几种盐类同时结晶，形成的晶体群的晶格排列将是无规则和不整齐的，在晶格中间会出现很多空隙，悬浮物质会在空隙内沉积。这些因素都将导致垢层内聚力下降，混合结晶形成的垢层比较疏松，对水的流速变化和阻垢处理都比较敏感，垢层达到一定厚度就不再继续增长。

2．沉降作用

油田回注水中悬浮的粒子，如铁锈、砂土、黏土、泥渣等将同时受到沉降力和剪应力的作用。沉降力促使粒子下沉，沉降力包括粒子本身的重力、表面对粒子的吸力和范德华力，以及因表面粗糙等引起的物理作用力等。剪应力是水流使粒子脱离表面的力。如果沉降力大，则粒子容易沉积；如果剪应力大于水垢和污泥本身的结合强度，则粒子被分散在水中。杂质的黏结作用或水垢析出时的共同沉淀作用都会增加粒子的沉降力而使粒子加速沉积。因此在水的流动部位，被沉积的污泥和析出的结晶叠加在一起形成的垢层一般不会连续增长。但在水的滞流区，由于剪应力很小甚至接近于零，水垢和污泥则主要在这些区域积聚，在滞流区积聚的水垢和污泥仅依靠化学药剂是很难去除的。

此外，水中微生物的生长和繁殖将会加速结晶和沉降作用。腐蚀会使金属表面变得很粗糙，粗糙的表面将会催化结晶和沉降作用。较高的温度则往往会使某些已经沉积的污垢形态变得难于清除，例如一些碳氢化合物将变成硬壳状沉积；铁的氢氧化物也可脱水变硬和发生相转变。当水中含有油污或烃类有机物时，有机物的分解，氧化或聚合作用形成的产物往往具有黏结作用。显然在这些作用过程中，结晶和沉降是形成水垢和污泥的主要过程。

在研究微溶盐类晶体沉淀的动力学时，发现有以下几个过程。当盐类浓度达到过饱和浓度时，首先发生了晶核形成过程，溶液中形成了少量盐的微晶粒，这些微晶粒是亚微观的，对溶液的性质并没有影响。然后这些微晶粒表面吸附了一层同种离子，这些离子经过脱溶剂化作用和部分定位作用，在晶粒某些特定的部位——活化中心上定向地生长成较大的颗粒，这个过程称为晶格生长。较大的颗粒又可进一步聚集，最后发生称之为奥斯特华的熟成竞争成长过程。所谓熟成竞争成长是指大小不同的颗粒间相互生长的竞争。由于小颗粒的比表面大，能量高，相对地比大颗粒更易溶解，因此在竞相生长过程中较大颗粒的成长是通过牺牲小颗粒来实现的。一般而言当粒子直径大于10μm后，其溶解度实际上就恒定了。

微溶盐类的结晶过程可以用下列实验来证实。将含有一定钙硬度和碱度的清水加热升温到40℃以上，在强烈搅拌的情况下滴加NaOH溶液(一般用0.1N)，记录NaOH滴入量和相应的水的pH值，可得图2－31所示的曲线。从图上可以看出，随着NaOH滴入，水的pH值直线上升，pH值上升到某一临界值时，随着NaOH的继续滴入，水的pH值反而下降。这一拐点的pH值称为临界pH值，用pHc来表示，在pH值下降时，因水中有大量的碳酸钙晶体析出，而使水突然变得混浊，水的浊度急剧上升。发现这一现象的主要原因是水中的[CO_3^{2-}]离子浓度在析出碳酸钙时突然下降，破坏了下列平衡

$$HCO_3^- \rightleftharpoons CO_3^{2-} + H^+$$

加剧了 HCO_3^- 的离解，使平衡向右移动。生成的[CO_3^{2-}]离子又因很快生成碳酸钙沉淀而被消耗，同时把 H^+ 残留在水中，致使 pH 值突然下降。因此，pH_c 可以看成是碳酸钙在过饱和溶液中析出时的 pH 值。如果把测得的 pH_c 值和同一溶液通过计算得到的碳酸钙饱和 pH 值(用 pH_s 表示)作一比较，可发现 $pH_c > pH_s$。也就是说，对于象碳酸钙这类微溶盐类，碳酸钙析出的浓度远大于碳酸钙的饱和浓度。图 2－32 是用等浓度的钙硬度和碱度(以 $CaCO_3$ 计)mg/L作纵坐标，用温度作横坐标，得到的碳酸钙溶解度曲线和碳酸钙结晶析出曲线。该图分成三个区域，在结晶曲线以上的是碳酸钙沉淀区；在溶解度曲线以下的是碳酸钙溶解区；在两条曲线的区域称为介稳区。

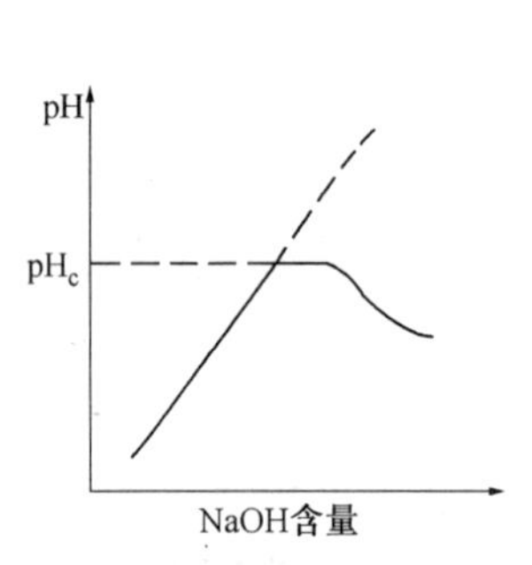

图 2－31　含碳酸钙水的临界 pH 值

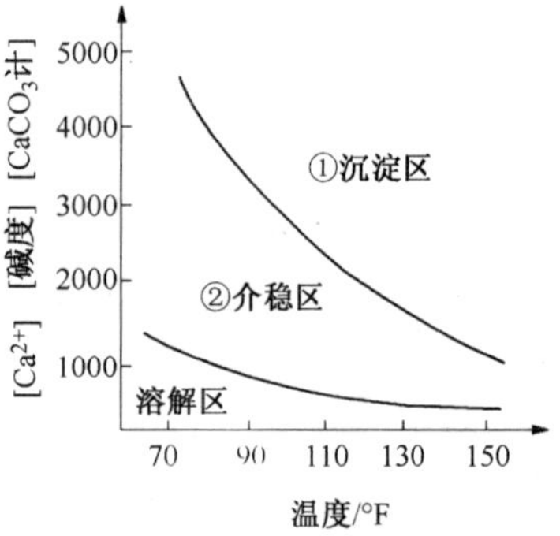

图 2－32　碳酸钙的溶解度曲线①和碳酸钙析出曲线②

介稳区出现的原因是在晶格生长过程中，由于受到水中离子或粒子的扩散速度的影响，或者说受传质过程的控制造成的。若盐类在水中的溶解度较大，则水中溶解的离子和粒子浓度都较高，晶核形成后很容易生长，这时盐类溶解度曲线和晶体析出曲线基本可重合，因而不会出现介稳区。但在微溶或难溶盐类的饱和溶液中，由于离子和粒子的浓度都很低，因此晶核形成后晶格并不生长，只有在离子或粒子浓度较高的过饱和溶液中，晶格才开始生长和析出晶体。所以介稳区可以认为是过饱和区，在这个区域中晶核形成但晶格并不能生长。晶体也不能析出。微溶或难溶盐类的过饱和程度和晶体生长速度的关系见图 2－33。图中的虚线表示晶体的理论生长曲线；而实线表示晶体的实际生长曲线。从图中可看出，当溶液的浓度达到很高的过饱和程度才有晶体析出，晶体一旦析出后就会很快生长。

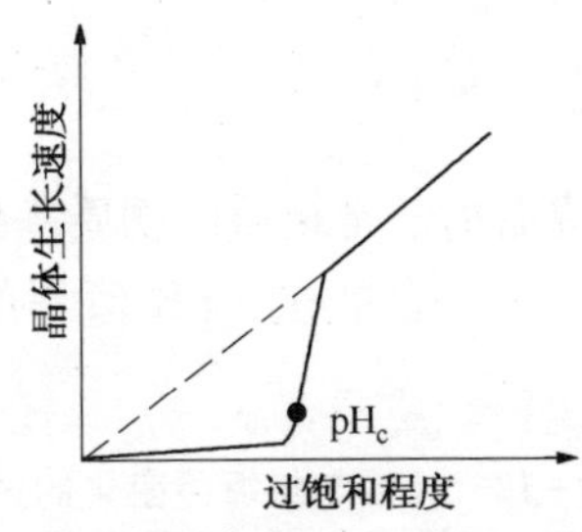

图 2－33　微溶盐晶体生长速度示意图

介稳区具有以下几个特点：

(1) 盐类的溶解度越小，介稳区就越宽。表 2－11 说明在三种不同溶解度的钙盐溶液中测定晶体析出时的过饱和程度。其结果表明：三种盐溶液中硫酸钙的溶解度最大，介稳区比较窄；磷酸钙的溶解度最小，介稳区最宽。

表 2－11　几种难溶盐的溶度积常数

盐　类	$CaCO_3$	$CaSO_4$	$Ca_2(PO_3)_3$
溶度积 K_s	10^{-5}	10^{-8}	10^{-33}
晶体析出时溶液浓度与饱和浓度相比的倍数	5～10 倍	35～170 倍	7000 倍

(2) 介稳区与温度有关。从碳酸钙溶解度曲线图上可看出：低温时介稳区较宽；高温时介稳区较窄。因为温度升高使活化能增加，加速离子和粒子的扩散速度，导致晶体的生长加快。

(3) 介稳区与溶液中的杂质有关。已经证明亚铁离子对碳酸钙晶体有明显的催化作用，二氧化硅等杂质也都可加速晶体生长。因此在有杂质的溶液中，介稳区都将变窄。

(4) 投加阻垢剂可扩大介稳区。在图 2－31 的三个区域中，只有在沉淀区会产生碳酸钙水垢；溶解区和介稳区都不会有碳酸钙析出。在油田注水系统中，若把水质控制在碳酸钙溶解区内则需要很高的成本。因此，目前控制结垢的方法主要是把水质控制在介稳区内。除了适当的控制成垢离子的浓度外，投加阻垢剂扩大介稳区是最经济有效的措施。投加阻垢剂可以从两方面起作用；① 在晶体中引入杂质，阻碍晶体的进一步生长，或使晶体的晶格发生变形，使晶体变得疏松肿胀而易被水流带出系统。② 加入了离子，使它吸附于晶核的活化中心，阻抑晶核的继续生长。据报道，目前使用较广的膦酸盐型和低分子量聚羧酸型高效阻垢剂都有这两方面的作用。其中聚羧酸型阻垢剂主要引起晶格变形；膦酸盐型阻垢剂主要是吸附作用。在油田回注水系统中，如将两种具有不同阻垢作用的药剂复合使用，由于扩大了介稳区，溶解盐类可以达到较高的过饱和程度而不析出水垢。在石油开采系统中，膦酸盐型的效果较为显著，晶体以单分子的晶核形态出现，因此将更容易通过岩隙。

3. 盐垢的成因

盐垢的成因十分复杂。成垢离子是结垢的物质基础，外因是成垢的条件。外因主要是指水的温度、系统压力、含盐量、pH 值等的变化。表 2－12 是外因与结垢量变化的关系。

表 2－12　外因与结垢量变化的关系

外　因	盐　垢			
	$CaCO_3$	$CaSO_4$	$BaSO_4$	$SrSO_4$
温度 T	T↑垢↑	38℃以上，T↑垢↑	T↑垢↓	T↑垢↓
含盐量 S	S↑垢↓	S110000mg/L 以下，S↑垢↓	S↑垢↓	
系统压力 P	P 由高变低处垢↑			
pH	pH↑垢↑			

注：↑表示升高或增多，↓表示降低或减少。如 T↑垢↓表示温度升高，垢量减少。

$CaCO_3$是研究较多也是常见的垢。其成垢离子为 Ca^{2+}、CO_3^{2-}和 HCO_3^-。溶于水中的 CO_2能电离出 HCO_3^-和 CO_3^{2-}，所以水中 CO_2也是影响成垢的因素之一。

$$CO_2 + H_2O \rightleftharpoons HCO_3^- + H^+$$

$$HCO_3^- \rightleftharpoons CO_3^{2-} + H^+ (极少)$$

$CaCO_3$的成垢反应为：

$$Ca^{2+} + 2HCO_3^- \longrightarrow CaCO_3\downarrow + CO_2\uparrow + H_2O$$

$$Ca^{2+} + CO_3^{2-} \longrightarrow CaCO_3\downarrow$$

第一个反应是主要的成垢反应。在成垢的同时生成 CO_2气体。显然，根据质量作用定律，如果系统中某处有压降，则有利于 CO_2逸出，水的 pH 值升高，有利于成垢反应的进行，垢量增大。如果 pH 值降低，有利于 $CaCO_3$的溶解，垢量就会减少。$CaCO_3$成垢与 pH 值的关系，是预测成垢趋势的依据。

$CaSO_4$的成垢反应为：

$$Ca^{2+} + SO_4^{2-} \longrightarrow CaSO_4\downarrow \qquad K_{sp} = 6.1\times10^{-5}$$

$BaSO_4$的成垢反应为：

$$Ba^{2+} + SO_4^{2-} \longrightarrow BaSO_4\downarrow \qquad K_{sp} = 1.1\times10^{-10}$$

$SrSO_4$的成垢反应为：

$$Sr^{2+} + SO_4^{2-} \longrightarrow SrSO_4\downarrow \qquad K_{sp} = 2.8\times10^{-7}$$

从 K_{sp}值（溶度积）比较，$BaSO_4$最易成垢，其次是 $SrSO_4$和 $CaSO_4$。必须指出 $BaSO_4$、$SrSO_4$极难溶解，一旦结垢，很难除掉。所以要特别注意防止 $BaSO_4$、$SrSO_4$结垢。

硫酸盐成垢基本与系统压力无关。

三、油田回注水系统中的垢型及影响因素

油田回注水常见的水垢及影响结垢的主要因素见表 2－13。油田回注水常见水垢的溶解度见图 2－34。

表 2－13　油田回注水常见的水垢及影响因素

名　称	化学式	结垢的主要因素
碳酸钙	$CaCO_3$	二氧化碳分压、温度、含盐量、pH 值
硫酸钙	$CaSO_4 \cdot 2H_2O$（石膏） $CaSO_4$（无水石膏）	温度、压力、含盐量
硫酸钡 硫酸锶	$BaSO_4$ $SrSO_4$	温度、含盐量
铁化合物 硫酸亚铁 氢氧化亚铁 氢氧化铁 氧化铁	$FeCO_3$ FeS $Fe(OH)_2$ $Fe(OH)_2$ Fe_2O_3	腐蚀、溶解气体、pH 值

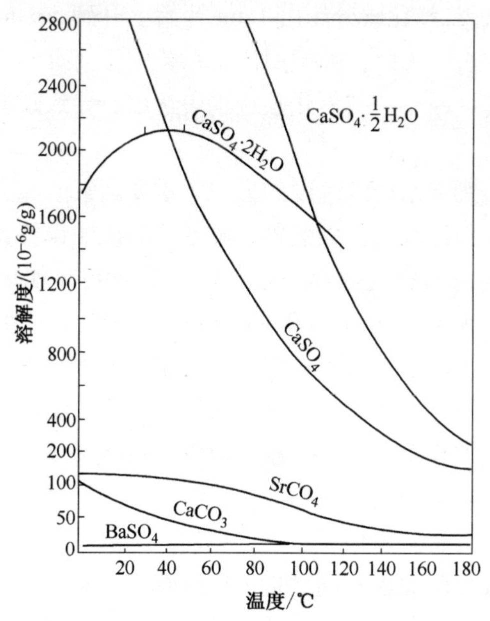

图 2－34　油田回注水常见水垢的溶解度

1. 碳酸钙

碳酸钙是一种重要的成垢物质，它在水中的溶解度是很低的，在油田回注水系统中十分重要的溶解和沉淀问题就是碳酸钙的溶解平衡。碳酸钙在水中的溶解反应为：

$$Ca^{2+} + CO_3^{2-} \rightleftharpoons CaCO_3\downarrow$$

水中的 CO_3^{2-} 离子要同时参与碳酸平衡和碳酸钙溶解平衡两方面的反应，所以，油田回注水中碳酸钙的溶解平衡可以用下列可逆反应来表示：

$$CaHCO_3 \rightleftharpoons CaCO_3\downarrow + CO_2\uparrow + H_2O$$

当该反应达到平衡时，油田回注水中溶解的碳酸钙、二氧化碳和碳酸氢钙量保持不变，这时不会在管道、设备和油井的岩隙中产生结垢现象。影响碳酸钙溶解平衡的因素主要有：

1）二氧化碳的影响

当油田回注水中二氧化碳含量低于碳酸钙溶解平衡所需的含量时，水中出现碳酸钙沉淀产生结垢。反之，当油田回注水中二氧化碳含量超过碳酸钙溶解平衡所需的含量时，这时原有的碳酸钙垢会逐渐被溶解。所以，水中二氧化碳的含量对碳酸钙的溶解度有一定的影响。水中二氧化碳的含量与水面上气体中二氧化碳的分压成正比。当水温为24℃时，二氧化碳的分压对碳酸钙溶解度的影响见图2－35，由图可看出，二氧化碳分压由1atm开始上升到50atm时，碳酸钙在水中的溶解度增加3倍左右。因此，油田回注水系统中任何有压力降低的部位，气相中二氧化碳的分压都会减小，二氧化碳从水中逸出，导致碳酸钙沉淀。

2）温度的影响

温度是影响碳酸钙在水中溶解度的另一个重要因素。绝大部分盐类在水中的溶解度都随温度升高而增大。但碳酸钙、硫酸钙和硫酸锶等具有反常溶解度的难溶盐类，在温度升高时溶解度反而下降，即水温较高时就会结出更多的碳酸钙垢。图2－36是当二氧化碳分压为0.987atm时，碳酸钙的溶解度随温度升高而下降的情况。因为升高温度，可以使碳酸钙在水中的溶解度减小，而提高二氧化碳压力，可以使碳酸钙在水中的溶解度增大，所以升高温度和压力对碳酸钙在水中的溶解度有着相反的作用。温度和压力对碳酸钙溶解度的影响大小相比，则需视温度和压力的具体数值而定。

表2－14的数值可解释为什么一种在地面上不结垢的水，到井底温度足够高时就在注水井中生成垢的原因；同样也可以解释在加热设备的火管处常常发生碳酸钙结垢的原因。

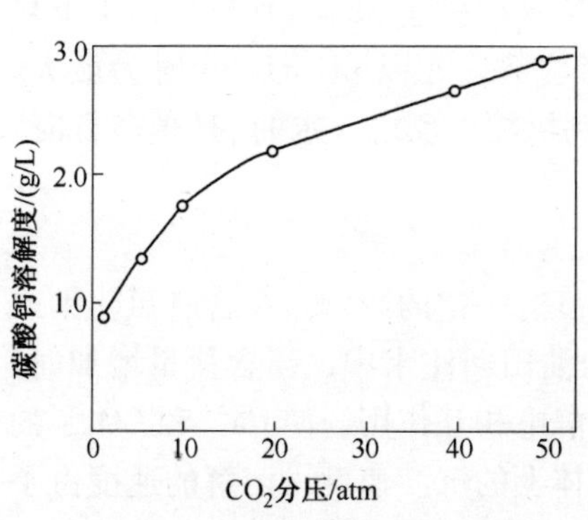

图 2-35 CO_2分压对碳酸盐溶解度的影响

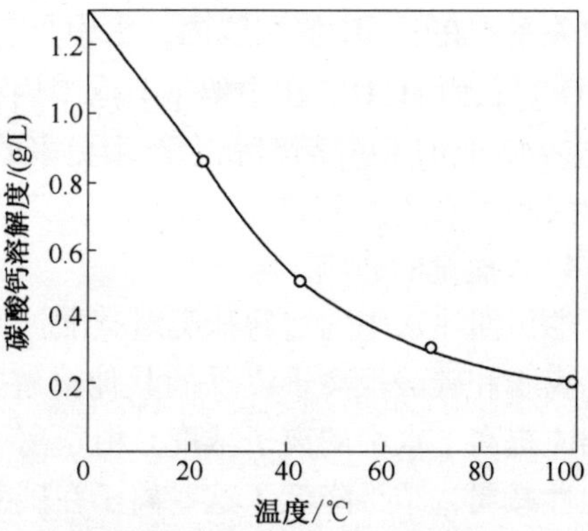

图 2-36 温度对碳酸盐溶解度影响（CO_2分压 0.987atm）

表 2-14 温度与压力对碳酸钙溶解度的影响

CO_2分压/atm	温度/℃								
	38	52	66	79	93	107	121	135	149
1	0.216	0.142	0.094	0.060	0.040	0.027	0.015	0.008	0.006
4	0.360	0.244	0.158	0.097	0.063	0.039	0.024	0.013	0.009
12	0.555	0.357	0.221	0.144	0.091	0.059	0.036	0.020	0.012
62	—	—	0.405	0.255	0.152	0.089	0.051	0.028	0.014

3）pH 值的影响

地下水或地面水一般均含有不同程度的碳酸，而水中三种形态碳酸在平衡时的浓度比例取决于 pH 值。由于水中呈分子状态的碳酸实际上只有水中所含游离二氧化碳量的1%以下，进行水质分析时又不易把二者分离。因为 H_2CO_3 含量甚微，所以把水中溶解的 CO_2 含量作为游离碳酸总量，不致引起很大误差，一般可用$[CO_2]$来代表游离碳酸总浓度，即$[CO_2] = [CO_2 + H_2CO_3]$。不同 pH 值时水中三类碳酸含量的相对比例关系曲线见图 2-37。

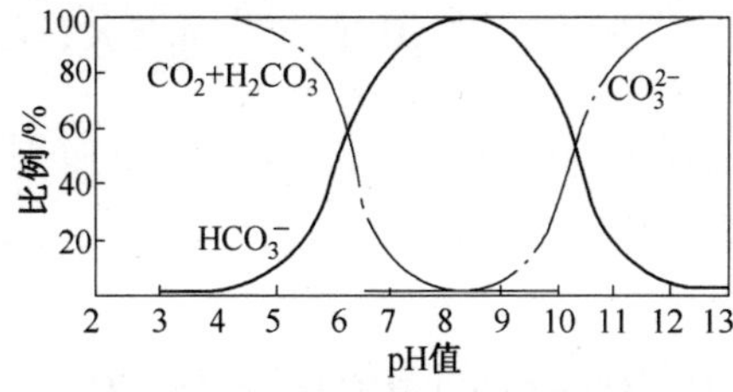

图 2-37 水中三类碳酸的比例变化曲线

图 2-37 可以看出水中三种碳酸在平衡时的浓度比例与水的 pH 值有完全相

应的关系。在低 pH 值范围内，水中只有[$H_2CO_3 + CO_2$]；在高 pH 范围内水中只有 CO_3^{2-}；而 HCO_3^- 在中等 pH 范围内占绝对优势，尤以 pH = 8.34 时为最大。因此，水的 pH 值较高时就会产生更多的碳酸钙沉淀；反之，水的 pH 值较低时，则碳酸钙不易产生沉淀。

4)含盐量的影响

油田回注水中的溶解盐类对碳酸钙的溶解度有一定的影响。在含有氯化钠或除钙离子和碳酸根离子以外的其他溶解盐类的油田回注水中，当含盐量增加时，便相应提高了水中的离子浓度。由于离子间的静电相互作用，使 Ca^{2+} 和 CO_3^{2-} 的活动性减弱，结果降低了这些离子在碳酸钙固体上的沉淀速度，溶解的速度占了优势，从而碳酸钙溶解度增大。我们将这种现象称为溶解的盐效应。反之，油田回注水中的溶解盐类具有与碳酸钙相同的离子时，由于同离子效应而降低了碳酸钙的溶解度。

如图 2-38 所示，开始碳酸钙在氯化钠水溶液中的溶解度随氯化钠浓度的提高而增大；当氯化钠浓度提高到 120g/1000g 水时，碳酸钙的溶解度最大为 0.212g/1000g 水；然后，随着氯化钠浓度的提高，碳酸钙的溶解度开始下降。假定水中氯化钠的浓度达到 120g/1000g 水时，使碳酸钙达到饱和状态，那么少量的二氧化碳逸散将会引起碳酸钙沉淀。

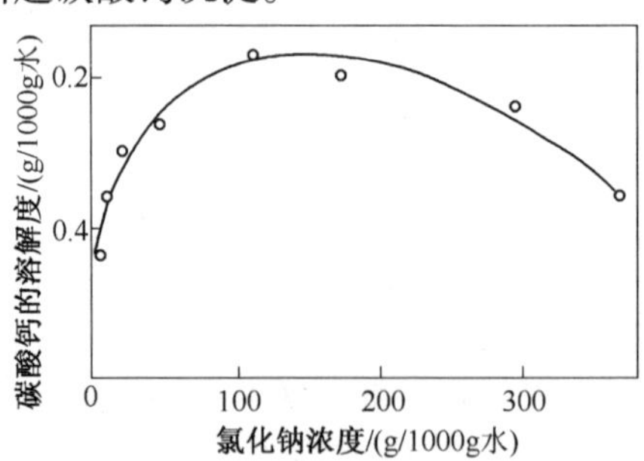

图 2-38 碳酸钙在含有氯化钠水中的溶解度(25℃)

所以碳酸钙在水中的结垢趋势随着水的温度升高而增大；随着水面上气体中二氧化碳分压减小而增大；随着水的 pH 值上升而增大，随着水中溶解盐类浓度的增大而减小。

2. 碳酸镁垢

碳酸镁是另一种形成水垢的物质，碳酸镁在水中的溶解性和碳酸钙相似。碳酸镁的溶解反应如下：

$$MgCO_3 + CO_2 + H_2O \rightleftharpoons Mg(CO_3)_2$$

与碳酸钙一样，碳酸镁在水中的溶解度随水面上二氧化碳分压的增大而增大；随着温度增大而减小。但是，碳酸镁的溶解度大于碳酸钙，如在蒸馏水中碳酸镁的溶解度比碳酸钙大4倍。因此对于大多数既含有碳酸镁同时也含有碳酸钙的水来说，任何使碳酸镁和碳酸钙溶解度减小的条件出现，首先会形成碳酸钙垢，除非影响溶解度减小的条件发生剧烈的变化，否则碳酸镁垢未必会形成。例如，某种处于碳酸钙和碳酸镁溶解平衡状态的水，与另一种镁离子含量高的水混合，则可能形成碳酸镁垢，或者由于水分蒸发而被浓缩的碳酸镁也可能产生碳酸镁垢。碳酸镁在水中易水解成氢氧化镁，碳酸镁的水解反应如下：

$$MgCO_3 + H_2O \rightleftharpoons Mg(OH)_2 + CO_2$$

由水解反应生成的氢氧化镁的溶解度很小，氢氧化镁也是一种反常溶解度物质；它的溶解度随着温度的上升而下降。含有碳酸钙和碳酸镁的水，当温度上升到82℃时，趋向于生成碳酸钙垢；当温度超过82℃时，开始生成氢氧化镁垢。氢氧化镁垢一般可以在锅炉、热交换器以及油套管内发现。

3. 硫酸钙

硫酸钙或石膏是油田回注水另一种常见的固体沉淀物。硫酸钙常常直接在输水管道、锅炉和热交换器等的金属表面上沉积而形成水垢。硫酸钙的晶体比碳酸钙的晶体小，所以硫酸钙垢一般要比碳酸钙垢更坚硬和致密。当硫酸钙用酸处理时，并不像碳酸钙那样有气泡产生，在常温下很难去除，因此，去除硫酸钙垢要比去除碳酸钙垢更困难。硫酸钙一般有三种形态：带有两个结晶水的硫酸钙（亦叫石膏，$CaSO_4 \cdot 2H_2O$），半水硫酸钙（$CaSO_4 \cdot 1/2H_2O$），无水硫酸钙（亦叫硬石膏，$CaSO_4$）。硫酸钙在水中的溶解反应：

$$Ca^{2+} + SO_4^{2-} \rightleftharpoons CaSO_4$$

影响硫酸钙溶解平衡的因素如下：

1）温度的影响

硫酸钙在水中的溶解度比碳酸钙大得多，硫酸钙在25℃的蒸馏水中的溶解度为2090mg/L，比碳酸钙的溶解度要大几十倍。由图2－39可知：当温度小于40℃时，油田回注水中常见的硫酸钙是石膏$CaSO_4 \cdot 2H_2O$；当温度>40℃时，油田回注水中可能出现无水石膏（$CaSO_4$）。

温度对硫酸钙（$CaSO_4 \cdot 2H_2O$）在蒸馏水中溶解度的影响，如图2－39所示。当温度约为40℃时，硫酸钙（$CaSO_4 \cdot 2H_2O$）的溶解度达到最大值；然后，硫酸钙（$CaSO_4 \cdot 2H_2O$）溶解度开始下降，当温度超过50℃时，硫酸钙（$CaSO_4 \cdot 2H_2O$）的溶解度明显下降。这和碳酸钙溶解特性完全不同，碳酸钙的溶解度随着温度升高总是减小的。

当温度大于50℃时，无水石膏的溶解度变得比石膏更小，因而在较深和较热的井中，硫酸钙主要以无水石膏的形式存在。实际上，垢从石膏转变为无水石膏时的温度，是压力和含盐量的函数。

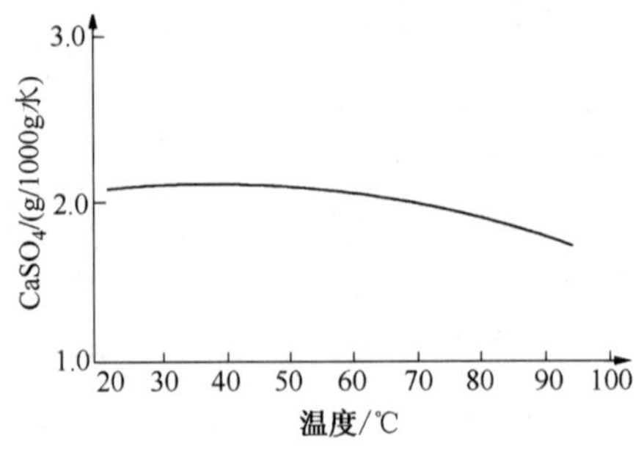

图 2－39　温度对硫酸钙溶解度的影响

2)含盐量的影响

含有氯化钠和氯化镁的水对硫酸钙($CaSO_4 \cdot 2H_2O$)的溶解度有明显的影响，如图 2－40 所示。硫酸钙在水中的溶解度不但与氯化钠浓度有关，而且还和氯化镁浓度有关。当水中只含有氯化钠时，氯化钠浓度在 2.5g/L 以下时，氯化钠浓度的增加会使硫酸钙的溶解度增大；但氯化钠含量进一步增加，硫酸钙的溶解度又减小。水中氯化钠浓度为 2.5g/L 时，其硫酸钙的溶解度是在蒸馏水中的三倍。当水中氯化钠浓度小于 2.5g/L 时，水中加入少量的镁离子可以提高硫酸钙的溶解度；当水中氯化钠浓度超过 2.5g/L 时，水中少量的镁离子反而使硫酸钙的溶解度下降；当水中氯化钠浓度接近 4g/L 时，镁离子的加入与否对硫酸钙的溶解度几乎没有差别。

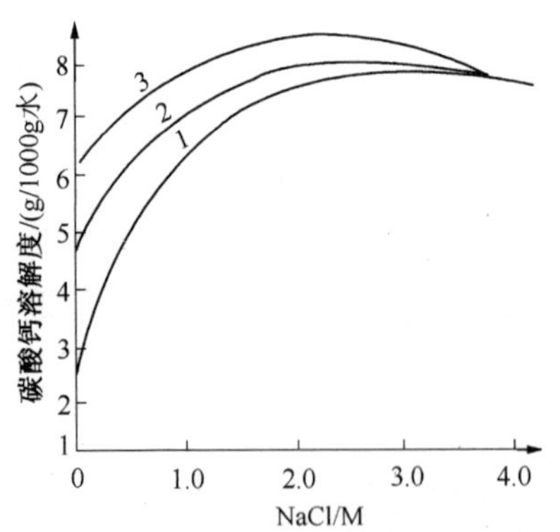

图 2－40　$CaSO_3$在含 NaCl、$MgCl_2$水中溶解度(38℃)
1—水；2—0.105M $MgCl_2$；3—0.210M $MgCl_2$

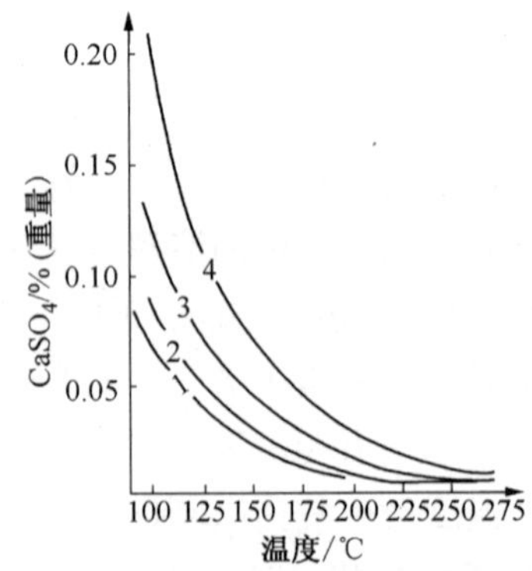

图 2－41　温度和压力对 $CaSO_3$溶解度影响
1—水蒸汽压；2—100atm；
3—500atm；4—1000atm

3)压力的影响

硫酸钙在水中的溶解度随着压力的升高而增大。增大压力对硫酸钙溶解度的影响是物理作用，增大压力能使硫酸钙分子体积减小，然而要使分子体积发生较大改变，就需要大幅度增加压力。例如：无水石膏在 100℃和 1atm 下，在蒸馏水中的溶解度为0.075%(重量);压力增至100atm时,溶解度约增至0.09%。因此,井筒周围压力下降会引起地层和油管中结垢。

压力和温度对无水石膏溶解度的影响,如图2-41所示。无水石膏的溶解度随着压力的升高而增大,随着温度的升高而降低。二氧化碳分压直接影响碳酸钙的溶解特性,但二氧化碳分压对硫酸钙溶解性能的影响很小。

4. 硫酸钡

硫酸钡是油田回注水中最难溶解的一种物质,硫酸钡在水中的溶解反应为:

$$Ba^{2+} + SO_4^{2-} \rightleftharpoons BaSO_4$$

硫酸钡在温度为25℃的蒸馏水中的溶解度为2.3mg/L;硫酸钙的溶解度为2080mg/L($CaSO_4 \cdot 2H_2O$为2630mg/L);碳酸钙的溶解度为53mg/L。因为硫酸钡较难溶解,所以只要水中有Ba^{2+}和SO_4^{2-}这两种离子就会生成硫酸钡垢。影响硫酸钡溶解度的因素如下:

1)温度的影响

硫酸钡的溶解度随着温度升高而增大。当水温为25℃时,硫酸钡在蒸馏水中的溶解度为2.3mg/L,当水温为95℃时,硫酸钡的溶解度增加到3.9mg/L。然而,即使在这样高的温度下,硫酸钡也仍然是极其难溶的。

由于硫酸钡的溶解度随温度升高而增大,所以注水井若在地面条件下并不结垢,通常在井底也不存在硫酸钡的结垢问题。

2)含盐量的影响

硫酸钡在水中的溶解度与碳酸钙和硫酸钙一样,随着含盐量的增加而增加。在温度为25℃时,把氯化钠投加到蒸馏水中,当氯化钠浓度为100g/L时,硫酸钡的溶解度由2.3mg/L增加到30mg/L。若将该氯化钠水溶液的温度由25℃提高到95℃,则硫酸钡的溶解度由30mg/L提高到65mg/L。

硫酸钡在不同温度和不同浓度的氯化钠水溶液中的溶度积和溶解度见表2-15和图2-42。

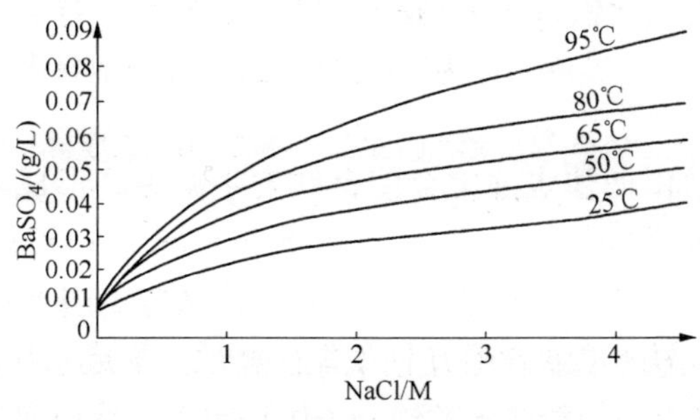

图2-42 温度和氯化钠浓度对硫酸钡溶解度的影响

表 2－15　温度和氯化钠浓度对硫酸钡溶度积的影响

NaCl (g/L)	硫酸钡溶度积 K_a/(×10^9g/L)					
	25℃	35℃	50℃	65℃	80℃	95℃
0.1	1.54	2.00	2.70	3.34	3.76	3.97
0.2	2.70	3.36	4.76	7.06	7.06	7.74
0.4	4.49	5.63	7.92	13.69	13.69	16.13
0.6	6.08	7.74	11.03	20.45	20.45	24.97
0.8	7.74	9.60	13.69	26.57	26.57	33.49
1.0	9.22	11.24	16.38	32.76	32.76	42.02
1.5	12.54	15.38	22.20	44.94	44.94	62.00
2.0	15.63	19.04	27.23	56.17	56.17	78.96
2.5	18.23	21.90	31.33	63.50	63.50	93.64
3.0	20.74	24.65	34.97	70.23	70.23	107.57
3.5	23.41	27.56	38.81	76.73	76.73	120.41
4.0	25.92	30.63	42.44	82.94	82.94	132.50
4.5	28.56	34.23	45.80	89.40	89.40	144.40

表 2－15 中所列的硫酸钡的溶度积，可以应用于含盐量大部分为氯化钠的油田回注水。

硫酸锶也是油田回注水中常见的水垢，硫酸锶在 25℃蒸馏水中的溶解度为 114mg/L，它的溶解度低于硫酸钙(2080mg/L)而高于硫酸钡(2.3mg/L)。溶解盐类对于硫酸锶的影响与硫酸钡相似。据报道在硫酸钡垢中约含有 15.9% 硫酸锶。

5. 铁沉积物

油田回注水中铁化合物来自两个方面，一是水中溶解的铁离子，二是钢铁的腐蚀产物。油田回注水的腐蚀通常是由溶解的二氧化碳、硫化氢、氧、细菌等引起的。溶解气体与地层水中溶解的铁离子反应也能生成铁化合物。每升地层水中铁含量通常仅几毫克，很少达到 100mg/L。水中含铁量高往往是由于腐蚀造成的，任何一种原因形成的铁化合物，都可能在金属表面沉积形成垢，或以胶体状态悬浮在水中。含有氧化铁(Fe_2O_3)胶体的水具有红色，称为“红水”。含有硫化亚铁(FeS)胶体的水具有黑色，称为“黑水”。铁化合物的沉积和颗粒极易堵塞地层、油井和过滤器。

含有硫化氢的油田回注水通常会使钢铁发生腐蚀，形成溶解度极小的硫化铁。这些硫化铁垢可能是 Fe_9S_8、$Fe_{0.875}S$ 和 FeS_2。图 2－43 表示在不同的 pH 值和硫化氢浓度(0.01～1000mg/L)下，水中 Fe^{2+} 的浓度。当水中含有二氧化碳时，铁被腐蚀生成碳酸氢铁。含氧水会使钢铁发生腐蚀，形成水合的氢氧化亚铁和氢氧化铁沉积物。

油田回注水中一般含有二价铁离子(Fe^{2+})和三价铁离子(Fe^{3+})两种离子，

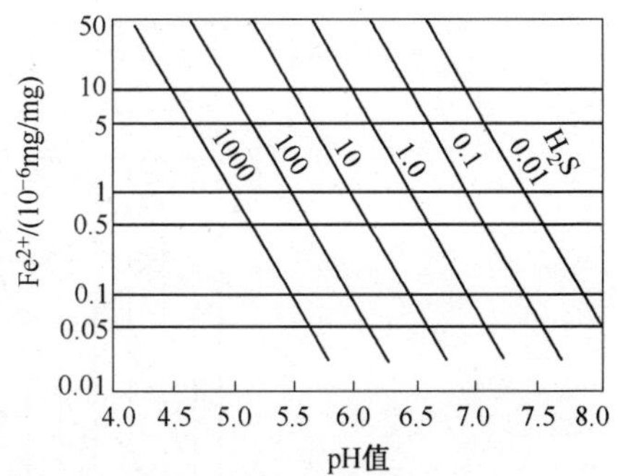

图 2－43　硫化铁稳定性图

然而铁在水中也可以形成复杂的铁离子。水的 pH 值直接影响铁离子的溶解度，当水的 pH≤3.0 时，水中有大量的三价铁离子存在，但是当 pH 值超过 3.0 时，三价铁离子会形成不溶性的氢氧化铁，水中不再有游离的三价铁离子存在。水中二价铁离子的溶解度可以由 OH^- 浓度或 HCO_3^- 浓度来控制。当 pH＝8 时，由氢氧化亚铁的溶解度可知，Fe^{2+} 的理论浓度是 100mg/L。当 pH＝7 时，Fe^{2+} 的理论浓度是 10000mg/L。如果水中含有二氧化碳，由于 Fe^{2+} 浓度受到碳酸氢铁溶解度的限制，所以当水中重碳酸盐浓度为 25mg/L，而水的 pH 值为 7～8 时，水中 Fe^{2+} 浓度为 1～10mg/L。当 pH＜7 时，即使水中有 100mg/L 碳酸氢根离子存在，Fe^{2+} 的溶解度也有可能增大。影响碳酸氢铁溶解度的因素和影响碳酸氢钙、碳酸氢镁的溶解度一样，都与二氧化碳的浓度和温度有关。

因此，含有铁离子的地层水可能会产生碳酸亚铁（$FeCO_3$）、硫化亚铁（FeS）、氢氧化亚铁（$Fe(OH)_2$）、氢氧化铁（$Fe(OH)_3$）和氧化铁（Fe_2O_3）等沉积物。铁化合物主要取决于地层水中硫离子浓度、碳酸根或碳酸氢根离子浓度、溶解氧浓度以及水的 pH 值。例如当地层水中含有 Fe^{2+}、HCO_3^- 和溶解氧时，会发生下列反应：

$$4Fe^{2+} + 8HCO_3^- + 2H_2O + O_2 = Fe(OH)_3 + CO_2$$

两种氧化态的铁离子与同一种阴离子作用可以生成不同溶解度的化合物。例如，氢氧化铁在 pH＞4 时，它实际上是不溶解的。反之，当 pH＝8 时，由氢氧化亚铁溶解的 Fe^{2+} 浓度可达 100mg/L。在含氧水中 Fe^{2+} 迅速被氧化成 Fe^{3+}。水中的铁离子也可以形成硫化物或碳酸盐沉淀。此外，铁细菌也可以在含氧量小于 0.5mg/L 的系统中生长，在生长过程中能将二价铁氧化成三价铁并形成氢氧化铁。铁细菌虽然不直接参加腐蚀过程，但是能造成腐蚀和堵塞。

铁离子的氧化状态在油田回注水中是很重要的。氧化状态的变化可以引起铁化合物的沉积。根据纳斯特（Nernst）方程式和油田回注水中铁化合物溶度积的计算，可以得到如图 2－43 所示的铁稳定性。

图 2－43 的外层坐标系的纵坐标和横坐标分别表示 HCO_3^- 的活度和水的 pH 值。里层坐标系的纵坐标和横坐标表示 Fe^{2+} 的活度。Fe^{2+} 活度与 pH 值之间的标尺表示 Fe^{3+} 的浓度。自上部向左倾斜的粗直线是 $FeCO_3$ 和 $Fe(OH)_3$ 沉淀区的分界线，该线又表示平衡电位的值。自上部向右倾斜的粗直线是 $FeCO_3$ 和 FeS 沉淀区

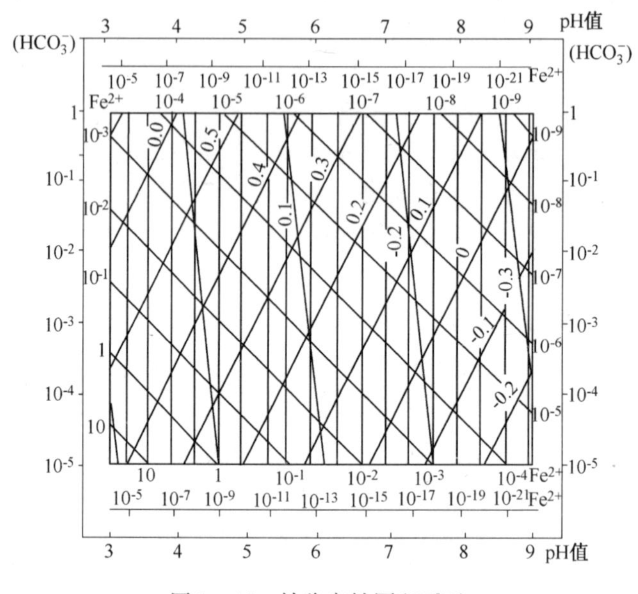

图 2-44 铁稳定性图(25℃)

的分界线，该线又表示平衡电位之值。自上部向右倾斜的细直线表示 $FeCO_3$沉淀区内最大的 Fe^{2+}的浓度。在 FeS 和 $Fe(OH)_3$沉淀区内的 Fe^{2+}浓度，由 $FeCO_3$ - FeS 线和 $FeCO_3$ - $Fe(OH)_3$线与代表 Fe^{2+}斜线的交点向下作垂直线求得。垂直的细直线表示 $Fe(OH)_2$沉淀区内最大的 Fe^{3+}浓度。$FeCO_3$沉淀区内的 Fe^{3+}浓度，由 Fe^{3+}线和 $FeCO_3$ - $Fe(OH)_3$线的交点作一条平行于 Fe^{2+}线求得。FeS 沉淀区内的 Fe^{3+}浓度，由 Fe^{3+}线与 FeS - $FeCO_3$线的交点作一条向下的垂直线求得。图中的离子浓度应该用活度表示。

图 2-44 的左下角表示低 pH 值和低 CO_3^-离子浓度区，所以铁溶解度最大。反之，该图右上角表示高 pH 值和高 CO_3^-离子浓度区，所以铁溶解度最低。铁溶解度数值是在这两个极值之间。

目前，这些铁稳定性图是在实验室内，研究含有溶解铁的水或含有铁矿石的地层水的方法。这种方法为控制地层水中铁的浓度和产生沉积的可能性提供了依据。如果我们能积累更多的有关地下水电极电位 E 的资料，我们就能更好地了解水质成分和还原电位之间的关系。

含有溶解氧的水，它的电极电位值一般为 0.35 ~ 0.50V。含油的地层水在正常情况下，它的电极电位值小于 0.35V。仔细地测定回注水和地层水的混合物，可以得到一个混合物的电极电位 *E* 值。若已知水的 pH 值、电极电位 *E* 值和 CO_3^-离子浓度，利用铁稳定性图就能够估算混合水中最大的铁浓度。根据测得的 pH 值、*E* 值、溶解铁的浓度和 CO_3^-离子的浓度，也可以估算地层水的电极电

位 E 值。

6. 硅沉积物

地下水的硅酸化合物含量一般要高于地面水中的含量。二氧化硅不能直接溶解于水，水中二氧化硅的主要来源是溶解的硅酸盐。水中二氧化硅存在的形式有悬浮硅，胶体硅、活性硅、溶解硅酸盐和聚硅酸盐等。硅的氧化物在水中的形态很多，其通式为为 $xSiO_2 \cdot yH_2O$。目前认为在水中比较稳定而又能独立存在的有：偏硅酸 H_2SiO_3（$x=1$，$y=1$），二偏硅酸 $H_2Si_2O_5$（$x=2$，$y=1$），正硅酸 H_4SiO_4（$x=1$，$y=2$），焦硅酸 $H_6Si_2O_7$（$x=2$，$y=3$）等。这些酸在水中的溶解度极小，在水溶液中主要以正硅酸和偏硅酸的形式存在，也可以进一步聚合成其他形式的多硅酸和聚硅酸。在常温的水中，它们的溶解度决定于 pH 值，当 $pH<9$ 时，其溶解度约为 2×10^{-3} g/L（以二氧化硅计约为 120mg/L）。如果有过量的硅酸盐溶入水中，最后都将以无定形的二氧化硅析出，析出的二氧化硅并不下沉而以胶体粒子悬浮于水中，所以又称为悬浮硅或胶体硅。当水溶液的 $pH>9$ 时，溶解度随着 pH 值的升高而增大，这时以多硅酸或聚硅酸的形式存在。二氧化硅本身不会形成硅垢沉积物，如果水中含有钙、镁、铝、铁等金属离子，则就易形成坚硬的硅酸盐垢，二氧化硅在此过程中起着晶核作用，促进硅酸盐垢的形成。

硅酸盐的溶解度虽然较小，但只有在较高的温度和 pH 值条件下方能形成硅酸盐垢，因此在锅炉水中硅酸盐垢是一个实际问题。锅炉水中形成的硅酸盐垢大部分是铝、铁、钙、镁的硅酸化合物，这种垢的化学成分和结构状态常与某些天然矿物如锥辉石（$Na_2O \cdot Fe_2O_3 \cdot 4SiO_2$）、方沸石（$Na_2O \cdot Al_2O_3 \cdot 4SiO_2 \cdot 2H_2O$）、钠沸石（$Na_2O \cdot Al_2O_3 \cdot 3SiO_2 \cdot 2H_2O$）、黝方石（$4Na_2O \cdot 3Al_2O_3 \cdot 6SiO_2 \cdot SO_3$）等相同。这些复杂的硅酸盐垢，有的多孔，有的很坚硬和致密，它们常常均匀地覆盖在热负荷很高或水循环不良的炉管内壁上。

关于硅酸盐垢的形成过程，目前还不很清楚，有人认为在高热负荷的作用下，在水中析出并附着在受热面上的一些物质，由于相互之间发生化学反应而形成硅酸盐垢。例如：在受热面上的硅酸钠和氧化铁能相互作用生成复杂的硅酸盐垢，如

$$Na_2SiO_3 + Fe_2O_3 \longrightarrow Na_2O \cdot Fe_2O_3 \cdot SiO_2$$

对于更复杂的硅酸盐垢，有人认为是由在高热负荷的受热面上析出的钠盐、熔融状态的苛性钠及铁、铝等的氧化物互相作用而形成的。也有人认为某些复杂的硅酸盐垢，是在高热负荷的受热面上从高度浓缩的锅炉水中直接结晶出来的。

如果金属表面上一旦发现硅酸盐垢，则用一般的化学方法很难清除，清除硅酸盐垢可采用氢氟酸、氢氟化铵，或交替使用酸碱溶液。

四、结垢趋势的预测

结垢趋势预测的基础是溶度积理论。但溶度积理论仅考虑了成垢离子浓度、温度对结垢的影响，没有考虑溶液中其他离子的影响（盐效应），压力的影响也没考虑。因此，直接用溶度积来判断结垢趋势，对工业用水偏差较大。实际工作中是通过测定水中各项离子浓度（Ca^{2+}，Mg^{2+}，$K^{+}+Na^{+}$，Ba^{2+}，Sr^{2+}，Cl^{-}，${SO_4}^{2-}$，${HCO_3}^{-}$，${CO_3}^{2-}$，OH^{-}等）、pH 值、水温等参数，用相应的数学模型或公式计算，再进行判断。

1. $CaCO_3$垢的预测

$CaCO_3$成垢与 pH 值有关。$CaCO_3$垢的预测就是把水的实际 pH 值与该水被$CaCO_3$饱和时的 pH 值比较后判断。水的实际 pH 值可以测得为 pH_0，被 $CaCO_3$饱和的 pH 值，通过计算得到为 pH_S，也可以通过实验测得（pH_C），一般实测的pH_C要大于 pH_S。pH_C和 pH_S实际上均是临界 pH 值，其区别是一个是实测值，一个是计算值。

1）饱和指数法（Stiff - Davis 法）

本法是行标 SY/T 0600—1997 推荐的方法。先计算饱和指数 SI，然后进行判断：

$$SI = pH_0 - pH_S$$

$$pH_S = K + pCa - pALK$$

$$SI = pH_0 - K - pCa - pAlK$$

式中　K——由水温和水中离子强度 μ 决定的修正值。μ 由下式求得：

$$\mu = \frac{1}{2}\sum C_i Z_i^2$$

式中　C_i——各离子的浓度，mol/L；

Z_i——各离子的价数；

求得 μ 后，由 μ 和水温在图 2－44 查得 K；

pCa——Ca^{2+}浓度（mol/L）的负对数；

$pCa = -\lg[Ca^{2+}]$

pALK——溶液中总碱度（mol/L）的负对数；

$pALK = -\lg(2[{CO_3}^{2-}] + [{HCO_3}^{-}])$

判断：$SI>0$，有结垢趋势；$SI<0$，无结垢趋势；$SI=0$ 临界状态。

例如：利用饱和指标法预测回注水中 $CaCO_3$垢

已知条件：

(1) 回注水中各种离子浓度分析见表 2－16：

表 2-16　回注水中的各种离子浓度分析情况表

组分	含量		组分	含量	
	mg/L	mmol/L		mg/L	mmol/L
$K^+ + Na^+$	6881.14	299.18	Cl^-	11492.04	323.72
Ca^{2+}	434.35	10.86	SO_4^{2-}	0	0
Mg^{2+}	97.30	4.00	CO_3^{2-}	0	0
Fe^{2+}	1.20	0.02	HCO_3^-	388.58	6.37
Ba^{2+}	10.80	0.08	OH^-	0	0
Sr^{2+}	66.96	0.76	总碱		6.37

（2）回注水其他水质指标：矿化度 19372.37mg/L，总硬度（$CaCO_3$）1486.74mg/L，水温 50℃，pH 值 7.4。

工艺计算：

（1）计算 μ 值：

$$\mu = 1/2(\sum C_i Z_i^2)$$

$$= 1/2(299.18 + 10.86 \times 2^2 + 4.00 \times 2^2 + 0.02 \times 2^2 + 0.08 \times 2^2 + 0.76 \times 2^2 + 323.72 + 6.37) \times 10^{-3}$$

$$= 346.08 \times 10^{-3}$$

（3）查 K 值：已知水温 50℃，$\mu = 0.35$ 从图 2-45 查得 K 值为 2.1。

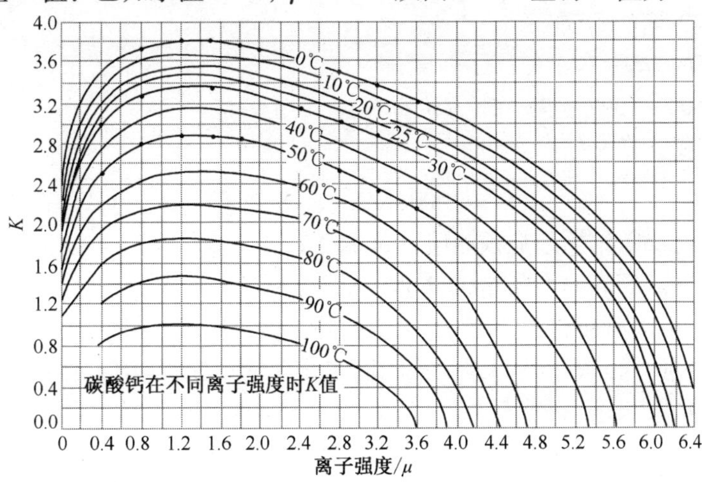

图 2-45　“K”与离子强度（$CaCO_3$）关系

（4）计算 pCa 值：

$p\text{Ca} = -\log(Ca^{2+}) = -\log(10.86 \times 10^{-3}) = \log 3 - \log 10.86 = 1.96$

(5) 总碱值：总碱 = [HCO_3^-] + [CO_3^{2-}] + [OH^-] = 6.37×10^{-3}

$$pA1K = -\log(6.37 \times 10^{-3}) = 2.20$$

(6) 计算 SI 值：$SI = pH - K - pCa = pA1K = 7.4 - 2.1 - 1.96 - 2.20 = 1.14$

因为 SI 大于 0，所以该站来水有结 $CaCO_3$ 垢的趋势，因为不含 $SO_4{}^{2-}$ 所以不会结硫酸盐垢。

2)稳定指数(I_R)法(Ryzner 法)

$$I_R = 2pHs - pH_0$$

按饱和指数法公式计算 pHs，然后按上式计算 I_R。

判断：按表 2-17 要求判断。

表 2-17　I_R - 水性判断表

I_R值	水的倾向
4.0 ~ 5.0	严重结垢
5.0 ~ 6.0	轻度结垢
6.0 ~ 7.0	水质基本稳定
7.0 ~ 7.5	轻微腐蚀
7.5 ~ 9.0	严重腐蚀
>9.0	极严重腐蚀

本法也是以单一的 $CaCO_3$ 的溶解平衡作为判断依据，因此对预测结垢趋势有实用意义，但对腐蚀倾向的预测，意义不大。

2. $CaSO_4$ 垢的预测

1)推荐的方法

SY/T0600—1997 推荐如下方法：

先按下式计算 S：

$$S = 1000(\sqrt{X^2 + 4K} - X)$$

式中　S——$CaSO_4$ 结垢趋势预测值，mmol/L；

X——Ca^{2+} 与 $SO_4{}^{2-}$ 的浓度差值，mmol/L；

K——由水温和离子强度(μ)决定的修正值，然后查图 2-46 得 K。

判断：将计算的 S 值与水中 $CaSO_4$ 的实际含量 C 比较(用 m mol/L 作单位，C 即[Ca^{2+}][$SO_4{}^{2-}$]中小者)：

$S < C$　　有结垢趋势

$S > C$　　无结垢趋势

$S = C$　　临界状态

2)SMS 法(Skillman，McDonald，Stigg 法)

编者建议采用本法，它比上法更可靠。

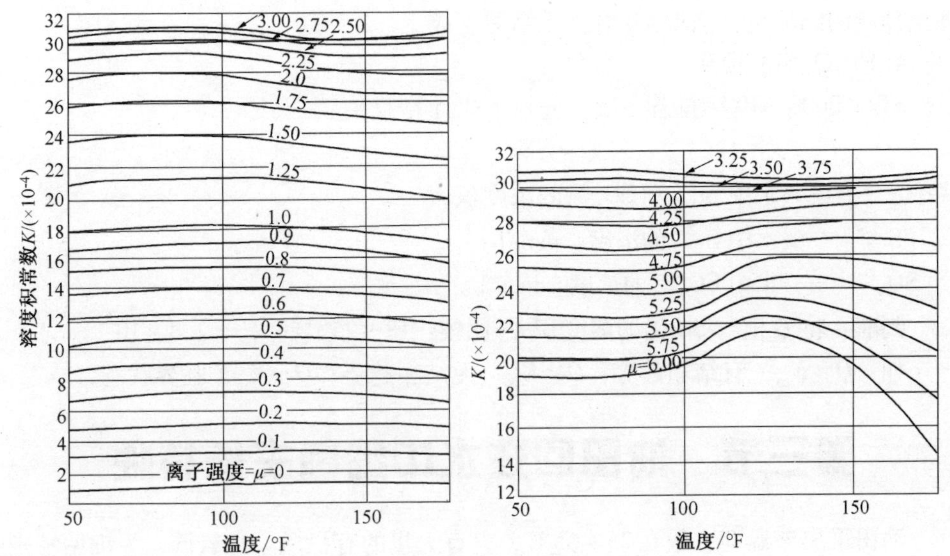

图 2-46 "K"与离子强度($CaSO_4$)关系

先按下式计算 S 值。

$$S = 1000(\sqrt{X^2 + 4K} - X)$$

式中 S——$CaSO_4$溶解度的计算值，mol/L；

X——Ca^{2+}与SO_4^{2-}浓度差值，mol/L；

K——由水温和离子强度(μ)决定的修正值。由水温和μ查图 2-43 得 K。

判断：把 S 与水中 Ca^{2+} 和 SO_4^{2-} 实际浓度(mol/L)进行比较，如果 S 小于 Ca^{2+}，SO_4^{2-}较小者，就有结垢趋势，如 S 比 Ca^{2+}，SO_4^{2-}二者中任一离子都大时，则无结垢趋势。

3. $BaSO_4$垢的预测

SY/T 0600—1997 推荐下法：先按下式计算 B 值：

$$B = \frac{(m + a) - \sqrt{(m + a)^2 - 4ma + 4K_{sp}}}{2}$$

式中 B——水质稳定后水中 $BaSO_4$的结垢量，mol/L；

m——实际水中的 Ba^{2+}浓度，mol/L；

a——实际水中的 SO_4^{2-}浓度，mol/L；

K_{sp}——$BaSO_4$的溶度积。18℃时，$K_{sp} = 0.87 \times 10^{-10}$；

25℃时，$K_{sp} = 1.1 \times 10^{-10}$；

50℃时，$K_{sp} = 1.98 \times 10^{-10}$。

判断：当 $B > 0$ 时，有结垢趋势，B 值越大，结垢量越多，$B \times 233.36$ 即为理论预测的结垢量，当 $B<0$ 时，无结垢生成。

4. $SrSO_4$垢的预测

ST/T 0600—1997 推荐下法：先按下式计算 Q 值：

$$Q=[Sr^{2+}][SO_4{}^{2-}]$$

式中　Q——水中 Sr^{2+} 和 $SO_4{}^{2-}$ 的浓度积；

$[Sr^{2-}]$——水中 Sr^{2+} 的浓度，mol/L；

$[SO_4{}^{2-}]$——水中 $SO_4{}^{2-}$ 的浓度，mol/L。

判断：将 Q 值与 $SrSO_4$的溶度积 K_{sp} 比较：18 ~25℃时 $K_{sp}=2.8\times10^{-7}$

如：$Q>K_{sp}$，有结垢趋势；$Q<K_{sp}$，无结垢趋势；$Q=K_{sp}$，临界状态。

第三节　油田回注水中细菌生长特性

油田采出液温度一般在25 ~65℃，含有大量的有机质，含氧低，为细菌特别是厌氧菌的繁殖生长提供了有利条件。在众多的细菌中，对油田生产造成危害的主要有硫酸盐还原菌(SRB)、腐生菌(TGB)、铁细菌(FB)等。

一、微生物概述

生物界存在着一群体形微小的生物，称为微生物。微生物是所有形体微小，单细胞或个体结构较为简单的多细胞，甚至没有细胞结构的低等生物的通称。因此，微生物中类群十分庞杂，一般包括细菌、酵母菌、霉菌、放线菌、立克次氏体和病毒等。它们除了共有的新陈代谢、生长、繁殖、遗传变异等生物特性外，还表现出微生物所特有的性状：① 结构简单，有的具有细胞构造，有的甚至没有细胞构造；② 生长繁殖快；③ 容易引起变异，以致微生物的种类特别繁多，并且新的种类还在不断产生；④ 数量多，分布广，对自然环境适应性强，以致在自然界的任何地方，如土壤、空气、水以及人和动植物体上都有微生物的存在。

微生物学的主要研究对象是细菌。细菌具有在运动性方面接近动物，在具有硬的细胞膜方面接近植物的特点。细菌的结构形态必须借助于显微镜才能看到，在一滴水中它们的含量达几十亿个，2×10^{12}个细菌平均约重1g，因此细菌是最小的有机体中的一种。

1．细菌的结构特点

细菌具有三种基本形态：球状、杆状和螺旋状，分别称为球菌、杆菌和螺形菌。细菌的细胞虽然是微小的，但其内部构造与高等生物的细胞一样是很复杂的。基本结构包括；细胞壁、细胞质膜、细胞质、细胞核等。有些细菌还有荚膜或鞭毛、芽孢等特殊结构，这是细菌分类鉴定的重要依据。

细菌以细胞分裂进行无性繁殖，所以细菌在分类上属于裂殖菌。在有利条件下，每经20～30min，细菌对半分裂。照此计算，一个中等细胞(2μm长、1μm宽)繁殖5d后的后代可以占据与所有海洋相等的体积，但因繁殖要受条件限制而达不到这个体积，但其数量也相当可观。

各类微生物所需的营养物质各有差异。某些营养物质在微生物进行新陈代谢过程中提供所需要的能量，而某些营养物质又可合成为菌体的本身成分。有些营养物质同时具有上述两方面的作用。

2. 细菌的营养方式

微生物在生长繁殖过程中所必须的营养物质，包括水、碳源、氮源、矿质元素、生长素等等。由于各种细菌的生活环境和对物质的利用能力不同，因此它们对营养的需要和代谢方式也不同，根据各种细菌对不同来源的含碳物质的利用能力，可把它们分为自养型细菌和异养型细菌。

1)自养型细菌(或简称自养菌)

这一类细菌能在完全无机物的环境中生长繁殖。能以二氧化碳或碳酸盐作为碳源，在菌体内合成有机含碳化合物，不需要外界供给有机含碳化合物。这种能量很低的二氧化碳或碳酸盐被转化为菌体内能量较高的有机含碳化合物，这是一个吸热过程，所以这一过程的进行只有利用外来的能量才能实现。根据能量来源不同，又可把自养型细菌分为光能自养型和化能自养型二类。

2)异养型细菌(或简称异养菌)

这一类细菌只能从现成的有机含碳化合物中取得碳素，能源来自有机物的氧化所产生的化学能。异养型细菌包括的种类和数量很多，所有腐生细菌和寄生细菌都属于这种类型。腐生菌是吸取无生命的有机物，而寄生菌是寄生在活的有机体内，从寄生体内获得营养物质，因此在工业用水中常说的异养菌即指的是腐生菌。

3. 细菌的呼吸类型

微生物在呼吸过程中，能够利用分子状态的氧就称为需氧呼吸，这类细菌就称需氧菌(或称好氧菌)。微生物只能在无分子状态氧的环境中进行呼吸，称为厌氧呼吸，这类细菌就叫厌氧菌。既能在有氧的情况下呼吸，又能在无氧的情况下呼吸，这类细菌就称兼性厌氧菌。

1)好氧微生物的呼吸

好氧微生物具有较完善的呼吸酶系统，它们的呼吸作用主要是借脱氢酶和氧化酶来进行的。脱氢酶能使一定基质中的氢游离出来，通过微生物细胞色素的传递作用，将氢传递给氧，另外氧化酶使分子状态的氧活化，从而活化了的氧接受氢生成水（见图2-47）。

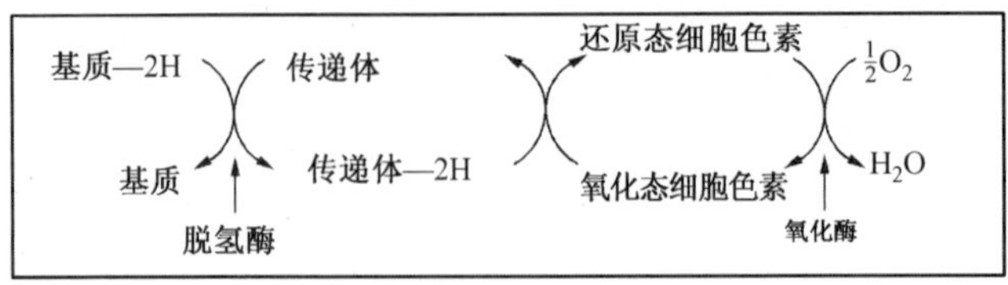

图2-47　细菌有氧呼吸示意图

好氧微生物具有过氧化氢酶或过氧化物酶，可以将在有氧呼吸时产生有害于微生物的过氧化氢及时解除。大多数常见细菌、放线菌和真菌均属此类。

2）厌氧微生物的呼吸

专性厌氧微生物缺乏细胞色素及氧化酶，因此游离氧存在对厌氧微生物有抑制作用。在厌氧呼吸过程中，只有脱氢酶参加，基质中的氢被活化，从基质中脱下的氢经辅酶（递氢体）传递给氧以外的物质，使其还原（见图2-48）。硫酸盐还原菌和甲烷菌等属于厌氧菌。

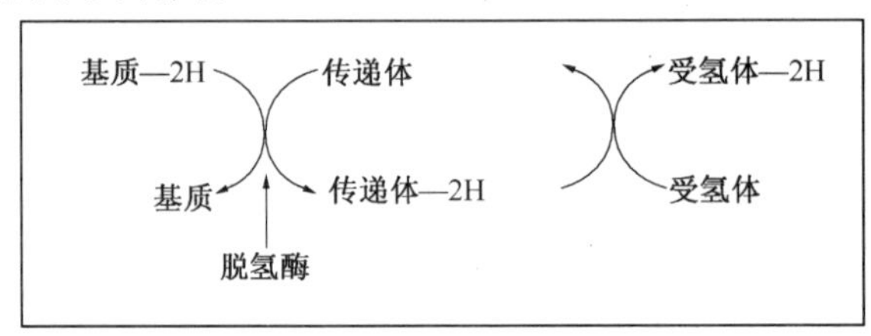

图2-48　细菌无氧呼吸示意图

3）兼性厌氧微生物的呼吸

这一类微生物在无氧或有氧的情况下都能生长，在有氧情况下，它们像好氧微生物那样进行有氧呼吸；在无氧条件下，则进行无氧呼吸，例如硝酸盐还原菌。

硝酸盐还原菌和硫酸盐还原菌及产甲烷菌，在无氧环境中的呼吸过程是相似的。但在有分子氧存在的条件下，硝酸盐还原菌仍然进行有氧呼吸，而硫酸盐还原菌和产甲烷菌则不能在有氧环境中生存。

由此可见，不论好氧微生物或厌氧微生物在呼吸过程中，脱氢作用是不可缺少的步骤。脱氢酶活化基质后所脱下的氢，必须传给相应的受氢体，在好气性呼吸中，最终受氢体是分子氧，在厌氧性呼吸中，最终受氢体是基质分解过程中的特定中间产物。有些氧化的厌氧性微生物在没有分子状态氧存在时，利用一些无机氧化物（如NO_3^-、SO_4^{2-}等）中的氧为受氢体。由于氧化还原作用的结果，各类呼吸作用都形成氧化产物和还原产物，并释放出能量来。

4．微生物细胞的化学组成

微生物细胞的化学组成同其他生物细胞一样，也是由各种复杂的化合物构成的，都含有碳、氢、氧、氮和各种矿物质(灰分)元素。但微生物细胞的化学成分往往随微生物的种类、菌龄和培养基的组成而不同，一般都含有水、蛋白质、核酸、碳水化合物、脂肪和无机物质等，见表2－18。

表2－18　微生物细胞中的化学成分

微生物	水分/%	干物质/%					
		总量	蛋白质	核酸	脂肪	碳水化合物	无机盐类
细菌	75～85	25～15	50～80	10～20	5～20	12～28	1.4～14
酵母菌	70～80	30～20	32～75	6～8	2～5	27～63	7～10
霉菌	85～95	15～5	14～52	1	7～40	7～40	6～12

水是微生物细胞的主要成分，在微生物进行各种各样的生理活动中，必须有水的参与才能进行。例如蛋白质、碳水化合物和脂肪的水解作用等都必须在有水的参与下才能进行。

干物质中，蛋白质是组成微生物细胞的细胞质的基本物质。核酸对微生物的生长、遗传和变异起着重要的决定作用。细菌的细胞壁及荚膜主要由碳水化合物(糖类)构成。而一般微生物细胞脂类含量较低，主要集中于细胞壁和细胞质膜，因此与细胞的渗透有密切的关系。无机盐包括硫、磷、钾、钙、镁、铁和钠等，还有微量的铜、锌、锰、硼、铝等，这些无机物在微生物的生命活动中是不可缺少的，有些参与细胞质的组成，有些是以离子状态存在于细胞质中，影响胶体微粒，改变电荷。微量的元素对微生物生长有刺激作用，这些元素含量取决于微生物种类及其生存条件，在微生物细胞物质代谢中，那怕缺少一种灰分元素，代谢过程也将发生困难。

5. 酶

酶是一种由活细胞产生的，不耐高温的生物催化剂，它在微生物体内进行新陈代谢过程中参与一系列极其复杂的生化反应。它们和其他催化剂一样，通过与基质组成不稳定中间化合物，降低系统的活化能量。

所有酶都是蛋白质的复合物，它们具有亲水性胶体的性质，具有高的表面能，因此对外部介质的各种因素的作用敏感，在温度和pH值发生剧烈变化、提高渗透压力、基质浓度过高、代谢产物积累、杀菌射线作用及提高酶本身浓度等情况下，酶的活性降低。在25～35℃下酶呈现出最大活性，大部分酶在55～60℃下破坏。改变介质pH值可能导致酶的凝聚。

一个微生物细胞中具备有各种酶，各种微生物具有许多共同的酶，体现了它们代谢机能上的某些共同性；但不同的微生物各自具有特殊的酶，因而在微生物体内就会产生不同的生化反应。由于微生物对营养物质利用以及利用后代谢产物的不同，从而决定了微生物的某些生物学特性也各不相同，因此在微生物细胞中所进行的生理学过程，几乎完全决定于酶及酶的活性。例如兼性厌氧性细菌在有氧和无氧环境中都能生活，这是因为细胞内含有适应于通气条件中进行呼吸的酶系，也含有适应于缺氧条件下进行呼吸的酶系。任何对酶发生作用的因素，也对微生物发生作用，所以酶在微生物生命活动中具有重大意义。

6. 影响微生物生长的环境因素

微生物与其他生物一样，受到环境因素的制约。有利的环境因素可以刺激细菌的生长，相反，不利的因素会起抑制作用，或引起菌的变异，甚至死亡。

1)物理因素

(1) 温度。在影响微生物生长繁殖的各种物理因素中，温度起着最重要的作用。适宜的温度可以促进微生物的生命活动，不适宜的温度能减弱微生物的生命活动或可能引起微生物形态、生理等特性的改变，甚至可促使微生物死亡。

根据微生物适应生长的温度范围，可将微生物分为低温型、中温型和高温型三个生理类群。每一类群的适应生长温度范围内，可包括最低生长温度，最适宜生长温度和最高生长温度(见表2-19)。

表2-19 微生物的适应生长温度

类型	生长温度/℃			举例
	最低	最适	最高	
低温型	-10~20	10~20	25~30	水和冷藏中的微生物
中温型	10~20 10~20	25~30 37~40	40~45 40~45	腐生菌 寄生菌
高温型	25~45	50~55	70~80	温泉菌、某些土壤菌

最低生长温度是指微生物在这个温度范围内尚能生长，但生长速度非常缓慢，若再低于最低生长温度，微生物的生命活动将受到抑制甚至发生死亡。最高生长温度是指微生物处于这个温度时，仍然能生长，超过这个温度，微生物即受到抑制或死亡。

最适生长温度是指微生物生长速度最快，增代时间最短的最适应的温度。

一般说来高温可以杀死大部分微生物，而有芽孢的细菌，在蒸气压为1kg/cm^2，相应温度为121.6℃时，经15~20min可以彻底被杀死。低温则很少致死。

(2) 干燥。微生物的生命活动中，水是不可缺少的物质。因缺水分而造成的干燥可引起微生物细胞内蛋白质的变性和盐类浓度的增高，促使微生物死亡或抑制微生物的生长。

不同种类的微生物对干燥的抵抗力是不一样的，细菌中以螺旋菌的抵抗力最弱，革兰氏阳性球菌最强。有芽孢的细菌对干燥的抵抗力特别大，有荚膜的细菌也有较大的抵抗力。

(3) 渗透压。微生物的细胞结构，具有一层半透性膜，它能调节细胞内外渗透压的平衡。当溶液中的渗透压与微生物细胞内的渗透压相等时，微生物的代谢活动保持正常。如果溶液中的渗透压大于微生物细胞内的渗透压，这时细胞内的水分渗透到细胞外，微生物细胞就会发生质壁分离，造成微生物代谢活动呈抑制状态或死亡。许多革兰氏阴性菌容易发生质壁分离，而革兰氏阳性菌就难于发生。反之，微生物在低渗透压溶液中，细胞外的水分渗透到细胞内，使细胞吸水而膨胀，甚至可使细胞破裂。

一般与微生物细胞等渗的溶液是0.85%～0.90%的NaCl溶液，而海洋中生活的微生物必须在3%～5%的盐浓度中才能良好的生长。各种微生物均具有耐受不同浓度的能力，但总的来说，18%～25%盐浓度才能完全阻止微生物的生长。

(4) 超声波。声波频率在9～20kHe/s以上的超声波可使微生物细胞内容物受到强烈振荡而使细胞破坏。同时，在水溶液内，经超声波的作用产生的过氧化氢具有杀菌能力，以及由于超声波的作用而产生热效应和破坏酶的特性等等，都能起到杀菌的效应，其效应的大小，与超声波的频率、强度、处理时间等因素有关。

(5) 辐射。日光对微生物有杀菌作用，主要因素是紫外线。紫外线波长在2000～3000埃之间都有杀菌作用，其中以2500～2700埃的杀菌作用最大。

由于细胞内有一定的氨基酸和核酸能吸收紫外线，从而产生光化学作用而使细胞质变性，导致微生物变异或死亡。紫外线的穿透力不强，杀菌作用仅限于物体表层，一般常用于空气消毒和器材物体等表面消毒。

(6) 氧化还原电位。氧化还原电位(E_h)对微生物生长有明显影响，环境中E_h值与氧分压有关，也受pH值的影响，pH值低时，氧化还原电位高，pH值高时，氧化还原电位低。通常以pH中性时的值表示，E_h'，就是指pH=7时的氧化还原电位。

各种微生物所要求的E_h值不一样，一般好氧性微生物在E_h值+0.1V以上均可生长，以E_h值为+0.3V～0.4V时为最适。厌氧性微生物只能在E_h值低于+0.1V以下生长，兼性厌氧微生物在+0.1V以上进行好氧呼吸，在+0.1V以下时进行发酵。

微生物在生长过程中可能改变周围环境中氧化还原电位。如微生物借代谢作用产生还原性物质可降低氧化还原电位，氧的消耗也将使E_h值下降。因此，当好氧性微生物和厌氧性微生物生活在一起时，前者能为后者创造有利的氧化还原电位。

2)化学因素

(1) 酸和碱。微生物需要在一定的酸碱度的环境中才能正常进行生长繁殖。酸碱度的大小以 pH 值来表示。因此，pH 值对微生物生命活动影响很大。

首先，pH 值影响菌体细胞质膜上的电荷性质。正常细胞质膜上的电荷有助于某些营养物质的吸收，当 pH 值发生变化后，细胞质膜上所带电荷也发生变化，影响某些营养物质的吸收，从而影响了细胞正常物质代谢的进行。另外，微生物的酶系统必须在一定的 pH 值下才能发挥最大的催化效能，当 pH 发生变化后，酶的催化能力就会减弱，甚至消失，必然也会影响微生物的正常代谢活动。

每一种微生物生长繁殖所能适应的 pH 值都有一定的范围，即最低 pH 值、最适 pH 值和最高 pH 值。最适 pH 值是指微生物最适宜于生长繁殖的 pH 值；在最低和最高 pH 值的环境中，微生物虽然尚能生存和生长，但生长非常缓慢而且容易死亡。微生物中一般以细菌适应的 pH 值范围最小，酵母菌适应的较大，而霉菌的最大。一般组菌最适 pH 值在 7 ~ 7.5，酵母菌在 4.0 ~ 5.8，霉菌在 3.8 ~6.0。

如果微生物生活环境中 pH 值很小，超过了它们所适应的范围，那么微生物的生命活动就会被抑制或不能生存而死亡，这就是酸作用于微生物而显示的抑菌作用或杀菌作用。酸的杀菌作用不仅与溶液中的氢离子浓度成正比，而且与酸游离的阴离子和未电离的分子本身有关。有些无机酸还起氧化剂的作用，一般有机酸的电离度比无机酸小，氢离子浓度也低，但其杀菌作用有时反而比无机酸强，所以有机酸的杀菌作用主要决定于整个分子和阴离子。

高浓度的氢离子可引起菌体表面蛋白质和核酸水解，并破坏酶类的活性。而碱类的杀菌作用则与氢氧根离子浓度有关，浓度愈高，杀菌力愈大。强碱也能水解蛋白质和核酸，使酶系统和细胞受到破坏。一般革兰氏阴性杆菌对于碱类较革兰氏阳性杆菌敏感，但具有芽孢的细菌对碱具有强大的抵抗力。

(2) 盐。盐对微生物的作用大小，主要决定于盐的浓度大小，适宜的盐浓度可以促使微生物的生长，而浓度过高时可将微生物杀死。其次，某些盐类对微生物有毒害性，而两价阳离子比一价阳离子毒性大，重金属又比轻金属毒性大。

一般革兰氏阳性菌较革兰氏阴性菌带有较多的负电荷，所以它对盐类的敏感性要比革兰氏阴性菌强。

(3) 氧化剂。氧化剂能放出游离氧或使其他化合物放出氧。氧化剂作用于微生物的蛋白质结构中的氨基、羟基或其他化学基团，造成代谢机能障碍而死亡。

氯是常用的氧化型杀菌剂，杀菌作用较强，因为氯能取代蛋白质氨基中的氢而使蛋白质变性，同时它在水中又能产生新生态的氧。反应式为：

$$Cl_2 + H_2O \longrightarrow HCl + HOCl$$

$$HOCl \longrightarrow HCl + [O]$$

由于氯气价格低廉、有效、使用方便，因此仍是目前工业用水，甚至饮用水中常用的一种杀菌剂。次氯酸盐、过氧化氢、过氧乙酸、臭氧、二氧化氯等均是无毒性的氧化型杀菌剂。

(4) 有机化合物。酚，醇、甲醛都是常用的消毒剂，在油田回注水中目前使用较多的有机杀菌剂是属于季铵盐类的一种阳离子表面活性剂，例如“洁而灭”。这类化合物易溶于水，具有降低表面张力的作用；能去除物体表面油污，起到剥离作用；并能吸附在微生物细胞表面，使细胞壁的渗透性改变，促使细胞内的物质排出，因而具有杀菌作用。

二、油田回注水中微生物的类型及危害

1. 硫酸盐还原菌(Sulfate – Reducing Bacteria)

硫酸盐还原菌(SRB)是指在缺氧条件下，将无机硫酸盐还原为二价硫的一类细菌。在微生物分类上属脱硫弧菌属和芽孢梭菌属。油田回注水中常见的硫酸盐还原菌是脱硫弧菌属。

1)形态

硫酸盐还原菌(SRB)一般呈弧形，直径0.5～2μm，长1～5μm，具鞭毛，能活动。有的SRB呈球形，有的是长的多细胞丝状体。SRB多以成堆成丛或细胞群体的形式增长。在回注水中有浮游型SRB和固着型SRB。

2)生长条件

SRB是厌氧菌，只能在无氧条件下生长。在含氧回注水中，由于腐生菌等好氧菌的生长，黏附于设备的内壁，为SRB创造了无氧的微小的生成环境，使SRB得以生长繁殖；另外，SRB一旦形成菌落，其代谢产物硫化物是一个还原剂，能在常温下与氧作用，保护自己不受氧的干扰。SRB与空气接触就失去活性，但仍能存活几小时或几天，一旦出现有利条件，又恢复活性。

大多数SRB的最适生长温度是20～40℃，在自然界水的沉积物中，接近0℃时仍可测到较低的硫酸盐还原活性。嗜热脱硫弧菌可在80～85℃温度下生长。

SRB喜欢在中性条件下生长，在pH5.5～8.5之间可观察到硫酸盐还原活性。在不利的pH环境中，由于SRB的代谢产物有缓冲剂作用，例如HS^-/H_2S、HCO_3^-/CO_3^{2-}系统，可保护SRB生长在较适宜的微环境内。

不同来源的SRB对盐浓度有不同的耐受力。淡水中的菌种可能在NaCl高于20～30g/L时生长受到抑制，而很多海水中SRB是中度嗜盐微生物，在淡水中不能繁殖，需10～20g/L NaCl才可正常生长。NaCl浓度超过50～100mg/L，大多

数 SRB 的活性会大幅下降。

3)SRB 对油田生产的危害

SRB 为厌氧菌，易生存于水流较慢的地方或死水区，例如流速低的管道、管道中的滞留区、贮罐、过滤器、结垢沉积物下面或有机物残渣下面。SRB 的生长繁殖对油田造成的危害主要表现在引起设备腐蚀、堵塞地层及使油品加工性能变坏。

SRB 对铁的腐蚀机理是阴极去极化，它是荷兰科学家 Von. Wolzogen Kuhi 提出的。它的基本反应式应为。

$$SO_4^{2-} + 4H_2 \xrightarrow{SRB} S^{2-} + 4H_2O$$

腐蚀产物掩盖在管壁，与没有被覆盖的铁构成一个腐蚀电池，加速金属腐蚀；另外，这些掩盖层也为 SRB 的生长创造了良好的厌氧环境，造成了进一步腐蚀。

SRB 的腐蚀产物 FeS 与油污黏附在一起，随回注水注入地下，堵塞地层。对于孔径小于 5μm 的低渗透油田，SRB 本身也会引起堵塞。

例如广利油田。由于广利油田注水井环形空间的水介质中含有大量 SRB。因此用莱 24－14 注水井环形空间的水作为研究对象，分别研究了不同 SRB 含量对腐蚀反应过程的影响。极化曲线见图 2－49 ~ 图 2－52，腐蚀数据见表 2－20。

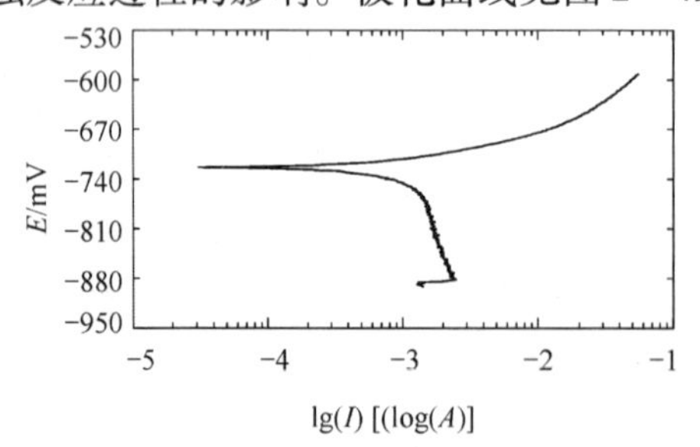

图 2－49　SRB 含量分别为 25 个/mL

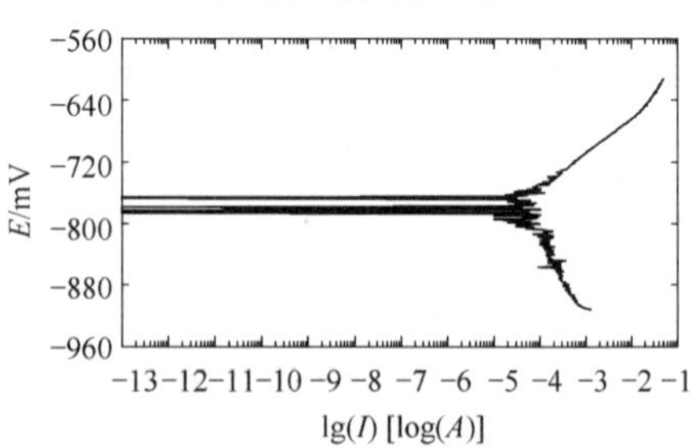

图 2－50　600 个/mL 动电位曲线

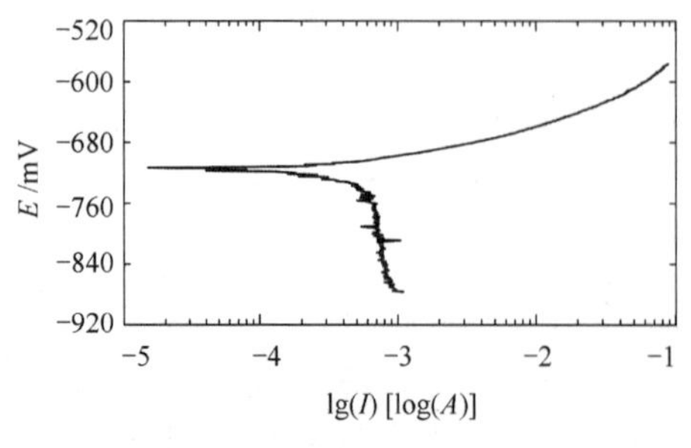

图 2－51　SRB 含量 6000 个/mL

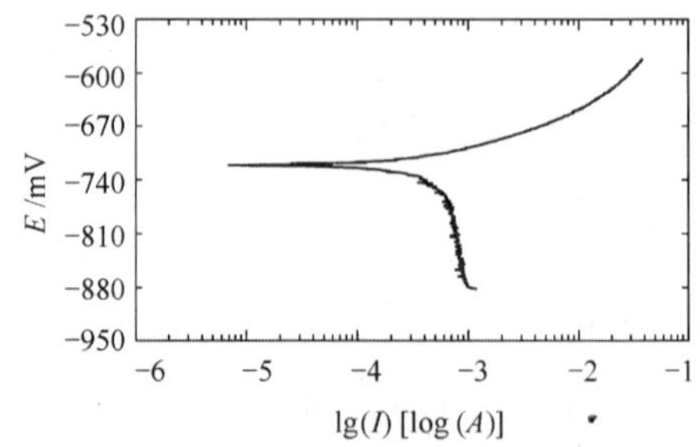

图 2－52　大于 10^5 个/mL 动电位曲线

表 2-20　不同 SRB 浓度的腐蚀数据

SRB/(个/mL)	2.5×10^1	6.0×10^2	6.0×10^3	$>1.1\times10^5$
E_k/V	-0.729	-0.726	-0.719	-0.723
腐蚀电流/mA	0.0079	0.0107	0.117	0.240
腐蚀速率/(mm/a)	0.0205	0.0278	0.3042	0.624

以上动电位曲线及表 2-19 数据显示：SRB 的增长，对体系的腐蚀电位没有影响，但随着 SRB 含量的增加，体系的腐蚀电流密度成倍增加，腐蚀加剧。

4)腐蚀机理

微生物腐蚀是一种的特殊类型的腐蚀，它是由于微生物的直接或间接参加腐蚀过程所引起的金属毁坏作用。微生物腐蚀一般不单独存在，往往总是和电化学腐蚀同时发生的，两者很难截然分开。研究表明，SRB 在厌氧条件下对钢铁有强烈的腐蚀作用。

微生物参与金属腐蚀主要有以下三种方式：

(1) 由于微生物的生长和新陈代谢作用产生一些能够腐蚀金属的代谢产物，如酸、碱、硫化物以及其他有害离子，使本无害的环境具有了腐蚀性。

(2) 微生物的活动直接影响电极反应动力学过程，从而诱导或加速早已潜在的电极反应，这种情况主要是在缺氧条件下 SRB 的作用。

(3) 由于微生物的活动在金属——电解质界面上引起状态的变化，从而导致了腐蚀的发生。例如，形成了氧的浓差电池。

目前关于 SRB 的腐蚀机理说法不一，主要有以下三种：

(1) Von Wolzogen，Kuhr 和 Van der vluglt 提出的阴极去极化理论。

(2) 局部电池作用机理。

(3) 代谢产物腐蚀机理。

下面分别对这三种机理进行阐述。

1)阴极去极化理论

1934 年，Kuhr 提出了硫酸盐还原菌腐蚀的经典机理，他认为阴极去极化作用是钢铁腐蚀过程中的关键步骤，硫酸盐还原菌的作用是氢原子从金属表面除去，从而使腐蚀过程继续下去。反应如下：

$$4Fe = 4Fe^{2+} + 8e \text{（阳极反应）}$$

$$8H_2O = 8H^+ + 8OH^-$$

$$8H^+ + 8e = 8H \text{（阴极反应）}$$

$$SO_4^{2-} + 8H = S^{2-} + 4H_2O \text{（细菌引起的阴极去极化）}$$

$$Fe^{2+} + S^{2-} = FeS \text{（腐蚀产物）}$$

$$3Fe^{2+}+6OH^- = 3Fe(OH)_2\text{（腐蚀产物）}$$

总反应：$4Fe^{2+}+S^{2-}+6H_2O \longrightarrow 3Fe(OH)_2+FeS+2OH^-$

根据 Kuehr 的理论，Booth 等人测定了低碳钢在 SRB 存在的介质中的阴极特征。测量结果支持 Kuehr 提出的阴极去极化理论，但是，当系统中含有作为电子受体的可还原物质时，阴极区的去极化率与细菌产氢能力有关；反之，当系统中不存在可还原物质时，阴极的去极化率与氢化能力无关。可还原物质存在时，阴极去极化率是细菌的氢化酶活性的函数，而可还原物质不存在时，阴极去极化率只与电极电位有关。其实质是 SRB 从 Fe 表面（阴极）上除去原子氢后，有利于铁转变成二价铁离子，转入溶液中，然后二价铁离子分别与二价硫离子和氢氧根离子反应生成二次腐蚀产物 FeS 和 $Fe(OH)_2$，二次腐蚀产物可在铁表面形成松软的腐蚀瘤，致使其内外形成浓差电池，从而加速腐蚀。

Booth、King 等人的研究工作为阴极去极化理论提供了依据，证实了细菌细胞中的氢化酶、腐蚀过程中产生的硫化亚铁和硫化氢都可以促进去极化作用，从而加速了金属的腐蚀。但自 20 世纪 60 年代以后，许多研究成果认为代谢产物中的硫与硫铁化合物对腐蚀起着更为重要的作用。Booth 和 Tiller 等人的研究表明，有氢化酶的 SRB，才有氢去极化作用，而阳极去极化就同有无氢化酶无关。对具有氢化酶的普通脱硫弧菌（Hildenborugh），测定其在 30℃ 的情况下软钢的阴极、阳极的极化曲线结果表明，氢去极化作用基本还是肯定的。

硫酸盐还原菌参与钢铁腐蚀的作用机理如图 2－53 所示。

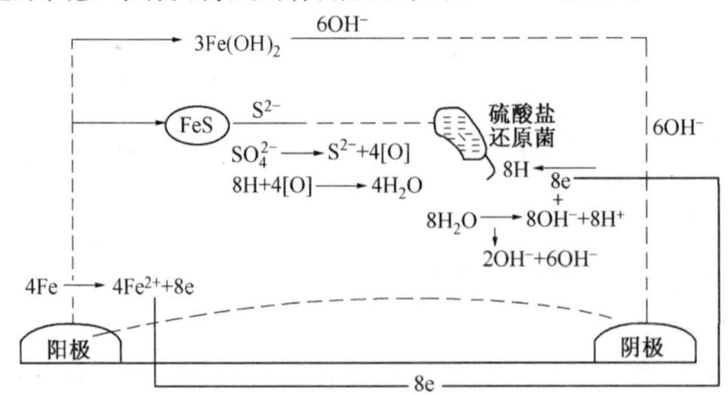

图 2－53　硫酸盐还原菌腐蚀图解

2）局部电池作用机理

R. A. King 等人提出 SRB 的腐蚀产物 FeS 吸附在 Fe 表面形成阴极，阴极去极化主要在析氢过电位较低的 FeS 表面上进行。1964 年，Goldmen 提出了金属腐蚀是由于 FeS 在金属表面分布不均进而形成浓差电池而引起的。吕人豪也提出循环冷却水中，金属的腐蚀过程与形成氧的浓差电池有关。腐蚀过程开始是铁细菌或一些黏液形成菌在管壁上附着生长，形成较大菌落结瘤，或不均匀黏液层，促使产生了氧浓差电池。后来生物污垢扩大，形成 SRB 繁殖的厌氧条件，加剧了氧浓差电池腐蚀，同时 SRB 的去极化作用及硫化物产物腐蚀，使腐蚀进一步恶化，直至局部穿孔(见图 2 - 54)。

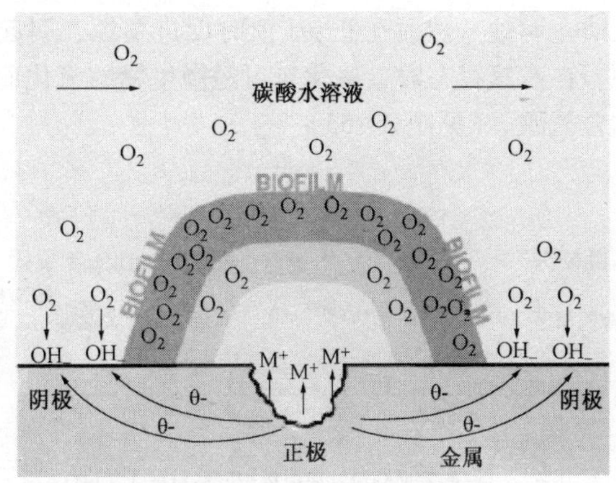

图 2 - 54　微生物腐蚀原理图

3)代谢产物腐蚀机理

Iverson 利用氧化还原染料苄基紫作为电子接受体对具有氢化酶活性的硫酸盐还原菌进行试验，测出了阴极去极化电流。如果用硫酸盐来代替作为电子接受体，则测不出阴极电流，也未发现在阳极区铁溶解进入溶液，这表明阴极去极化理论不能完全解释严重的厌氧腐蚀。

Iverson 等人提出，SRB 的厌氧腐蚀是由于代谢产物磷化物作用的结果，认为在厌氧条件下，SRB 产生具有较高活性及挥发性的磷化物。它与基体铁反应生成磷化铁。当然，由 SRB 产生的硫化氢与无机磷化物、磷酸盐、亚磷酸盐、次磷酸盐作用也可以产生磷化物。在有铁存在时，硫化氢与次磷酸盐作用也可以产生磷化铁。这些作用加速了基体铁的腐蚀。

Norvah 及其同事对三元体系 $Fe/S^{2-}/H_2O$ 的热力学研究指出，硫化物的存在将增加金属对腐蚀作用的敏感性。有 H_2S 存在时，Fe/H 电池的电动势在整个 pH 范围内都保持很高的水平，然而在相似条件下的 Fe/H_2O 二元体系中，Fe/H 电池的电动势则降至很低值。这项工作分析表明，硫化物的存在促进了腐蚀。

R. A. King 等人发现培养基中的 Fe^{2+} 对低碳钢厌氧腐蚀有影响，腐蚀产物 FeS 膜具有一定的保护性。

1977 年，佐佐木英次等人研究了 SRB 产生的硫化氢与软钢腐蚀之间的关系，表明腐蚀速率随 H_2S 浓度的改变而改变，开始硫化氢浓度升高，电位下降，腐蚀随之增加。但硫化氢浓度达到一定量时，形成硫化物保护膜后电位便上升，腐蚀受到抑制。若介质给氢不足，不能再提供足够的 H_2S 时，腐蚀立刻得到促进。这说明其关键在于硫化膜是否保持完整。最近，硫酸盐还原菌的腐蚀机理有了新的进展，其中对 H_2S，O_2—H_2S，以及 S 等对腐蚀的促进作用有了较深入的研究。在中性或近中性厌氧环境中，硫化氢主要以 HS^- 离子形态，在铁的表面形成一层膜，在不同程度上防止腐蚀。然而在低 pH 值时促进腐蚀，引起氢脆及奥氏体不锈钢发生晶间腐蚀。在有氧存在时，硫化氢可经微生物的氧化而成为硫和硫的各种具有强腐蚀性的含氧酸。(见图 2－55)

(a)

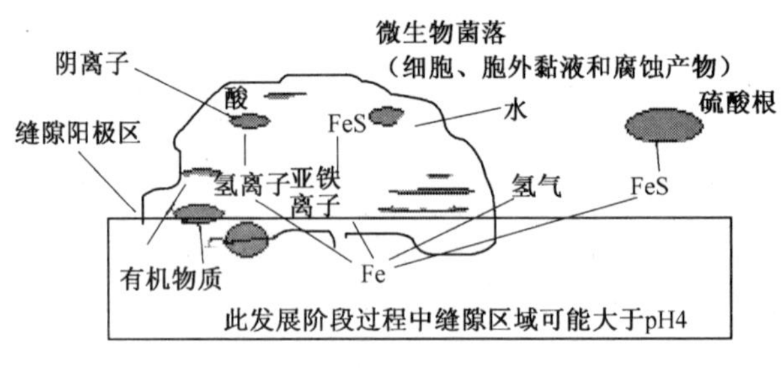

(b)

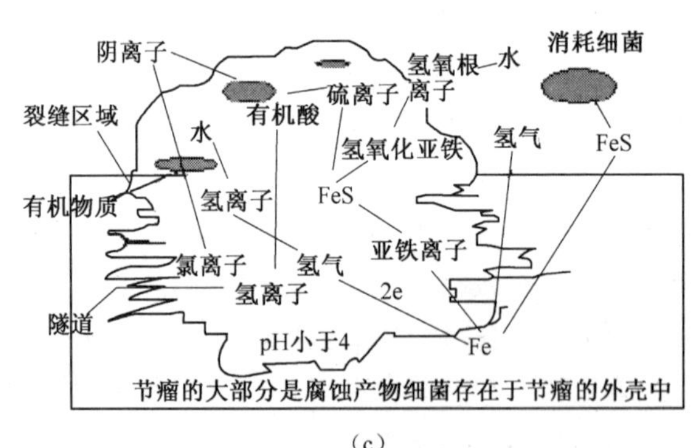

(c)

图 2－55　微生物腐蚀形成和发展的模型

(a)—寻找适宜的场所；(b)—菌落形成、缝隙腐蚀及阳极固定；(c)—在充分发展的孔蚀上形成结瘤

4) SRB 的腐蚀特征

(1) 点蚀区充满黑色腐蚀物，即硫化亚铁。用盐酸处理时放出硫化氢气体；

(2) 产生深的坑蚀，形成结疤和在疏松的腐蚀产物下面出现金属光泽；

(3) 点蚀区表面为许多同心圆所构成，其横断面为锥形。

如果腐蚀部分暴露在大气中的时间不长，可以从管子表面形成的易碎黑色铁瘤下面的腐蚀坑中刮出黏性黑渣进行硫酸盐还原菌的培养，来证实该菌的存在。除此之外，还可以从以下几方面迹象来判断硫酸盐还原菌在油田回注水中存在的情况。即回注水逐渐变为酸性，或通过系统输送可溶性硫化物含量增加；在较严重条件下，回注水可能变成黑水；酸化处理频繁及回注水量下降；暴露在系统中金属迅速损坏，如水井和流水管线死角处、罐底、游离水分离器，以及任何停滞或水流不急的区域。此外，在系统外部，埋在排水不好的土壤中的管线外部，套管外表的腐蚀；当堵塞了的井能返出水时，可以看到大量返出的黑水和细菌残骸，油层表面和注水管柱返出的黏稠黑色液体。

硫酸盐还原菌是成群或成菌落附着在管壁上，在流动的液体中不易找到，因此测定水中硫酸盐还原菌仅仅是粗略地表示了回注水中的细菌存在情况，有可能回注水中硫酸盐还原菌含量很低，但在管线某处表面却有大量的细菌生长繁殖。所以我们一旦，在流动的水里发现这种菌，不论数量的多少，都认为有潜在的危险，即意味着管壁、罐壁上已牢固附着了很多的细菌，应当马上采取相应的措施来防止可能出现的问题。

2．腐生菌

在一定条件下，许多细菌都能产生荚膜黏液，它是形成回注水微生物黏液的主要成分；没有荚膜的细菌细胞本身就是黏液，易引起堵塞。我们将这些细菌统称为“腐生菌”。因此，“腐生菌”这个术语不表示单一的细菌。现场应用时，一般用总菌量来表示形成黏泥或堵塞的程度。

腐生菌是“异养型”的细菌，它们从代谢有机物的过程中得到能量。温度适宜和含有有机物的油田回注水都有能满足腐生菌生长的环境条件和营养物质。虽然有的回注水矿化度高或温度较高，但仍有嗜盐或嗜热微生物生长；有些腐生菌只能在好氧系统中生长，而有些只生长在厌氧系统中，还有许多兼性菌在两种环境中都能生长。在油田回注水系统中，腐生菌通常存在于敞开的水罐（池）中，漂浮的黏状物质附着在罐（池）的周边，它们颜色可能是白、黄、褐或黑色，如果有藻类存在，也可看到绿色的黏状物。这些黏状物还存在于注水井中、吸附在管壁上、含水油罐的油水界面处，严重时会引起过滤器、注水井堵塞，附着在管壁、设备上的黏液会产生浓差电池，造成设备腐蚀。另外，附着在壁上的黏液为硫酸盐还原菌提供局部厌氧环境，引起腐蚀，并使杀菌剂难以杀死其中的细菌。

3．铁细菌

铁细菌是一种分布比较广的细菌，通常存在于清水中，也可在咸水中生存。它们是好氧菌，但是也可在含氧量小于0.5mg/L的系统中生长。铁细菌能将水中的二价铁按下列反应式氧化成三价铁。

$$4FeCO_3 + O_2 + 6H_2O \longrightarrow 4Fe(OH)_3 \downarrow + 4CO_2$$

1）铁细菌的生长条件

（1）亚铁。溶解于水中的亚铁浓度对铁细菌生长繁殖极为重要。一般总铁量在1~6mg/L的水中，铁细菌旺盛繁殖，含铁量大于0.2~0.3mg/L水中，一定能发现铁细菌，而含铁量小于0.1mg/L水中也有铁细菌，不含铁的水中，只要其他条件好，也可以从管道、铁器表面吸收铁而生存。可见铁细菌对铁浓度的要求并不苛刻，然而从生长速度来看，在一定范围内，对铁细菌的生长速度或形成鞘的速度有着比例关系。

（2）有机物。不同铁细菌对有机物要求不一样。如嘉氏铁柄杆菌是严格自养，有机物对它有害，培养物中含0.01%有机物就使生长大大减缓。而其他异养铁细菌以有机物为营养源，所以需要有机物，而且特别偏爱铁与锰的有机化合物，这类有机物被利用后，铁和锰作为废料被排泄出来，附着在丝状体上。

（3）氧。铁细菌是好氧菌，在静止水中，完全缺氧的深层是很难生长繁殖的，除非有藻类提供氧。在流动水中，有的水饱和了溶解氧，有的水虽然氧浓度不高，但有一定的溶解氧，铁细菌仍可生长。

（4）pH值。铁细菌一般在酸性环境中对其发育有利。因此在天然环境中，二氧化碳高的含铁水给铁细菌的生长创造了良好的条件。碱性的水不适宜铁细菌生长，因碱性水中亚铁易氧化而沉淀，所以在pH值7.8～8.3的海水中通常没有铁细菌生长。

（5）温度。对于铁细菌一般温度偏低有利，嘉氏铁柄杆菌以6℃繁殖最快，而其他异养铁细菌室温生长较好，最适温度为22～25℃。

2）铁细菌的危害

铁细菌在代谢过程中，产生大量的高铁，这种不溶性铁化合物排出菌体后就沉淀下来，并在细菌周围形成大量棕色黏泥，从而引起管道和油井堵塞。铁细菌产生的氢氧化铁可以在管壁上形成铁瘤，铁瘤与铁细菌代谢形成的黏液附着于管壁，形成浓差电池，引起腐蚀（腐蚀机制见图2－2）。与腐生菌一样，铁细菌也为SRB生长提供适宜的生长环境，并阻止杀菌剂与细菌的接触。

铁细菌在微生物分类上属嗜铁荚膜菌属、嘉氏铁杆菌属、嗜氧球菌属，铁细菌常以固定在管壁上的菌丛出现，有皮鞘，水管的细菌危害大都是铁细菌引起的。

在油田生产上铁细菌经常造成过滤器和注水井的堵塞，分泌物黏附在管道和设备里，能够形成浓差电池，这种类型的腐蚀不同于硫酸盐还原菌那样和酶的活性有关，而是通过金属表面的污垢层产生，好氧系统中这种污垢层也能提供适应硫酸盐还原菌生长的局部厌氧区。

铁细菌是在与水接触的结瘤腐蚀中最常见的一种菌。它一方面因为其中许多菌具有附着在金属表面的能力，另外它具有氧化水中亚铁离子或由金属表面微电池溶解出来的亚铁成为氢氧化高铁的能力，使高铁化合物在铁细菌胶质鞘中沉积下来。反应如下：

$$4Fe^{2+} + 2(x+2)H_2O \quad + O_2 \longrightarrow 2Fe_2O_3 . xH_2O \quad + 8H^+ + 能$$

这样形成了包含菌体和氢氧化高铁等组成的结瘤，使水流中溶解氧很难扩散到瘤底部的金属表面，另外菌呼吸也消耗了氧，使这个区域为贫氧区，而结瘤周围氧浓度相对高，形成氧浓差电池，如图2－56所示。瘤下部缺氧区为腐蚀电池的阳极区，瘤周围为阴极区，管壁阳极区溶解出亚铁离子向外扩散，能到表面的可以被铁细菌所氧化，未能到表面的成为$Fe(OH)_2$，这样结瘤可以逐渐扩大，阳极区腐蚀随之加深。由于瘤底部缺氧，同时也伴随硫酸盐还原菌的腐蚀，使腐蚀加剧。

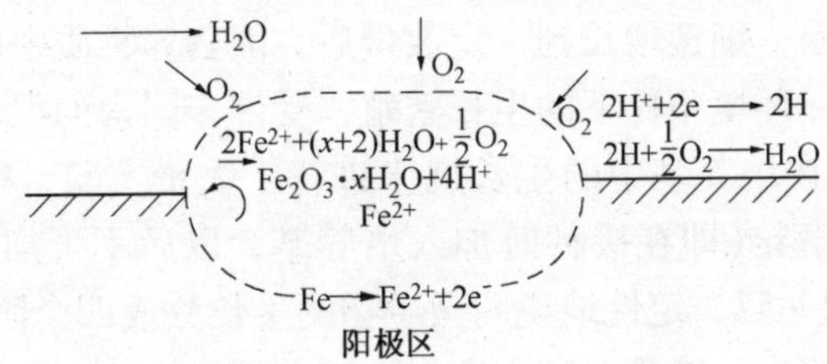

图2－56　铁细菌在水管内壁形成氧浓差腐蚀电池示意图

微生物腐蚀是一种的特殊类型的腐蚀，它是由于微生物的直接或间接的参加腐蚀过程所引起的金属毁坏作用。微生物腐蚀一般不单独存在，往往总是和电化学腐蚀同时发生的，两者很难截然分开。引起腐蚀的微生物一般为细菌和真菌，但也有藻类及原生动物等，在大多数场合下都是各种细菌共同作用造成的。微生物腐蚀是一种局部腐蚀，其危害是极具严重的，它主要有以下几种腐蚀方式：

（1）由于细菌繁殖所形成的黏泥沉积在金属表面，破坏了保护膜，构成局部电池；

（2）由细菌代谢作用引起氧和其他化合物的消耗，形成浓差电池，在局部发生去极化作用；

（3）由细菌代谢产物引起的pH值、氧化还原电位改变引起的腐蚀；

（4）使环境的化学状况发生变化，使不同类型的微生物产生互生作用，促进细菌生长。

在油田注水系统中，由于铁细菌的生长繁殖，可以根据以下情况来判定铁细菌的生长程度：

(1)水的混浊度和色度的增加，有时pH值也发生变化；

(2)铁含量增加；

(3)溶解氧减少；

(4)过滤器、管线和设备里有红褐色的沉淀物；

(5)注水能力降低、井口压力增高、过滤器堵塞以及管线和设备发生腐蚀。

三、油田回注水中细菌的生长规律及特征

细菌的生长繁殖在理想条件下，呈几何级数增加，对于二次分裂，几何级数可以表示为$2^0 \rightarrow 2^1 \rightarrow 2^2 \rightarrow 2^3 \rightarrow \cdots\cdots \rightarrow 2^n$。

如果接种的细胞数是N_0，通过几次分裂后，细胞的数目N为$N = N_0 \cdot 2^n$，取对数

$$\lg N = \lg N_0 + n\lg 2$$

在接种培养时，由于环境的变化，细菌需要一定的时间适应，所以有滞留适应期，因为营养有限，细菌增长到一定数量后，因营养物质中的某种成分消耗殆尽，生长停止。实际环境条件下的生长繁殖，受许多因素的限制与影响。一些腐蚀工作者，对SRB在培养基中的生长规律进行了大量实验，得到了相应的生长曲线，细菌在分批培养(即在接种时加入培养基，以后不再加入任何营养物质)时的生长曲线见图2-57，定性地说明微生物的生长分成四个阶段，即滞留期Ⅰ、对数生长期Ⅱ、稳定生长期Ⅲ、衰亡期Ⅳ。

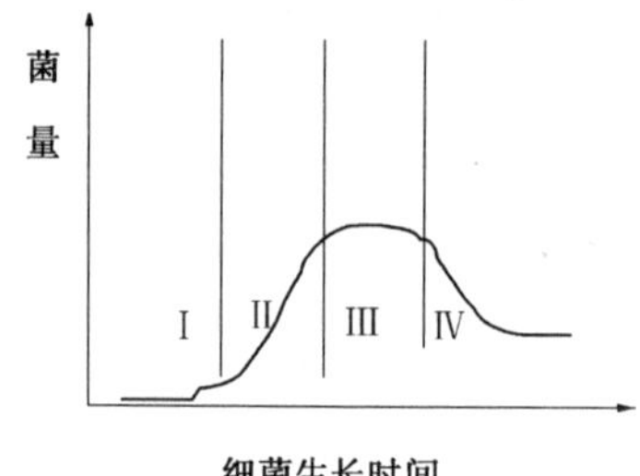

图2-57　SRB的生长曲线

Peck和Postage研究了SRB的代谢过程后，认为在此过程中，细胞必须利用ATP来激活具有较高能量的硫酸盐，从而启动硫酸盐的还原反应，硫酸盐在这一过程中，取代有氧条件下的氧，而起氧化剂的作用，即硫酸盐作为最终电子受体，被还原成S^{2-}。这一过程可表示如下：

(1) $SO_4^{2-} + ATP \xrightarrow{\text{硫酸腺肝酰转移酶}} APS + PP$

(2) APS+细胞色素C_3(还原态)$+2H^+ \xrightarrow{\text{硫酸腺还原酶}} AMP + SO_3^{2-} + 2H_2O$ +细胞色素C_3(氧化态)

(3) $SO_3^{2-} + 6H^+ \xrightarrow{\text{亚硫酸还原酶}} S^{2-} + 3H_2O$

注：ATP——三磷酸腺酐(能量源)；APS——腺酐酰硫酸；AMP——单磷酸腺酐；PP——焦磷酸

SO_3^{2-}还原机理仍不能确定。Kobayashi观察到，普通脱硫弧菌(Desulfovibrio Vulgaris)的亚硫酸还原酶的产物，是连三硫酸、硫代硫酸和硫。他们认为形成了

一种不稳定的中间产物，其与亚硫酸反应而生成了上述化合物，并且这种中间产物可能是次硫酸(sulfoxylate，SO_2^{2-})。Iverson 报道另一种中间产物可能是一氧化二硫(S_2O)，他提出从 SO_3^{2-} 形成 SO，是两个电子的还原作用。SO 成比例地转化为 S_2O 和 SO_2(Meschi 和 Myers)：

$$3SO \longrightarrow S_2O + SO_2$$

$$S_2O + H_2O \longrightarrow H_2S_2O_2$$

$$H_2S_2O_2 + H_2O \longrightarrow H_2S + H_2SO_3$$

$$H_2S_2O_2 + 2H_2SO_3 \longrightarrow H_2S_4O_6 + 2H_2O$$

$$S_4O_6^{2-} + SO_3^{2-} \longrightarrow S_3O_6^{2-} + S_2O_3^{2-}$$

Chambers 和 Trudinger 基于使用 ^{35}S 实验结果声称，连三硫酸、硫代硫酸在 SO_3^{2-} 还原过程中不是正常的中间产物，而是 SO_3^{2-} 的直接还原，连三硫酸、硫代硫酸仅为副产物。

硫酸盐经各种酸作用与能量交换，最终还原成 S^{2-}。

为了解油田回注水中细菌的生长规律，在室内培养某污水站水中的 SRB 菌株，对其生长曲线进行了测试，该污水中 SRB 菌种的生长特性见图 2-58。

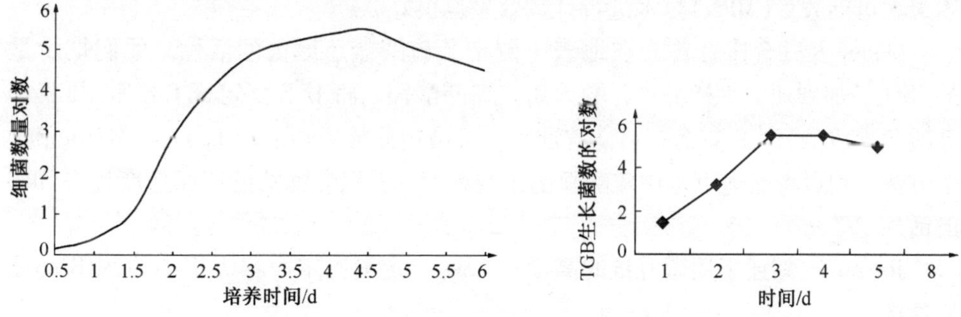

图 2-58　某油田回注水中 SRB 和的生长曲线

实验发现该污水中 SRB 的潜伏期为 1.2d，当细菌转入新的培养液内，它们一般并不立即繁殖，而是需要一段时间来适应新的环境，最初的细菌数目可能很少，而每个活细胞的体积时常增大，原生质变得更加均匀，贮藏的物质逐渐消失。1.2d 后，细菌进入对数生长期，在此期间群体细胞以二分裂方式快速繁殖，单个细胞完成分裂所需的时间为世代时间 G，G 是细菌群体数目增加的一个决定因子。在这一时期 G 是稳定的，$G=(t2-t1)/3.32\log(x2/x1)$，$x1$，$x2$ 为在 $t1$，$t2$ 测的得的菌量。线性回归得 $G=1.9$h。约 3d 后，进入稳定生长期。

因此，根据该站污水 SRB 的生长曲线与代时计算，使用冲击式杀菌处理，加药间隔为 4d 左右。

四、细菌检测

细菌检测既是掌握油田回注水处理系统中 SRB 活动的手段，又能判断可能产生危害的程度，它是确定对系统是否需要采取控制措施的基本依据。检测油田回注水中细菌的方法很多，其中最主要和最通用的方法是培养计数法，它是唯一被美国石油学会认可并推荐采用的方法，在我国油田已广泛应用。其具体方法是：从系统中采集水样，再按绝迹稀释法培养计数，从中求得菌的最大可能数。用这种方法测得的细菌数仅是浮游在水中的细菌，而 SRB 是固着型细菌，有可能水中 SRB 含量很低，但在管线某处表面却有大量细菌生长繁殖。

1. 细菌检测、计数及活性测定

在实验室培养硫酸盐还原菌的培养基，一般以乳酸盐或氢为电子供体，用以还原硫酸盐。Postgate 叙述了几种用于硫酸盐还原菌的、以乳酸盐和丙酮酸盐为能源的培养基。Iverson 和 Pankhurst 叙述了在琼脂平板表面培养硫酸盐还原菌的方法。此外用陈化了的海水制成胰蛋白酶大豆琼脂培养基，在氢气域中硫酸盐还原菌生长良好。在野外 Postgate 液体培养基无氧装于血清瓶中，用注射器接种，用最大可能数目(MPN)技术进行计数效果也很好。

Ivanov 及其合作者首先在地表下测定了硫酸盐还原菌的活性。他们把少量的$^{35}SO_4^{2-}$加到地下水样品中，数天后，加醋酸镉，将 H_2S 固定成 $Cd^{35}S$。再将样品酸化生成的 $H_2{}^{35}S$ 蒸馏至捕集溶液中，用液闪计数器测定。Dockins 等改进了这个方法，用以考察地下水中硫酸盐的还原速度，并以硫酸盐的还原速度代表 SRB 的活性。

Jorgensen 叙述了用微升量的高活性$^{35}SO_4^{2-}$定量测定海相沉积中的 SRB 的还原速度。

2. 菌种的分离与提纯

在自然界中各种微生物几乎都是杂居在一起的，为了从混杂的样品中取得所需的纯种，或把受杂菌污染的菌种重新分离出来，都离不开分离纯化方法。纯种分离方法很多，归纳起来有两大类：单细胞分离和单菌落分离。对于后者通过形成单菌落获得纯种的方法很多，对于好氧菌及兼性厌氧菌可采用平板划线法、平板表面涂布法或浇注平板法。分离专性厌氧菌可采用深层琼脂柱法、滚管法以及在厌氧罐或厌氧操作箱中将平板划线并在此环境中培养等方法，以利于厌氧菌的生长。

3. 菌种的初步鉴定

硫酸盐还原菌普遍存在于地下水中，它们与石油矿藏有关。早在 1934 年剑桥大学 Postgate 对 SRB 的生理学、生态学、营养需求等进行了系统的研究。目前

SRB 按是否产生芽孢分为两个属十个种，Hamilton、Widdel、Pfenning 所发现的 Desulfovibrio（脱硫弧菌属）中的 Desulforicans（脱硫脱硫弧菌属）被认为对金属腐蚀能力最强。目前我国各油田的 SRB 的鉴定工作未见报道，而最近研究表明不同油田 SRB 对杀菌剂的敏感性各不相同，这可能与 SRB 菌种间的差异性有关。调查研究与 SRB 种群差异有关的腐蚀问题，涉及种群的分离与鉴定。而我国各油田分布广泛，对 SRB 种群的鉴定尚未见报道。对 SRB 进行鉴定有利于对 SRB 腐蚀机理研究，以及有针对性地防治 SRB。

Henis 等人首先报道，根据气相色谱对特征代谢产物的分析来检出和鉴定微生物，他们用乙醚提取了各种细菌培养物，然后用气相色谱分析这些提取物，得到了这些细菌的各种代谢色谱产物图，它们就代表了被检细菌的属和种的特征。如大肠杆菌等，它们的特征代谢产物为有机酸。Mitruka 等人进一步探索了用气相色谱鉴定细菌培养物中特殊代谢产物以检出和鉴定细菌的可能性。Moore 和 Brooks 等人用气相色谱分析培养基的方法研究了厌氧菌的发酵方法。自这些工作开展以来，用气相色谱法分析厌氧菌在体外培养物中产生的脂肪酸、醇、中性化合物和其他挥发性产物已成为常规细菌鉴定的一种辅助方法。而最近研究 SRB 的代谢产物在检测方面的报道仅仅在于利用傅里叶红外。

硫酸盐还原菌（SRB）是一类形态各异，营养类型多样，能利用硫酸盐或者其他氧化态硫化物作为电子受体来异化有机物质的严格厌氧菌。它们广泛存在于大海、水田、湖沼、河川底泥、海底泥、土壤、石油矿床和硫磺矿床等地方。1895 年首先由 Beijerinck 发现，至今已有百年历史。

在相当长的一段时间内，对 SRB 的研究进展缓慢。在 1984 年出版的第一版《伯杰氏系统细菌学手册》第一卷中，Niddel 和 Pfenning 提出了 SRB 的属检索表，把所有的能还原硫酸盐和元素硫的细菌归结为 8 个属，分别是：脱硫弧菌菌属（Desulfovibrio）、脱硫单胞菌属（Desulfomonas）、脱硫叶菌属（Desulfobulbus）、脱硫肠状菌属（Desulfotomaculμm）、脱硫球菌属（Desulfococcus）、脱硫菌属（Desulfobacter）、脱硫八叠球菌属（Desulfosarcina）和脱硫线菌属（Desulfonema）。此后，又有一些新属陆续被分离和命名。据不完全统计，SRB 已有 12 个属近 40 多个种，其中主要的两个属为 Desulfovibrio 和 Desulfotomoculum。

在《伯杰氏系统细菌分类学手册》中，专门设立了“异氧硫酸盐、硫还原细菌”类。将其定义为：严格厌氧，革兰氏阴性的真细菌，能利用下述物质作为电子受体，并将其还原成 H_2S：① 硫酸盐或其他氧化态的硫化合物；② 元素硫。“异氧硫酸盐、硫还原细菌”共有九个属，其中 Desulfuromon，Desulfolomaculum 一属为硫还原细菌，它能将 S 还原成 H_2S，却不能还原 SO_4^{2-}。

现在国内外学者依据 SRB 对不同电子供体进行利用的特性，将 SRB 分为四类：① 氧化氢的硫酸盐还原菌(HSRB)；② 氧化乙酸的硫酸盐还原菌(ASRB)；③ 氧化较高级脂肪酸的硫酸盐还原菌(FASRB)；④ 氧化芳香族化合物的硫酸盐还原菌(PSRB)。SRB 种群差异决定了其对金属材料腐蚀程度的差异。

五、细菌腐蚀的研究方法

微生物腐蚀主要是由于其在材料的表面吸附形成生物膜造成的，生物膜的存在影响了材料表面的阴、阳极分布，同时影响了电化学腐蚀的阳极和阴极反应过程，并由于微生物的新陈代谢恶化了局部环境导致了局部腐蚀的产生。微生物腐蚀是电化学腐蚀，因而在研究微生物腐蚀时应借助于电化学手段来揭示其腐蚀过程的本质。

目前，国内外研究微生物腐蚀的方法除腐蚀失重、极化曲线外，主要有微生物腐蚀过程自腐蚀电位跟踪、氧化还原电位测量、极化电阻技术、交流阻抗、电化学噪声分析、微电极技术、双电池技术和扫描参比电极(SRET)、扫描振动电极(SVET)及扫描开尔文电极(Kelvin)(SKPT)。对于微生物腐蚀表面分析技术也随着科技的发展得到了很大的改进，目前主要有扫描电镜、原子力显微镜、原子隧道显微镜，环境扫描电镜，激光共聚显微镜。对腐蚀产物的分析主要有 X 衍射、电子能谱、电子探针、XPS 技术等。微生物腐蚀过程复杂，只有广泛结合上述分析、测试手段才能揭示微生物腐蚀机理。

第三章

油田回注水水质稳定技术

第一节　回注水沿程水质变化特点

注水水质是实现油田高效开发的关键，对水驱油藏的开发效果有着重要的影响。在目前的开发阶段，注水开发是老油田稳产的基础，油田开发要获得更高的采收率和更大的经济效益，注水井口水质达标回注是其中的关键。

由于油田回注水水性复杂，一方面回注水中存在地层带出或集输过程产生的游离二氧化碳、硫化氢、铁离子等水质不稳定因素，另一方面回注水在集输系统中存在腐蚀、结垢、细菌滋生等导致水体系统平衡的变化，两方交互影响和作用，直观地反映是造成沿程水质悬浮物含量的增加。

回注水系统普遍存在污水站外输到注水井口的水质逐渐变差的现象，主要体现在水中悬浮固体含量的增加(见图3－1)。这是由于回注水中影响水质稳定的因素较多，水质稳定控制措施不到位造成的。影响水质稳定的主要因素(不稳定的物质)来源见表3－1。

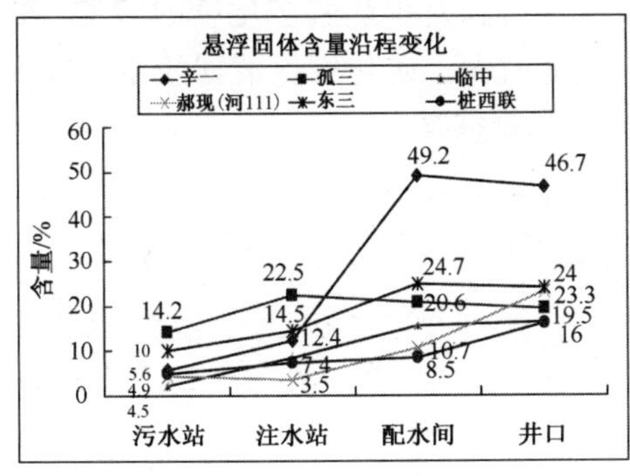

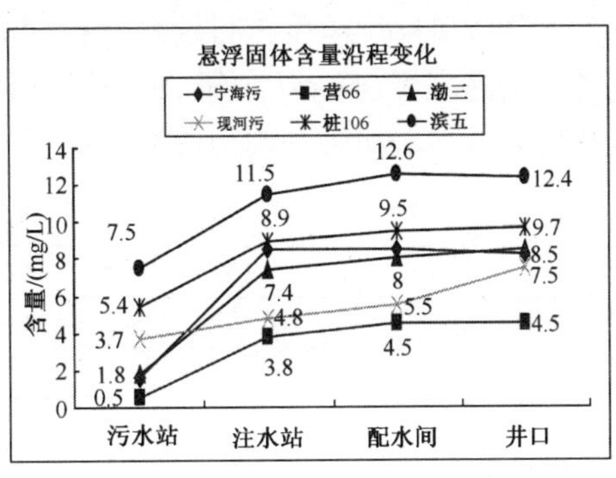

图3－1　2010年一季度统计数据

表 3 - 1　回注水中不稳定物质的来源

取样点	pH 值	溶解氧	硫化物	游离 CO_2	SRB	铁离子	矿化度	腐蚀	结垢
储层来液	√		√	√	√	√	√	√	√
地面系统		√	√		√	√		√	√

一、油田回注水系统存在的问题

在处理工艺技术方面，经过多年的开发实践，胜利油田已经配套了以重力沉降除油、压力除油、浮选除油、旋流、水质改性工艺为主的除油工艺；以核桃壳过滤器、双滤料过滤器、以及各种膜精细过滤器为主的压力过滤工艺，但目前的回注回注水水质与油田开发要求还有较大的差距。

在水处理剂技术方面，通过多年的应用实践，胜利油田已经开发了以混凝剂、絮凝剂、除油剂、水质改性剂为主的水质净化药剂；以缓蚀剂、杀菌剂、阻垢剂为主的水质稳定处理剂，但目前的药剂研究多局限于单种药剂的评价，对于各类药剂间的影响规律研究较少，药剂的配伍性使用还存在局限性，未能充分发挥药剂之间的“协同效应”提高现场实际应用效果。

目前，胜利油田回注水处理工艺技术主要侧重水质净化，水质稳定主要还是靠药剂，而且水质净化与水质稳定以及工艺与化学剂未能统筹考虑实现一体化治理，造成水质稳定控制不到位，水质沿程二次污染严重，注水井口水质回注水达标率低，导致地层堵塞注水压力升高、吸水指数下降、欠注层增多，直接影响油藏的开发效果。主要存在问题如下：

1）由于缺乏回注水的水质分类研究，目前采用的处理工艺针对性不强

胜利油田回注水性质复杂，除油品范围较广（原油密度从 0.85 ～ 0.97 g/cm^3）外，回注水的腐蚀、结垢、细菌等特性各不相同。对胜利油田 52 座站的水质按矿化度浓度进行统计分析（见表 3 - 2），发现随着矿化度的增加，铁离子含量随之增加，pH 值随之降低，腐蚀强度增大；矿化度低的回注水原油密度相对较低，表明胜利油田的回注水存在一定的规律性。

表 3 - 2　胜利油田回注水质分析表

矿化度	<10000	10000 ~ 20000	20000 ~ 40000	40000 ~ 60000
铁离子浓度	0 ~ 1.3	0 ~ 5.2	1.5 ~ 13.9	5.5 ~ 16.8
平均铁	0.36	1.6	4.86	10.7
平均 pH	7.5	7.3	6.7	6.5
腐蚀速率	0.038	0.031	0.075	0.072
地点	孤岛、孤东（0.94）、河口（0.9）	胜坨、纯梁（0.90）滨南	现河、东辛（0.88 ~ 0.9）滨南	东辛、临盘（0.85 ~ 0.9）

目前的工艺选择上更注重除油净化效果，忽略了回注水的各种特性对水质净化工艺的影响，尤其对悬浮固体去除上的影响。

油田回注水是一个复杂的体系，油田回注水系统的腐蚀、结垢其成因也是复杂的。回注水系统的腐蚀过程、结垢过程、细菌繁殖和沉积物形成过程既是密切相关，又是互为影响因素。这些过程都会对回注水中的悬浮固体含量产生影响。例如钢制设备、管线腐蚀造成水中铁离子含量的增高，在有氧的情况下，形成 $Fe(OH)_3$沉淀；硫酸盐还原菌在厌氧条件下滋生产生的 H_2S 对金属腐蚀特别严重，同时生成 FeS 沉淀物。水中的细菌数量超过一定值后，产生的游离菌团，通过检测也反映在悬浮固体含量上，等等。

由于缺乏对回注水水质特性的系统研究，造成对不同油藏回注水处理工艺的技术适应性和经济使用条件评价不足，回注水处理工程达不到预期的效果。重力混凝沉降、压力混凝沉降、气浮工艺已在油田回注水处理上使用多年，目前使用效果不理想的原因是没有结合水质特点做到科学选择和使用，如高腐蚀特性回注水应首先解决密闭隔氧和细菌控制的问题，低矿化度稠油回注水应首先解决除油工艺的高效性等等，在工艺选择中都没有充分体现。从目前的使用工艺上看，没有体现其针对性，处理效果偏差。从近期统计的回注水处理结果可以看出(见表3－3)，使用重力流程中的11 个回注水站，其中要求达到 C 级标准的7 座回注水站含油量指标全部达标，悬浮物只有坨四站达到 C 级标准；要求达到 B 级标准的4 座站，除坨二站涂膜过滤设备停运外，其他 3 座站含油量指标全部达标，悬浮物指标由于增加了双滤料二级过滤，处理效果明显好于前 7 座站，但也没有达到标准的要求。

表 3－3　重力流程回注水站处理效果分析表

序号	名称	工艺	设计标准	含油量/(mg/L)		悬浮物/(mg/L)		SRB/(个/mL)		腐蚀速率/(mm/a)	
				实测	标准	实测	标准	实测	标准	实测	标准
1	埕东	重力＋核桃壳	C3	9.96	≤30.0	14.50	≤10.0	600	<25	0.120	<0.076
2	坨三站	重力＋核桃壳	C1	0.93	≤15.0	13.25	≤5.0	25	0	0.126	<0.076
3	坨四站	重力＋核桃壳	C1	14.85	≤15.0	4.75	≤5.0	25000	0	0.066	<0.076
4	郝现	重力＋核桃壳	C1	13.03	≤15.0	13.50	≤5.0	250	0	0.690	<0.076
5	辛一站	重力＋核桃壳	C1	15.00	≤15.0	7.00	≤5.0	25	0	0.192	<0.076
6	辛三站	重力＋核桃壳	C1	12.25	≤15.0	11.5	≤5.0	60	0	0.060	<0.076
7	纯梁首站	重力＋核桃壳	C1	10.80	≤15.0	17.25	≤5.0	250	0	0.024	<0.076

续表

序号	名称	工艺	设计标准	含油量/(mg/L)		悬浮物/(mg/L)		SRB/(个/mL)		腐蚀速率/(mm/a)	
				实测	标准	实测	标准	实测	标准	实测	标准
8	河口首站	重力+核桃壳+双滤料	B1	1.00	≤8.0	6.00	≤3.0	600	0	0.024	<0.076
9	坨二站	重力+涂膜精细过滤	B2	57.81	≤10.0	14.25	≤4.0	60	<10	0.203	<0.076
10	草西	重力+核桃壳+双滤料	B2	2.0	≤10.0	7.0	≤4.0	—	<10	—	<0.076
11	正理庄	重力+双滤料	B1	1.10	≤8.0	7.50	≤3.0	250	<10	0.085	<0.076

2)药剂配伍性研究不够，腐蚀和细菌不能得到有效控制

油田回注水处理与循环冷却水有某些共同之处，例如都是用于近中性的水质，都存在腐蚀、结垢、细菌繁殖、污垢沉积等问题，这些问题的产生机理及防止方法也基本相似，因此有些药剂是可以通用的。但是油田回注水与循环冷却水也有很多不同之处，因此某些在冷却水系统中使用效果很好的药剂在油田回注水处理中就不一定适用。例如，就腐蚀问题来说，油田回注水中所含成分比工业冷却水复杂得多，一般都是含高氯离子(可达几万至十几万毫克/升)，并含有 H_2S、CO_2等腐蚀性气体，这些都是引起金属腐蚀的因素；但是油田回注水由于来自地下，即使是在开式系统中，它所含的溶解氧也比冷却水要低得多，因此它们的腐蚀机理是不完全相同的，所用的缓蚀剂也必须有所不同。由于油田回注水水量大，药剂用量大，药剂的费用的限制对药剂的选用具有更苛刻的要求。

目前使用的水处理药剂，几乎都是各种药剂的复合配方，因为复合配方可弥补各种药剂的局限性，同时也巧妙地发挥了药剂之间的“协同效应”。例如，如果回注水不首先进行絮凝净化，除去机械杂质与油珠，那么加入的杀菌剂就有一部分被油珠等吸附而起不到杀菌作用，而且水中的悬浮固体吸附到管道壁上，使缓蚀剂不能成膜，还可能引起点蚀穿孔。同样，如果杀菌不力或者阻垢效果差，那么单靠缓蚀剂也是很难防止腐蚀的。有时候各种药剂在分别测试时效果都很好，但合在一起使用就降低了各自的作用，有的产生沉淀，有的互相抑制，因此在各种药剂使用时必须注意它们的配伍性，如果配合得好，就可以产生协同效应，互相增强效果。例如杀菌剂“1227”(十二烷基二甲基苄基氯化胺)及阻垢剂HEDP(羟基乙川二膦酸盐)若与某些缓蚀剂配伍，则可产生协同效应，增强缓蚀作用，而且有些缓蚀剂也可兼具杀菌和阻垢作用。

目前油田回注水处理工艺中除配合净化工艺投加除油剂、絮凝剂、浮选剂等

水质净化剂外，为控制水质的腐蚀、结垢以及细菌的滋生还适时地在流程中投加杀菌剂、缓蚀剂、阻垢剂等药剂。多年来由于各种因素的影响，在水处理药剂上只是进行了单一药剂筛选和效果评价，药剂之间的配伍性研究较少，很难评价出药剂的真实效果。如某些结垢严重的回注水投加阻垢剂，但同时增加了系统的腐蚀结垢趋势；某些主要以细菌引起腐蚀的回注水只是投加缓蚀剂，没有杀菌剂的配合，腐蚀也得不到有效控制等等。由于没有进行系统、科学的适应性评价，有些药剂显现出明显的不对路，影响了水质的处理效果。

以单家寺稠油回注水为例，单家寺稠油回注水温度高(75～80℃)、硫化氢(100mg/L左右)和硫酸盐还原菌含量高($n\times10^4 \sim n\times10^5$ 个/mL)，具有很强的腐蚀性，不同药剂试验结果见表3－4。

表3－4　不同药剂对单家寺稠油回注水缓蚀效果

序号	药剂名称	药剂型号	加药浓度/(mg/L)	投加方式	缓蚀率/%
1	缓蚀剂	SL－2C	20	直接加入试验瓶中	75.2
2	杀菌剂	1227	40	直接加入试验瓶中	84.5
3	缓蚀剂	SL－2C	20	两种药剂分别依次加入试验瓶中	95.3
	杀菌剂	1227	20		
4	缓蚀剂	SL－2C	20	两种药剂按适当比例复配后，一次加入试验瓶中	60.7
	杀菌剂	1227	20		

从表中的数据可以看出：以细菌为主引起腐蚀的回注水，只投加杀菌剂的缓蚀效果比只投加缓蚀剂好；两种药剂具有很好的协同效应，共同使用后，缓蚀率提高10%以上；但两种药剂混合使用的投加方式对药剂的使用效果影响很大。因此，药剂的使用需要改变目前“脚痛医脚、头痛医头”的工作思路。

3)水质稳定控制措施不到位，沿程水质二次污染严重

胜利油田回注水在输送过程中水质二次污染严重。经调研，细菌的大量繁殖是油田回注水水质恶化的重要因素。油田回注水细菌含量高，细菌的大量滋生不仅影响水处理、增加腐蚀趋势、对回注水水质沿程二次污染也有较大的贡献。

油田回注水沿程水质二次污染主要表现为水中悬浮物含量的增加，以滨南滨二回注水站、滨一回注水站、胜采坨二站等为例，阐明回注水沿程水质变化情况。滨二回注水站、滨一回注水站和坨二回注水站沿流程水质检测数据分别见表3－5、表3－6、表3－7，坨二站注水沿水质变化情况见图3－2。

表 3-5　滨二站沿程水质检测结果

测试项目	取样地点					水质要求
	滨二污来水	滨二污外输	滨四注来水	滨四注外输	注水井口	
SRB/(个/mL)	2.5×10^1	6.0×10^1	2.5×10^3	6.0×10^3	6.0×10^3	25
硫化物/(mg/L)	2.0	2.7	45	48	40	≤2
腐蚀速率/(mm/a)	0.129	0.151	0.227	0.235	0.305	0.076
SS/(mg/L)	30.8	8.6	49.5	56.3	62.7	4

滨二回注水站外输水除腐蚀速率不达标以外，其他指标均达到注水水质标准要求。到注水站，水变黑，有大量的黑色悬浮固体。硫酸盐还原菌成倍增加，导致水中的硫化物增加了 10 倍以上，水的腐蚀性增强，悬浮物含量增加，水质严重恶化。

表 3-6　滨一站沿程水质检测结果

检测点	检测指标				
	含硫/(mg/L)	含油/(mg/L)	悬浮物/(mg/L)	SRB/(个/mL)	腐蚀速率/(mm/a)
滨一污来水	7~8	59.8	46.5	250	0.089
滨一污外输	5~6	5.6	7.8	25	0.057
滨一注水站	5~6	8.4	21	250	0.069
18 号配水间	12	11.6	25	600	0.078
标准要求	≤2	10	4	25	0.076

滨一站外输水，水中悬浮物含量、细菌以及腐蚀速率超标，尤其是腐蚀速率及 SRB 超标严重，在回注水处理及注水沿程存在水质二次污染，悬浮物含量升高的问题。

表 3-7　坨二站对应的 T142 区块沿程水质检测情况

取样点	回注水站来水	回注水站出水	注水站进水	注水站出水	36246 配水间	X4 井	水质标准
温度/℃	56	56	56	56	55	55	—
含油/(mg/L)	71	1	0.5	0.5	0.7	0.4	<10
SS/(mg/L)	20.38	3.34	10.4	11.2	17.5	16.8	<4

续表

取样点	回注水站来水	回注水站出水	注水站进水	注水站出水	36246配水间	X4井	水质标准
总铁/(mg/L)	3.59	4.00	6.9	3.6	4.99	4.29	—
亚铁/(mg/L)	1.37	0.14	2.71	0.38	0.84	0.94	—
CO_2/(mg/L)	19.4	12.3	15.8	12.3	12.3	12.5	—
pH值	7.01	7.01	6.99	6.99	7.04	7.04	7±0.5
H_2S/(mg/L)	0.1	0	0	0.2	0.2	0.2	<2.0
DO/(mg/L)	0.05	0.05	0.05	0.05	0.02	0.03	<0.05
SRB/(个/mL)	600	25	25	600	250	250	<25
TGB/(个/mL)	600	60	25	250	250	250	$n\times10^3$
FB/(个/mL)	250	25	60	60	25	60	$n\times10^3$
腐蚀速率/(mm/a)	0.062	0.032	0.028	0.030	0.046	0.047	0.076

坨二回注水站来水含油、悬浮物含量较低，但水性不稳定，铁离子含量较高且波动较大(一般为4~7mg/L)，坨二回注水站来水经现有流程处理后，外输水腐蚀达标，含油、悬浮物超标频次只有16.7%，细菌超标频次达50%。但地面注水系统沿程水质存在二次污染，外输水到井口悬浮物含量增加2~5倍。

通过研究分析油田回注水沿程水质变化(见图3-2)，发现回注水沿程变化的主要原因：细菌孳生及集输管网的腐蚀结垢，导致处理后的回注水在输送过程中的二次污染。

图3-2　坨二站注水沿水质变化情况

依次为坨二来水、坨二出水、胜九注进水、胜九注出水、36246配水间、X4井

油田回注水水质复杂，其中油田回注水中腐蚀影响因素主要有：细菌(SRB、TGB、FB)、游离二氧化碳、硫化氢、矿化度、成垢离子、pH值、温度等。

4)井口回注水水质超标，导致注水压力上升、欠注层增多胜坨油田坨142区块位于济阳坳陷东营凹陷坨－胜－永断裂构造带胜利村构造东翼。该断块构造简单，为一个倾向东南的单斜构造，倾角约为5°~8°。油藏类型为构造岩性层状油藏。坨二污水站对应的坨142区块概况见表3－8。

表3－8　坨二回注水站对应的坨142区块概况

储量情况	地质结构情况	采油速率	日产液量情况	注水情况
含油面积4.22km^2， 地质储量1071×10^4t	平均孔隙度为22.0%， 平均渗透率为 220×$10^{-3}$$\mu m^2$， 平均孔喉半径为 3.571$\mu m$	平均单井动液面1303m； 采出程度26.31%； 采油速度1.42%； 综合含水93.23%	开油井50口； 日产液6160t； 日产油417t	水井开井33口， 日注水平5888m^3； 累积注采比0.87

坨142单元按渗透率分类，注水水质应为B2级，回注水质对注水开发造成的影响如下：

(1)地层堵塞、注水压力升高，注水压力的变化趋势见图3－3。

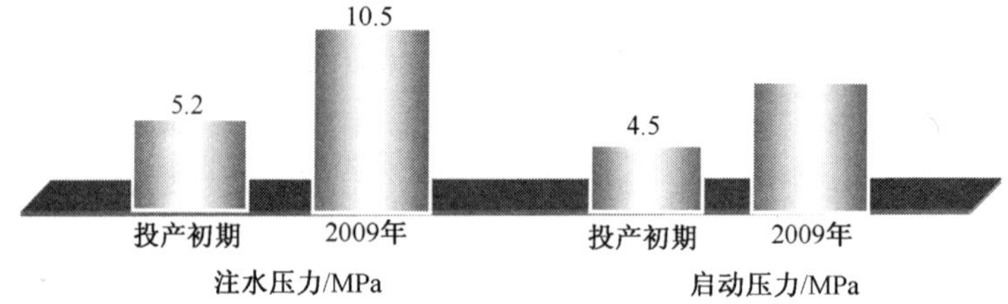

图3－3　注水压力的变化

(2) 吸水指数降低，水井欠注严重。

目前单元开水井33口，其中欠注井11口，欠注层12个，日欠注水量664m^3，欠注水量占11.3%。吸水指数下降了2.5倍，吸水指数的变化趋势见图3－4。

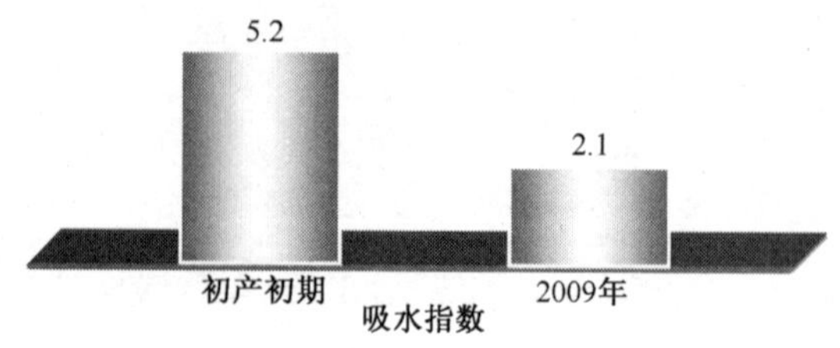

图3－4　吸水指数的变化

(3) 水井增注井次增多，开发成本增加。增注井次及费用的变化趋势见图3－5。

(4) 注水效果差，造成地层能量低。

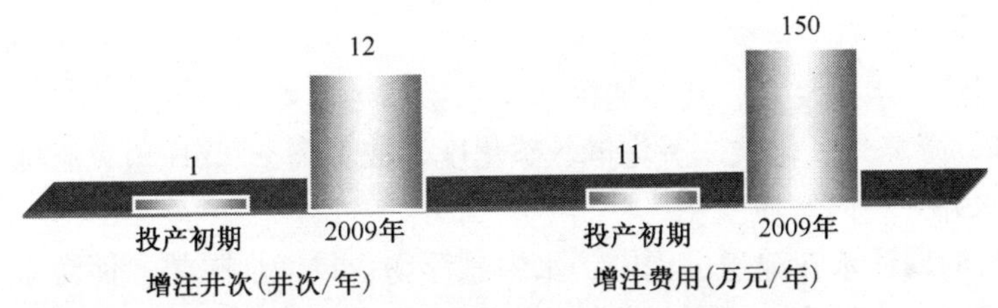

图 3－5 增注井次及费用的变化

水井欠注造成单元动态注采对应率降低，地层能量不断下降。目前坨 142 单元地层压力 13.12MPa，地层总压降达到 13.88 MPa，动液面由投产初期的 828m 下降到目前的 1303m，开油井 55 口中动液面测不出的井 21 口，限制了油藏挖潜。

2007 年利津回注水站改造后回注水站外输水达标率为 94.7%，但由于水质不稳定，处理后合格回注水沿注水管网发生变化，导致井口水质恶化(见表 3－9)，目前利津油田因注水水质不合格导致注水量下降乃至注不进水共计 15 口井，日欠注水量 $400m^3$。

表 3－9 利津回注水水质沿程变化情况

取样地点	回注水沿程取样地点				
	利津污	利津注	13 号配水间	LJL29－14	水质标准
SS/(mg/L)	3.5	6.2	12.6	22.3	4
含油量/(mg/L)	2.8	3.0	2.9	2.8	10
SRB/(个/mL)	250	2500	2500	6000	25
平均腐蚀率/(mm/a)	0.005	0.007	0.004	0.011	0.076

以利 29 区块为例，该区块沙二段砂岩储层，平均渗透率 $0.257\mu m^2$，最高为 $1.009\mu m^2$，最低为 $0.036\mu m^2$，渗透率变异系数为 0.53，孔隙度平均 24.1%。

该块目前有 9 口注水井，开井 8 口，日配注 $545m^3$，日注水 450m3，日欠注 $95m^3$。利 29－8、利 29－14、利 29－24 三口注水井平均注水压力由投产初期的 7.9MPa 上升至 2009 年的 14MPa，吸水指数由投产初期的 30 下降至 2009 年的 16.7，平均日注水量由 $300m^3$ 下降至 $130m^3$，酸化增注效果均较差，维护费用与投产初期的 40 万元/年增加至 2009 年的 60 万元/年。

胜利油田回注水在输送过程中水质二次污染严重。经研究，细菌的大量繁殖是油田回注水水质恶化的重要因素。油田回注水细菌含量高，细菌的大量滋生不仅影响水处理、增加腐蚀趋势、对回注水水质沿程二次污染也有较大的贡献。

通过研究分析油田回注水沿程水质变化，发现回注水沿程变化的主要原因：细菌孳生及集输管网的腐蚀结垢，导致处理后的回注水在输送过程中的二次污染。

油田回注水水质复杂，其中油田回注水中腐蚀影响因素主要有：细菌(SRB、TGB、FB)、游离二氧化碳、硫化氢、矿化度、成垢离子、pH值、温度等。

5)注水井井筒内水质变化

处理后的回注水在输送过程中，水中悬浮物含量增加趋势；而注水井筒不同深度的水质变化也较大，不同区块注水井筒水质沿程变化趋势见图3-6。

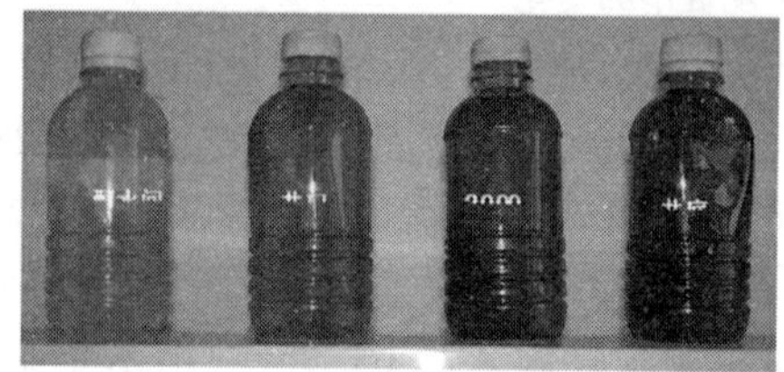

(a) 胜采坨142区注水井T142-X4井

(b) 东辛莱24-14注水井环空液变化情况

图3-6　井筒水质沿程变化情况

经初步分析，水质沿井筒变差的主要原因是温度、压力、水性等变化以及细菌的滋生，导致井筒腐蚀结垢再生悬浮物的产生。

二、回注水沿程水质恶化的原因

由于油田回注水水质复杂，一方面回注水在集输系统中存在腐蚀、结垢、细菌生长等导致系统平衡变化的作用，另一方面回注水中存在地层带出或集输过程产生的游离二氧化碳、硫化氢、铁离子等水质不稳定因素，两方交互影响，导致注水沿程水质不稳定，产生大量的腐蚀产物、结垢产物以及细菌的代谢产物，造成沿程水质污染，污染示意图见图3-7。

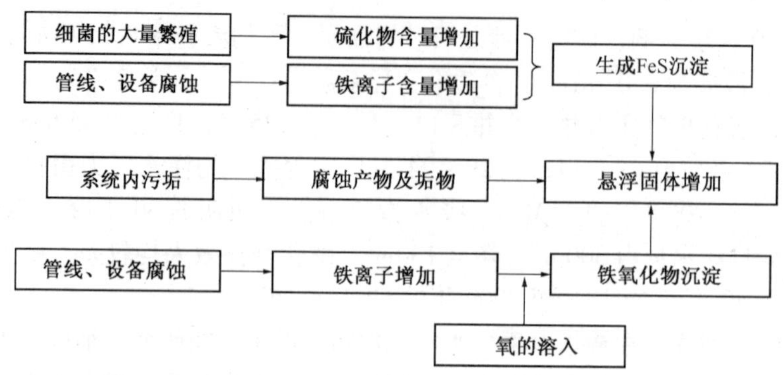

图3-7　回注水回注水过程中沿程污染示意图

回注水沿程水质变差的主要是由于腐蚀结垢及其腐蚀结垢产物与水中其他不稳定物质发生化学反应，导致回注水在输送过程中再生悬浮物的产生，使得水中悬浮物含量增加数倍，水色变黑(见图3－8)。

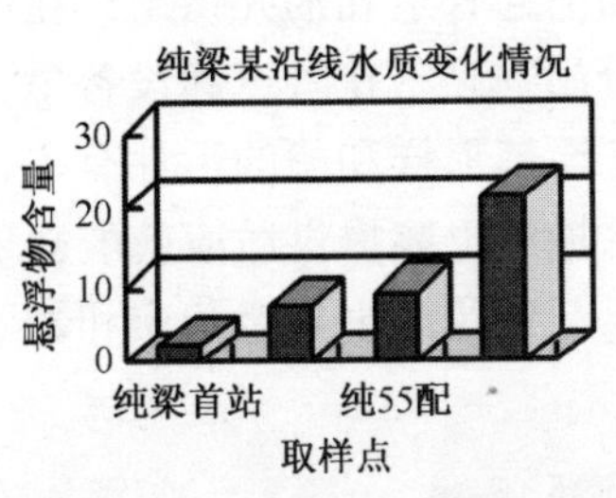

依次为纯梁首站出水、纯二注水站、纯55配水间、注水井

图3－8 纯梁首站注水沿水质变化情况

下面将分两方面详细阐述沿程污染原因：

1)细菌、腐蚀和结垢对水质影响

腐蚀、氧化、水质结垢、细菌等为回注水主要的水质不稳定主要因素，回注水水质稳定控制，也主要包括对回注水的腐蚀、细菌及结垢等方面的控制。

A. 细菌、腐蚀和结垢影响水质稳定原理

a. 细菌对水质影响原理

油田回注水中细菌主要为SRB、腐生菌、铁细菌，随细菌大量繁殖，一方面细菌本体或代谢产物会残留在水中，导致水中悬浮物含量升高，对于孔径小的低渗透油田，细菌还会堵塞地层；另一方面细菌引起的微生物腐蚀是一种的特殊类型的腐蚀，是一种局部腐蚀，导致产生大量腐蚀产物，影响水质，同时腐蚀又为细菌提供了更多的生存空间。综合以上两方面，注水系统中细菌是沿程水质变化的重要影响因素。

SRB其最适生长条件为：① 厌氧环境。② pH在中性范围。当pH在6. 48～7. 83之间变化时，硫酸盐还原效果最好。③ 中温性的水体。SRB最适温度一般在20～40℃左右，但在含硫酸盐废水和各菌群混合共生的复杂体系中，SRB的硫酸盐还原速度不仅仅取决于环境的温度是否为最佳温度，还是受竞争的影响，一般在35℃时，其硫酸盐还原速率最大。④ 适宜的盐度和大量有机碳源。SRB对铁的腐蚀机理是阴极去极化，它的基本反应式应：

$$SO_4^{2-} + 4H_2 \xrightarrow{SRB} S^{2-} + 4H_2O$$

腐蚀产物掩盖在管壁，与没有被覆盖的铁构成一个腐蚀电池，加速金属腐蚀；另外，这些掩盖层也为SRB的生长创造了良好的厌氧环境，造成了进一步腐蚀。

腐生菌在一定条件下，许多细菌都能产生荚膜黏液，它是形成回注水微生物黏液的主要成分；没有荚膜的细菌细胞本身就是黏液，易引起堵塞。

铁细菌在代谢过程中，产生大量的高铁，这种不溶性铁化合物排出菌体后就沉淀下来，并在细菌周围形成大量棕色黏泥，从而引起管道和油井堵塞。在油田生产上铁细菌经常造成过滤器和注水井的堵塞，分泌物黏附在管道和设备里，能够形成浓差电池，这种类型的腐蚀不同于硫酸盐还原菌那样和酶的活性有关，而是通过金属表面的污垢层产生，好氧系统中这种污垢层也能提供适应硫酸盐还原菌生长的局部厌氧区。油田回注水中三种菌的生长变化及产生悬浮杂质和黏液的状况见图3-9。

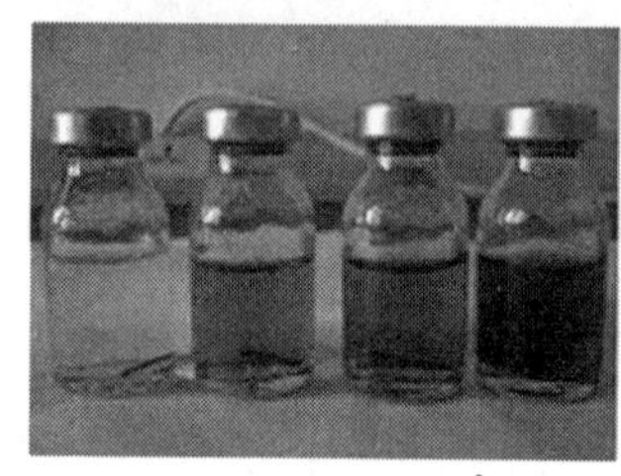
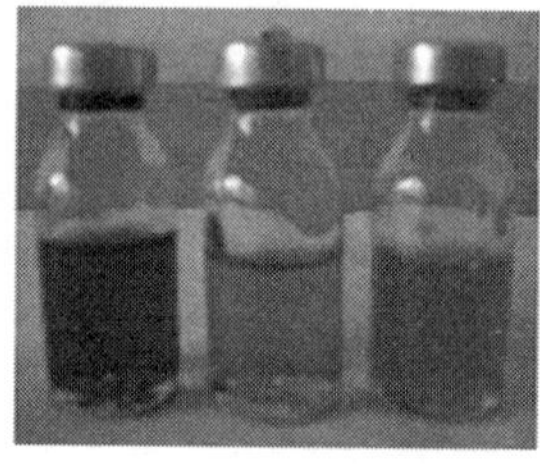
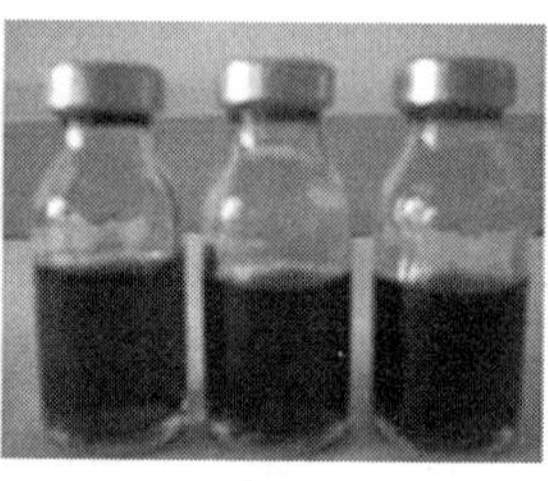

图3-9　依次为SRB、TGB、FB滋生过程产生的黏液及悬浮物

b. 腐蚀对沿程水质变化的影响

回注水腐蚀产生大量的腐蚀产物，这些腐蚀产物进入水中，影响水质，对水中悬浮物含量的贡献值见表3-10，腐蚀相貌见图3-10。

表3-10　腐蚀产物对水中悬浮物含量的贡献

溶解氧/(mg/L)	原水	0.05	0.5	1.0	2.0	3.0
腐蚀速率/(mm/a)	—	0.02	0.13	0.2	0.4	0.6
SS/(mg/L)	13.8	16.9	35.8	79.5	85.2	86.7

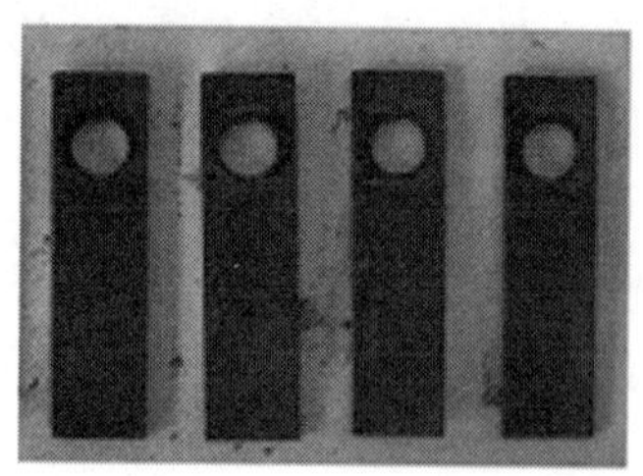

图3-10　上述实验的腐蚀形貌

由水质检测数据可知：水中的侵蚀性二氧化碳为0，而且碳酸钙结垢指数较小，因此可判断滨二回注水碳酸钙结垢趋势较小；沿程细菌含量虽无明显变化，但对水质影响较大，水色变黑；另外，滨二回注水站回注水的腐蚀性较强，导致回注水处理系统腐蚀非常严重，大量腐蚀产物导致水质恶化，但经沉降过滤后水中悬浮物含量达标。

c. 结垢对沿程水质影响原理

控制结垢是油田回注水处理过程中需要解决的重要问题之一。结垢可以发生在地层或井筒的某个部位，甚至发生在砾石充填层、井下泵、储油设备或集输管线，给生产造成严重的后果，如储层伤害、局部腐蚀等，增大水流阻力和输送能量，增加清洗费用和停产检修时间。水垢一般是具有反常溶解度的难溶或微溶盐类，它们具有固定晶格，坚硬而致密。常见的垢有：碳酸钙、硫酸钙、硫酸钡、氧化铁等。

影响油田回注水结垢的因素很多，其中最主要的是油田回注水的成分及类型。当水中含有高浓度的碳酸盐、硫酸盐等时，就具备形成碳酸钙、硫酸钙、硫酸钡、氧化铁等的基本化学条件，只要环境条件发生变化，原来水中溶解物质的平衡状态被打破，就有可能形成水垢。另外，油田回注水中还含有一定量的有机物(油、细菌、有机残渣)、淤泥及黏土(砂、泥浆)等形成的悬浮物、微生物的代谢产物等，在一定的水力条件下，也会附着在金属表面而形成成垢物质。所以，维持水中原有的离子平衡，提高水中有害离子和悬浮物的去除率，对于水质稳定、防止结垢意义重大。

地层水中的成垢离子与原生地层在地层温度、压力下长期共存，达到化学平衡，因此，地层水在原生地层中不结垢。然而，在油田的开采过程中，不仅温度和压力发生了变化，而且不同区块的地层水也都在回注水站汇集混合，加上不同区块的产液量不固定，使得回注水中的离子组成经常发生变化，这也是油田回注水容易结垢的主要原因之一。

B. 细菌、腐蚀和结垢对沿程水质影响

选择利津污、桩 82 等注水沿程水质稳定为对象，介绍注水沿程水质变化情况及原因。

a. 利津污沿程水质变化分析

首先对利津联合站来水、外输水、注水站来水、外输水、配水间等水样的多项指标进行了检测，检测结果见表 3 - 11。

表 3 - 11　不同水样水质检测数据

取样点	回注水站来水	外输	利津注出口	13 号配水间	LJL29 - 14 井
温度/℃	48	—	46	45	44
Fe^{2+}/(mg/L)	0.2	0	0	0	0
游离 CO_2	0.07	0.09	0.03	0.04	0.04
pH	7.8	7.8	—	—	—
H_2S/(mg/L)	4	4.25	5.75	5.5	6

续表

取样点	回注水站来水	外输	利津注出口	13 号配水间	LJL29 - 14 井
O_2/(mg/L)	0.05	0.06	0.06	—	0.04
腐蚀速率/(mg/L)	0.017	0.005	0.007	0.004	0.011
SRB/(个/mL)	2500	25	2500	600	600
TGB/(个/mL)	250	0	250	250	600
FB/(个/mL)	6000	1300	250	1300	7000

水质检测表明：利津回注水腐蚀不严重，上表中溶解氧与腐蚀速度的数据变化也表明，沿程溶解氧变化较为稳定，腐蚀速度较低，因此未见大量腐蚀产物铁的增加。但沿程随着 SRB 含量的增加，硫化氢含量随之增加，除与铁离子生成沉淀外，仍有残余硫化氢存在，反映在检测数据上沿程不断增加，悬浮物的趋势也与此类似。利津回注水结垢趋势较小，现场结垢不严重。结垢不是导致利津悬浮物增加的主要原因。

因此对于利津回注水，细菌沿程大量增殖，产生的还原性代谢物及菌体污垢等是引起水质变化，悬浮物增加的主要原因。在利津回注水中，3 种细菌含量均大大超出控制要求，造成沿程水质恶化，主要原因为水质条件非常适合细菌生长和固着菌的影响。利津沿程回注水中 SRB 与硫化氢变化情况见图 3 - 11。

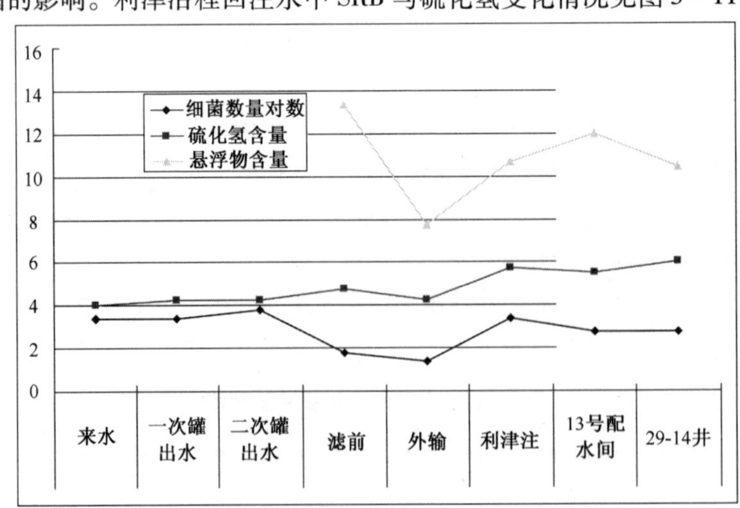

图 3 - 11　利津沿程回注水中 SRB 与硫化氢变化情况

利津回注水中 SRB 是一种以有机物为营养物质的厌氧型细菌，其最适生长条件为：① 厌氧环境。② pH 在中性范围。当 pH 在 6.48 ~ 7.83 之间变化时，硫酸盐还原效果最好。③ 中温性的水体。SRB 最适温度一般在 20 ~ 40℃ 左右，但在含硫酸盐废水和各菌群混合共生的复杂体系中，SRB 的硫酸盐还原速度不仅仅取决于环境的温度是否为最佳温度，还是受竞争的影响，一般在 35℃时，其硫酸盐还原速率最大。④ 适宜的盐度和大量有机碳源。

TGB 为黏液产生菌，它的大量存在，在管线和设备上形成黏膜，不仅为其他菌类的生长繁殖创造了有利条件，也是与悬浮杂质等形成集输系统管线污垢的主要原因。铁细菌是一种好气异养菌，适于在偏低温度下生长。促使 Fe^{2+} 氧化为 Fe^{3+}，起到了阴极去极化的作用，加快了腐蚀。

由利津回注水的水质分析数据可见，利津回注水溶解氧氧含量 <0.05mg/L，pH 为 7.8，水温 48℃，矿化度适中，悬浮物含量较高，具体数据见表 3－12。含有大量细菌生长需要的的石油烃等有机碳源，这些水质条件非常利于细菌生长繁殖，加上来水引入细菌含量即达到 2500 个/mL，导致该站回注水中细菌大量繁殖，细菌控制难度较大。细菌对腐蚀影响较大，腐蚀动电位极化曲线见图3－12。

表 3－12　利津联合站来水水质分析

温度/℃	溶解氧含量/(mg/L)	pH 值	含油量/(mg/L)	矿化度/(mg/L)	SRB/(个/mL)	TGB/(个/mL)	铁细菌/(个/mL)
48	0.05	7.8	543	9125	2500	250	6000

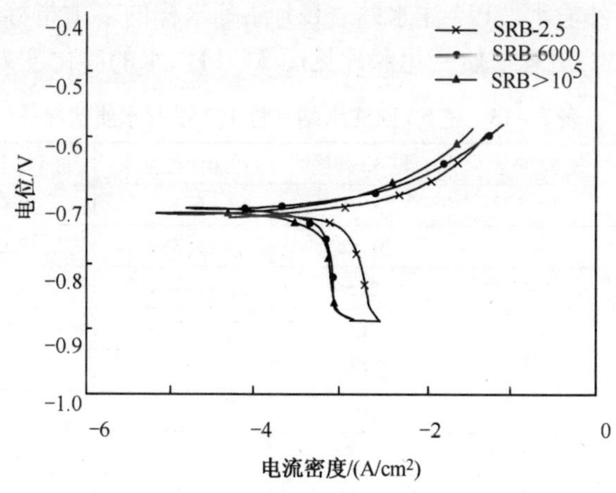

图 3－12　不同 SRB 含量的极化曲线

对利津回注水细菌控制更为不利的另一个主要原因为回注水在集输系统停留时间过长，造成污垢沉积，固着菌大量生长，

利津污外输 —100m ①→ 利津注 —②→ 利津注出口 —3～4km ③→ 13 配水间 —600m ④→ 29－14 井

图 3－13　利津污至井口集输线路示意图

如图 3－13 所示，回注水从利津污外输至 29－14 井口，总的停留时间约

21h。尤其注水站缓冲罐内停留时间长达15h；利津注出口② 至13 配水间③ 之间3 ~4km的集输管线，按照水量500m^3/d计算，管路内回注水停留时间约5h。

由检测数据也可发现，这两段正是细菌及悬浮物发生激增的阶段。

在这两段流程中，常年处于水质恶劣环境中，水流缓慢，易于污垢沉积。垢及污泥增大了对杀菌剂、缓蚀剂等药剂吸附的表面积，增大药剂损耗，导致杀菌剂难以穿透杀灭垢内固着菌，缓蚀剂也难以在金属管壁吸附成膜，增加了细菌与腐蚀控制的难度。

更重要的是，垢及污泥成为细菌繁殖的有利环境。现场回注水中检测到的SRB量如为1个/mL，则管壁腐蚀产物中SRB量可能高达10^4个/mL。集输管壁上会存在许多腐蚀产物瘤或膜，瘤或膜下有大量SRB繁殖，SRB常与其他微生物共存于微生物产生的多糖胶中而被保护起来，渗透能力不强的一般杀菌剂不易进入瘤或膜内，使其中的SRB长期处于低浓度杀菌剂环境中，逐渐获得了抗药性。对这些细菌来说，一般的杀菌剂很难起到有效的杀菌效果；而当外界条件合适时，这些SRB可穿过腐蚀产物膜进入水体而大量繁殖，使水体变为“黑水”。造成污垢中固着菌的大量生长，一旦水中杀菌剂达不到致死浓度，它们就会卷土重来，大量增殖，成为利津回注水处理中细菌总是难以彻底清除的主要原因。

b. 桩82污沿程水质变化分析

首先对桩82外输水、104注水站、121注等水样的多项指标进行了检测，检测结果见表3－13，沿程水质变化照片见图3－14。水的矿化度为13027 mg/L。

表3－13　桩82回注水站－桩121沿程水质状况

取样地点	桩82来水	桩82外输	桩104注来水	桩121注来水	水质指标
悬浮物/(mg/L)	10.5	3.95	6.26	8.06	2
粒径中值/μm	—	0.32	7.36	9.28	1.5
硫化物/(mg/L)	—	3.5	—	5.5	—
SRB/(个/mL)	25	6	250	600	25
腐蚀速率/(mm/a)	0.079	0.080	0.084	0.086	<0.076
溶解氧/(mg/L)	0	0	0	0	—
总铁/(mg/L)	2.0	1.5	1.2	1.2	—
含油量/(mg/L)	18.6	3.47	3.29	3.35	5
侵蚀性CO_2	0	0	0	0	—

检测结果表明：桩82－桩121存在沿程悬浮物含量、细菌含量增加，硫化物含量增加的现象，水质存在二次污染。桩82－桩121注回注水存悬浮物、细菌再次升高，水质二次污染的问题，主要由细菌引起。桩82回注水水质条件利于细菌生长。

桩82污~桩121注沿程注水管线为使用期限近20年的旧管线，污垢沉积较多，利于固着菌大量繁殖。桩 82 硫酸根离子含量 136mg/L，在细菌作用下生成 H_2S，可与水中铁离子等生成硫化亚铁沉淀，导致水中悬浮物增加。桩 82 沿程回注水中 SRB、硫化氢、悬浮物变化情况见图 3－15。

图 3－14 桩 82－桩 121 沿程水质照片

1—桩 82 来水；2—桩 82 外输；3—桩 121 进水

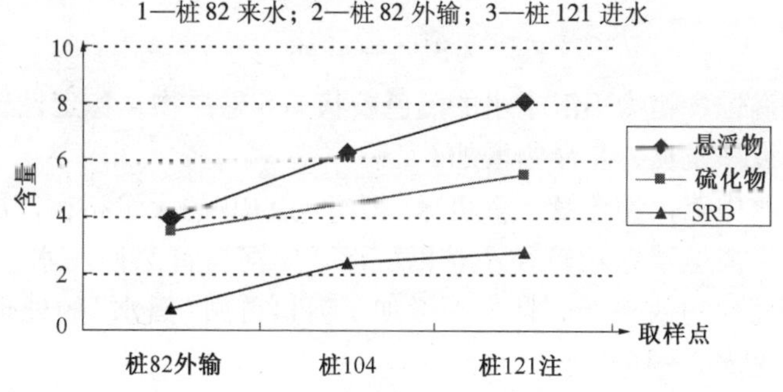

图 3－15 桩 82 沿程回注水中 SRB、硫化氢、悬浮物变化情况

桩 82 沿程回注水随着 SRB 含量的增加，硫化氢含量随之增加，悬浮物含量随之增加，表明细菌对水质影响大。

2）回注水溶解物质对腐蚀影响

油田回注水中水质复杂，含有大量影响腐蚀的因素，主要有：硫化氢、二氧化碳、溶解氧、细菌、矿化度、水的 pH 值等因素。由于这些影响因素的存在，导致回注水腐蚀性强，注水系统水质不稳定。

A. 硫化氢的影响

硫化氢在水中的溶解度不大，在常温下饱和溶液的浓度为 0.1mol/L。硫化氢的水溶液称为氢硫酸，是一种二元弱酸，电离后硫显负二价，故硫化氢是强还原剂。在不同 pH 值下，水中硫化氢各种形态之间的比例不同。当 pH＜7 时，水中硫化氢存在形式以分子态为主；当 pH <5 时，在水中硫氢离子实际上已不存在而只有硫化氢；当 pH >7 时，主要存在形态为硫氢离子；当 pH >9 时，水中以硫化氢形态存在的含量已可忽略不计。只有在 pH =10 时，在水体中才可能有少量硫离子出现。

在油田产出回注水中主要以 S、S^{2-}、$SO_4{}^{2-}$ 的存在为主要形式，S、$SO_4{}^{2-}$ 都能在 SRB 硫酸盐还原菌的作用下还原成 S^{2-}，因此水中 S^{2-} 含量较多。由于 H_2S、S、S^{2-}、$SO_4{}^{2-}$ 等的存在，对回注水水质会产生一定影响，对腐蚀的影响主要表现在以下方面：

硫化氢是弱酸，在水溶液中按下式分步离解；

$$H_2S \overset{k_1}{\rightleftharpoons} H^+ + HS^- \overset{k_2}{\rightleftharpoons} H^+ + S^{2+}$$

在硫化氢水溶液中，含有 H^+、HS^-、S^{2+} 和 H_2S 分子；它对金属的腐蚀是氢去极化过程。硫化氢引起的主要腐蚀类型：电化学失重腐蚀、氢鼓泡和氢脆等。

在水中，除 Na^+、K^+ 外，大部分金属离子与 S^{2-} 结合都能形成沉淀，如回注水中含有一定量的 Fe^{2+} 等离子，则会生成 FeS 等沉淀，使水中变黑悬浮物含量增加。

$$Fe^{2+} + S^{2-} \longrightarrow FeS \downarrow$$

硫化氢的腐蚀产物为不溶于水的黑色胶状 FeS 悬浮物，稳定性极好，能使处理后的水迅速变黑发臭，悬浮物增加。

河口首站水中硫化物含量严重超标。H_2S 与 SRB 的大量存在，加强了介质的腐蚀性，同时造成悬浮颗粒粒径小难以沉淀，使河口首站回注水呈“黑水”，不仅影响水处理药剂的效果，而且大大增加了河口首站“黑水”的处理难度。河口首站水质数据见表 3－14。

表 3－14　河口首站水质数据

检测项目	取样地点及实测数据					
	来水	一次除油罐出水	二次除油罐出水	接收罐出水	滤后水	外输水
悬浮固体/(mg/L)	167.2	49.4	29	34.2	19.4	30
腐蚀速率/(mm/a)	0.083	—	—	—	—	0.081
SRB 菌/(个/mL)	6.0×10^4	—	6.0×10^3	7.0×10^4	2.5×10^4	1.3×10^5
硫化物/(mg/L)	31.5	27.8	—	—	29.5	31.0

数据表明：硫化物含量高，超过行标十几倍之多。河口首站回注水中 H_2S 主要来源于地层采出液和回注水中 SRB 的代谢过程产生。H_2S 的大量存在，使河口

首站回注水呈“黑水”，加强了介质的腐蚀性，腐蚀产物 FeS 颗粒粒径小，大大增加了河口首站“黑水”的净化处理难度，同时影响杀菌剂对 SRB 的杀菌效果。硫化氢对点蚀的影响程度见图 3-16。

B. 二氧化碳的影响

CO_2溶入水形成碳酸以后对钢铁材料有极强的腐蚀性，比同 pH 值下盐酸对钢铁的腐蚀性还要严重。CO_2溶解于水生成 H_2CO_3，金属在 H_2CO_3溶液中发生电化学腐蚀。

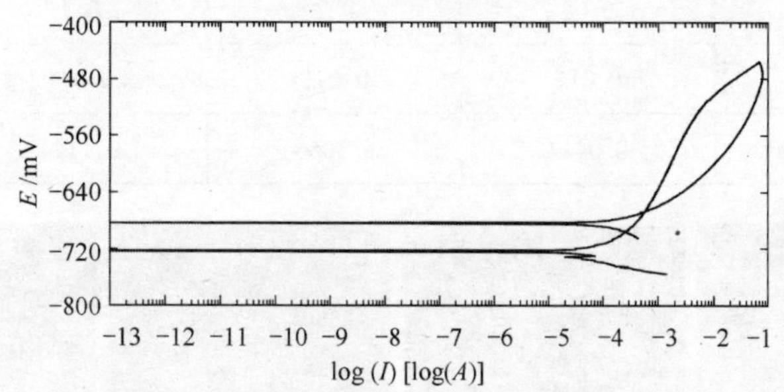

图 3-16　H_2S 浓度对点蚀影响的动电位曲线

由于广利油田回注水中含有大量游离 CO_2。因此用广利水站外输水作为研究对象，分别研究了不同游离 CO_2 含量对腐蚀反应过程的影响。腐蚀数据见表 3-15，极化曲线见图 3-17。

表 3-15　不同 CO_2 浓度的腐蚀数据

CO_2/(Mg/L)	0	100	200	300
E_k/mV	-792.2	-707.9	-710.2	-667.0
腐蚀电流/μA	6.845	50.32	63.33	549.3
腐蚀速率/(mm/a)	0.0179	0.131	0.1647	1.428

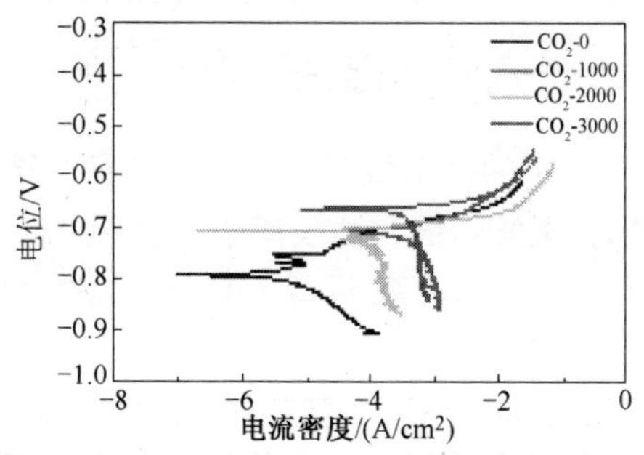

图 3-17　不同 CO_2 浓度的动电位曲线

随着 CO_2浓度的增加腐蚀电位升高，腐蚀电流增大，腐蚀反应。

3）溶解氧的影响

利用电化学研究方法对碳钢模拟油田回注水中，溶解氧对腐蚀的影响进行了研究。结果见表 3－16。碳钢在模拟油田现场回注水配制的腐蚀介质中腐蚀后试样表面宏观形貌见图 3－18 和图 3－19。

表 3－16　溶解氧对腐蚀的影响程度

含氧/（mg/L）	0.05	0.2	0.7	1.0
腐蚀电流/mA	0.017	0.041	0.044	0.075
腐蚀速率/（mm/a）	0.0442	0.1066	0.1144	0.195

(a) 溶解氧含量0mg/L

(b) 溶解氧含量1mg/L

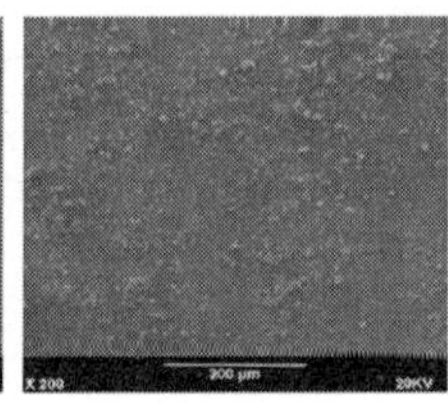
(c) 溶解氧含量2mg/L

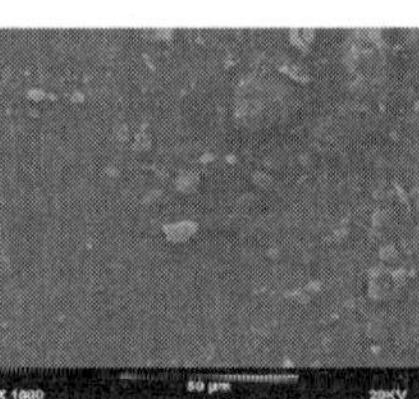
(d) 溶解氧含量3mg/L

图 3－18　矿化度 5000mg/L 时腐蚀微观形貌图

(a) 溶解氧含量0mg/L

(b) 溶解氧含量1mg/L

(c) 溶解氧含量2mg/L

(d) 溶解氧含量3mg/L

图 3－19　矿化度 35000mg/L 时腐蚀微观形貌图

三、不稳定因素对水质的影响程度及控制指标

影响油田回注水水质稳定的因素很多，主要有：腐蚀结垢、亚铁离子、硫化氢、游离二氧化碳、SRB、碳酸氢根及钙镁离子等。为找出回注水分类依据，对影响回注水稳定的主要因素的影响程度进行了研究。

1. 硫离子对水质稳定的影响程度

通过对胜利油田回注水水质调研，得到胜利油田回注水二价铁离子含量范围在 0～20mg/L 之间；硫化氢含量在 0～30mg/L 之间，少数硫化氢含量大于30mg/L。因此试验过程中控制水中 Fe^{2+} 浓度在 0～20mg/L；硫化氢含量在 0～30mg/L。

不同浓度的硫离子和铁离子作用后水中悬浮物含量的变化情况见表 3－17 和图 3－20。

表 3－17 不同硫化氢、二价铁含量下的悬浮物含量

Fe^{2+}/(mg/L)	悬浮物/(mg/L)				
	S^{2+}含量 0mg/L	S^{2+}含量 2mg/L	S^{2+}含量 5mg/L	S^{2+}含量 10mg/L	S^{2+}含量 30mg/L
0	2.74	2.7	2.74	2.8	2.76
1	4.38	5.75	6.49	7.0	8.0
2	6.57	8.22	9.3	10.5	13.5
4	8.22	12.33	13.23	13.5	28.0
6	10.96	15.83	16.44	19	32.5
8	11.23	17.0	17.79	20.5	36.0
10	13.34	18.9	20.97	27	41.5
15	14.89	21.09	23.83	33.5	65.5
20	16.29	22.82	25.75	36.5	78.5

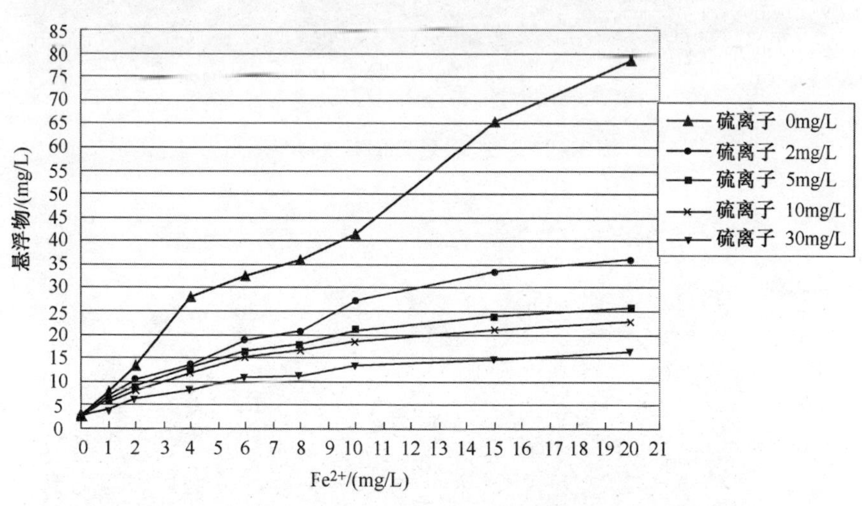

图 3－20 不同硫化氢、二价铁含量下的悬浮物含量变化曲线

由试验数据可知：当水中 Fe^{2+} 含量小于 1.0mg/L 时，与水中硫离子反应生成沉淀较少，对水质影响较小。随水中 Fe^{2+} 含量和 S^{2+} 含量的增加，水中悬浮物含量逐渐增加，对水质的影响逐渐增加。Fe^{2+} 含量和 S^{2+} 不同含量时水样的变化

情况见图3-21～图3-24。

图3-21　S^{2+}含量0mg/L水样照片

图3-22　S^{2+}含量2mg/L水样照片

图3-23　S^{2+}含量5mg/L水样照片

图 3-24 S^{2+} 含量 10mg/L 水样照片

2. 二价铁离子对水质的影响程度

铁是过渡元素，在水中常呈低铁与高铁两种价态。从核外电子层构型来看，低铁离子为 3d，而高铁离子外电子层构型为 3~5d，属半充满状态，这是一个稳定的结构。因此，高铁离子很稳定，而低铁离子有向高铁离子转化的趋势，从电化学角度看，当存在一定浓度的溶解氧时，这个转化的趋势可用氧化还原反应的平衡常数来定量地描述。

酸性介质中：

$$4Fe^{2+} + O_2 + 4H^+ \longrightarrow 3Fe^{3+}\downarrow + 2H_2O \qquad K = 8.83\times10^{30}$$

碱性介质中：

$$4Fe(OH)_2 + O_2 + 2H_2O \longrightarrow 4Fe(OH)_3\downarrow \qquad K = 8.56\times10^{64}$$

由此可见，低铁与溶解氧无论是酸性介质还是碱性介质中向右反应的趋势较大。可以认为，低铁被氧化成高铁是非常彻底的。

二价铁离子在水中的溶解度大，在有氧条件下，水溶液中二价铁离子的稳定性（中性水中）从图 3-25 中可见。

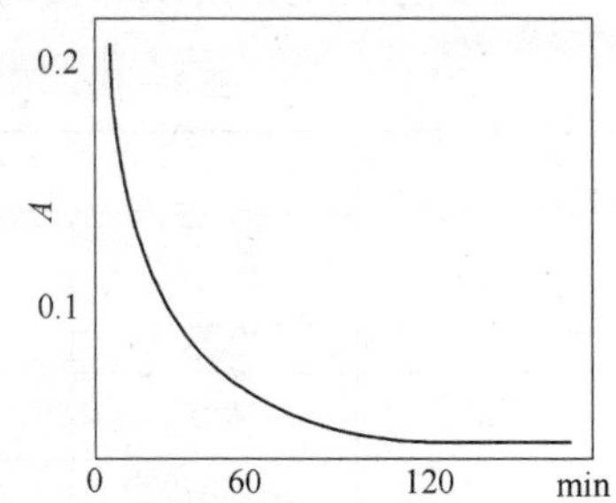

图 3-25 水溶液中二价铁离子的稳定性

在中性水溶液中低铁离子很不稳定，仅 15min 就损失近半，2h 后就几乎测不出低铁离子了。由此可见，低铁离子极易被溶解氧氧化为高铁离子。高铁离子带正电荷高且离子半径小，因此，它具有较高的离子势（$Z/r = 4169$），即高铁离子有较高的正电场。由于这一特性，高铁离子在水溶液中具有强烈的水合、水解趋势：

$$4Fe^{3+} + 2H_2O \longrightarrow Fe(OH)^{2+} + H^+ \qquad K = 8.83\times10^{-3.05}$$

$$Fe(OH)^{2+} + 2H_2O \longrightarrow 4Fe_2(OH)_2{}^{4+} + H^+ \qquad K = 8.83\times10^{-3.26}$$

形成的碱式离子又相互聚合形成二聚体或多聚体：

$$2Fe^{3+} + 2H_2O \longrightarrow Fe_2(OH)_2^{4+} + 2H^+ \quad K = 8.83 \times 10^{-2.91}$$

此后，聚合度逐渐增大，形成高分子量的红色胶状铁，这种胶状铁具有较强的吸附力，最终吸附于水中悬浮物，沉淀物上，或聚沉于水底。经溶度积理论计算表明，中性水溶液中几乎不存在有化学分析意义的高铁离子（仅含 4×10^{-7}mol/L），这进一步表明高铁离子的水解是非常彻底的。

通过了解二价铁离子在水中存在规律，得到在水中有溶解氧存在的条件下，二价铁在水中发生一系列复杂的化学变化，简单归纳，有如下转化趋势：

$$4Fe^{3+} \xrightarrow{\text{氧化}} 4Fe^{3+} \xrightarrow{\text{水解}} Fe(OH)_3 \xrightarrow{\text{聚合}} \text{红色胶状铁沉淀}$$

聚合红色胶状铁沉淀随着时间增长，此转化渐趋完全。同时，生成的氢氧化铁胶体沉淀有絮凝作用，可以网捕水中原有的悬浮颗粒，使形成大絮团沉淀。最终水中铁大部分富集于悬浮物、沉淀物中，造成水质恶化，主要表现为水变浑浊，水中悬浮物含量增加。由此可见，若水样含有较高的铁，并且含有一定量的溶解氧，在一定时间内水样中的铁会部分或全部被氧化，生成沉淀，导致水浑浊、悬浮物含量增加。

高含铁油田回注水在胜利油田分布较广，如东辛油田、广利油田、现河油田等。通过对胜利油田回注水水质调研，得到胜利油田回注水二价铁离子含量范围在 0～20mg/L 之间；溶解氧含量在 0～1mg/L 之间。因此试验过程中控制水中 Fe^{2+} 浓度在 0～20mg/L 之间；溶解氧含量在 0～1mg/L 之间。

不同浓度的溶解氧和铁离子作用后水中悬浮物含量的变化情况见表 3－18。

表 3－18　不同溶解氧、二价铁含量下的悬浮物含量

Fe^{2+}/(mg/L)	悬浮物/(mg/L)				
	溶 O_2 0.01mg/L	溶 O_2 0.02mg/L	溶 O_2 0.05mg/L	溶 O_2 0.2mg/L	溶 O_2 1.0mg/L
0	6.0	5.71	6.57	7.14	6.82
0.5	6.03	6.21	7.57	7.64	7.9
1	7.00	6.86	9.71	12.86	15.68
2	7.65	8.14	13.42	15.43	18.68
4	8.28	9.71	13.43	15.43	22.13
6	8.28	12.36	13.68	18.28	26.68
8	10.86	13.43	15	20.57	32.12

续表

Fe^{2+}/(mg/L)	悬浮物/(mg/L)				
	溶 O_2 0.01mg/L	溶 O_2 0.02mg/L	溶 O_2 0.05mg/L	溶 O_2 0.2mg/L	溶 O_2 1.0mg/L
10	11.43	14.50	16.57	22.28	35.98
15	13.20	16.00	17.14	27.43	43.25
20	14.00	18.57	21.43	25.72	50.69

由表中数据得到，在溶解氧含量相同的情况下，随水中二价铁离子含量的增加，水中悬浮物含量逐渐增加。说明其他条件相同的情况下，二价铁离子的存在对水中悬浮物含量有影响，导致水中悬浮物含量增加。

在水中二价铁离子含量一定的情况下，随溶解氧的增加水中悬浮物增加。说明水中有二价铁离子存在条件下，水中溶解氧会氧化二价铁离子，导致三价铁的氧化物或氢氧化物等不溶性物质生成，影响水中悬浮物含量变化。随水中溶解氧含量增加，二价铁离子氧化程度加深，对水质影响更严重(见图3-26)。水样变化见图3-27～图3-30。

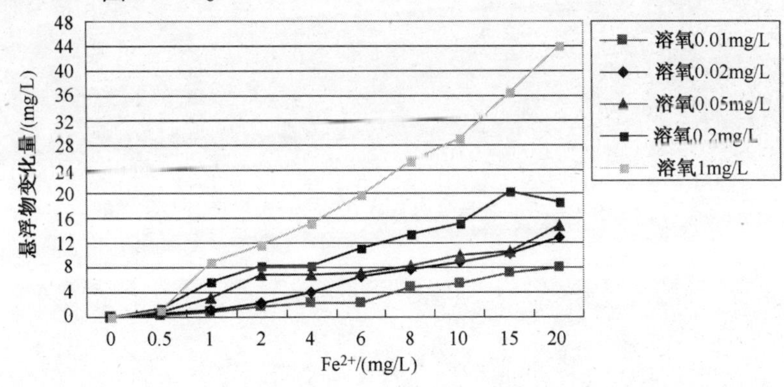

图3-26　不同溶解氧条件下 Fe^{2+} 含量对悬浮物影响

(1) 在铁离子含量一定条件下，随水中溶解氧含量的增加，铁离子对水中悬浮物的影响增加；在水中溶解氧含量一定条件下，随水中二价铁离子含量增加，铁离子对水中悬浮物的影响增加。

(2) 若水中含有二价铁离子，同时含有溶解氧，不论二者含量多少，则二者必然反应并对水质造成影响。

(3) 在水中当溶解氧含量 <0.02mg/L 条件下，二价铁离子含量 <2mg/L，对悬浮物的影响小于2mg/L，影响较小；在水中溶解氧含量 >0.02mg/L 条件下，水中二价铁离子含量 <0.5mg/L 时，对悬浮物的影响小于2mg/L，影响较小。

图 3－27　溶解氧含量 0. 01mg/L 水样照片

图 3－28　溶解氧含量 0. 02mg/L 水样照片

图 3－29　溶解氧含量 0. 05mg/L 水样照片

图 3－30　溶解氧含量 0.2mg/L 水样照片

（4）在水中二价铁离子含量 <0.5mg/L 条件下，随水中溶解氧含量变化，二价铁离子对悬浮物影响变化较小，因此，水中二价铁离子含量应控制在 <0.5mg/L。

3．成垢离子对水质稳定程度影响研究

影响液体介质结垢的因素非常多，具体到油田回注水结垢的影响因素大致有：温度、压力、pH 值、水中成分、矿化度、流动状态等。这些因素的变化可以导致回注水中的成垢离子结合为不溶性的盐或使不溶性的固体颗粒聚结沉积，从而附着在设备管道内壁形成垢。某一种因素的变化并不是对所有类型的垢都起同样的影响作用，而是对一种或几种类型的垢的形成过程作用比较明显，对另外的垢形成没有作用或作用较小。另外，结垢导致垢下腐蚀，严重的导致管线穿孔，影响正常生产。

针对油田回注水中的易成垢离子，主要是 HCO_3^-、Ca^{2+}、Mg^{2+}，结垢对水中悬浮物含量的影响规律如下：

固定 Ca^{2+}、Mg^{2+} 量，HCO_3^- 量的变化对水质影响结果见表 3－19，变化趋势见图 3－31。

表 3－19　投加固定量 Ca^{2+}、Mg^{2+}，不同量的 HCO_3^- 水质变化情况

序号	HCO_3^-/(mg/L)	Ca^{2+}/(mg/L)	Mg^{2+}/(mg/L)	悬浮物/(mg/L)
0	0	997.96	224.64	0.27
1	25.8	1002.65	216.98	0.55
2	165.89	1030.15	214.87	0.82
3	305.66	923.6	208.96	14.25
4	512.87	856.21	210.65	75.34
5	582.44	812.85	209.99	130.14
6	721.66	621.35	204.32	270.14

续表

序号	HCO_3^-/(mg/L)	Ca^{2+}/(mg/L)	Mg^{2+}/(mg/L)	悬浮物/(mg/L)
7	1165.42	435.48	202.16	590.96
8	2089.17	265.59	200.22	875.62
9	3560.98	154.66	196.89	1017.26

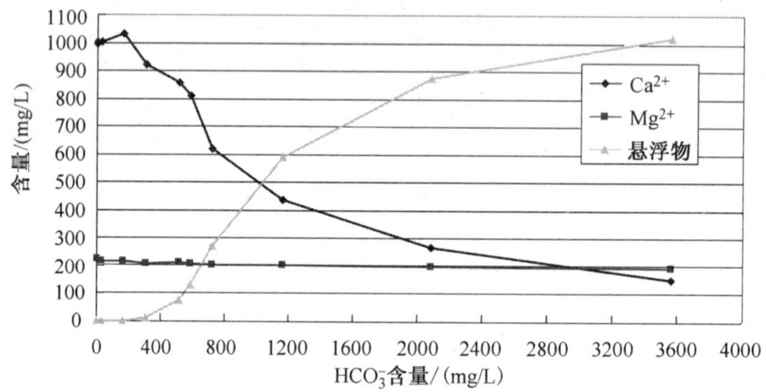

图 3－31 投加固定量 Ca^{2+}、Mg^{2+}，不同量的 HCO_3^- 水质变化情况

随着水中 HCO_3^- 含量的增加，原水样中 Ca^{2+} 含量逐渐下降，降低幅度逐渐增加，Mg^{2+} 含量基本不变。这是由于 HCO_3^- 与 Ca^{2+} 反应，生成不溶于水的 $CaCO_3$ 沉淀的原因。

随着水中 HCO_3^- 含量的增加，以及 Ca^{2+} 含量的下降，水中悬浮物含量逐渐增加，水中生成大量白色沉淀，瓶壁有一层白色水垢产生，见图 3－32。这说明在其他条件一定条件下，随着水中 HCO_3^- 含量的增加，水样结垢趋势增加，水中悬浮物含量增加，水质变差。

（由左至右 HCO_3^- 含量逐渐增加）

图 3－32　投加固定量 Ca^{2+}、Mg^{2+}，不同量的 HCO_3^- 水质变化情况

固定HCO_3^-量，Ca^{2+}、Mg^{2+}量的变化对水质影响结果见表3－20，变化趋势见图3－33。

由表中数据得到，当水中Ca^{2+}含量1000mg/L左右时，HCO_3^-含量小于300mg/L时，生成沉淀对水质影响较小，水质较稳定。

表3－20 投加固定量Ca^{2+}、Mg^{2+}，不同量的HCO_3^-水质变化情况

序号	HCO_3^-/(mg/L)	Ca^{2+}/(mg/L)	Mg^{2+}/(mg/L)	悬浮物/(mg/L)
0	750.00	0	0	0.00
1	703.99	40.24	14.65	0.27
2	706.80	113.60	30.56	0.27
3	656.84	356.88	48.96	44.11
4	511.53	416.89	107.435	59.73
5	452.20	868.56	96.54	141.37
6	405.17	1168.17	213.65	166.58
7	369.72	1810.815	421.2	181.10
8	351.26	2869.66	—	183.29
9	349.46	3822.83	507.88	193.15

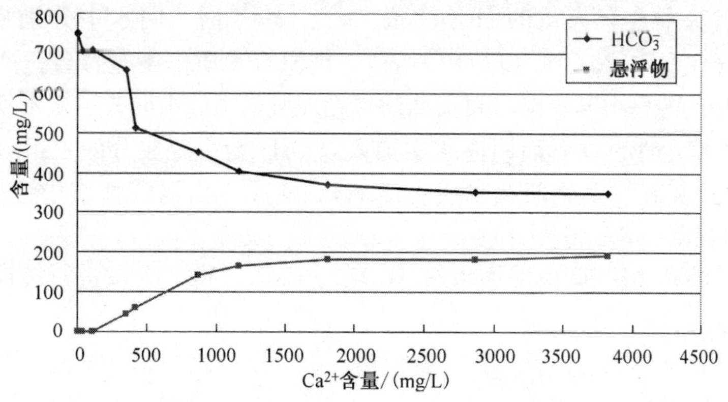

图3－33 投加固定量Ca^{2+}、Mg^{2+}，不同量的HCO_3^-水质变化情况

随着水中Ca^{2+}含量的增加，原水样中HCO_3^-含量逐渐下降，Ca^{2+}含量也较投加量下降，这是由于HCO_3^-与Ca^{2+}反应，生成不溶于水的$CaCO_3$沉淀的原因。

随着水中Ca^{2+}含量的增加，以及HCO_3^-含量的下降，水中悬浮物含量逐渐增加，水中生成大量白色沉淀，瓶壁有一层白色水垢产生，见图3－34。这说明在其他条件一定条件下，随着水中Ca^{2+}含量的增加，水样结垢趋势增加，水中悬浮物含量增加，水质变差。

（由左至右 Ca^{2+} 含量逐渐增加）

图 3－34　投加固定量 HCO_3^-，不同量 Ca^{2+}、Mg^{2+} 的水质变化情况

由表中数据得到，当水中 HCO_3^- 含量 700mg/L 左右时，Ca^{2+}、Mg^{2+} 含量小于 150＋30mg/L 时，生成沉淀对水质影响较小，水质较稳定。

通过以上数据可得到以下结论：

（1）当水中 HCO_3^- 含量较高时，水中 Ca^{2+}、Mg^{2+} 含量较低，水中 Ca^{2+}、Mg^{2+} 含量较高时，HCO_3^- 含量较低。二者不能大量同时共存。这是由于 HCO_3^- 与 Ca^{2+}、Mg^{2+} 反应，生成不溶于水的 $CaCO_3$ 沉淀以及微溶于水的 $MgCO_3$ 的原因。

（2）当水中含有大量的 HCO_3^- 或 Ca^{2+}、Mg^{2+} 时，向水中分别投加 Ca^{2+}、HCO_3^- 或碱性物质[NaOH、$Ca(OH)_2$ 等]，则原有水质平衡被打破，产生不溶于水的 $CaCO_3$、$Mg(OH)_2$ 沉淀。目前回注水处理所采用的水质改性技术就是针对油田产出水不稳定性，往含油回注水中加入以 OH^- 为主要成分的三组分离子调整剂系列（即石灰乳、絮凝剂及水质稳定剂），使原水由弱酸性或中性变为碱性，一般 pH 值控制在 8～10。

（3）对胜利油田 52 座回注水站 HCO_3^-、Ca^{2+}、Mg^{2+} 含量进行统计，得到图 3－35 曲线。

由图得到，胜利油田盘二污、临南站、临中站、四净站、滨五、滨二等回注水站，其中所含 Ca^{2+}、Mg^{2+} 或 HCO_3^- 较高，这些站目前采用水质改性处理工艺，达到较好的处理效果。

由此可见，当回注水中含有较高的 HCO_3^- 或 Ca^{2+}、Mg^{2+} 时，采用水质改性处理工艺可以降低回注水 HCO_3^- 或 Ca^{2+}、Mg^{2+} 含量，达到防腐、阻垢、净化水质的效果。

4．腐蚀对水质影响的程度

油田回注水中影响腐蚀的因素很多，多种因素的交互影响加剧腐蚀，而腐蚀的直接产物亚铁离子与水中的其他离子发生反应生成新的悬浮物物种，对水质稳

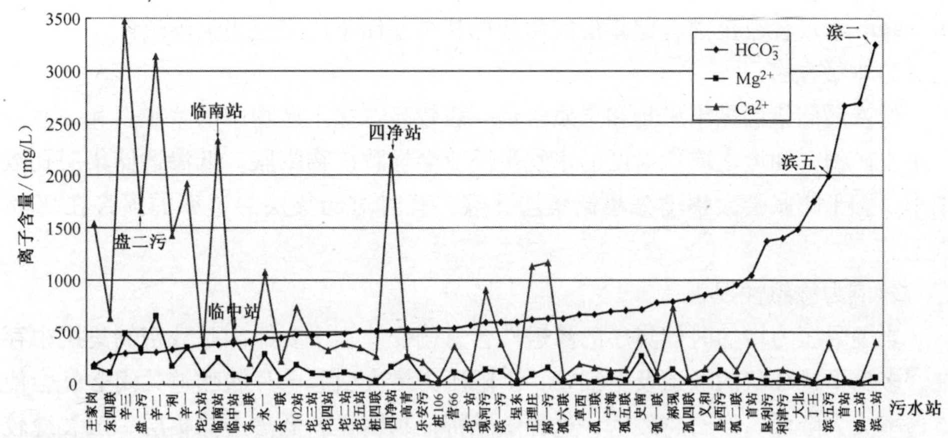

图 3－35　胜利油田 52 个回注水站回注水 Ca^{2+}、Mg^{2+} 含量随 HCO_3^- 含量变化趋势图

定的影响较大，下面以水中的溶解氧对腐蚀影响进而腐蚀对水中悬浮物的影响为例，研究腐蚀的影响程度。试验结果见表 3－21。

表 3－21　腐蚀对水质影响的试验结果

溶解氧含量/(mg/L)	0.05	0.5	1.0	2.0	3.0
腐蚀速率/(mm/a)	0.02	0.13	0.2	0.4	0.6
SS/(mg/L)	16.9	35.8	79.5	85.2	86.7

腐蚀对水中悬浮物含量的增加贡献较大，因此需要控制腐蚀速率小于 0.076mm/a。

四、回注水质变化对低渗油藏的影响

低渗透油藏的储集层具有岩性致密、渗透率低、渗流阻力大等特征。在油气田注水开发过程中，由于外来流体与储集层岩石矿物、储集层流体发生反应，常引起地层堵塞，导致储集层损害，从而影响原油生产。由于低渗透油藏一般含泥质和微粒矿物比较多，孔喉半径又小，容易遭受污染和损害，这已成为制约低渗透油藏开发的瓶颈之一，因此，全面系统、深入地研究储层的损害因素及损害机理，对于低渗透油田的开发极为重要，是储层保护工作的基础。

1. 低渗透油藏的主要损害机理

根据国内外低渗透油田的开发经验，在低渗透油田勘探开发生产各个环节均可造成油层损害，究其原因，均受油层本身的潜在损害因素的控制。

1）水锁损害

水相在近井地带的孔隙系统中其饱和度逐渐增加，从而导致油相的相对渗透率下降。水锁会严重损害储集层的渗透性甚至使储集层完全丧失渗透性。

2)水敏损害

低渗透储集层黏土矿物和杂质含量一般较高。黏土矿物中的蒙脱石和一些混层黏土矿物，和淡水或低盐度的水发生反应会导致矿物膨胀。低渗透储集层孔喉细小，黏土膨胀会大幅度减小储集层孔喉，有时对储集层渗透率的损害在90%以上。

3)应力敏感性损害

当围限压力增加时储集层的渗透性会急剧变差，主要原因是致密储集层中存在许多扁平或片状的喉道及毛细管，围限压力增大引起的片状喉道关闭必然会使渗透率大大降低。岩石越致密，这种敏感特征越明显。低渗透储集层一般裂缝较为发育，裂缝既是油气储集的空间，也是渗流的通道。随着有效应力的增加，裂缝发生闭合，严重影响储集层的渗透性，有时可使地层完全丧失渗透性。

4)结垢

外来流体与储集层流体不配伍时，两者相互作用产生无机物沉淀或有机物沉淀。这些沉淀吸附在岩石表面成垢，缩小孔道、或随液流运移堵塞流动通道，使储集层造成严重的损害。

沉淀结垢可分两类：无机沉淀和有机沉淀。无机沉淀是在外来流体与地层流体不配伍时，或地层水中原有平衡遭到破坏时产生的。有机沉淀主要是指石蜡、沥青质及胶质在井眼附近地带的沉淀。其后果是堵塞储集层的渗流通道，而且还可能使储集层的润湿性反转，导致储集层渗流能力下降。有机垢产生的原因有两个方面：一是外来液体与地层原油不配伍；二是外界条件改变使原有的化学平衡被破坏。

5)其他损害机理

A. 微粒运移

指由于高的剪切速率导致储集层中孔隙系统中的微粒发生运移导致地层损害。这种损害一般发生于碎屑岩地层中，因为在碎屑岩中易于发生运移的物质含量较高。

B. 外来固相侵入

指钻井完井液或其他流体中悬浮的固相在过平衡压力条件下侵入到近井地带储集层孔隙中堵塞孔喉导致地层损害。固相有可能是钻井完井液中各种各样的固体颗粒、质量较差的回注水中的悬浮微粒。

C. 乳状液堵塞

最常见的乳状液是油包水型乳状液，其中油是连续相水是非连续相。这种类型的乳状液具有很高的黏度，所以就很容易在储集层中造成乳状液堵塞，损害储集层。泡沫油也属于稳定乳状液的范畴，油为连续相，小的气泡形成非连续相。这种泡沫油的黏度要比没有泡沫的油高的多。

D. 润湿性反转

在油田作业流体中含有很多添加剂，比如表面活性剂、起泡剂、阻垢剂等，这些添加剂在侵入储集层后会吸附在颗粒表面，从而导致储集层岩石的润湿性发生改变。如果储集层原始是亲水的，由于润湿反转变为亲油性，那么在水驱油过程中，毛细管力就会由驱油的动力变成阻力，影响油田的采收率。

从低渗透油藏的主要损害机理可知，水中的悬浮固体对地层有较大的伤害。固相颗粒封堵孔隙喉道的机理主要是：固相颗粒侵入后，增大了固相颗粒与孔壁的附着面积，并在井底与地层之间压差作用下使得固相颗粒封堵孔隙喉道更为有效。固相颗粒对低渗岩石的影响主要表现在岩石端面或端面附近，随注入量的增加，固相颗粒在岩石表面形成架桥，渗透率下降平缓。水质一定时，固相颗粒侵入岩石深度和损害岩石类型存在差别。微小粒径的物质进入岩石孔隙内部，堵塞孔喉使岩石渗透率受损，形成深部损害；粒径相对较大的物质难以进入岩石孔隙内部，只能在表面和浅表部位附着、桥堵，在岩石表面形成滤饼，使岩石表面（层）渗透率受损。

悬浮物能够顺利通过储层孔喉，主要是喉道不形成堵塞，保障储层的有效渗透率稳定。目前过滤理论遵循桥堵、沉积和通过准则：

（1）当悬浮物粒径为孔喉直径的1/3～1/2时，颗粒会堵塞孔喉；

（2）当悬浮物粒径为孔喉直径的1/7时，颗粒基本通过岩石基质；

（3）当悬浮物粒径小于1/10孔喉直径时，颗粒顺利通过岩石基质。

由于储层孔喉大小不均匀，因此优化悬浮物采用通过原则更合理，即悬浮物粒径中值小于1/10主流喉道直径最为合理。

经研究发现注水流程水质的变化规律有两条（见图3－36和图3－37）：① 水中的固相悬浮物的含量成倍增加；② 颗粒粒径分布范围变宽，既向小粒径方向延伸，又向大粒径方向扩展。

胜利油田低渗油藏平均渗透率 $21\times10^{-3}\sim42\times10^{-3}$ μm，平均孔喉半径0.6～2.7 μm，根据回注水悬浮物粒径原则，悬浮物粒径要求0.12～0.54 μm。目前碎屑岩注水最高标准为A1级，即悬浮物粒径1.0μm，浓度1.0 mg/L。因此目前碎屑岩油藏水质标准与低渗透油藏对水质的要求存在矛盾。

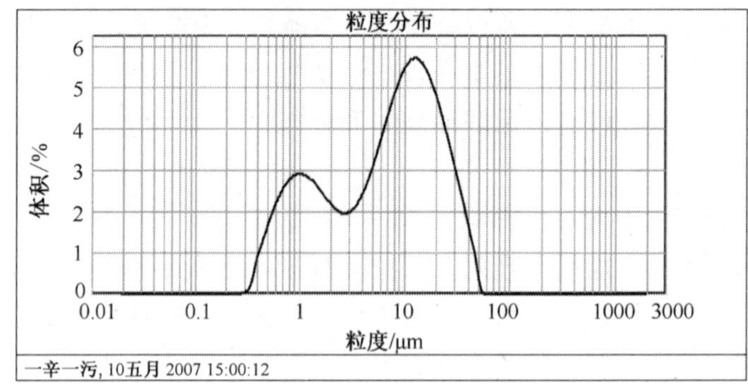

图 3-36　回注水站外输水悬浮颗粒粒径分析

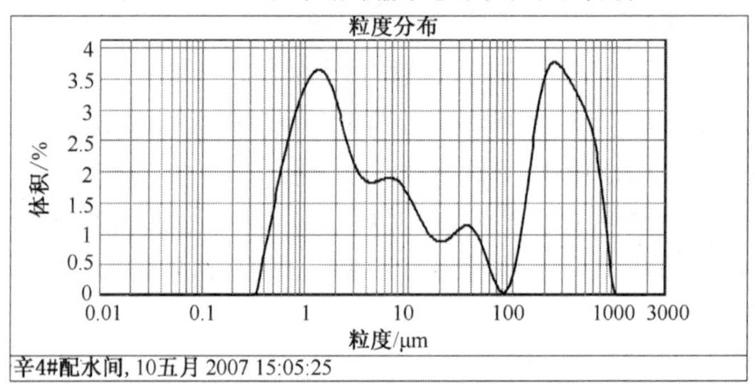

图 3-37　对应配水间水悬浮颗粒粒径分析

2. 多孔介质污染过程及机理

针对回注水中固相颗粒对多孔介质污染问题，通过分析表面和孔内元素，研究多孔介质主要污染物及污染机理。膜表面主要元素依次：Ti、Ca、S、C 等。污染物中固相颗粒多为岩屑，且分布在多孔介质表面凝胶层和孔内。污染后的多孔介质膜表面和孔内元素分析见图 3-38。污染物主要有：钙铁镁碳酸盐及碱式盐、岩屑、油类及其他可溶有机物、细菌等。

经研究可知：

（1）多孔介质污染的关键影响因素有：温度、介质孔径、总铁、细菌、含油等，成垢离子非主要因素；

（2）多孔介质孔内截留物质以 SiO_2、铁化合物为主，介质表面凝胶层由垢、细菌、油类、铁化合物、SiO_2胶体或颗粒构成；

（3）多孔介质孔径与颗粒物粒径分布的相对关系不同，其堵塞形成过程不同。

其污染规律如下：

（1）多孔介质孔径 < 颗粒物粒径：颗粒物在介质表面因筛分作用被截留；

（2）多孔介质孔径 > 颗粒物粒径：滤饼起真正过滤介质的作用；

（3）多孔介质孔径介于颗粒物粒径分布区间：污染自内而外发生。

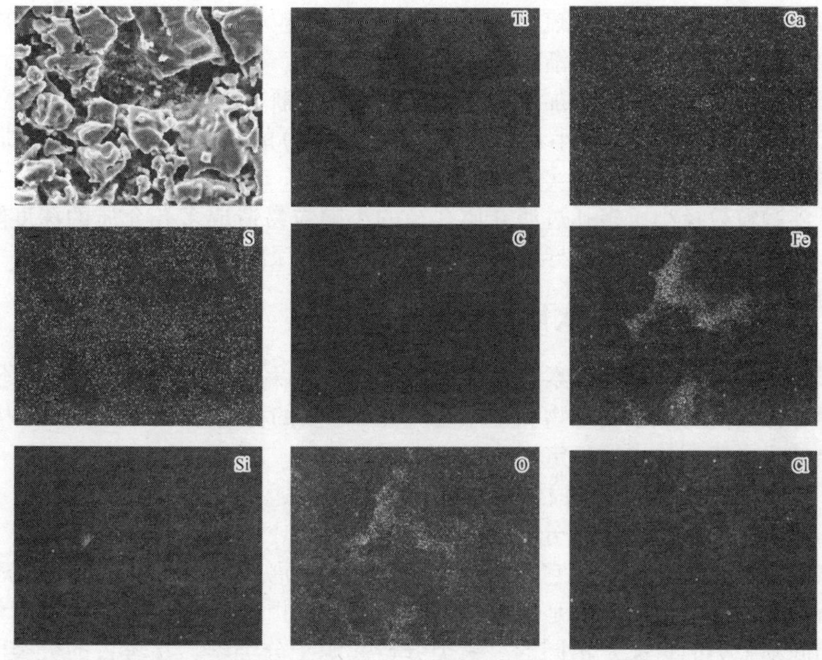

图 3－38　污染后的多孔介质膜表面和孔内元素分析

针对多孔介质污染物颗粒粒径与多孔介质孔径的关系，研究了造成多孔介质过滤阻塞的影响因素及阻塞形成的过程。影响效率主次因素：总铁、细菌、多孔介质孔径及分布、料液温度；多孔介质污染过程是从内部到外部发生的，不同堵塞时期膜表面的状况见图 3－39：

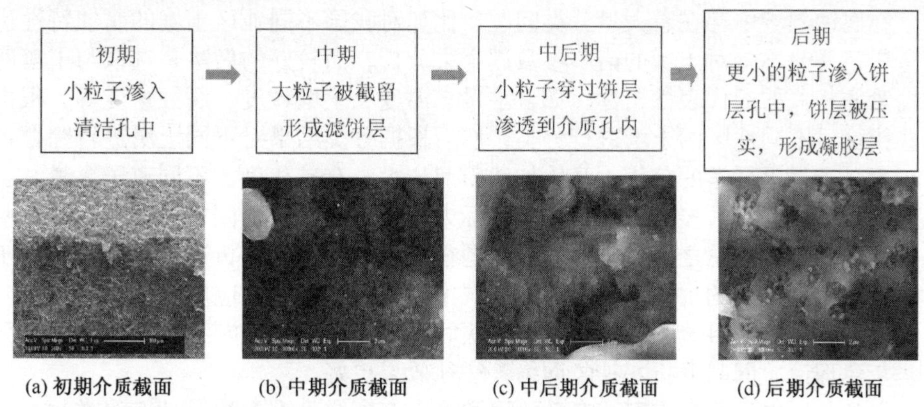

图 3－39　不同堵塞时期膜表面的状况

（1）料液与多孔介质刚接触时，小粒子大量渗入清洁的孔中，此阶段内部污染占优势；大粒子则被截留在多孔介质表面，开始形成疏松多孔的滤饼层，滤饼层阻力在之后过程中成为整个阻力中最主要的组成部分。

(2) 滤饼层刚刚形成时疏松多孔，仍有许多小粒子穿过滤饼层渗透到多孔介质孔内，但这时外部污染已渐占优势。

(3) 滤饼层厚度不断增加，内部小粒子比例逐渐增加，主要是更小的粒子渗入已形成滤饼层孔中(此时小粒子已不能到达膜孔)的结果，同时导致滤饼层孔隙率减少，滤饼层逐渐被压实，并最终形成凝胶层。

悬浮颗粒粒径小于多孔过滤介质孔径的小颗粒易造成多孔介质的深度阻塞，所以小颗粒悬浮物及油滴易导致低渗油藏储集层的深部堵塞。

五、油田回注水水质分类

影响水质稳定的主要因素有腐蚀、结垢、细菌以及水中的溶解气体和还原性物质等，尤其是腐蚀结垢产物和还原性物质对水质的稳定保障影响较大。因此水质分类的主要依据是水质稳定影响因素。

1. 胜利油田回注水腐蚀程度分类研究

1)聚类法对回注水进行分类

聚类分析又称群分析，它是研究(样品或指标)分类问题的一种多元统计方法，所谓类，通俗地说，就是指相似元素的集合。严格的数学定义是较麻烦的，在不同问题中类的定义是不同的。聚类分析起源于分类学，在考古的分类学中，人们主要依靠经验和专业知识来实现分类。随着生产技术和科学的发展，人类的认识不断加深，分类越来越细，要求也越来越高，有时光凭经验和专业知识是不能进行确切分类的，往往需要定性和定量分析结合起来去分类，于是数学工具逐渐被引进分类学中，形成了数值分类学。后来随着多元分析的引进，聚类分析又逐渐从数值分类学中分离出来而形成一个相对独立的分支。

在腐蚀领域中存在着大量分类问题，比如对我国不同地区土壤的腐蚀特性进行分析，一般不是对土壤的诸多参数逐个去分析，而较好的做法是选取与土壤腐蚀性紧密相关的的代表性指标，如含水量、温度、土壤粒度、腐蚀速度等，根据这些指标对不同地区的土壤进行分类，然后根据分类结果对不同土壤进行综合评价，就易于得出科学的分析。又比如油田回注水，有矿化度、不同离子含量、腐蚀速度、温度等非常多的指标，由于指标太多，研究起来很困难，通常先对这些回注水进行分类。总之，需要分类的问题很多，因此聚类分析这个有用的数学工具越来越受到人们的重视，它在许多领域中都得到了广泛的应用。

值得提出的是将聚类分析和其他方法联合起来使用，如判别分析、主成分分析、灰色理论、回归分析、神经网络等往往效果更好。

聚类分析内容非常丰富，有系统聚类法、有序样品聚类法、动态聚类法、模糊聚类法、图论聚类法、聚类预报法等。我们采用的是系统聚类法。

胜利油田不同站点回注水的水质分析及相关的腐蚀数据见表3－22，根据水质检测数据进行聚类分析。

表 3－22 胜利油田不同站点回注水的水质分析及相关的腐蚀数据

站名	矿化度	pH	Cl^-	SO_4^{2-}	CO_3^{2-}	HCO_3^-	Mg^{2+}	Ca^{2+}	$Na^+ + K^+$	Fe^{3+}	腐蚀速度	TGB	SRB	铁细菌
	mg/L		mg/L	mg/L	mg/L	ρ/(mg/L)	mg/L	ρ/(mg/L)	mg/L	mg/L	mm/a	个/mL	个/mL	个/mL
坨一站	12016.00	7.5	6814.60	39.50	0.00	563.20	47.70	112.20	4428.00	0.00	0.01998	6.0×10^2	2.5×10^2	4.0×10^1
坨二站	18280.00	7.2	10750.00	35.70	0.00	479.60	115.70	393.20	6494.00	1.35	0.0494	6.0×10^2	6.0×10^1	5.0×10^1
坨三站	18562.96	7.5	10905.34	0.00	0.00	474.49	98.84	409.28	6541.02	0.84	0.034	$\geqslant1.1\times10^5$	2.5×10^1	2.5×10^1
坨四站	18147.62	7.2	10663.79	0.00	0.00	478.88	92.49	329.94	6520.36	0.84	0.054	$\geqslant1.1\times10^5$	2.5×10^2	2.5×10^2
坨五站	18021.10	7.2	10560.20	0.00	0.00	507.40	83.60	350.80	6447.10	5.20	0.0448	2.5×10^1	2.5×10^1	6.0×10^0
坨六站	16313.94	7.3	9627.97	0.00	0.00	379.42	90.99	329.91	5800.69	32.28	0.0313	6.0×10^3	2.5×10^3	1.3×10^2
宁海	13101.00	6.9	7409.00	0.00	0.00	695.00	61.30	134.70	4793.00	0.96	0.00986	6.0×10^1	2.5×10^3	2.0×10^1
滨一污	15780.00	7.4	9146.10	20.00	0.00	599.20	125.20	387.60	5472.00	0.23	0.01014	2.5×10^3	6.0×10^2	6.0×10^1
滨二站	40547.21	6.7	21914.23	0.00	0.00	3249.32	64.23	410.46	14795.4	5.50	0.2067	2.5×10^3	6.0×10^2	6.0×10^1
滨五污	34163.00	7.2	19108.00	0.00	0.00	1989.30	62.70	400.40	12539.0	2.00	0.06604	1.3×10^2	2.5×10^4	6.0×10^0
利津污	9293.57	7.6	4499.99	0.00	0.00	1399.55	36.82	136.29	3220.34	0.58	0.101	2.5×10^4	2.5×10^3	6.0×10^3
临中站	19369.70	7.4	11492.04	0.00	0.00	388.58	97.30	434.35	6881.14	1.20	0.06	1.3×10^1	6.0×10^1	6.0×10^1
四净站	37220.80	7.3	22362.90	0.00	0.00	520.30	164.70	2192.60	11767.4	3.70	0.19	6.0×10^1	6.0×10^1	2.5×10^0
临南站	42679.00	6.9	25843.00	24.00	0.00	383.20	250.90	2324.60	13682.0	11.70	0.0127	6.0×10^2	1.3×10^2	2.5×10^1
盘二污	42548.91	6.2	25890.87	0.00	0.00	303.34	347.37	1669.91	14327.6	9.20	0.0614	2.5×10^1	6.0×10^1	2.5×10^0
现河污	29163.00	7.3	17300.00	0.00	0.00	599.20	141.00	904.20	10081.0	2.52	0.03312	1.3×10^3	2.5×10^1	2.5×10^1
郝现	30677.51	7.2	18083.54	0.00	0.00	795.21	139.38	730.86	10922.5	6.00	0.082	2.5×10^3	2.5×10^0	2.5×10^1
史南	30090.97	7.2	18271.07	0.00	0.00	716.07	266.49	449.88	11103.83	0.00	0.0527	2.5×10^0	0	0

续表

站名	矿化度	pH	Cl^-	SO_4^{2-}	CO_3^{2-}	HCO_3^-	Mg^{2+}	Ca^{2+}	$Na^+ + K^+$	Fe^{3+}	腐蚀速度	TGB	SRB	铁细菌
	mg/L		mg/L	mg/L	mg/L	ρ/(mg/L)	mg/L	ρ/(mg/L)	mg/L	mg/L	mm/a	个/mL	个/mL	个/mL
草西	9933.08	7.5	5504.39	0.00	0.00	667.02	51.33	195.27	3504.33	0.74	0	0.9×103	0	0
王家岗	22423.63	6.9	13664.84	0.00	0.00	185.93	170.52	1539.43	6823.36	3.35	0.0834	1.2×10^0	2.5×10^1	2.5×10^1
郝一污	35323.00	7.3	20986.00	0.00	0.00	635.20	156.80	1162.30	12101.0	1.50	0	6.0×10^2	2.5×10^1	2.5×10^0
乐安污	5558.00	7.2	2977.80	0.00	0.00	527.20	59.60	211.60	1768.00	0.34	0.03769	2.5×10^4	6.0×10^2	6.0×10^1
首站	8324.25	7.6	2829.87	0.00	0.00	2659.59	14.25	50.88	2758.23	0.22	0.0042	6.0×10^3	2.5×10^4	2.5×10^3
义和	10396.64	7.1	5569.62	64.02	0.00	860.20	48.59	151.26	3702.95	0.10	0.214	2.5×10^3	2.5×10^3	6.0×10^2
埕东	5698.00	7.9	2943.40	0.20	23.40	599.20	13.60	62.90	2056.00	0.00	0.01593	2.5×10^2	2.5×10^2	6.0×10^1
渤三站	7285.11	7.3	2182.44	0.00	0.00	2690.98	12.79	20.04	2373.44	0.00	0	0.9×10^3	0	0
丁王	9511.00	6.9	4127.10	100.00	94.23	1749.40	13.60	40.50	3383.00	0.00	0.00341	2.5×10^6	1.3×10^4	6.0×10^2
大北	20817.94	7.0	11416.89	0.00	0.00	1481.63	36.48	93.51	7789.43	0.00	0	0.9×103	0	0
孤一联	8018.16	7.0	4244.78	0.00	0.00	779.84	41.56	115.47	2835.21	1.30	0.0011	6.0×10^5	6.0×10^2	2.5×10^3
孤二联	8167.30	7.9	4190.83	0.00	0.00	951.91	38.63	127.33	2858.60	0.00	0.108	1.1×10^5	1.1×10^5	6.0×10^1
孤三联	7252.00	7.6	3864.10	0.00	0.00	671.20	21.90	157.10	2538.00	0.58	0.01481	6.0×10^1	6.0×10^3	2.0×10^2
孤四联	5856.66	8.0	2885.49	0.00	0.00	818.89	20.88	66.85	2064.55	0.00	0.0124	1.3×10^2	5.0×10^3	1.3×10^4
孤五联	7644.00	7.5	4076.80	0.00	0.00	707.20	35.30	139.50	2684.00	0.70	0.00282	0.9×10^3	1.3×10^4	6.0×10^3
孤六联	5760.00	7.5	2977.80	1.00	0.00	635.20	16.50	76.20	2053.00	0.00	0.00676	6.0×10^2	2.5×10^4	6.0×10^2
垦利污	6007.00	7.7	2517.00	10.00	0.00	1366.20	23.60	121.40	1968.00	0.00	0.0121	2.5×10^2	6.0×10^2	2.0×10^1
垦西污	16267.93	7.6	9223.27	0.00	0.00	888.57	127.01	331.26	5694.66	3.16	0.0231	1.3×10^2	2.0×10^2	2.5×10^2

续表

站名	矿化度	pH	Cl^-	SO_4^{2-}	CO_3^{2-}	HCO_3^-	Mg^{2+}	Ca^{2+}	$Na^+ + K^+$	Fe^{3+}	腐蚀速度	TGB	SRB	铁细菌
	mg/L		mg/L	mg/L	mg/L	ρ/(mg/L)	mg/L	ρ/(mg/L)	mg/L	mg/L	mm/a	个/mL	个/mL	个/mL
东一联	8395.67	7.9	4767.92	0.00	0.00	451.06	59.45	227.81	2889.01	0.42	0.091	6.0×10^3	2.5×10^2	2.5×10^3
东二联	8520.70	7.3	4866.00	0.00	0.00	413.00	45.10	207.50	2988.50	0.00	0.0272	6.0×10^3	6.0×10^2	2.0×10^2
东四联	11982.88	7.2	7148.81	0.00	0.00	230.08	108.08	632.30	3813.61	0.16	0.041	1.3×10^3	2.5×10^3	2.5×10^2
辛一	43499.00	6.7	26426.00	0.00	0.00	353.30	357.40	1915.80	14351.00	8.60	0.03342	6.0×10^3	6.0×10^0	6.0×10^1
辛二	57666.00	7.0	35161.00	0.00	0.00	311.80	650.10	3134.70	17901.00	12.40	0.08457	6.0×10^1	6.0×10^0	2.5×10^1
辛三	59349.21	6.6	36323.63	0.00	0.00	296.37	485.18	3471.93	18755.30	16.80	0.0314	6.0×10^1	6.0×10^0	2.5×10^1
永一	26603.79	6.8	16016.48	0.00	0.00	445.69	287.28	1073.14	8767.30	13.90	0.158	2.5×10^2	2.5×10^1	2.5×10^1
广利	29984.00	6.8	18109.00	0.00	0.00	335.60	178.70	1420.00	9862.00	6.28	0.03372	1.3×10^4	6.0×10^0	2.5×10^0
102 站	32041.00	7.0	19196.00	0.00	0.00	473.50	186.90	736.70	11413.00	6.80	0.02622	6.0×10^4	6.0×10^1	2.5×10^1
营 66	22806.00	7.4	13469.00	0.00	0.00	539.40	107.20	359.10	8319.00	2.50	0.02653	1.3×10^2	2.5×10^0	2.5×10^1
桩西联	9840.56	7.8	5538.03	0.00	0.00	512.57	26.78	271.43	3438.04	0.27	0.0406	1.3×10^5	1.3×10^3	1.3×10^2
桩 106	4281.27	7.9	2081.66	0.00	73.28	535.57	11.65	50.00	1528.70	0.41	0.0114	1.3×10^2	6.0×10^2	6.0×10^2
首站	19871.72	7.0	11250.45	0.00	0.00	1045.64	64.23	410.46	7102.31	2.12	0.0199	2.5×10^3	1.3×10^2	6.0×10^3
高青	12618.00	7.2	7262.60	120.20	0.00	527.20	258.90	269.70	4156.00	0.16	0	6.0×10^1	2.5×10^2	2.5×10^3
正理庄	18784.00	7.0	11038.00	0.00	0.00	623.00	95.30	1123.40	5900.00	4.00	0.00222	6.0×10^2	2.5×10^2	2.5×10^3

用SPSS进行主成分分析，得出因子载荷矩阵，此处SPSS给出的是标准化后的主成分，根据第一主成分的线性表达式中各指标系数的大小(见表3－23，成分)，可确定能反映各样本间主要差异性的指标是矿化度和氯离子、镁离子、钙离子、钠钾离子的含量，因此选择矿化度和氯离子、镁离子、钙离子、钠钾离子的含量为聚类变量。

表3－23 因子载荷矩阵

因子＼成分	1	2	3
矿化度	0.960	0.128	0.132
氯离子	0.971	0.116	0.084
硫酸根	－0.218	0.680	－0.073
碳酸根	－0.319	0.802	－0.056
碳酸氢根离子	－0.308	0.111	0.693
镁离子	0.892	0.152	－0.149
钙离子	0.912	0.121	－0.089
钠钾	0.940	0.120	0.165
铁离子	0.650	0.057	－0.092
腐蚀速度	0.299	－0.063	0.650
TGB	－0.280	0.869	0.047
SRB	－0.240	－0.029	0.559
铁细菌	－0.323	－0.192	－0.138

对上述变量进行分层聚类，整个聚类过程用树型图表示，计算机输出会显示具体每一步合并过程和每次合并的两类的距离等，如图3－40所示。

根据图3－40中各样本间相对距离的长短，可将51个数据点分为3类，具体结果如表3－24所示。具体站名列表见表3－25。

表3－24 腐蚀排序具体结果

类	数据点	数据号
1	1~8，11，12，19，20，22~39，43，46~51	37
2	41，42	2
3	9，10，13~18，21，40，44，45	12

(1) 第一类：矿化度和各种离子的含量都较低，腐蚀速度普遍不是很大；
(2) 第二类：矿化度和各种离子的含量都是最高的，腐蚀速度也最大；
(3) 第三类：矿化度和各种离子的含量居中，腐蚀速度较大。

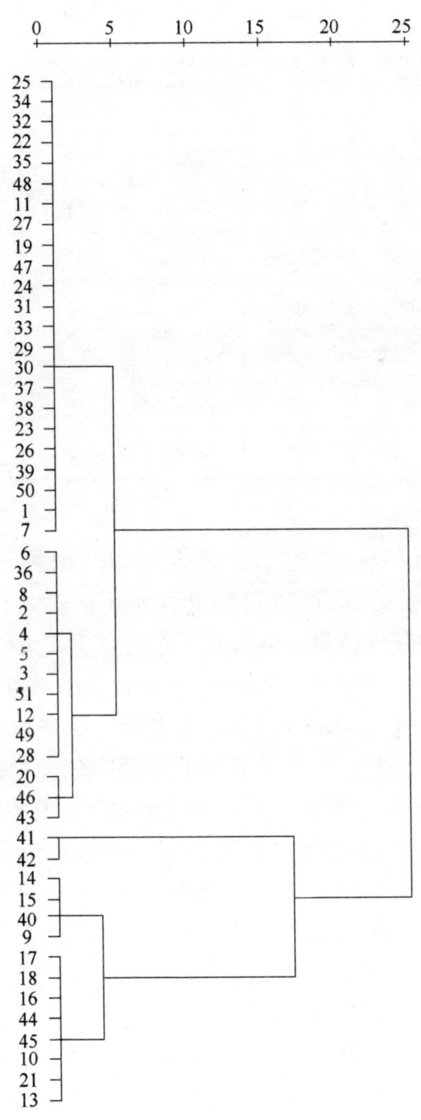

图3-40　聚类过程树型图

表 3－25　油田污水站列表

1	2	3	4	5	6	7	8	9
坨一站	坨二站	坨三站	坨四站	坨五站	坨六站	宁海	滨一污	滨二站
10	11	12	13	14	15	16	17	18
滨五污	利津污	临中站	四净站	临南站	盘二污	现河污	郝现	史南
19	20	21	22	23	24	25	26	27
草西	王家岗	郝一污	乐安污	首站	义和	埕东	渤三站	丁王
28	29	30	31	32	33	34	35	36
大北	孤一联	孤二联	孤三联	孤四联	孤五联	孤六联	垦利污	垦西污
37	38	39	40	41	42	43	44	45
东一联	东二联	东四联	辛一	辛二	辛三	永一	广利	102 站
46	47	48	49	50	51			
营 66	桩西联	桩 106	首站	高青	正理庄			

2）灰色理论分析腐蚀显著因素

1956 年，W. R. Ashby 著《控制论导论》，对“黑箱”方法作了精辟的阐述。所谓“黑箱”是一种系统，人们可以得到这种系统的输入值和输出值，但是得不到关于系统内部结构的任何信息。从此在控制系统理论中，常常用颜色的深浅来表示系统中信息的多少。1982 年，我国学者邓聚龙教授在北荷兰出版公司的《系统与控制通讯》（System & Control Letters）发表第一篇灰色系统论文《Control Problems of Grey System》，正式标志灰色系统理论的诞生。“黑”表示信息的完全缺乏，“白”表示信息的充分与完整，而介于之间的“灰”则表示信息不完全、不充分与非唯一。具有灰特征的信息称为灰信息，而具有灰信息的系统称为灰色系统。一个系统的信息不完全有下列四种情况。① 系统的元素，或者参数方面的信息不完全；② 系统的结构或关系的信息不完全；③ 系统的运行或功能结果的信息不完全；④ 系统与环境边界的信息不完全。1996 年，邓聚龙教授指出：“灰色系统以研究‘少数据不确定’（即由于数据—信息少而导致不确定）为已任。它不同于研究‘大样本不确定’的概率论与数理统计，也不同于研究‘认知不确定’的模糊集理论”。并且将灰色系统、概率统计、模糊集三者的区别归纳为表 3－26。

灰色系统理论正是在发现了与随机性和模糊性迥异的另一种不确定性的基础上产生的。灰色系统的理论由三个基本部分构成：

表 3-26 “灰”、“概率”、“模糊”的区别

	灰色系统	概率统计	模糊集
内　涵	小样本不确定	大样本不确定	认知不确定
基　础	灰朦胧集	康托集	模糊集
依　据	信息覆盖	概率分布	隶属函数
手　段	生　成	统　计	边界取值
特　点	少数据	多数据	经验数据
要　求	允许任意分布	要求典型分布	内涵明确
目　标	现实规律	历史统计规律	认知表达
思维方式	多角度	重复再现	外延量化
信息准则	最少信息	无限信息	经验信息

(1) 灰信息论。此部分包括灰信息的数学描述，信息认识模式、信息元素现、灰信息的测度、灰信息覆盖等。

(2) 灰集合论。此部分包括灰朦胧集的定义，灰朦胧集的演化形态，灰朦胧集代数等。

(3) 灰方法论。此部分包括灰关联分析方法、GM(1，1)模型法、灰预测、灰评估(灰色统计和灰色聚类)、灰决策、灰控制等。

人们从不同的视角出发，划分学科体系的方式各不相同。17 世纪，培根按人类的记忆能力、想象能力、判断能力将科学划分为历史、诗歌与艺术、哲学三大门类。19 世纪后期，恩格斯提出按物质运动形式和次序划分学科。在我国，通常将科学划分为文、理两大门类或按自然科学、数学、社会科学三大领域进行划分。自然科学基础学科则按数、理、化、天、地、生六门类划分。钱学森将科学划分为自然科学、社会科学、系统科学、思维科学、人体科学、数学科学六大领域，每一领域又分为基础科学、技术科学、工程技术三个层次关西普教授将科学划分为自然科学、社会科学、思维科学三大领域，并认为其门类、分支由各门学科相互渗透而形成的交叉学科、综合学科、横向学科组成。刘思峰教授将科学问题分为简单问题、复杂问题、确定性问题、不确定性问题及其衍生问题，并给出了与各类问题相对应的具有方法论意义的横向交叉学科。用圆 Ω 表示所有科学问题的集合，以圆 A、B、C、D 分别表示简单问题、复杂问题、确定性问题、不确定性问题的集合，可得到科学问题分类五环图(见图 3-41)。标出解决各类问题的科学方法，即得到横断学科分类五环图(见图 3-42)。对照图可看出，灰色系统理论解决不确定半复杂问题，概率统计、模糊数学解决简单不确定问题，它们处理的科学问题不同，从而明确了灰色系统理论在横断学科群中的地位。

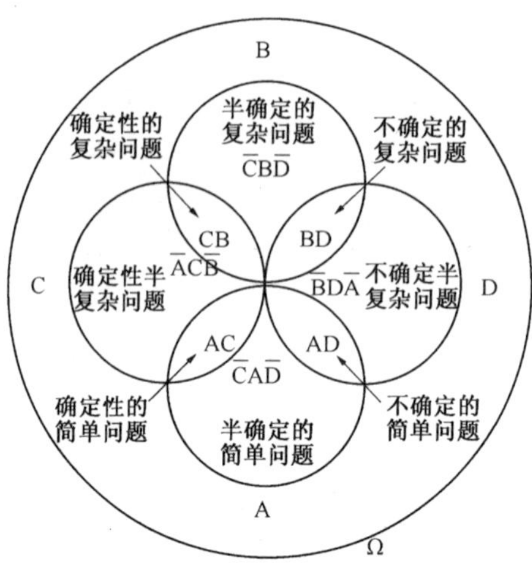

图 3－41　科学问题分类五环图

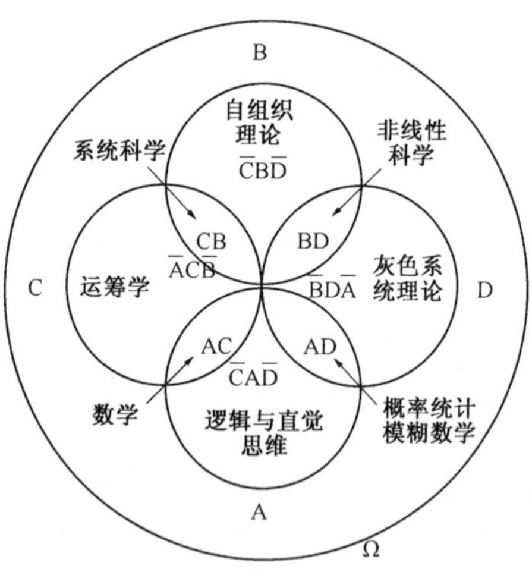

图 3－42　横断学科分类五环图

表 3－22 为胜利油田不同回注水站的水质分析及腐蚀速率，从表 3－22 可以发现胜利油田不同回注水站的水质差距很大，腐蚀速率也存在较大差异，很难直观地找出对腐蚀产生重大影响的显著性因素，灰色系统理论中的灰色关联分析方法是在不完全的信息中，对所要分析研究的各因素，通过一定的数据处理，在随机的因素序列间，找出它们的关联性，发现主要矛盾，找到主要特性和主要影响因素。

为了使计算结果更加科学客观，更符合实际，在借鉴已有研究成果的基础上，根据科学性原则和可操作性原则，我们将不同回注水站的腐蚀速率作为参考目标序列，选取矿化度、pH、各种离子浓度（Cl^-、SO_4^{2-}、CO_3^{2-}、HCO_3^-、Mg^{2+}、Ca^{2+}、$Na^+ + K^+$、Fe^{3+}）、各种细菌数量（TGB、SRB、铁细菌）作为影响腐蚀速率的因素，将影响因素的时间序列（比较序列）与参考序列进行灰色关联分析。

计算方法与步骤：

(1) 将不同序列的原始数据作初值化变换处理，消除量纲，增强各因素之间的可比性。

(2) 求关联系数，并从中找出极大值与极小值。

先求参考数列 X_0 与各比较数列 X_i 之间的差列：

$\Delta_{i(k)} = | X_{0(k)} - X_{i(k)} |$

再从差列 $\Delta_{i(k)}$ 中找出最小值和最大值：

$\min | X_{0(k)} - X_{i(k)} |$，$\max | X_{0(k)} - X_{i(k)} |$

最后从不同比较数列最小、最大值再分别取最小、最大值：

$$\min\min | X_{0(k)} - X_{i(k)} |,\ \max\max | X_{0(k)} - X_{i(k)} |$$

(3) 取分辨系数：$0 < \rho < 1$，本文取 0.5

(4) 求关联系数：$\zeta_{i(k)} = \dfrac{\min\min|x_{0(k)} - x_{i(k)}| + \rho\max\max|x_{0(k)} - x_{i(k)}|}{|x_{0(k)} - x_{i(k)}| + \rho\max\max|x_{0(k)} - x_{i(k)}|}$

(5) 求关联度：$\gamma_{i(k)} = \dfrac{1}{n}\sum_{k=1}^{n}\zeta_{i(k)}$

计算结果：

(1) 将所有回注水数据作为原始数据，计算关联度（见表 3－27）。

表 3－27　未分类回注水腐蚀速率与各影响因子间的灰色关联度

因素	矿化度	pH	Cl^-	SO_4^{2-}	CO_3^{2-}	HCO_3^-	Mg^{2+}	Ca^{2+}	$Na^+ + K^+$	Fe^{3+}	TGB	SRB	铁细菌
关联度	0.66	0.38	0.68	0.84	0.84	0.65	0.75	0.76	0.65	0.75	0.80	0.76	0.80

(2) 将不同类的回注水数据作为原始数据，计算关联度（见表 3－28）。

表 3－28　分类后回注水腐蚀速率与各影响因子间的灰色关联度

	矿化度	pH	Cl^-	SO_4^{2-}	CO_3^{2-}	HCO_3^-	Mg^{2+}	Ca^{2+}	$Na^+ + K^+$	Fe^{3+}	TGB	SRB	铁细菌
第一类	0.59	0.38	0.61	0.81	0.80	0.65	0.74	0.78	0.58	0.79	0.76	0.69	0.76
第二类	0.64	0.67	0.64	0.99	0.67	0.67	0.67	0.58	0.62	0.49	0.67	0.67	0.67
第三类	0.43	0.40	0.43	0.81	0.41	0.48	0.48	0.48	0.44	0.53	0.80	0.59	0.59

结果分析：

(1) 从表 2－28 来看，胜利油田产出水腐蚀速度与各影响因子之间的灰色关联度大小排序是：SO_4^{2-}浓度 = CO_3^{2-}浓度 > TGB 数量 = 铁细菌数量 > SRB 数量 = Ca^{2+}浓度 > Mg^{2+}浓度 = Fe^{3+}浓度 > Cl^-浓度 > 矿化度 > HCO_3^{2-}浓度 = $Na^+ + K^+$浓度 > pH 值。一般，当关联度大于 0.8 时，可以认为有显著影响，因此可以认为对胜利产出水有显著影响的因素是 SO_4^{2-}浓度、CO_3^{2-}浓度、TGB 数量及铁细菌数量。

（2）而对分类后的回注水进行灰色关联分析，通过表 2－21 可以发现对第一类回注水腐蚀速度有显著影响的因素为 SO_4^{2-}浓度与 CO_3^{2-}浓度，对第二类回注水腐蚀速度影响有显著影响的因素为 SO_4^{2-}浓度，对第三类回注水腐蚀速度影响有显著影响的因素为 SO_4^{2-}浓度与 TGB 数量。

2. 胜利油田回注水分类

通过对胜利油田回注水水质稳定影响因素研究以及油田回注水腐蚀程度分类研究，按照水质稳定控制指标对胜利油田回注水进行水质分类。

利用关联度对油田回注水的腐蚀影响因素进行排序，找出影响腐蚀的主导因素。同时用灰色理论及类聚法把油田 53 个回注水站分成了三大类：强腐蚀型(2 个站)、中腐蚀型(12 个站)、弱腐蚀型(37)。

综合以上水质影响因素研究结果，将胜利油田回注水分类见表 3－29～表 3－31：

表 3－29　胜利油田回注水水质稳定控制指标分类

水质类别		分类依据
低腐蚀常规回注水		Fe^{2+} < 2mg/L S^{2-} < 5mg/L SRB < 10^2个/mL 游离 CO_2 < 50mg/L
中强腐蚀回注水	高含铁回注水	> 2mg/L
	高细菌、含硫回注水	S^{2-} > 5mg/L Fe^{2+} > 2mg/L SRB > 10^2个/mL
	高含游离二氧化碳回注水	游离 CO_2 > 50mg/L Fe^{2+} > 2mg/L

表 3－30　弱腐蚀常规回注水的分类及控制措施

水的类型	水质主要特点	采用处理技术
类型 I	矿化度低、细菌等含量不高	水处理剂的配伍优化
类型 II	矿化度低、细菌等沿程增加	水处理剂的配伍优化 + 杀菌涂层

表3－31　中强腐蚀回注水的分类及控制措施

水的类型	影响腐蚀/主导因素	影响腐蚀/辅助因素	采用处理技术
类型Ⅰ	CO_2、细菌	矿化度高、亚铁离子高、弱酸性	预氧化 混凝沉降
类型Ⅱ	H_2S、细菌、CO_2	碳酸氢根特高 弱酸性	化学药剂优化技术
类型Ⅲ	H_2S、细菌	钙镁离子较高 弱酸性	水质改性 三防药剂

第二节　油田回注水缓蚀技术

目前各油田已进入特高含水生产期，综合含水一般大于70%，部分主力油田已超过90%。导致高含水的油井、集输管道、注水系统一直到注水井腐蚀严重，部分强腐蚀区块平均腐蚀速率1～1.7mm/a，点腐蚀速率在10mm/a以上。据统计，胜利油田虽然先后采用了投加缓蚀剂、水泥砂浆内衬、玻璃鳞片涂料、H87重防腐涂料、内衬玻璃钢等防腐措施，但金属管道因腐蚀造成的年更换率仍达2.5%，每年至少更换400km管线，平均每年管道的更换费用约占地面建设年总投资的24%，因更换管线少产原油1.6×10^4t。至于因管线腐蚀结垢造成水质二次污染、堵塞地层所造成的间接损失更难以计算。

以胜利油田东辛采油厂为例，2006年因腐蚀造成的杆断、管漏、泵漏的维护作业有200余井次，给采油厂的带来直接经济损失2200多万元。东辛采油厂所辖的广利油田目前158口水井套管出现问题的达85口。广利油田目前正常生产水井平均使用年限为8年7个月。因此，广利油田不但现井网损坏严重，而且随着开发的不断深入，井况将进一步恶化。通过近几年的腐蚀机理及控制技术研究，现场实施腐蚀防治措施后，目前广利油田地面集输系统的腐蚀速率控制在0.076mm/a以下。广利油田某井油管腐蚀见图3－43，广利油田作业及更换油管统计数据见图3－44，广利油田开井数与套损井数统计数据见图3－45。

义和联合站的腐蚀问题也比较突出，腐蚀的主要原因是硫化氢和细菌含量高。由于腐蚀的常年作用，2006年该站回注水处理设施几乎全部瘫痪：一次除油罐、二次除油罐各有一座因腐蚀结垢穿孔严重已停用，腐蚀状况见图3－46，在用两座除油罐腐蚀情况也相当严重，因无处理设施不得不强制运行，存在严重的安全隐患。两座缓冲罐罐体、罐顶腐蚀严重，罐内管线穿孔严重，收油管线已不能使用。原回注水过滤器、回注水加药装置因设备腐蚀损坏严重，无法修复使用，已经拆除。义和站无污泥处理系统，存在水质二次污染，义和回注水站至义一注、义二注管线积砂现象严重，加剧了水质的污染。经过站内流程的改造及腐蚀控制措施的实施，腐蚀得到有效的控制。

图 3－43　油管腐蚀形貌

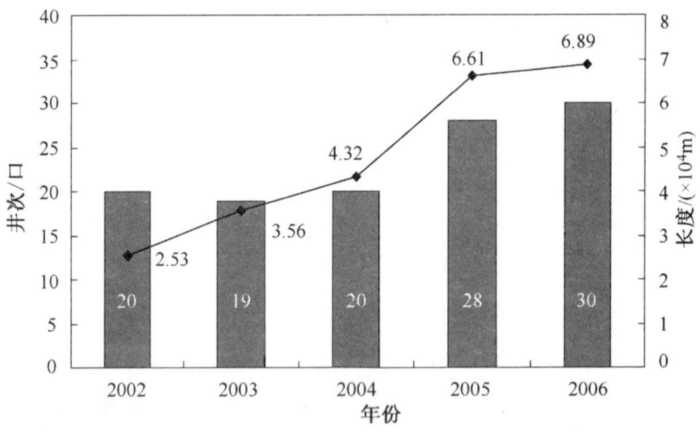

图 3－44　广利油田作业及更换油管统计

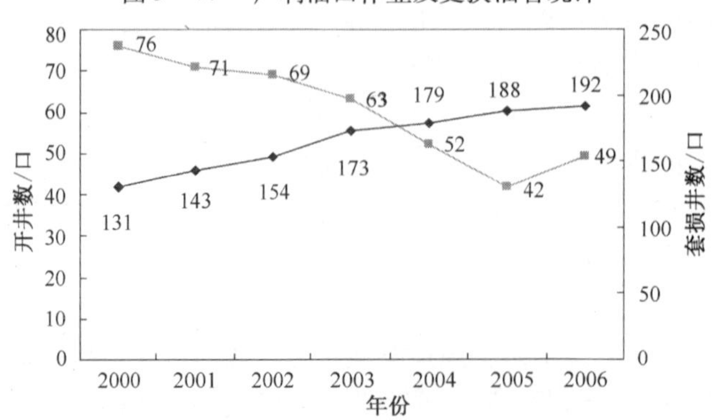

图 3－45　广利油田开井数与套损井数

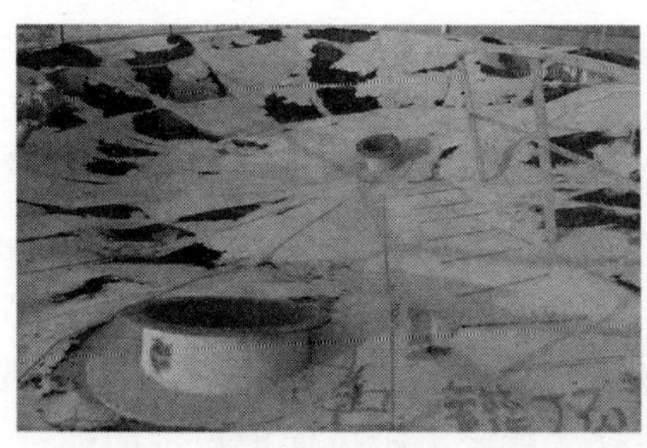

图 3－46　义和联合站除油罐灌顶腐蚀状况

由于油田回注水系统影响腐蚀因素非常复杂，导致防腐蚀技术也多种多样。在生产实践中用得最多的防腐蚀技术大致可分为如下几类：

（1）合理选材。根据不同介质和使用条件，选用合适的金属材料和非金属材料。

（2）阴极保护。利用金属电化学腐蚀原理，将被保护金属设备进行外加阴极极化以降低或防止金属腐蚀。

（3）阳极保护。对于钝化溶液和易钝化金属组成的腐蚀体系，可以采用外加阳极电流的办法，使被保护金属设备进行阳极钝化以降低金属腐蚀。

（4）介质处理。包括去除介质中促进腐蚀的有害成分（例如锅炉给水的除氧），调节介质的 pH 值及改变介质的湿度等。

（5）添加缓蚀剂。往介质中添加少量能阻止或减缓金属腐蚀的物质以保护金属。

（6）金属表面覆盖层。在金属表面喷、衬、渗、镀、涂上一层耐蚀性较好的金属或非金属物质以及将金属进行磷化、氧化处理，使被保护金属表面与介质机械隔离而降低金属腐蚀。

（7）合理的防腐蚀设计及改进生产工艺流程以减轻或防止金属的腐蚀。

每一种防腐蚀措施，都有其应用范围和条件，使用时要注意。对某一种情况有效的措施，在另一种情况下就可能是无效的，有时甚至是有害的。例如阳极保护只适用于金属在介质中易于阳极钝化的体系，如果不能造成钝态，则阳极极化不仅不能减缓腐蚀，反而会加速金属的阳极溶解。另外，在某些情况下，采取单一的防腐蚀措施其效果并不明显，但如果采用两种或多种防腐蚀措施进行联合保护，其防腐蚀效果则有显著增加。例如阳极保护—涂料、阴极保护—缓蚀剂等联合保护就比单独一种方法的效果好得多。

因此，对于一个具体的腐蚀体系，究竟采用哪种防腐蚀措施，应根据腐蚀原因，环境条件，各种措施的防腐蚀效果、施工难易以及经济效益等综合考虑，不能一概而论。

对于油田回注水处理系统的缓蚀技术的应用要考虑技术的经济型和实用性，

因此经济型的适用技术才是油田腐蚀控制的基本要求。一般油田回注水系统常用的缓蚀技术有：阴极保护、介质处理、缓蚀剂、防腐涂层，还有科学的防腐设计。

一、阴极保护技术

阴极保护技术是基于对金属腐蚀的电化学本质深刻认识的基础上发展起来的。随着法拉第1834年电化学理论的建立，奠定了阴极保护技术的理论基础；最早提出阴极保护设想的是爱迪生，他通过对电流与腐蚀的认识，建议对船体实施强制外加电流保护；直到1902年科恩首次在工业上实现了阴极保护的设想；随后的十几年里阴极保护技术得到了长足的发展，在美国、欧洲建立了一些大型的阴极保护工厂；1913年正式将这一技术命名为“电化学保护”；1924年将此技术引进到埋地管线腐蚀防护。目前，阴极保护技术已经广泛用于石油、化工、海洋、电力等关键工业领域。该技术已经十分成熟，近年来，我国出现了众多以生产阴极保护材料或设备的民营企业。

1．阴极保护的电化学原理

我们知道，金属材料腐蚀是电子在阴极与阳极之间传输、阳极不断溶解的过程。材料本身的不均匀性使其表面不同区域呈现出不同电化学活性，在腐蚀介质中会达到自身平衡，对外体现为自腐蚀电位。阴极保护技术就是利用外界干预，使材料表面的电位被极化到自腐蚀电位以下，从而导致阳极反应极大受限，达到减缓腐蚀的目的。从材料的角度讲，当外界干预极化电位等于原始微电池的阳极电位时，阳极溶解被完全抑制，腐蚀将不再进行。可见，极化电位是判断阴极保护效果的重要指标。例如对于pH值5.5～10的介质，计算得出铁的保护电位在-0.38～-0.64V(SHE)。从阴极保护效果来讲，保护电位越负越好，但也同时会增加阴极反应，导致过量的氢原子析出，使材料的氢脆敏感程度增加。如果存在表面涂层，过负的保护电位会破坏涂层的完整性。

2．分类与特点

根据外电流供给的方式不同，阴极保护技术可分为外加阴极电流法和牺牲阳极法两种。外加阴极电流法是被保护金属与直流电源的负极连接，通过外加阴极电流使金属阴极极化的方法；牺牲阳极法是被保护金属结构上连接电位更负的金属作为牺牲阳极，所需保护电流是由牺牲阳极的溶解所提供。

1）外加阴极电流法

该技术是在回路中串入一个直流电源，借助辅助阳极，将直流电通向被保护的金属，进而使被保护金属变成阴极，实施保护。此系统主要由电源、控制柜、辅助阳极、焦炭(碳素)填料、电缆、控制参比电极、电位测试桩、电流测试桩、保护效果测试片、电绝缘装置、电绝缘保护装置组成。其优点在于能够灵活地在较宽的范围内控制阴极保护电流输出量，适用于保护范围较大的场合，而且在恶劣的腐蚀条件下或高电阻率的环境中也适用，可进行长期的阴极保护。缺点主要有：一次性投资费用偏高，而且运行过程中需要支付电费；阴极保护系统运行过程中，需要严格的专业维护管理；离不开外部电源，需常年外供电；对邻近的地下金属构筑物可能会产生干扰作用。

在外加电流阴极保护系统中与直流电源正极连接的外加电极称为辅助阳极，其作用是使电流从阳极经过介质流到被保护结构的表面上。作为辅助阳极材料一般应具备以下条件：①导电性能良好，阳极与电解液之间的电阻率低；②耐腐蚀，消耗量小，寿命长；③具有一定的机械强度，耐磨损，耐冲击和震动，可靠性高；④易于加工成各种形状，价格便宜。

用来测量被保护结构的电位并向控制系统传送讯号，以便调节保护电流的大小，使结构的电位处于给定的范围内。在 Cl^- 稳定的中性介质中，一般使用银/氯化银电极；在土壤、中性介质中，一般使用铜/硫酸铜电极或饱和甘汞电极；此外，常用的还有锌和锌合金电极等。

2）牺牲阳极法

该技术是用一种电位比所要保护的金属还要负的金属或合金与被保护的金属电性连接在一起，依靠电位比较负的金属不断地腐蚀溶解所产生的电流来保护其他金属。优点在于一次投资费用偏低，且在运行过程中基本上不需要支付维护费用，保护电流的利用率较高，不会产生过保护，施工技术简单，平时不需要特殊专业维护管理。缺点主要有：驱动电位低，保护电流调节范围窄，保护范围小；使用范围受土壤电阻率的限制；在存在强烈杂散电流干扰区，尤其受交流干扰时，阳极性能有可能发生逆转；有效阴极保护年限受牺牲阳极寿命的限制，需要定期更换。

对牺牲阳极材料的选取，一般需满足以下要求：

（1）阳极的电位要足够负，即在负荷的情况下，它与被保护金属之间的有效电位差(驱动电位)要大；

（2）使用过程中电位要稳定，阳极极化要小，表面不产生高阻抗，溶解均匀；

（3）单位质量的阳极材料所发生的电量要大，即每产生 1 Ah 的电量所溶解的阳极材料的质量要小；

（4）自腐蚀电流小，阳极上阳极反应电流应大部分流到受保护的阴极，少量在阳极上发生阴极反应，即电流效率高；

（5）铸造、成型加工容易，来源充分，价格便宜。因此，一般常用的牺牲阳极材料主要有镁合金、铝合金和锌合金等。

为了阻止牺牲阳极材料表面钝化，保证其均匀溶解，往往在其周围填充一层导电性良好的物料，称作填充料。一般填充料由石膏、膨润土、硅藻土、硫酸钠等组成，分别起到腐蚀均匀化、保持水分、降低电阻率等功能。

3. 应用现状浅析

阴极保护技术在站场设施、长输管线、集输管线内壁防腐等诸多领域都有工程实际应用的经验。站场内的防腐一般采用牺牲阳极法更为切合实际。而对于长输管线，采用外加电流与防护涂层联用技术，在现场防腐中得到了广泛认可。然而，外界土壤中的杂散电流影响是目前最大的难题之一，不但会降低阴极保护效果还可能引起局部穿孔腐蚀。集输管线内壁阴极保护技术仍在研究阶段，存在保护距离短，加剧局部结垢等问题。

二、介质处理

由于油田回注水中的 O_2、H_2S、CO_2等存在将促进腐蚀，因此介质处理的目的是改变介质的腐蚀性，降低介质对金属的腐蚀作用。通常采用的方法：除去介质中的有害成分；调节介质的 pH 值；降低气体介质中的水分等。

1. 除氧

除氧的物理方法有下列几种：

（1）加热脱氧。这种方法的原理主要是提高温度以减小氧的溶解度，其次是把水蒸气通过水面上气体所占空间用以减小氧的分压。某些工厂利用开式加热炉或脱气加热炉进行除氧，但油田上应用较少。

（2）气提脱氧。气提法通常在装有填料或有孔塔板的气提塔中进行，水由塔顶进入，气提用的气体由塔底导入，气体成为气泡通过水层、填料或塔板使水和气很好接触。采用的气体通常是天然气或内燃机废气，即要求其中不含氧。它的除氧原理是用气提的气体稀释被水带入的气体，以减小其中氧的浓度，使混合气体中氧的分压降低，从而使氧从水中逸出。

（3）真空脱氧。真空脱氧的原理是减小混合气体压力，从而减小氧的分压。将混合气体压力减小到水开始沸腾的压力程度。利用真空达到彻底除氧是不经济的，剩余的少量氧一般须依靠化学方法除去。

除氧的化学方法通常是把一种化学药剂（又称除氧剂）加入到水中，使它与水中的氧反应生成无腐蚀性的产物。随着使用的除氧剂不同，有下列几种方法：

1）亚硫酸钠法

自1935年美国K. A. Kobe和W. L. Gooding首次发表了用亚硫酸钠除去锅炉水中溶解氧，至20世纪40年代在国外已广泛应用。60年代开始使用联胺为除氧剂，并发展了催化联胺除氧剂，效果良好。70年代着手开发新型除氧剂，至80年代初开发研究了二已基羟胺、肟类化合物、碳酰肼、异抗坏血酸、胺基胍类化合物等，80年代以来取代联胺进行锅炉给水除氧应用较多的是甲基已基酮肟。90年代又出现了N－异丙基羟胺、替代喹啉、氮四取代胺等新型除氧剂。国内近几年，有机除氧剂也相继由研究开发阶段转入实用阶段，其中二甲基酮肟、乙醛肟、异抗坏血酸及钠盐已在一些大型火力发电厂推广应用。

亚硫酸盐是油田常用的除氧剂，其防腐作用机理是：由于亚硫酸盐的加入增加了系统的还原性气氛，使钢的电极电位剧烈负移，进而抑制了腐蚀的阴极过程。亚硫酸盐的防腐效果取决于亚硫酸盐是否提供足够的还原性气氛和还原性气氛的保持，这种防腐作用机理称为外加还原性气氛机理。

亚硫酸钠除氧原理为：$2Na_2SO_3 + O_2 \longrightarrow 2Na_2SO_4$，理论上$O_2$与$Na_2SO_3$反应按1:8比例进行，但实际上常用的比例为1:10～20，在通常操作温度下，亚硫酸钠与氧的反应非常慢，因此需加催化剂，如氯化钴、氯化铜等，加快反应速度。

亚硫酸盐与氧反应的机理：亚硫酸盐与氧是以自由基机理进行的。在试验条件下的可能反应为：

链引发：
$$Co^{2+} + SO_3^{2-} \longrightarrow Co^{2+} \cdot SO_3^-$$
$$Co^{2+} + O_2 \longrightarrow Co^{2+} + \cdot O_2^-$$
$$HSO_3^- + O_2^- \longrightarrow SO_4^{2-} + \cdot OH$$
$$HSO_3^- + \cdot OH \longrightarrow \cdot SO_3^- + H_2O$$

链传播：
$$O_2 + \cdot SO_3^- \longrightarrow \cdot SO_5^-$$
$$SO_3^{2-} + \cdot SO_5^- \longrightarrow \cdot SO_4^- + SO_4^{2-}$$
$$SO_3^{2-} + \cdot SO_4^- \longrightarrow \cdot SO_3^- + SO_4^{2-}$$

链终止：
$$\cdot SO_3^- + \cdot SO_3^- \longrightarrow S_2O_6^{2-}\text{（当氧被消耗完时）}$$
$$\cdot SO_5^- + \cdot SO_3^- \longrightarrow S_2O_6^{2-} + O_2\text{（当氧被消耗完时）}$$

2）SO_2法

SO_2法的脱氧反应式：

$$2SO_2 + 2H_2O + O_2 \longrightarrow 2H_2SO_4$$

这一反应中，1mg/L氧需要4mg/L SO_2，也需要加钴（Co^{2+}）作为催化剂。该方法中SO_2是气体，它比Na_2SO_3价格低，投加量少。但SO_2法应用得较少，这是因SO_2会使水的pH降低而增加腐蚀。

3)联氨法(肼法)

联氨(N_2H_4)是一种非常有效的除氧剂，常温下是无色液体，易溶于水和乙醇，易挥发，有毒，易燃烧；遇水结合成稳定的水合肼($N_2H_4 \cdot H_2O$)。联氨与水中的氧反应生成水与氮气，不增加水的含盐量。联氨主要用于热力除氧后的辅助措施，水温越高，反应速度越快。联氨必须在碱性水中才呈现强还原性，所以除氧水要维持一定的 pH 值。反应式如下：

$$N_2H_4 + O_2 \longrightarrow N_2 + 2H_2O$$

作为杀菌剂的氯、季按盐以及有机缓蚀荆，往往会与除氧剂反应。为了避免这一点，氯、季按盐和有机缓蚀剂通常应加在除氧剂加入点的下游。

2. 除去 H_2S

在不同 pH 值的水中，以 H_2S 形式存在的硫化物占水中总硫化物的百分数列于表 3－32。

表 3－32　不同 pH 值水中存在的硫化氢

pH 值	H_2S /%	pH 值	H_2S/%
5.0	98	8.0	5
6.0	83	9.0	0.5
7.0	33		

如表 3－32 所示，当 pH <5 时，所有的硫化物几乎全部以 H_2S 存在，而 pH 值升高时，较多的 H_2S 离解成 HS^- 和 S^{2-}。因此，如要除去所有硫化物，pH 值必须降低到足够程度，使溶液变成酸性，使硫化物转化成 H_2S。

去除 H_2S 的方法也分为物理法和化学法：

物理方法可分充气法和气提法。充气法实际上也是一种机械气提法，即用空气使水饱和。此外可用烟道气气提，即在某些装置上使用燃烧烟道气或内燃机废气，但必须小心控制燃烧过程，保证所有氧在燃烧反应中消耗掉。使用烟道气法优点是烟道气中一般含有 12% 的 CO_2，有助于使水的 pH 值保持在较低范围，而这时大部分硫化物成为以可以被气提的 H_2S 形式存在。

化学方法是利用与氧化性的物质反应，如与氯气的反应去除 H_2S，其反应式如下：

$$4Cl_2 + 4H_2O + H_2S \longrightarrow H_2SO_4 + 8HCl$$

理论上除去 1mg/L SO_2需要 8.5mg/L 氯气，但由于多数水中还含有许多其他也能与 Cl_2作用的组分，实际 Cl_2的用量要高得多，因此往往在只含少量 H_2S 时才用 Cl_2。

3. 除去 CO_2

不同 pH 值时水中 CO_2去除的比例如表 3－33 所示。

表 3-33 不同 pH 值水中 CO_2 去除率

pH 值	能除去 CO_2/%	pH 值	能除去 CO_2/%
4.0	100	7.0	20
5.0	95	8.0	1
6.0	70		

如上所述，$CO_2 \rightleftharpoons HCO_2^- - CO_3^{2-}$ 的平衡与水的 pH 值有密切关系，因此与 H_2S 的情况相类似，能从水中气提出来的量取决于水的 pH，如表 3-33 中数据所列。

去除水中 CO_2 主要采用物理方法，即充气法和真空脱气法。充气法用于除去 CO_2 后，pH 值会升高，可能容易生成硫酸盐垢，同时水中引入空气会增加水的腐蚀性。真空脱气也已经应用，这一方法是先降低水的 pH 值到 4 或 5，这时所有的碳酸氢根转化成 CO_2，再进行真空气提，这样可间接控制结垢，但随后必须中和 pH。真空脱气法既能去除 H_2S，又能除去 O_2。

4. 调 pH 值(水质改性)

1)油田回注水调 pH 值的原理

由于油田回注水来自不同的地层，具有较高的矿化度和温度，同时含有未除干净的原油、大量的悬浮物，使回注水变得异常复杂，水中的 HCO_3^-、游离的 CO_2 和细菌等在偏酸的条件下使水质极不稳定。采用在回注水中加入碱，调整回注水的酸碱度，使回注水中的化学平衡得以破坏，HCO_3^- 不断离解为 CO_3^{2-} 和 H^+，大量的 CO_3^{2-} 与 Ca^{2+} 反应生成 $CaCO_3$ 沉淀，Fe^{3+} 生成 $Fe(OH)_3$ 沉淀，利用絮凝剂的网捕作用，与系统中的悬浮固体等一同快速沉降，从系统中排出；同时碱性条件下可抑制 SRB 的生长，还可控制腐蚀结垢，使水体变的稳定。

$$CO_2 + H_2O \rightleftharpoons H_2CO_3 \rightleftharpoons H^+ + HCO_3^-$$

$$Ca^{2+} + 2HCO_3^- \longrightarrow CaCO_3\downarrow + CO_2\uparrow + H_2O$$

$$H^- + OH^- \longrightarrow H_2O$$

$$OH^- + HCO_3^- \longrightarrow CO_3^{2-} + H_2O$$

$$(Mg^{2+})Ca^{2+} + CO_3^{2-} \longrightarrow CaCO_3\downarrow(MgCO_3\downarrow)$$

酸碱度对金属的腐蚀速度影响较大，pH 值由 6.0 上升时，由于$[H^+]$降低，氢的去极化过程减弱，腐蚀速度降低，当 pH≥7.0 后，腐蚀主要由氧的去极化作用控制。当 pH>8.0 后，二者的作用都减至最弱，主要是由于形成 $Fe(OH)_3$ 或 Fe_2O_3 等产物膜覆盖于金属表面，使腐蚀速度变慢，如图 3-47 所示，从控制腐蚀的目标来看就是要使其进入或接近钝化区域，才能够做到控制或降低腐蚀。

提高酸碱度可控制腐蚀，同时由于加入助凝剂，使其与回注水中的成垢离子产生沉淀而去除。从 $CaCO_3$ 垢的形成及 $CaCO_3$ 析出曲线(见图 3-48)上可以看出，

当 Ca^{2+} 和 CO_3^{2-} 的浓度积 $I_{sp} \geq K_{sp}$ 时，$CaCO_3$ 就可能产生沉淀结垢，但 $CaCO_3$ 有时呈过饱和状态并不结垢，这是由于介稳区存在的原因。该图分成三个区域，在结晶曲线以上的是沉淀区；在溶解曲线以下的是溶解区；在两条曲线的区域称为介稳区。

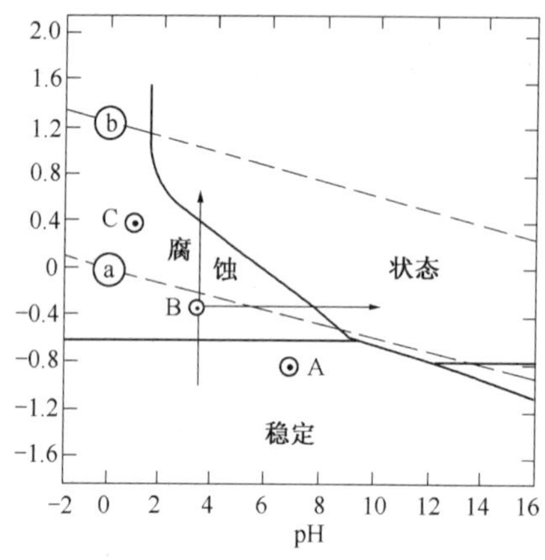

图 3-47　Fe-H_2O 体系的电位-pH 图

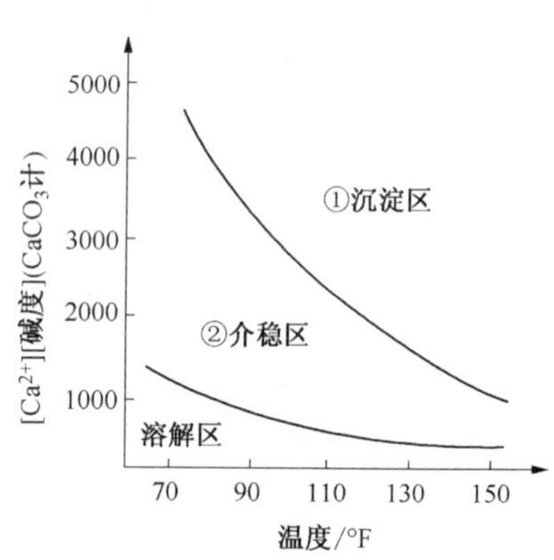

图 3-48　碳酸钙的溶解度曲线①和碳酸钙析出曲线②

介稳区出现的原因是晶格生长过程中，由于受到水中离子或粒子的扩散速度的影响或者说受到传质过程的控制造成的，若盐类在水中的溶解度较大，而水中溶解的离子和粒子浓度都较高，晶核形成后很容易生长，这时盐类溶解度曲线和晶体析出曲线基本可重合，而不会出现介稳区。但在微溶或难溶盐类的饱和溶液中，由于离子和粒子的浓度都很低，因此晶核形成后晶格并不生长，只有在离子或粒子浓度较高的过饱和溶液中，晶格才开始生长和析出晶体。所以介稳区可以认为是过饱和区，在这个区域中晶核形成但晶格并不能生长，晶体也不能析出。

一般情况下，腐蚀结垢是一对相互矛盾的统一体，水的 pH 值低，腐蚀严重，结垢倾向小，pH 值高，腐蚀性小，结垢倾向增加，提高水的碱度，将会从溶解区穿过介稳区进入沉淀区，从而出现沉淀而结垢。

处理后的回注水水中 HCO_3^- 大幅度下降（约 70%），Ca^{2+}、Mg^{2+} 总量略有下降，CO_2 被全部除去，其他如 Fe^{3+}、S^{2-} 等被除掉，转化后生成少量的 CO_3^{2-} 和水中 Ca^{2+} 的达到溶解平衡，即 $I_{sp} = K_{sp}$，使回注水体系处于图中的曲线② 上，其稳定范围大。

2）pH 值调节方法

油田常用的改性剂剂主要为石灰、纯碱、苛性钠等。根据原水水质和处理后不同水质的要求，可以选择一种或几种药剂同时使用。如石灰法、石灰-苏打法等。

A. 石灰法

向回注水中投加熟石灰($Ca(OH)_2$)，迫使碳酸平衡中HCO_3^-向生成CO_3^{2-}的方向转移。既降低了原水碱度，同时除去了水中的游离二氧化碳和部分钙、镁，也降低了原水中的溶解固体浓度和硬度。但用石灰软化不能去除水中非碳酸盐硬度，因为镁的非碳酸盐硬度虽然和$Ca(OH)_2$作用生成$Mg(OH)_2$，但同时也生成了等当量钙的非碳酸盐硬度。因此石灰软化主要用来去除水中的碳酸盐硬度和碱度。

$$Mg(HCO_3)_2 + 2Ca(OH)_2 \longrightarrow 2CaCO_3\downarrow + Mg(OH)_2\downarrow + H_2O$$

碳酸镁是相对可溶，其溶解度约为70mg/L，过量石灰将引起如下反应：

$$Ca(OH)_2 + MgCO_3 \longrightarrow CaCO_3\downarrow + Mg(OH)_2\downarrow$$

B. 碳酸钠法

很少单独使用碳酸钠软化工艺去除回注水中永久硬度，常在石灰软化工艺中，当水中非碳酸盐硬度(永硬)含量较高时，可投加适量的苏打(Na_2CO_3)，降低非碳酸盐硬度，其反应：

$$CaSO_4 + Na_2CO_3 \longrightarrow Na_2SO_4 + CaCO_3\downarrow$$

$$CaCl_2 + Na_2CO_3 \longrightarrow 2NaCl + CaCO_3\downarrow$$

C. 苛性钠法

向回注水中投加苛性钠(NaOH)，也是促进碳酸平衡中HCO_3^-向生成CO_3^{2-}的方向转移，同时从水中除去了钙、镁和游离的二氧化碳，并产生了Na_2CO_3，进一步与回注水中非碳酸盐硬度反应，将Ca^{2+}沉淀出来，可将总硬降至20mg/L以下。

目前国内外已严格控制二次污染，在回注水药剂软化中较多使用苛性钠(NaOH)替代石灰。因为尽管苛性钠价格是石灰的6倍以上，然而苛性钠法产生的污泥量较石灰法少5倍。在污泥处置尚处在填埋方法时，采用苛性钠法是经济可行的。苛性钠法采用液态投加，其操作与计量都较石灰简便。其次是石灰废渣容易产生结垢和堵塞，苛性钠法生成的沉渣呈细绒状，不存在堵塞。

与石灰软化法一样，苛性钠法也可以根据原水的特性投加石灰，将原水中含有过多的CO_3^{2-}碱度，利用$Ca(OH)_2$去除，当原水中CO_3^{2-}不足时补充Na_2CO_3去除水中硬度。

水质改性处理工艺中，所采用药剂品种较多，这些药剂品种选用应该根据原水水质、要求处理后达到的水质指标、药剂价格(包括储存、运输)、投加工艺条件和产生泥渣量及处置等诸因素综合比较后确定。现将常用药剂的适用条件、化学反应方程式及投加药量计算见表3-34。

表 3-34 常用处理方法及加药量计算

序号	处理方法	适用水质	主要化学反应式	加药量计算公式/(g/m^3)	备 注
1	石灰	碳酸盐硬度高，非碳酸盐硬度低，或必须降低碱度	$CO_2 + Ca(OH)_2 \longrightarrow CaCO_3\downarrow + H_2O$ $Ca(HCO_3)_2 + Ca(OH)_2 \longrightarrow 2CaCO_3\downarrow + 2H_2O$ $Mg(HCO_3)_2 + 2Ca(OH)_2 \longrightarrow 2CaCO_3\downarrow + Mg(OH)_2\downarrow + H_2O$	当 $H_{Ca} \geqslant H_Z$ 时 $CaO = 28(H_Z + CO_2 + Fe + K + \alpha)$ 当 $H_{Ca} < H_Z$ 时 $CaO = 28(2H_Z - H_{Ca} + CO_2 + Fe + K + \alpha)$	
2	石灰 苏打	总硬度大于总碱度	碳酸盐硬度部分反应式见石灰软化部分 $CaSO_4 + Na_2CO_3 \longrightarrow CaCO_3\downarrow + Na_2SO_4$ $CaCl_2 + Na_2CO_3 \longrightarrow CaCO_3\downarrow + 2NaCl$ $MgSO_4 + Na_2CO_3 \longrightarrow MgCO_3 + Na_2SO_4$ $MgCl_2 + Na_2CO_3 \longrightarrow MgCO_3 + 2NaCl$ $MgCO_3 + Ca(OH)_2 \longrightarrow Mg(OH)_2\downarrow + CaCO_3\downarrow$	$CaO = 28(H_Z + H_{Mg} + CO_2 + Fe + K + \alpha)$ $Na_2CO_3 = 53(H_Y + K + \beta)$	
3	苛性 钠软化	$2H_Z + CO_2 = H_{Ca} + K + \beta$	$Ca(HCO_3)_2 + 2NaOH \longrightarrow CaCO_3\downarrow + Na_2CO_3 + 2H_2O$ $Mg(HCO_3)_2 + 4NaOH \longrightarrow Mg(OH)_2\downarrow + 2Na_2CO_3 + 2H_2O$ $MgSO_4 + 2NaOH \longrightarrow Mg(OH)_2\downarrow + Na_2SO_4$ $MgCl_2 + 2NaOH \longrightarrow Mg(OH)_2\downarrow + 2NaCl$ $CO_2 + 2NaOH \longrightarrow Na_2CO_3\downarrow + H_2O$ $CaCl_2 + Na_2CO_3 \longrightarrow CaCO_3\downarrow + 2NaCl$ $CaSO_4 + Na_2CO_3 \longrightarrow CaCO_3\downarrow + Na_2SO_4$	$NaOH = 40(H_Z + H_{Mg} + CO_2 + Fe + K + A_c)$	(1)设备简单，处理时加热温度和处理效果与石灰、苏打法相同。 (2)利用反应生成的Na_2CO_3去除水中的非碳酸盐硬度。

续表

序号	处理方法	适用水质	主要化学反应式	加药量计算公式/(g/m^3)	备　注
4	石灰、苛性钠软化	$2H_Z + CO_2 > H_{Ca} + K + \beta$	反应同上,并包括 $Ca(HCO_3)_2 + Ca(OH)_2 \longrightarrow 2CaCO_3\downarrow + 2H_2O$ $Mg(HCO_3)_2 + 2Ca(OH)_2 \longrightarrow 2CaCO_3\downarrow + Mg(OH)_2\downarrow + 2H_2O$ $CO_2 + Ca(OH)_2 \longrightarrow 2CaCO_3\downarrow + 2H_2O$ $MgCl_2 + Ca(OH)_2 \longrightarrow Mg(OH)_2\downarrow + CaCl_2$ $MgSO_4 + Ca(OH)_2 \longrightarrow Mg(OH)_2\downarrow + CaSO_4$	$CaO = 28(H_Z + H_{Mg} + CO_2 - H_Y - Ac + Fe + \alpha)$ $NaOH = 40(H_Y + K + A_C)$	同石灰软化。原水中含有过多的 CO_3^{2-},利用石灰去除碱度。
5	苛性钠、苏打软化	$2H_Z + CO_2 < H_{Ca} + K + \beta$	反应式与苛性钠软化相同	$NaOH = 40(H_Y + K + A_C)$ $Na_2CO_3 = 53(H_{Ca} - 2H_Z - CO_2 + \beta)$	同苛性钠软化,原水中不足的 CO_3^{2-} 补充 Na_2CO_3 去除水中硬度

注：H_0——原水中的总含盐量(me/L);H_{Ca}——原水中的钙含量(me/L);H_{Mg}——原水中的镁含量(me/L);H_Z——原水中的碳酸盐硬度(me/L);H_Y——原水中的非碳酸盐硬度(me/L);CO_2——原水中的游离二氧化碳含量(me/L);K——凝聚剂加药量(0.1~0.5me/L);α——石灰的过剩加药量(0.2~0.4me/L);β——CO_3^{2-}的过剩量(1.0~1.4me/L);A——原水的总碱度(me/L);A_C——NaOH 的过剩碱度(0.2~0.4me/L);Fe——原水中的总含铁量(me/L);40——苛性钠的当量;28——CaO 的当量(e);53——Na_2CO_3的当量(e);68.06——$CaSO_4$的当量(e);55.5——$CaCl_2$的当量(e)。

3）适合水质改性的油田回注水类型

从水质改性技术处理油田回注水的原理来看，油田回注水的组成对处理效果会有很大的影响，尤其是回注水中的离子成分，而离子对改性处理的影响又主要体现在 Ca^{2+}、Mg^{2+} 和 HCO_3^- 的含量不同而生成沉淀的难易，所以，研究油田回注水水质改性处理工艺的适应性，应该依据回注水中含有的离子特点。

回注水中的 Ca^{2+}、HCO_3^- 含量随回注水水型不同而具有一定特点，结合我国油气田按油气田水的离子含量不同对油气田水进行水型划分的方法，即苏林分类法（见表 3－35），对胜利油田回注水进行水型划分，主要分 $CaCl_2$ 型、$NaHCO_3$ 型两种，而 $MgCl_2$ 型比较少，Na_2SO_4 型几乎没有。水型判断依据见表 3－35。

表 3－35　油气田水型与原生水型特性系数的关系

油气田水型	原生水型特性系数		
	Na^+/Cl^-	$(Na^+-Cl^-)/2SO_4^{2-}$	$(Cl^--Na^+)/2Mg^{2+}$
$CaCl_2$ 型	<1	<0	>1
$MgCl_2$ 型	<1	<0	<1
$NaHCO_3$ 型	>1	>1	<0
Na_2SO_4 型	>1	<1	<0

对胜利油田 52 座回注水站回注水离子进行分析比较，结合水型和水中 Ca^{2+}、HCO_3^- 含量的特点，回注水可分为以下两类水型三种水：

1）$NaHCO_3$ 型油田回注水

具有 HCO_3^- 含量远远大于 Ca^{2+} 含量的特点（即 $HCO_3^- \gg Ca^{2+}$），例如滨南油田的滨五回注水、滨二回注水及河口的渤三回注水；

2）$CaCl_2$ 型油田回注水

（1）具有 Ca^{2+} 含量远远大于 HCO_3^- 含量的特点（即 $Ca^{2+} \gg HCO_3^-$），例如东辛油田的辛一回注水、广利回注水以及临盘油田的临南回注水、四净站回注水；

（2）具有 Ca^{2+} 含量小于或等于 HCO_3^- 含量的特点，（即 $Ca^{2+} \leqslant HCO_3^-$）例如胜采的坨三回注水和滨南的滨一回注水。

针对两类水型在室内配制具有三种特点的水为处理对象进行室内实验。对多种 pH 值调整剂进行研究筛选，选出适合不同回注水离子特点的最佳水质改性处理工艺条件。

1）$NaHCO_3$ 型水的改性适应性研究

对胜利油田所有 $NaHCO_3$ 型回注水进行离子分析和比较，发现 $NaHCO_3$ 型回注水具有 HCO_3^- 含量远远大于 Ca^{2+} 含量离子特点（$HCO_3^- \gg Ca^{2+}$）的回注水。

在室内参照滨南油田滨五回注水站来水水样，配制模拟水，模拟水离子分析见表3－36。改性处理$NaHCO_3$型回注水，即具有HCO_3^-含量≫Ca^{2+}含量离子特点的油田回注水，pH值调整剂选择石灰乳总体效果要好于其他种类pH值调整剂（见表3－37）。主要是$NaHCO_3$型回注水的特点是HCO_3^-含量很高，Ca^{2+}含量相对很低，所以加入石灰乳一方面在提高回注水pH值的同时，促使HCO_3^-离解成CO_3^{2-}，另一方面可以提供更多的Ca^{2+}，促使生成的CO_3^{2-}产生$CaCO_3$沉淀，和絮凝剂共同作用卷曲回注水中的油和固体悬浮物共同沉降下来，达到去除油和悬浮物的目的。但使用石灰乳对$NaHCO_3$型回注水改性处理后产生的污泥量较大（见表3－38），当pH值调节到7.78时，污泥量可达到1.20g/L，即处理每立方米回注水产生1.20kg污泥，当pH值调节到8.68时，污泥量可达到1.56g/L，即处理每立方米回注水产生1.56kg污泥。可见，具有HCO_3^-含量很高的$NaHCO_3$型回注水经改性处理后产生的污泥量很大。

表3－36　模拟水离子分析

水样	pH值	主要离子/(mg/L)						
		Cl^-	SO_4^{2-}	CO_3^{2-}	HCO_3^-	Mg^{2+}	Ca^{2+}	$Na^+ + K^+$
滨五来水	7.20	19108.00	0.00	0.00	1989.30	62.70	400.40	12539.00
模拟水	7.10	19092.60	0.00	0.00	2046.48	0	451.96	12624.2

表3－37　pH值调整剂的筛选结果

药剂	加药浓度/(mg/L)	含油量/(mg/L)	含油去除率/%	浊度/NTU	悬浮物/(mg/L)	悬浮物去除率/%	现象观察
空白	—	100	—	>100	50	—	—
石灰乳	400	0.4	99.6	0.6	5	90.0	絮团大，沉降快，水清澈透明
复合碱	400	2.4	97.6	2.0	12	76.0	絮团大，沉降稍慢，水较清
Na_2CO_3	400	4.8	95.2	22.9	20	60.0	絮团小且少，沉降很慢，水不清
NaOH	400	2.0	98.0	18.3	14	72.0	絮团小且少，沉降慢，水不清，悬浮物多

表 3－38 改性后的污泥量分析

pH 值	7.28	7.44	7.61	7.78	7.99	8.28	8.68
石灰乳/(mg/L)	40	120	200	280	400	480	520
污泥量/(g/L)	0.68	0.84	1.00	1.20	1.36	1.52	1.68

注：污泥量为烘干后的干渣质量。

采用pH值调整剂提高该特点的回注水的pH值较难，pH值调整剂投加量达到520mg/L时pH值才达到8.68(见表3－39)。分析其原因主要是该水HCO_3^-含量较高，加入pH值调整剂(石灰乳)后，OH^-立刻和HCO_3^-反应将大量的OH^-消耗掉，所以提高pH值较慢。同时，离解生成的大量CO_3^{2-}和水中的Ca^{2+}迅速产生沉淀，使得净化效果好。但改性处理后的水尽管HCO_3^-含量大幅度降低，水中的HCO_3^-含量依然很高，HCO_3^-会继续电离出H^+和CO_3^{2-}，与水中二价成垢离子反应，使得回注水仍然存在不稳定性，最终导致结垢。所以$NaHCO_3$型回注水改性处理后会加剧水的结垢程度。

表 3－39 改性处理现象描述

石灰乳/(mg/L)	pH 值	絮凝剂/(mg/L)	处理现象描述	浊度/NTU
0	7.10	20	絮团小，几乎不沉，水浑	>100
40	7.28	0	絮团很小，悬浮在水中不沉，水浑	87.6
		20	絮团小，沉降慢，水浑	51.1
120	7.44	0	絮团小，松散，沉降慢，水浑	65.3
		20	絮团松散，沉降慢，水稍清，水中小絮团多	19.7
200	7.61	0	絮团大，沉降慢，水浑，水中悬浮小絮团多	33.9
		20	絮团大而密实，多，沉降快，水清，水中悬浮小絮团变少	6.7
280	7.78	0	絮团大，沉降慢，水稍浑，水中悬浮小絮团多	24.5
		20	絮团大，沉降很快，水清，水中悬浮小絮团少	4.1
400	7.99	0	絮团大，沉降变快，水清，水中小絮团变少	11.2
		20	絮团大，沉降很快，水清	1.2

续表

石灰乳/(mg/L)	pH 值	絮凝剂/(mg/L)	处理现象描述	浊度/NTU
480	8.28	0	絮团大，沉降快，水清，水中悬浮小絮团变少	5.6
		20	絮团大，多，沉降很快，水很清	0.9
520	8.68	0	絮团大，沉降快，水清，水中悬浮小絮团少	5.1
		20	絮团大，多，沉降很快，水很清。	0.6

注：含油 98.7mg/L，含悬浮物 47.9mg/L(处理温度 $T=50\sim55$℃)。

总之，$NaHCO_3$型回注水进行水质改性处理，可以达到很好的净化效果，处理后悬浮物含量和含油量都能达标。但提高 pH 值较慢，处理后产生的污泥量很大，同时加剧水的结垢趋势，这一点在滨南采油厂滨二回注水站现场已经得到验证。所以，对于 $NaHCO_3$型回注水不宜采用水质改性方法进行处理。

2）具有 $Ca^{2+}\gg HCO_3^-$特点的 $CaCl_2$型回注水的改性适应性研究

$CaCl_2$型油田回注水的实验研究主要是针对具有两种离子特点的水进行的，分别是：① 具有 Ca^{2+}含量远远大于 HCO_3^-含量的特点；② 具有 Ca^{2+}含量小于或等于 HCO_3^-含量的特点；

具有 Ca^{2+}含量$\gg HCO_3^-$含量离子特点的回注水，模拟水的配制见表3－40。

表 3－40　模拟水离子分析

水样	pH 值	主要离子/(mg/L)						
		Cl^-	SO_4^{2-}	CO_3^{2-}	HCO_3^-	Mg^{2+}	Ca^{2+}	Na^++K^+
辛－来水	6.55	26426.00	0	0	353.30	357.40	1915.80	14351.00
模拟水	6.5	27823.50	0	0	395.46	0	2090.97	15877.08

具有 Ca^{2+}含量$\gg HCO_3^-$含量离子特点的回注水进行改性处理时 pH 值调整剂的最佳选择是复合碱(见表3－41)，加入复合碱一方面可以向水体提供 OH^-，提高回注水的 pH 值，促使 HCO_3^-离解成 CO_3^{2-}；另一方面向回注水中加入了 CO_3^{2-}，和离解得到的 CO_3^{2-}共同与水中大量的 Ca^{2+}反应生成大量的 $CaCO_3$沉淀，沉淀再和絮凝剂共同作用卷曲回注水中的油和固体悬浮物共同沉降下来，达到去除油和悬浮物的目的。

表 3-41　pH 值调整剂的筛选结果

药剂	加药浓度/(mg/L)	含油量/(mg/L)	浊度/NTU	悬浮物/(mg/L)	污泥量/(g/L)	现象观察
空白	—	100	>100	50	—	—
石灰乳	400	1.0	4.9	8	1.28	絮团大，沉降快
复合碱	400	0.5	0.8	7	0.84	絮团大，沉降快，水清
Na_2CO_3	400	1.5	1.2	15	—	絮团大，沉降慢，水清，少量悬浮物
NaOH	400	4.0	3.4	20	—	絮团小且少，沉降慢，水不清，有大量悬浮物

采用复合碱作为 pH 值调整剂还有重要的原因就是使用复合碱降低了石灰乳的投加量，从而使得改性处理后的污泥量大大降低(见表 3-42)。该离子特点的回注水调节 pH 值较容易，复合碱投加量达到 420mg/L 时 pH 值能达到 8.54，净化效果明显(见表 3-43)。这是因为处理后水中尽管存在大量的二价成垢离子，但水中的 HCO_3^- 含量很少，所以 $CaCl_2$ 型回注水中具有该特点的水进行改性处理后稳定性较好，改性后降低成垢离子含量，从而抑制结垢。

表 3-42　改性后的污泥量分析

pH 值	7.63	7.84	8.17	8.54	8.69
复合碱/(mg/L)	150	250	300	420	500
污泥量/(g/L)	0.48	0.68	0.8	0.96	1.08

注：污泥量为烘干后的干渣质量。

表 3-43　改性处理结果

复合碱/(mg/L)	pH 值	絮凝剂/(mg/L)	处理现象描述	浊度/NTU
0	6.5	20	絮团小，几乎不沉，水浑	>100
150	7.63	0	絮团很小，悬浮在水中不沉，水浑	91.7
		20	絮团小，变多，沉降慢，水浑	68.2
250	7.84	0	絮团小，松散，沉降慢，水浑	77.6
		20	絮团大，松散，沉降慢，水中悬浮小絮团多	24.5

续表

复合碱/(mg/L)	pH 值	絮凝剂/(mg/L)	处理现象描述	浊度/NTU
300	8.17	0	絮团大，多，沉降慢，水浑，水中悬浮小絮团多	43.1
		20	絮团大变密实，沉降快 ，水中悬浮小絮团变少	10.5
420	8.54	0	絮团大，多，沉降慢，水中悬浮小絮团多	22.8
		20	絮团大，多，沉降快，水清，水中悬浮小絮团少	5.6
500	8.69	0	絮团大，沉降快，水稍清，水中悬浮小絮团变少	17.5
		20	絮团大，多，沉降快，水清	3.2

注：含油 100.6mg/L，含悬浮物 46.5mg/L(处理温度 $T = 50 \sim 55$℃)。

总之，具有该特点的 $CaCl_2$ 型回注水进行水质改性处理，当 pH 值调节到 8.5 左右，可以达到很好的净化效果，处理后产生的污泥量较大，但水质稳定。

3）具有 $Ca^{2+} \leqslant HCO_3^-$ 特点的回注水改性适应性研究

具有 Ca^{2+} 含量≤HCO_3^- 含量离子特点的模拟水的配制见表 3－44。具有 Ca^{2+} 含量≤HCO_3^- 含量离子特点的 $CaCl_2$ 型回注水进行改性，pH 值调整剂选择复合碱和石灰乳处理效果都很好(见表 3－45)，产生絮团大，沉降速度很快，处理后水中油和悬浮物含量都可以达标，但为了减少污泥量(见表 3－46)，具有该特点的回注水 pH 值调整剂应选择复合碱。加减后该离子特点的回注水调节 pH 值较容易，复合碱投加量达到 300mg/L 时 pH 值能达到 8.05，净化效果明显(见表 3－47)。

表 3－44　模拟水离子分析

水样	pH 值	主要离子/(mg/L)						
		Cl^-	SO_4^{2-}	CO_3^{2-}	HCO_3^-	Mg^{2+}	Ca^{2+}	$Na^+ + K^+$
坨三来水	7.0	9001.21	0.00	0.00	510.68	119.70	422.86	5255.62
模拟水	7.06	9384.22	0.00	0.00	508.46	0.00	487.24	5730.49

表 3 – 45　pH 值调整剂的筛选结果

药剂	加药浓度/(mg/L)	含油量/(mg/L)	浊度/NTU	悬浮物/(mg/L)	现象观察
空白	—	100	>100	50	—
石灰乳	400	0.5	0.8	5	絮团大且多，沉降快，水中悬浮物很少
复合碱	400	0.5	0.7	4	絮团大且多，沉降快，水中悬浮物很少
Na_2CO_3	400	5.3	17.8	18	絮团小，沉降慢，水中悬浮物较多
NaOH	400	3.6	14.0	16	絮团小，沉降慢，水中悬浮物较多

表 3 – 46　改性后的污泥量分析

pH 值	7.5	7.82	8.05	8.34	8.74	9.21	9.65
复合碱/(mg/L)	150	250	300	420	500	550	600
污泥量/(g/L)	0.56	0.64	0.84	0.92	0.98	1.04	1.12

注：污泥量为烘干后的干渣质量。

表 3 – 47　改性处理结果

复合碱/(mg/L)	pH 值	絮凝剂/(mg/L)	处理现象描述	浊度/NTU
0	7.0	20	絮团小，几乎不沉，水浑	>100
150	7.50	0	絮团很小，悬浮在水中不沉，水浑	70.6
		20	絮团小，变多，沉降慢，水浑	58.4
250	7.82	0	絮团小，松散，沉降慢，水浑	68.7
		20	絮团大，松散，沉降变快，水中悬浮絮团多	16.5
300	8.05	0	絮团大，多，沉降慢，水浑，悬浮小絮团多	43.1
		20	絮团大，多，沉降快 ，水清，悬浮絮团少	7.6
420	8.34	0	絮团大，多，沉降慢，水中悬浮小絮团多	8.6
		20	絮团大，多，沉降快，水清	2.6
500	8.74	0	絮团大，沉降变快，水中悬浮小絮团变少	10.7
		20	絮团大，多，沉降快，水清	1.0

注：含油 98.6mg/L，含悬浮物 50.5mg/L(处理温度 $T=50\sim55$℃)。

总之，$CaCl_2$型回注水中具有 Ca^{2+} 含量≤HCO_3^- 含量离子特点的回注水进行水质改性处理时，当 pH 值调节到 8.0 左右时，可以达到很好的净化效果，且处理后水稳定性较好，但处理后产生的污泥量也较大。

通过对两类水型具有三种离子特点的油田回注水的改性处理研究，可得到以下结论：

(1) 改性处理选择使用的 pH 值调整剂不同(见表 3－48)。$NaHCO_3$型回注水，水中 HCO_3^-含量很高，加入大量的石灰乳就可以达到很好的净化效果；$CaCl_2$型回注水，Ca^{2+}含量很高时，为了避免加入太多的 Ca^{2+}而选择使用复合碱，复合碱的使用既提高了回注水 pH 值，又向水体提供了成垢离子 CO_3^{2-}，使其产生大量沉淀，最终达到净化效果；而同样是 $CaCl_2$型回注水，Ca^{2+}含量≤HCO_3^-含量时，采用复合碱效果很好，而且用量较少。所以对于 Ca^{2+}含量较高的油田回注水进行改性处理时应尽量降低 pH 值调整剂中 Ca^{2+}含量。

表 3－48 不同水型回注水改性药剂的比较

水型 / 药剂	$NaHCO_3$型	$CaCl_2$型	
	$HCO_3^- \gg Ca^{2+}$	$Ca^{2+} \gg HCO_3^-$	$Ca^{2+} \leqslant HCO_3^-$
pH 调节剂	石灰乳	复合碱	复合碱
pH 调节剂用/(mg/L)	250～300	420～500	300～420
单价/(元/t)	300	816	816
絮凝剂用量/(mg/L)	20	20	20
单价/(元/t)	3000	3000	3000
成本/(元/m^3)	0.15～0.25	0.41～0.47	0.31～0.41
泥量/(g/L)	1.20	0.80	0.84

(2) 两类水型三种特点的水，改性处理达到好的效果时加药量不同，导致的成本不同见表(见表 3－48)。HCO_3^-含量越高，成本相对越低。

(3) 达到最佳的净化效果时污泥量不同(见表 3－48)。$NaHCO_3$型回注水污泥量最大，$CaCl_2$型回注水污泥量相对较小。

(4) 达到最佳净化处理效果的 pH 值范围不同(见图 3－49)。$NaHCO_3$型回注水 pH 值较低时能够达到较好的处理效果。

(5) 处理后水的稳定性不同。$NaHCO_3$型回注水处理后稳定性差，$CaCl_2$型回注水稳定性较好。

综合以上的研究分析可知，油田回注水较适合进行水质改性的是 $CaCl_2$型回注水，其中具有 Ca^{2+}含量≤HCO_3^-含量特点的回注水处理效果更好，处理成本更低，处理后产生的污泥量更少。

三、缓蚀剂

缓蚀剂又称腐蚀抑制剂或阻蚀剂，这是一些在腐蚀环境中少量添加即可明显

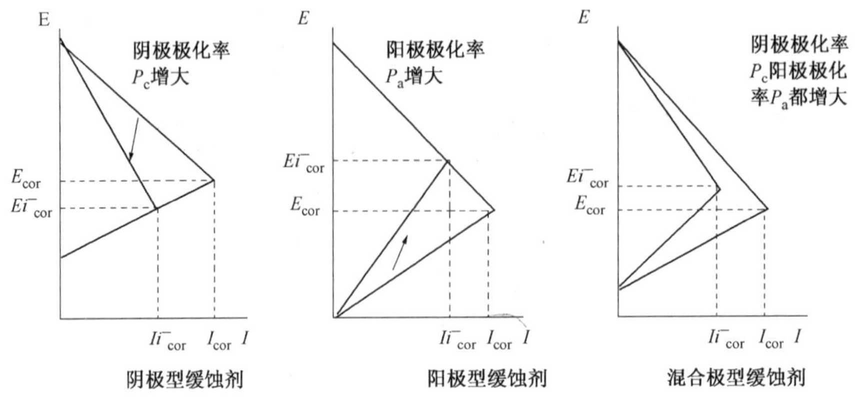

图 3－49　不同类型缓蚀剂极化曲线

抑制腐蚀的物质。目前，缓蚀剂的定义还不尽统一。美国试验与材料协会的ASTM－G15－76"关于腐蚀和腐蚀试验术语的标准定义"中对缓蚀剂的定义为："缓蚀剂是一种当它以适当的浓度和形式存在于环境（介质）时，可以防止或减缓腐蚀的化学物质或复合物质"。采用缓蚀剂防腐蚀，由于设备简单、使用方便、投资少、收效快，因而广泛用于石油、化工、钢铁、机械、动力和运输等部门，并已成为十分重要的防腐蚀方法之一。

缓蚀剂的保护效果与腐蚀介质的性质、温度、流动状态、被保护材料的种类和性质，以及缓蚀剂本身的种类和剂量等有着密切的关系。也就是说，缓蚀剂保护是有严格的选择性的。对某种介质和金属具有良好保护作用的缓蚀剂，对另一种介质或另一种金属就不一定有同样的效果；在某种条件下保护效果很好，而在别的条件下却可能保护效果很差，甚至还会加速腐蚀。一般说来，缓蚀剂应该用于循环系统，以减少缓蚀剂的流失。同时，在应用中缓蚀剂对产品质量有无影响、对生产过程有无堵塞、起泡等副作用，以及成本的高低等，都应全面考虑。

我国在20世纪50年代初期已开展缓蚀剂的研究工作。1953年在天津试制了最早的国产缓蚀剂若丁（其主要成分为1，3－二邻甲苯硫脲），1961年又在沈阳试制成功酸洗缓蚀剂沈1－D（其主要成分为苯胺与甲醛的缩合物）。随着我国石油、化学工业的飞跃发展，缓蚀剂的试验研究和推广应用工作也逐步开展。我国从1956年前后就开始了气相缓蚀剂和酸洗缓蚀剂的研究工作，以后又对工业用水及冷冻盐水中使用的缓蚀剂进行了不少工作。近年来，又研究、试制及推广应用了含硫气田与炼油生产系统中的一些缓蚀剂。如针对含硫原油的腐蚀，利用有机胺类缓蚀剂解决精炼系统设备的腐蚀问题；针对含硫原油和天然气开采过程中的腐蚀，研究和推广了粗吡啶、7461、7701等缓蚀剂，并在生产中获得了比较好的使用效果。

目前国外每年都有大量缓蚀剂的专利公布，一些缓蚀剂的生产已商品化，并常以技术专利出售。国外常用的缓蚀剂有：酸性气体缓蚀剂、酸洗缓蚀剂、挥发性缓蚀剂及化工生产用缓蚀剂。其中，酸性气体缓蚀剂是研究最多、专利最多的一类，主要用于石油工业，以解决含硫化氢、二氧化碳的原油和天然气的开采、输送、炼制过程中设备的腐蚀问题。美、英、日等国对缓蚀剂的理论、合成、评定及现场应用做了大量的工作。

在腐蚀环境中，通过添加少量能阻止或减缓金属腐蚀速率的物质以保护金属的方法，称为缓蚀剂保护。缓蚀剂是通过在金属表面上吸附成膜，使金属与介质隔离，起到抑制腐蚀的目的，通常采用缓蚀率来表述缓蚀效果。

缓蚀率计算公式：

$$I = \frac{v_0 - v}{v_0} \times 100\%$$

式中　v_0——未投加药剂时体系的腐蚀速率；

v——投加药剂后体系的腐蚀速率。

有时单用一种缓蚀剂其缓蚀效果并不好，而采用不同类型的缓蚀剂配合使用，则可增加其缓蚀效果。此时在较低剂量下即可获得较好的缓蚀效果，这种作用称为协同效应。相反，如果不同类型缓蚀剂共同使用时反而降低各自的缓蚀效率，则这种作用称为拮抗效应。

1．缓蚀剂的分类

1）按作用机理

A. 阳极型缓蚀剂

又称阳极抑制型缓蚀剂，主要是靠阻碍阳极过程降低腐蚀反应速度，使被保护金属电位向正值方向移动，阳极型缓蚀剂通常是缓蚀剂的阴离子移向阳极表面使金属钝化。

阳极型缓蚀剂是应用广泛的一类缓蚀剂。但如果用量不足，不能充分覆盖阳极表面时，由于暴露在介质中的阳极面积远小于阴极面积，形成了小阳极大阴极的腐蚀电池，反而会加剧金属的孔蚀。因此阳极型缓蚀剂又有“危险性缓蚀剂”之称。但苯甲酸钠例外，即使它的用量不足，也只会引起一般的腐蚀。

B. 阴极型缓蚀剂

阴极型援蚀剂靠阻碍阴极过程降低腐蚀反应速度，使被保护金属电位向负值方向移动。这类缓蚀剂在用量不足时不会加速腐蚀，故阴极型缓蚀剂又有“安全缓蚀剂”之称。

C. 混合型缓蚀剂

又称混合抑制型缓蚀剂。同时阻碍阳极和阴极过程来降低腐蚀反应速度，被保护金属电位可能变化不大，但腐蚀电流却可减少很多。这类缓蚀剂可分为三类；

（1）含氮的有机化合物，如胺类和有机胺的亚硝酸盐等；

（2）含硫的有机化合物，如硫醇、硫醚、环状含硫化合物等；

（3）含硫、氮的有机化合物，如硫脲及其衍生物等。

2）按保护膜特征

A. 氧化膜缓蚀剂

它是一种危险性缓蚀剂，主要靠生成致密氧化物膜降低腐蚀反应速度。

B. 沉淀膜型缓蚀剂

它是一种安全性缓蚀剂，主要靠沉淀反应在金属表面形成保护膜来降低腐蚀反应速度。

C. 吸附膜型缓蚀剂

缓蚀剂吸附在金属表面，改变金属表面性质，从而防止腐蚀。

以上三种类型缓蚀剂极化曲线见表 3－49。

表 3－49　三种缓蚀剂保护膜的特点对比

缓蚀剂类型	保护膜示意图	膜的保护性能
氧化膜型		薄而致密，与金属结合牢固，保护效果好
沉淀膜型		厚而多孔，与金属结合较差，保护效果不好，可能造成结垢问题
吸附膜型	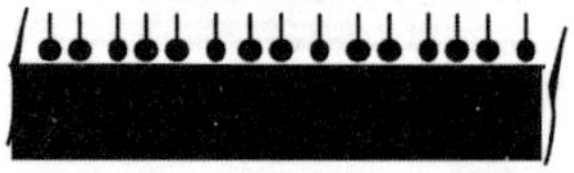	在酸性介质中保护效果好，要求金属表面洁净

3）按用途不同

冷却水缓蚀剂、油气井缓蚀剂、酸洗缓蚀剂、气相缓蚀剂。

4）按化学组成

无机缓蚀剂、有机缓蚀剂

2. 缓蚀剂作用机理

缓蚀剂分子中 N、P、S、O 等原子的未共用电子对及不饱和键的 π 电子都可以成为吸附中心，与金属空轨道共用此对电子，形成配位键发生化学吸附。缓蚀剂在金属表面形成吸附膜，既亲水基团的原子或原子团在金属表面形成物理吸附或化学吸附；而蔬水基团在溶液中形成一层斥水的屏障覆盖着金属表面，使金属表面得到保护。缓蚀剂在金属表面的吸附主要有物理吸附和化学吸附，缓蚀剂分子的吸附能力主要取决于分子中活性基团的电子云密度和给电子能力。缓蚀剂分子覆盖面积的大小主要取决于分子中疏水基对金属表面的空间效应和能否在被保护金属表面形成致密的保护膜。

有机缓蚀剂都含有极性基团和非极性基团。前者是亲水性的，后者是疏水性的(或亲油性的)；极性基团通过物理吸附或化学吸附作用吸附在金属表面上，改变了金属表面的电荷状态和界面性质，使能量状态稳定化，从而降低了腐蚀反应倾向(能量障碍)；同时，非极性基团形成一层疏水性的保护膜，阻碍腐蚀性物质向金属表面移动(移动障碍)。

缓蚀机理主要有两种类型：

(1) 几何复盖效应——指吸附膜将金属表面与腐蚀介质隔离开，在覆盖了缓蚀剂吸附膜的金属表面部分，电极反应不能进行；而未覆盖表面部分电极反应按原来的历程进行。

(2) 负催化效应——指缓蚀剂覆盖了金属表面的活性位置，使电极反应的活化能位垒升高，电极反应速度降低。

3. 油田常用缓蚀剂

目前油田常用缓蚀剂是吸附膜型缓蚀剂和混合型缓蚀剂，主要类型有：脂肪胺盐类化合物、季胺盐类化合物、氮杂环类化合物、咪唑啉类化合物、酰胺类(见表3－50)。缓蚀机理主要为几何复盖效应。

表3－50　国外油田回注水常用缓蚀剂处理

类型	品种	化学结构
伯胺	未改性的盐类	$R—NH_2$
	酰胺	$R—CO—NH_2$
	羟乙基化	$R—N[(C_2H_4O)_nH]_2$
仲胺及衍生物		$(C_nH_{2n}O)_2NH$
叔胺及衍生物		RR″—N —R″
多胺		$R—(NH—C_2H_4)_n—NH_2$
咪唑啉类		H_2C——CH_2 N　　N—R′ C——R
季胺盐类	如三甲烷基季铵盐	R_2N+X^- 或 RMI_2N+X^-

4. 缓蚀作用的影响因素

1)浓度的影响

缓蚀剂浓度对金属腐蚀速度的影响，大致有三种情况：

(1)缓蚀效率随缓蚀剂浓度的增加而增加。

(2) 缓蚀剂的缓蚀效率与浓度的关系有极值。即在某一浓度时缓蚀效果最好，浓度过低或过高都会使缓蚀效率降低。

(3) 当缓蚀剂用量不足时，不但起不到缓蚀作用，反而会加速金屑的腐蚀或引起孔蚀。

有时，采用不同类型的缓蚀剂配合使用，常可在较低剂量下获得较好的缓蚀效果，即产生协同效应。如铬酸盐(阳极型缓蚀剂)与锌盐(阴极型缓蚀剂)混合使用时的缓蚀效果；锌盐与聚磷酸盐，胺类与碘化物复合使用时，也产生协同效应。

2)温度的影响

温度对缓蚀效果的影响也有下列三种情况：

(1) 在较低温度范围缓蚀效果很好，当温度升高时，缓蚀效率便显著下降，这是由于温度升高时，缓蚀剂的吸附作用明显降低，因而使金属腐蚀加速。大多数有机及无机缓蚀剂都属于这一情况。

(2) 在一定温度范围内对缓蚀效果影响不大，但超过某温度时却使缓蚀效果显著降低。

(3) 随着温度的升高，缓蚀效率也增高。这可能是由于温度升高时，缓蚀剂可依靠化学吸附与金属表面结合，生成一层反应产物薄膜。或者是温度较高时，缓蚀剂易在金属表面生成一层类似钝化膜的膜层，从而降低腐蚀速度。

此外，温度对缓蚀效率的影响有时也与缓蚀剂的水解等因素有关的。例如，介质温度升高会促进各种磷酸钠的水解，因而它们的缓蚀效率一般均随温度的升高而降低。另外，由于介质温度对氧的溶解量有很大的影响。温度升高会使氧的溶解量明显地减少，因而在一定程度上虽然可以降低阴极反应过程的速度，但当所用的缓蚀剂需由溶解氧参与形成钝化膜时(例如苯甲酸钠等缓蚀剂)，则温度升高时缓蚀效率反而会降低。

3)流动速度的影响

腐蚀介质的流动状态，对缓蚀剂的使用效果也有相当大的影响。大致有下面三种情况：

(1) 流速加快时，缓蚀效率降低。这是由于流速的增大，甚至还会加速腐蚀，使缓蚀剂变成腐蚀的激发剂(例如盐酸中的三乙醇胺和碘化钾)。

(2) 流速增加时，缓蚀效率提高。当缓蚀剂由于扩散不良而影响保护效果时，则增加介质流速可使缓蚀剂能够比较容易、均匀地扩散至金属表面，则有助于缓蚀效率的提高。

(3) 介质流速对缓蚀效率的影响，在不同使用浓度时还会出现相反的变化。例如，采用六偏磷酸钠/氯化锌(4∶1)作循环冷却水的缓蚀剂时，缓蚀剂的浓度在8mg/L以上时，缓蚀效率随介质流速的增加而提高；8mg/L以下时，则变成随介质流速的增加而减小。

四、防腐涂层

1. 钢质管道的外防腐

管道的外腐蚀主要由所处水土、微生物、杂散电流等周边环境并发引起。油田地域覆盖面大，不同区域土壤腐蚀性也相差较大。从土壤电阻率测试看，浅海、孤东、桩西等沿海地区土壤电阻率多在1Ω·m以下，而油田内陆多为10Ω·m以上，属强等级腐蚀性土壤环境(注：土壤电阻率小于20属强腐蚀等级)。

石油沥青防腐层涂敷技术成熟、成本低，一直占居埋地管道防腐主导地位，是“七五、八五”时期油田用量最多的一种防护方法。从实际使用情况看通常投产初期较好，但随着时间的推移，其材料结构性能的弱点就暴露出来，不耐植物根茎穿透、老化快等使许多管道防腐层寿命降低，维修量增大。

包覆聚乙烯夹克和硬质聚氨酯泡沫夹克是20世纪80年代初开发的技术，综合性能优良、使用范围广，在国内外管道上获得了广泛的应用，也是胜利油田应用比较成熟的防腐技术，并在我国最先开发成功了聚氨酯泡沫夹克管“一步法”成型技术。包覆聚乙烯夹克随着底胶和聚乙烯材料不断的改进和提高，其整体性能也在不断提高。如采用新型热熔胶，使底胶的适用性大幅提高；采用进口聚乙烯，并使夹克层的厚度由0.8~2.5mm增加到3~3.5mm，进一步增强了防腐效果。包覆聚乙烯夹克主要用于小管径埋地管道外防腐层，目前浅海海底注水管道的外防就采用这种防腐方式。聚氨酯泡沫是目前埋地保温管道(耐温可达到150℃)最常用的防腐保温技术。多年来的应用发现其保护层聚乙烯夹克一旦破损，管道的腐蚀程度比常规快的多、严重的多，这引起了业内人士的关注，如何改进泡沫夹克管的结构和提高施工质量成为当前研究的热点问题。

环氧煤沥青涂料耐水性好，多年来一直用于海底输油复壁管道外管的外防腐，现场手工成型。近期在海四联外输17km外输管线、埕岛天然气陆上工程预处理站至孤岛压气站DN250×7的36km输气管道工程中，首次在陆上长输管道使用环氧煤焦沥青涂料，由于其施工气候要求严，现场补防机械化施工水平不高，应用效果如何还有待于实践的检验。

聚乙烯胶带早在80年代就在油田试用，该工艺施工简便，但由于当时胶带的性能质量以及施工配套等问题，特别是热收缩胶带现场加热收缩、黏结工序操作不便，使用未能成功。据考察我国已建成年产 3000t 的共挤型聚乙烯黏胶带生产线，其质量达到了国外先进水平，在大庆、新疆等油田已开始替代石油沥青进行大规模应用，而且胶带用于旧管道防腐层的在线修复方面有着很大的优越性，前景看好。

钢质管道外防腐工艺门类开发甚广，在今后长时间内仍是聚乙烯材料、熔结环氧粉末、胶黏带、煤焦油瓷漆、环氧煤沥青涂料和石油沥青等多种防腐结构并存。但都需要不断完善工艺和进行合理的应用。

目前油田防腐工作者对外防腐问题已形成两点共识：一是外防失败的关键原因是 70% 都是由于除锈清理不良引起，再好的涂层涂料也会失效；二是在外防腐领域起步早，进展慢，已落后于国内防腐业，如三层结构防腐的工作有待推广应用。

2. 集输管线涂层内防腐技术

随着老油田采出液中含水量的提高，集输管线内壁的腐蚀问题日益严重。内涂层、涂覆或复合内衬管技术是解决普通碳钢管线腐蚀问题的有效手段，其目的是以较低的成本实现内表面高耐腐蚀的特性。涂层从广义上讲泛指将基体材料与外界环境隔离的薄层状物质，包括涂料涂装层、内衬层、镀层、化学转化膜、热喷涂涂层等。如果按涂覆材料的成分差异，表面涂层一般可分为有机涂层、无机非金属涂层和金属涂层三类。

1）涂层防腐机制

无论是何种涂层，其主要功能是保护基体材料使其免受或减缓腐蚀。大多数涂层的防腐机制是将基体材料与外界介质完全隔离开来，达到减缓基体材料腐蚀的目的。这种机制一般要求涂层材料本身具有较高的耐腐蚀能力或较强的钝化能力。在某些时候，涂层本身耐蚀性能较好，同时自腐蚀电位还低于基体材料，如碳钢表面涂覆 Al－Zn 层，涂层还会起到附加的阴极保护效果。这种情况下，涂层一旦局部脱落或破坏，基体材料由于其较高的腐蚀电位而处于阴极保护状态，仍然不被腐蚀。显然，具备阴极保护功能的涂层具有更好的实用价值。在一些有机涂料和部分金属涂层里，可选择性地加入少量缓蚀性组分，随着涂层的消耗而释放，达到智能缓蚀的效用。常见的涂层至少应达到利用自身耐蚀性起到隔离基体材料的作用，另外的防腐机制只有在特殊设计后才能实现。但显然能够同时兼有两种以上功能的防腐涂层是未来涂层设计的目标。

2）管壁内涂层种类及简单评述

A. 有机涂层

有机涂层的优点在于它具有非常好的隔离效果，而且技术上难度较小、成本低。所用涂料主要有环氧类、酚醛类树脂以及尼龙等。例如，安东石油（Antonoil)公司开发的几种有机涂料(如ATC－3000s)可使用于抵抗油管、套管、集输管线、阀门等位置的酸性气体、高氯离子、CO_2等环境的腐蚀，而且据称可耐200℃的高温环境腐蚀。但此类涂层的不足之处在于其与基体较弱的结合强度，在流速较高或磨损较严重的条件下，不可选用。例如，胜利油田技术检测中心系统评价了三种环氧耐温有机涂层，在为期一年的中试实验中出现了严重的变色、鼓泡现象，基体材料受到了不同程度的腐蚀，故认为此类涂层不太适用于油田集输环境防腐。

B. 内衬层

内衬层主要是采用先进的材料成型工艺，生产出双层或多层复合结构的管线，一般内衬层可以为不锈钢、玻璃钢、塑料或尼龙复合管等。内衬层厚度为数百微米到几个毫米，管线的强度由外层的普通碳钢承受，内衬层主要起到防腐作用。此类管线的制造成本略高于有机涂层，但其具有很好的现场应用性。耐蚀性能不但取决于内衬材料自身的耐腐蚀性能，其力学性能也是重要的评价指标。根据胜利油田检测结果，不锈钢内衬层的保护效果最佳，尼龙复合管也能保持较好的完整性，基体材料无明显腐蚀迹象。相比之下，玻璃釉、玻璃钢、PE内衬管则出现不同程度的破坏现象。如：玻璃釉内衬层试验过程中表面出现大量微裂纹，玻璃体发生粉化并局部脱落，基体材料腐蚀非常严重；玻璃钢内衬层的腐蚀主要发生在玻璃纤维的断裂处及接头处，相对较轻；PE内衬层则出现局部网状空隙，表面形貌变化大，总体腐蚀较轻微，但不利于长期服役。

C. 镀层和化学转化膜

这两种涂层是工程结构材料较常用的防腐技术，均是采用化学方法，在材料表面诱导形成一层具保护性能的薄层。如镀锌层、镀镍层、阳极氧化膜和磷化膜等。镀锌层对于内衬管来说实现起来难度并不大，但其完整性和均匀性较难控制，虽然锌层对碳钢还能起到牺牲阳极的效果，但其耐冲刷能力难以满足集输现场要求。化学转化膜，特别是磷化膜可能在抵抗CO_2腐蚀方面具有一定的优势。磷化膜是指将管线内壁通过磷化处理，获得保护性较高具有一定厚度的磷酸铁表面膜，取代疏松的碳酸亚铁产物膜。但其保护性能的提升程度明显受到磷酸盐层的影响，其厚度也不应过厚，因此抗腐蚀能力极大受限。

D. 热喷涂涂层

热喷涂技术广泛用于各种表面涂层的制备，特别是对于金属或陶瓷涂层，如耐蚀、耐磨、耐高温等涂层。进行热喷涂的原材料一般为粉末状或丝状的金属或陶瓷材料，经过加热达到熔融或半熔融状态在高速气流的带动下，撞击到基体材料表面形成沉积层。此类涂层一般为冶金结合，机械性能非常好，特别适用于集输管线中高速流动冲刷的腐蚀环境。结合恰当的材料选取和热喷涂工艺技术，能够获得高质量的耐蚀耐磨涂层。但目前为止，在小管径的集输管线内进行内壁的热喷涂处理还存在一定的技术困难。

3)油田应用状况

随着油田开发进入高含水期，注采、采输系统腐蚀日趋严重，腐蚀穿孔频繁。管道内防任务日趋严峻。水泥砂浆衬里应用较早，1971 年在室内实验的基础上，开始进行工业性应用实验。此后油田供水管道普遍采用了水泥砂浆衬里，收到了明显的效果。胜利油田 20 多年来不断地进行技术改进，研制成功了分流扶正砂浆涂抹器，SC－Ø426 涂敷机，并吸取了国外的有关技术，于 1988 年底建成了金属管道内衬 GFSN 离心作业线，并生产出了合格的粉煤灰水泥砂浆内衬防腐管。对曾经大量使用的现场整体挤涂成型工艺施工质量，用户看法不一。按目前的技术水平和机械化程度来看，胜利油田大、中、小口径的钢制管道水泥砂浆衬里，都已有了配套的新技术、新工艺。但是小口径钢质管道水泥砂浆衬里工艺的现场补口工序，其内口补涂、成型检测问题未能彻底解决。水泥砂浆内防腐，材料来源广、价格便宜、施工方便、无毒无味，耐水性好，使用寿命长，在淡水和轻度腐蚀回注水管道上使用，只要材料配方选择恰当，保证施工质量，可获得很好的保护效果。

涂料因其防腐性能优良、施工简单、应用范围广等特点，近 20 多年来一直是油田钢制管道、容器设备内防腐主要材料。经过试验和实践，我们认为环氧型及聚氨酯型涂料的耐油、耐温、耐油田回注水性能较好。如果施工质量可靠，使用寿命能达 10 年以上。目前内防腐采用的基本上都是环氧类涂料。环氧树脂具有优良的耐碱、酸、盐性能，耐水，耐油性，附着力突出，涂层有良好的机械性能。此外，环氧粉末热熔涂敷钢管(涂层厚度可达 1mm)也在大量应用。

1997 年 9 月胜利油田组团去美国考察并引进美国赛克－54 涂料及管道内防腐生产作业线。赛克－54 涂料采用改进环氧树脂和超细陶瓷粉，底面合一，具有优异的耐腐蚀、耐磨蚀、耐高温性能，配上先进、完善的生产作业线和补口技术，防腐质量可靠，使用寿命长，无污染，自 1998 年开始用于海底注水等管道的内防上。从美国引进关键设备，自行组装的管道内防腐作业线已在胜利工程建设一公司建成，这是中石化首条高技术预制内防腐作业线，标志胜利油田在钢管、钻杆以及井下油管内防腐技术实现了重大突破，它既可以喷涂环氧粉末又可用于涂敷液体涂料。钢管采用高温热清洗炉除油清洗、中频电源加热、保温炉恒温，固化炉固化等工艺，确保预制的涂层质量达到最佳性能。产品内防寿命可由目前的 10 年提高到 20 年以上。

3. 玻璃钢及复合管

玻璃钢质量轻强度高，具有优异的耐腐蚀性，绝热性好，流体阻力小，运输安装简便，使用寿命长。随着玻璃纤维增强塑料管缠绕工艺及其生产软件的引进，玻璃钢管制作水平和质量显著提高，目前油田回注水腐蚀较严重的地区、污水站大都采用或更换为玻璃纤维增强塑料管(包括 PVC/FRP 等更为经济的复合管)。近年来，各种形式的钢塑复合管(PP、PE、PVC、PTFE 等内衬塑料管、钢骨架塑料管等)和中、高压玻璃钢管在油田的引进和应用也日趋扩大。

非金属管材和多类型复合管的发展和应用大大促进了防腐技术的提高。要扩大应用还需制定和完善相应的制造、设计、施工、检验标准，提高管道材料性能，开发管道连接技术，降低成本和造价。此外，油田用户急需一种及时、简便的测定上述管材耐高温、耐腐蚀、耐老化的检测仪器。

4. 未来展望及建议

内涂层技术是相对廉价的一种管壁内防腐方案，但其长期服役行为明显受控于制备工艺。当前国际上对内涂层的使用率还不高，主要原因就是对涂层制备技术缺乏信心，一旦涂层存在质量问题，将造成更为严重的腐蚀问题。因此，不管是哪一类涂层，如果不能突破制备上瓶颈，特备是孔隙、微结构的控制等，广泛应用将是一种奢望。可见，集输管线内壁防腐涂层的研发，其关键不在于涂层材料的开发，而应将重点转移到制备技术。

五、腐蚀监检测

无论是在实验室或现场，如果需要对油田回注水的腐蚀或缓蚀剂的效果进行测试评定，就要了解和掌握油田回注水腐蚀和缓蚀的测试方法，只有掌握基本的测试方法，才能判断油田回注水的腐蚀状况以及采用缓蚀技术后的效果。

腐蚀检测的目的主要有：

(1)进行生产工艺管理、控制产品质量的检验性试验；

(2)选择出适合于在指定腐蚀介质中使用的材料；

(3)对已经确定的腐蚀体系，估计金属的使用寿命；

(4)在发生腐蚀事故后，追查原因和寻找解决问题的办法；

(5)选择有效的防腐蚀措施，估计其效果如何，如涂层和电化学保护；

(6)针对指定的腐蚀体系，选择合适的缓蚀剂及确定最佳用量；

(7)研制发展新型耐蚀材料。

腐蚀检测方法主要分为腐蚀检测常规方法和腐蚀检测的其他技术。常规检测方法主要有：

1. 重量法

试样经过一段时间的暴露后，根据其失重或增重测量平均腐蚀速率。特点是：测试方法简单，适用于几乎任何体系，无需任何现场仪器；可以定量地测量均匀腐蚀速率；也可用于局部腐蚀的判断。仅提供平均腐蚀速率，反映不出腐蚀速率的波动。试验周期受到生产条件限制，试验周期较长，劳动强度大。

这种方法在腐蚀测试中是最常用的，也是经典的方法之一，对于所用挂片或试片有一定的要求，可参照行业标准 SY/T5329—1994“碎屑岩油藏注水水质推荐指标及分析方法”和 SY/T5273—2000“油田回注水用缓蚀剂性能评价方法”有关规定执行。

2. 电阻探针法(ER)

电阻探针示意图及测试曲线见图 3－50。电阻探针通过测量正在腐蚀的金属元件的电阻变化，来测量金属的累积损失。优点有：简单、灵敏、适用性强(在任何介质中均可使用；可在设备运行条件下定量监测腐蚀速率)。最近发展了一种测量电感线圈电阻的技术，具有比普通 ER 测量更高的灵敏度。

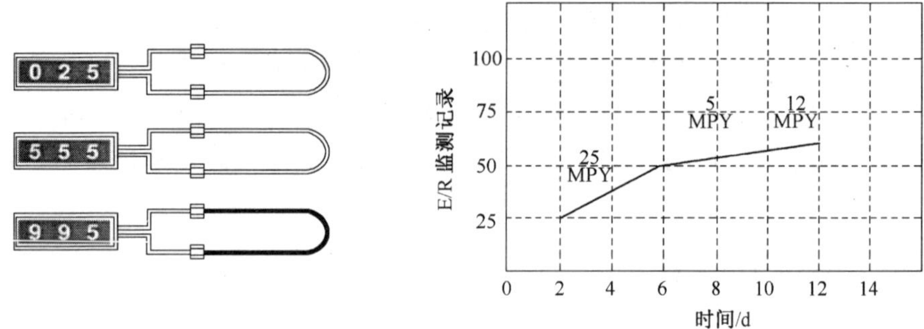

图 3－50　电阻探针示意图及测试曲线

3. 线性极化法(LPR)

用两电极或三电极探头，通过电化学极化阻力测量腐蚀速率。通过对电位～电流曲线线性回归，计算出曲线的斜率，即极化电阻 R_p，最后，借助于 Stern 系数(即 B 值)，将 R_p 转换为腐蚀速率。线性极化技术可以快速测定体系的瞬时腐蚀速度，适用于有适当电导率的大多数金属体系。

线性极化法是根据科学家 Stern－Geary 导出的线性极化方程式进行计算的，即在开路电位附近 ±10mV 范围内的腐蚀电流可用下式表示：

$$B = \frac{b_a \cdot b_c}{2.3(b_a + b_c)}$$

$$R_p = \frac{B}{i_{corr}} = \frac{(\Delta E)}{(\Delta i)}_{\Delta E \to 0}$$

其中 b_a 为阳极极化曲线的塔菲尔斜率；b_c 为阴极极化曲线的塔菲尔斜率；Δi 为极化电流；ΔE 为极化电位；R_p 为极化电阻。

由上式可知，腐蚀率与极化电阻值成反比，当测出极化电阻值 Rp 后即可得到相应的腐蚀率和缓蚀率。目前油田已引进的测试仪以及国内生产的测试仪，就是应用了线性极化原理制造的，但有双电极系统或三电极系统等不同的型号（见图3－51）。线性极化法的优点是测试速度快、周期短、既可用于实验室测试又可用于现场监控。但是应指出，它测定的是瞬时腐蚀速度，如果用它测定点蚀等还有一定困难，尽管有的仪器上标有测定点蚀，但实际上最多提供一下点蚀的趋向；此外，测定用的电极探头应注意保持清洁，因为如发生腐蚀产物堆积而短路，或沾染油污而影响测试面积等均将在一定程度上影响测试的结果。

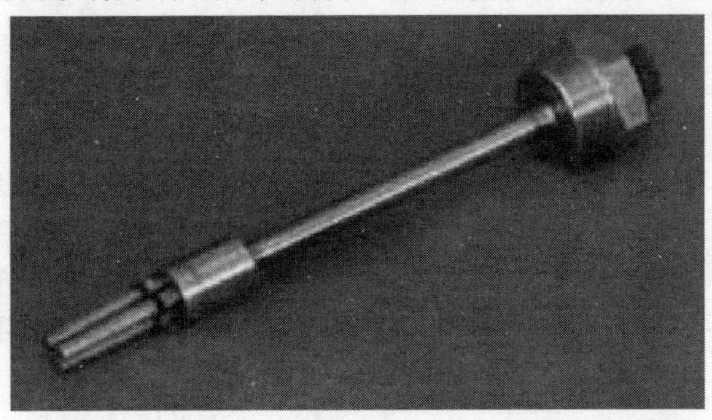

图3－51　线性极化法三电极探头

4. 腐蚀产物的鉴定

腐蚀产物的分析鉴定，对于判断腐蚀的程度、分析腐蚀的原因，以及指导今后的生产运行都是极为重要的。腐蚀产物的鉴定分析包括两大类方法：

1）化学分析

化学分析要求合理的收集有代表性的腐蚀产物，然后采用有关化学分析方法例如重量分析，容量分析，比色分析等对腐蚀产物中的金属元素和非金属元素等进行分析测定。根据实践经验，主要分析以下项目：

（1）Fe_2O_3含量代表腐蚀的严重程度；

（2）CaO（MgO）含量代表水垢生成的严重程度；

（3）灼烧减量代表微生物细菌等繁殖程度和微生物黏泥生成的严重程度。

此外，还有SiO_2含量、SO_3及Al_2O_3含量以及细菌等如有条件也应分析。

2）物理分析

通常推荐以下几种物理方法用来鉴定腐蚀产物：

显微分析——包括化学显微镜、电子显微镜和电子扫描显微镜等。例如采用金相显微镜可对点蚀深度等作出测定和判断。

火焰发射光谱（或火焰分光光度计）以及原子吸收光谱测试，有的腐蚀产物中的元素用火焰发射光谱测定灵敏度高，例如Al、Ca等；Cd、Fe、Mg、Ni、Pb和Zn等用原子吸收光谱测定灵敏度较高，而Cr、Cu、Mo、Ta、Ti和V等则两者灵敏度相当。

差热分析、俄歇能谱、光电子能谱(ESCA)以及离子显微探针等新技术则是近几年发展起来的，也可以用于腐蚀产物的分析或缓蚀剂成膜情况和机理的分析。

5. 腐蚀监测的其他技术

(1)交流阻抗：它可看作线性极化技术的继续和发展，在理论上它适合于多种体系。它不但可以求得极化阻力 Rp、微分电容 Cd 等重要参数。对于线性极化法不适宜的高电阻体系特别有效。如涂层评价。

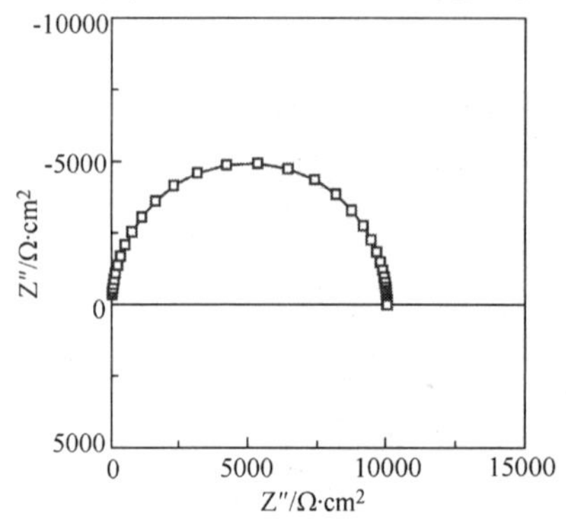

图 3－52　典型的阻抗谱图

工业腐蚀监测的交流阻抗可以采用2～3频率点，比如一个高频 10kHz，一个低频 0.01Hz，该方法可以避免复杂的阻抗谱解析，同时又适用于高阻体系。典型的阻抗谱图见图 3－52。

(2)电化学噪声技术：电化学噪声是指腐蚀着的电极表面所出现的一种电位或电流随机自发波动的现象。它的测量对被测体系没有扰动，可以反映材料腐蚀的真实情况。与其他方法相比，电化学噪声法特别适合于监测点蚀、缝隙腐蚀、以及应力腐蚀开裂等局部腐蚀(见图 3－53)。

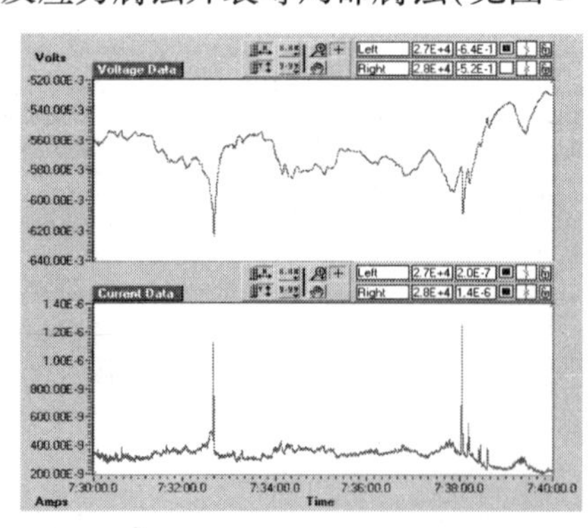

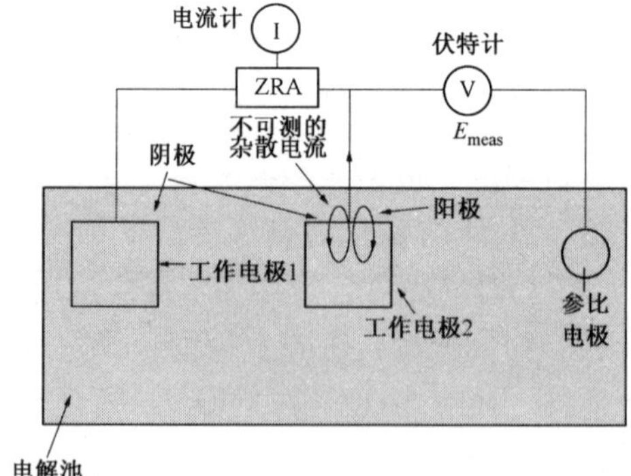

图 3－53　典型的电化学噪声曲线

(3) 辐射显示法：通过射线穿透作用对在胶片或探测器上的强度进行测量，来检测缺陷和裂纹。特别适用于探测焊缝缺陷。

(4) 超声波法：通过对超声波的反射变化，检测金属厚度、是否存在裂纹/空洞等，该方法用作金属厚度或裂纹显示的检查工具。还可用于涂层弧度测量。

(5) 涡流法：用于监测破裂和孔蚀过程，利用交流线圈电场内金属体表面所产生的涡流在裂纹或蚀坑处受到干扰的原理，检测产生的反电动势，该方法对于铁磁材料只能检测表面裂纹。

六、防腐设计

腐蚀是金属与环境间的物理——化学的相互作用的结果。因此，对腐蚀实施控制，就要从金属本身和环境两方面着手。

腐蚀是一个自发的过程，是不可避免的，但是可以控制和减缓。设计中应该有必要的腐蚀控制措施，流程应有利于腐蚀的控制、监测和检修。

目前油田应用腐蚀防护技术主要有：①钢质管道容器内涂内衬工艺技术；②使用非金属耐蚀材料；③钢质管道容器涂层加阴极保护的外防腐技术；④防腐保温相结合的绝缘技术(泡沫夹克管)；⑤站内区域性阴极保护技术。

设计人员实施腐蚀控制措施的设计流程见示意图3－54，工艺设计应注意的问题：

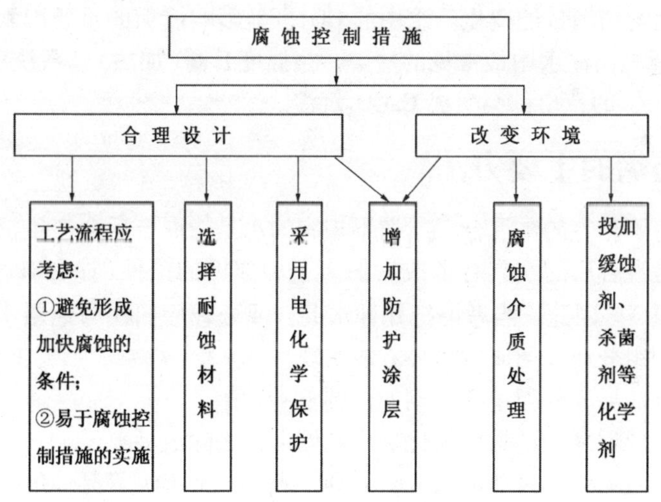

图3－54 设计人员实施腐蚀控制措施的示意图

(1) 流程应该合理。应有除氧或隔氧和对系统进行清洗的措施。流程中应有监测装置及反馈控制措施，保证操作参数随水质变化而变。

(2) 管、罐、设备及容器应避免有死角和滞流区的存在，应尽量简单易于检查与维修。

(3) 避免在同设备内，有两种(或更多)不同的金属材料存在，特别是电极电位相差较大的材料，防止形成电偶腐蚀(如壳体是碳钢，内部附件用不锈钢制作)。如不可避免时，应在异种金属间采取电绝缘措施(用绝缘物隔离或表面增加防腐涂层)。并特别注意尽可能用电极电位正的金属材料作表面积最小的部件，避免发生大阴极小阳极加剧腐蚀的情况。

(4) 缓蚀、杀菌、阻垢、絮凝、混凝等化学剂的投加必须先经现场筛选、试验后确定。并应由专业人员进行。

(5) 防护涂层的选择、涂层结构的设计和电化学保护方法的设计应由防腐蚀专业技术人员进行。

第三节 油田回注水防垢技术

油田回注水在处理、回注过程中，水中某些组分在设备和管道表面的沉积叫做结垢。垢可分为盐垢、淤泥、生物沉积物和腐蚀产物，后三类统称为污垢。

垢的成因十分复杂。成垢离子是结垢的物质基础，外因是成垢的条件。

油田回注水矿化度高，成垢离子含量高，如钙、镁离子的碳酸盐和非碳酸盐，锶、钡离子的盐类等。外因主要是指水的温度、系统的压力、含盐量、pH值等的变化引起结垢量的变化。水中的 CO_2 也是影响成垢的重要因素，重碳酸钙[$Ca(HCO_3)_2$]是回注水中最常见的盐类，当温度升高(加热)、系统压力降低(减压或泄压)、CO_2 的逸出都会生成 $CaCO_3$ 沉淀。

一、防垢的主要方法

(1) 避免不相容的水混合。所谓不相容的水是指混合后会产生沉淀的水。不相容的原因是混合后的水具有了成垢的离子和成垢的条件(如含有 SO_4^{2-} 的水与含有 Ba^{2+} 的水)。因此，当考虑把几种水混合或处理后回注与地层水混合时，一定要预先检测组分和预测成垢趋势方能实现。

(2) 控制成垢的外因条件，例如，调整 pH 值。

(3) 去除成垢离子。采用软化法降低硬度，去除成垢离子。

(4) 投加阻垢剂。投加微量的阻垢剂，破坏了 $CaCO_3$ 等晶体的正常生长，从而阻止 $CaCO_3$ 垢的形成，是油田回注水处理系统常采用的方法。

阻垢分散剂的开发仍以共聚物为主线。自20世纪80年代形成“共聚物热”以来，含磺酸基团和磷酸基团的共聚物又相继形成两个热点，并开发了许多新产品投入使用，对运行条件苛刻的水系统及不同类型成垢物的结垢控制收到了良好效果。实践证明这种开发思路是正确的。磷酸基团的引入，目前按聚合物结构特点分有两大类产品，一是膦基聚合物[PCA 聚合物，分子上带 1PO(OH)基团]；另一是膦酰基聚合物，分子上带 PO_3H_2 基团。两者都具有很好的阻垢分散能力和一定的缓蚀作用。

二、油田常用防垢剂

目前油田常用防垢剂主要有：HEDP——羟基亚乙基二磷酸、ATMP——氨基三亚甲基磷酸、EDTMP——乙二胺四亚甲基磷酸、聚马来酸酐、聚丙烯酸等。有机多元膦酸分类表见表3－51。

表3－51 有机多元膦酸分类表

类型	名称	代号	结构式
甲叉磷酸型	氨基三甲叉膦酸	ATMP	$N(-CH_2-PO_3H_2)_3$
	乙二胺四甲叉膦酸	EDTMP	$[-CH_2-N(-CH_2-PO_3H_2)_2]_2$
	二乙烯三胺五甲叉膦酸	DETPMP	$H_2O_3P-CH_2-N[(-CH_2-CH_2-N(-CH_2-PO_3H_2)_2]_2$
	己二胺四甲叉膦酸	HDTMP	$[-(CH_2)_3-N(-CH_2-PO_3H_2)_2]$
	甘氨酸二甲叉膦酸	GDMP	$HOOC-CH_2-N(-CH_2-PO_3H_2)_2$
	甲胺二甲叉膦酸	MADMP	$CH_2-N(-CH_2-PO_3H_2)_2$
同碳二磷酸型	羟基乙川－1，1－二膦酸	HEDP	$CH_3-C(-OH)-(PO_3H_2)_2$
	1－氨基，乙川－1，1－二膦酸	AEDP	$CH_3-C(-NH_2)-(PO_3H_2)_2$
羧基膦酸型	1，3，3－三膦酸基戊酸	—	$H_2O_3P-C(-CH_2-CH_2-PO_3H_2)(-CH_2COOH)-PO_3H_2$
	双(3－膦酸丙酸基)膦酸	—	$HO_2P-CH(-PO_3H_2)-(CH_2-COOH)$
	4，4－二膦酸基 1，7－庚二酸	—	$(H_2O_3P)_2-C-N(-CH_2-CH_2-COOH)_2$
	二乙硫醚二胺四甲叉膦酸	—	$S-[CH_2-CH_2N(CH_2PO_2H_2)_2]_2$
其他膦酸型	N′－三甲氧基丙硅烷基乙二胺N′N－二甲叉膦酸	—	$(CH_3O)_3Si(-CH_2)_3N-(CH_2)_2-N(CH_2PO_3H_2)_2$

三、阻垢剂的作用机理

有机膦酸盐缓蚀阻垢的机理，目前还不成熟，仅缓蚀阻垢机理的研究，就涉及许多学科，如电化学、表面化学、结晶化学、化学动力学、化学热力学及结晶动力学等等，并需要严格的测试方法和实验手段。下面有关机理的一些讨论，还只是初步的解释，较成熟的机理有待不断实践和探索。油田回注水来自地下，里面含有大量的矿物质阳离子如钙镁离子、钠离子，有时还有锶、钡离子，阴离子有氯离子、硫酸根、碳酸根和硫离子等。

1. 阈值效应

这种理论认为在水中投加几种防垢剂(数量级为每升数毫克)，可将比按化学计量比高得多的钙离子稳定在水中。一是认为产生这一现象的原因在于防垢剂的阴离子和金属阳子的螯合作用并非按化学计量比而进行；二是认为由于 $CaCO_3$ 微晶吸附上防垢剂后可抑制 $CaCO_3$ 晶体的析出。

在回注水中引起结垢的主要阳离子钙、镁离子浓度可高达几百毫克每升，而投加的药剂，无论是聚磷酸盐或有机膦酸盐还是低分子量的聚电解质，它们总的投加量是很低的，常在 0.25 ~ 10mg/L 范围内，这个量大大低于水质中碱土金属形成垢的化学计算当量。也就是说只要加少量药剂，便可使比它化学计算当量大得多的 Ca^{2+}、Mg^{2+} 等不从溶液析出成垢。有人计算过，以上所述几种类型的药剂，对碱土金属成垢量，其克分子比率常在一份药剂比 300 ~ 10000 份的阳离子范围内。这种在水系统中所使用的非化学计算量的药剂常称为溶解限量药剂。它不仅投加量低，而且很重要的一点是在通常情况下，对腐蚀和结垢都有一定抑制作用。

由于有机膦酸盐和 Ca^{2+}，Mg^{2+} 能生成很稳定的络合物，从而降低了水中的 Ca^{2+}，Mg^{2+} 的浓度，因此在水中析出 $CaCO_3$ 等沉淀的可能性就变小了，这就是络合增溶的作用。例如当 1mg/L 的 ATMP 在水溶液中存在时，可使 95mg/L 的碳酸钙在 20℃条件下，在溶液中保持 24h 不析出。曾有人报导膦酸盐可稳定钙硬度为 1000mg/L 的水。

有趣的是，有机膦酸盐不仅能和水溶液中的 Ca^{2+}、Mg^{2+} 形成稳定的络合物，同时还能和已形成 $CaCO_3$ 晶体中的 Ca^{2+}，形成稳定的络合物。因此有机膦酸盐和水溶液中已形成的 $CaCO_3$ 晶体两者之间会发生作用，同时包围 $CaCO_3$，使得 $CaCO_3$ 小晶体难于按严格的排列次序进行碰撞而不易生成 $CaCO_3$ 的大晶体，由此使 $CaCO_3$ 保持在小颗粒晶体范围之内，这样相应的小颗粒 $CaCO_3$ 结晶在水中的溶解性能也较大一些。这种使晶体保持在很小范围之内，从而提高晶体颗粒的溶解性能的效应，也就是一定量的水，可以包含更多一些的 $CaCO_3$ 稳定在水中而不析出，这是另一种意义的络合增溶。

2. 晶格歪曲理论

这是目前在阻垢方面比较普遍的一种看法，即一般认为有机膦酸盐对 $CaCO_3$

等垢层的抑制作用，主要是它们对这些垢层晶格生长起着干扰作用，使 $CaCO_3$ 垢晶体结构发生很大的“畸变”，使得 $CaCO_3$ 结晶不再继续增长，即按严格排列次序的 $CaCO_3$ 垢结晶，不能继续按正常规则增长。或者说结晶的晶格被“歪曲”(见图3－55)，从而产生了一些较大的非结晶的颗粒，这种非结晶的颗粒是容易被水流等因素冲刷分散，从而使 $CaCO_3$ 硬垢或极硬垢转变成为一定程度的软垢。

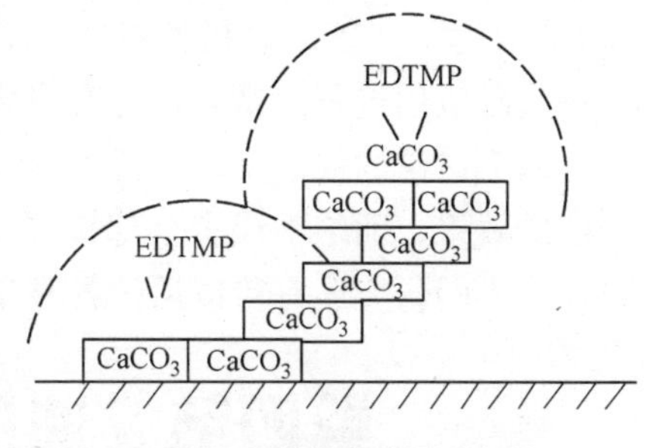

图3－55　晶格歪曲示意图

从图3－55示意图可以看出，在 $CaCO_3$ 结晶中混入 EDTMP，由于它对 Ca^{2+} 的稳定的螯合作用，从而抑止了 $CaCO_3$ 垢层的晶格正常生长，使垢层具有许多空洞。垢层无法无限止增长，其结果就抑制了严重的硬垢形成。

3. 螯合增溶作用

这种理论认为防垢剂能与水中 Ca^{2+}、Mg^{2+} 等阳离子形成稳定的可溶性螯合物，从而提高了水中 Ca^{2+}、Mg^{2+} 的允许浓度，相对来说就增大了钙、镁盐的溶解度。

4. 凝聚与随后的分散作用

对于聚羧酸盐类聚合物防垢剂，在水溶液中解离生成的阴离子在与 $CaCO_3$ 微晶碰撞时，会发生物理化学吸附现象而使微晶表面形成双电层。聚羧酸盐的链状结构可吸附多个相同电荷的微晶，它们之间的静电斥力可阻止微晶的相互碰撞，从而避免了大晶体的形成。在吸附产物又碰到其他聚羧酸盐离子时，会把已吸附的晶体转移过去，出现晶粒的均匀分散现象。从而阻碍晶粒间及晶粒与金属表面间的碰撞，减少溶液中的晶核数，进而将稳定在 $CaCO_3$ 水溶液中

5. 再生－自解脱膜假说

Herbert 等认为聚丙烯酸类防垢剂能在金属传热面上形成一种与无机晶体颗粒共同沉淀的膜，当这种膜增加到一定厚度时，会在传热面上破裂并脱离传热面。由于这种膜的不断形成和破裂，使垢层生长受到抑制，此即“再生－自解脱膜假说”。此假说在实质上反映了防垢剂的“消垢”机制。

6. 双电层作用机理

对有机膦酸类防垢剂的阻垢作用，有人提出了双电层作用机理。认为防垢剂的作用是在生长晶核附近的扩散边界层内富集，形成双电层并阻碍成垢离子或分子簇在金属表面的聚结。

在水系统中应用有机膦酸盐作稳定剂，相比于无机聚磷酸盐的使用，不能说不是一个很大的飞跃。然而有机膦酸盐在使用过程中也发现，当有机膦酸盐和无

机磷酸盐同时应用时，对水处理的效果比单一用任何一个好得多(这种效应就叫“协同效应”)，加之有机膦酸盐效果较好，但价格仍较无机聚磷酸盐贵一些，因此在实际应用过程，常常还是有机膦酸盐和无机聚磷酸盐混合使用的。

以上讨论的仅仅是阻垢机理的几种初步看法，仅仅说明这几种因素分别起着一定的效果，而绝不代表全部情况。实际上有机膦酸盐的阻垢机理要复杂得多，更加深入的研究还有待以后的各种工作的进行和探讨。

第四节　油田回注水抑菌技术

油田注水系统中，微生物的存在引起管线腐蚀破坏及油层和管线堵塞，导致注水率下降，影响石油采收率，同时微生物还会造成三次采油用聚合物等发生降解，造成巨大的经济损失。美国生产油井中发生的腐蚀77%以上是由于硫酸盐还原菌(Sulfate Reducing Bacteria，SRB)造成的。美国每年因微生物腐蚀的损失达300～500亿美元，LOST HILLS油田在没有对SRB进行控制时每年花费的设备更新费用达$1795000，后来使用杀菌剂将费用降到$800000，这种状况仍不能彻底解决。我国各油田也存在程度不一由SRB引起的腐蚀，但防护措施单一，仅投加杀菌剂防护。如中原油田每年用于SRB杀菌剂方面的费用高达6000万元，也未能很好控制SRB腐蚀。

一、硫酸盐还原菌对多孔介质的影响

硫酸盐还原菌培养液(不含有FeS等沉淀物)分别加入回注水中，配制成含菌量为10^7～10^8个/mL的回注水样品备用。并设置普通回注水作为空白对照。

当上述三组回注水样品分别通过人造砂芯滤层时发现，每间隔30min水样滤出量均为800cm^3，各水样连续6次测量结果基本相似。试验结果说明，回注水中硫酸盐还原菌的菌量即使增加到10^7～10^8个/mL，也并不影响水的滤率，因为这些细菌细胞直径均在1μm内，菌体本身不会堵塞15～40μm的孔径。但将硫酸盐还原菌液(连同其代谢活动中产生的FeS沉积物)加入回注水中，配制成含菌量为10^7～10^8个/mL的水样，过滤前有大量肉眼可观察到黑色小斑点均匀悬浮在水样中。水样倒入滤器后，每间隔30min测量起悬滤出液的量，连续测量3h。测量结果见图3-56。

从图3-56中可以看出，随着过滤时间的持续，每30min滤出液的数量逐渐减少。这是由于硫酸盐还原菌代谢活动过程中形成的FeS等沉淀物会堵塞孔隙，因而对水滤率有直接的影响。本模拟试验的结果是一个强化试验，而在实际地层中硫酸盐还原菌对地层渗透率的影响是一个缓慢的沉积过程。首先硫酸盐还原菌

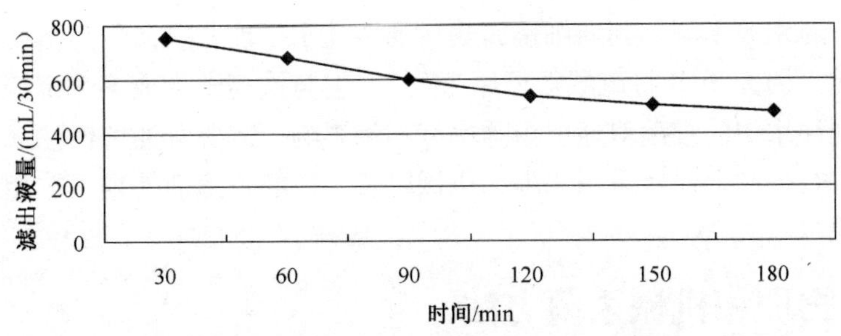

图 3-56 硫酸盐还原菌对渗透率的影响

在地层中的生存与发展也是有条件的（硫酸盐、厌氧环境和有机物的存在），如果硫酸盐还原菌进入地层，并遇到适宜的生长环境，在其代谢活动中产生的 H_2S 与铁等金属接触后，才会形成 FeS 等沉积物，堵塞现象就可能发生。试验说明硫酸盐还原菌代谢过程中形成的沉淀物对回注水模拟过滤的影响是很明显的。

依据行标 SY/T5329—1994“碎屑盐油藏注水推荐指标及分析方法”，对不同水样的悬浮物含量、滤膜系数和颗粒粒径中值进行测试，结果见表 3-52。

表 3-52 不同水样的悬浮物含量、滤膜系数和颗粒粒径中值的数据

测试项目	样品名称			
	空白水	1227(100mg/L)	ClO_2(5mg/L)	60℃灭菌
SS/(mg/L)	25.7	28.8	23.9	14.9
MF	6.75	9.42	13.4	13.8
颗粒粒径中值	4.22	3.42	1.31	2.92
SRB/(个/mL)	6.0×10^0	0	0	6.0×10^0
TGB/(个/mL)	6.0×10^3	0	6.0×10^0	6.0×10^3

测试项目	空白水	细菌富集水	细菌富集水 + Na_2SO_3	细菌富集水 + 铁钉	细菌富集水 + Na_2SO_3 + 铁钉
SS/(mg/L)	19.2	24.4	21.5	32.0	38.0
MF	9.67	5.33	3.83	3.08	2.58
颗粒粒径中值	3.73	4.93	5.69	4.71	5.70
SRB/(个/mL)	6.0×10^0	6.0×10^1	6.0×10^2	6.0×10^1	6.0×10^2
TGB/(个/mL)	6.0×10^1	6.0×10^7	13×10^6	6.0×10^7	13×10^6

注：细菌富集水，加 SRB、TGB 培养基各 1.0mL/L，培养 48h。

表中数据表明：杀菌剂的加入使回注水中的悬浮物含量和颗粒粒径中值减小，滤膜系数增大，因此，回注水中 SRB 的减少，对水质有利；而经细菌富集的回注水，SRB 数量增大，使回注水中的悬浮物含量和颗粒粒径中值增大，滤膜系数减小，对水质不利。当向细菌富集后的回注水中加入铁离子后，增加了 SRB 的不利影响。因为 SRB 将硫酸盐还原为 S^{2-}，它与铁离子形成 FeS 沉淀所致。由此可见，回注水中的细菌对地层渗透率有不利影响，需要对油田回注水系统中微生物生长进行控制，通常采用物理、机械以及合适的杀菌剂处理工艺相结合的方法加以解决。

二、物理和机械杀菌方法

1. 物理清洗系统工程

（1）用聚氨基甲酸酯制的刮管器或高速水清洗回注水处理及回注管线，同时在冲洗水中加入活性剂或适当的杀菌剂。这种方法虽然成本高，但有利于机械地去除硫化铁垢和生物污泥的沉积物。垢及污泥能产生适宜于硫酸盐还原菌大量生长繁殖的环境，同时增大了对商品杀菌剂吸附的表面积，使其效果变差。软泥和污垢也能疏松地黏附在管壁，定期用机械方法从系统中清除掉，可以防止剥落及沉积到注水井井眼。机械清除掉硫化亚铁，也能减少由于脱硫弧菌代谢产物在金属管线表面形成浓差电池的可能性。

（2）注水井进行反冲洗，这将有助于除去井中污泥和清洗注水井管柱。

（3）倘若需要，可进行酸化，清洗注水井，以增加注水能力。

（4）采用适当的程序反冲洗系统中的过滤器，如果必要，可以在清洗过滤器的水中添加洗涤剂或杀菌剂。

2. 调整注水流程

（1）如果可行，重新设计和改建水处理系统，以达到清除水流速度慢或静止的死角，将回注水处理及管道输送的时间减少到最短的目的。

（2）尽可能将淡水和海水或回注水分开，分别或交替地将它们注入地层。现场经验表明，在开始调整之后，回注水和淡水混注系统比单独注受污染的回注水，脱硫弧菌更易生长。当海水和回注水或淡水混合时，也会出现一些特殊的问题。

三、化学方法杀菌

1. 杀菌剂的选择标准

杀菌剂的选择应符合行标 SY/T5757《杀菌剂通用技术标准》中的规定，按照行标 SY/T5890《杀菌剂性能评价方法》的规定进行评价筛选。在符合条件的杀菌剂中，应首先选择符合下列要求的：

1）杀菌剂效果好

在相同条件下进行杀菌剂筛选，应选择对实验菌种致死时间短并且用量少的一种。

2)成本低

随着油田的不断开发，含水不断增加，如何降低水处理费用成为当务之急。

3)穿透力强

真正对油田生产造成危害的细菌是那些黏附在管壁生物膜下面的细菌，杀死膜下细菌才能从根本上解决微生物腐蚀，因此，穿透性强并具有剥离作用成为选择杀菌剂的重要指标。

4)一剂多效

在油田回注水处理系统中，添加以杀菌为主兼有缓蚀和阻垢，或兼有絮凝和缓蚀的多功能杀菌剂，通过一剂多能，大大提高综合处理效率，降低处理成本。

5)配伍性好

由于油田回注水处理系统同时要投加缓蚀剂、阻垢剂、絮凝剂等水处理剂，杀菌剂必须与其他化学药剂具有较好的配伍性。若配伍性不好可能导致杀菌剂在系统中与其他化学药品(如防垢剂、除氧剂等)产生反应，这种反应可能使两种药品产生一种不溶的沉淀。如醋酸二胺盐与无机或有机的磷酸盐化合物的反应就是这样一个例子，它们反应生成一种新的不溶解的二胺基磷酸盐。杀菌剂反应也可以生成可溶性络合物或新的化合物，而这种新的物质没有杀菌效果，或者降低了杀菌剂原来的杀菌作用。

除了上面提到的不相容的问题外，还有杀菌剂和处理系统不相适应的其他一些问题。下述情况是设计中必须充分注意的问题：

(1) 系统中还原性物质高时，不适用氧化型杀菌剂(如 ClO_2)。

(2) 某些化学药品可能对处理系统中管线的塑料衬里有影响。

(3) 用含氯的化合物处理一些系统能加速金属管线的腐蚀。

6)使用方便，稳定性好

选择杀菌剂可能要受到其物理性质的影响，当温度低于零度时，就需要用低凝固点或改性的药品，以适应冬季使用。另外，杀菌剂还要求一定的稳定性。如在保质期内不分层、不沉淀，在特别热的天气里，杀菌剂中的溶剂或载体不挥发。

7)聚合物的影响

注聚合物驱油时，建议对聚合物溶液进行杀菌或使用防腐剂。由于采油用聚合物一般为阴离子型，而杀菌剂一般为阳离子型，使用不当，易使聚合物聚沉，所以选择时必须注意二者的配伍。实验室对特定聚合物进行杀菌效果评定实验，可以消除这种可能性。除氧剂和聚合物一起使用时，必须研究杀菌剂和除氧剂的混溶性。许多聚合物溶液，由于它的复杂的有机性质，也可能是某种异养菌生长极好的培养基。

2. 菌机理

杀菌剂一般分为氧化性杀菌剂和非氧化型杀菌剂两种。氧化型杀菌剂一般为无机的，如氯、次氯酸钠、溴、二氧化氯、臭氧、三氯异三聚氰酸等；非氧化型杀菌剂为有机的，如季铵盐、有机胍盐、二硫氰基甲烷和大蒜素等。

1）氧化性杀菌剂

氯是氧化型杀菌剂中应用最广泛的一种药剂，由于它价格低廉、有效、使用方便，至今仍然是工业用水，甚至饮用水常用的一种药剂。但是用氯杀菌在一定的范围内有其局限性，因此，为适应不同场合、条件，必须配备其他氧化型或非氧化型杀菌剂交替使用。

次氯酸钠 NaClO 和次氯酸钙 $Ca(ClO)_2$其杀生作用主要也是依靠次氯酸的氧化作用。

$$NaClO + H_2O \rightleftharpoons HOCl + NaOH$$

$$Ca(ClO)_2 + 2H_2O \rightleftharpoons 2HOCl + Ca(OH)_2$$

次氯酸盐的运输和使用都较方便，但必须注意储存时防止分解失效。

三氯异三聚氰酸或二氯异三聚氰酸及其钠盐，在水里容易水解，水解反应如下：

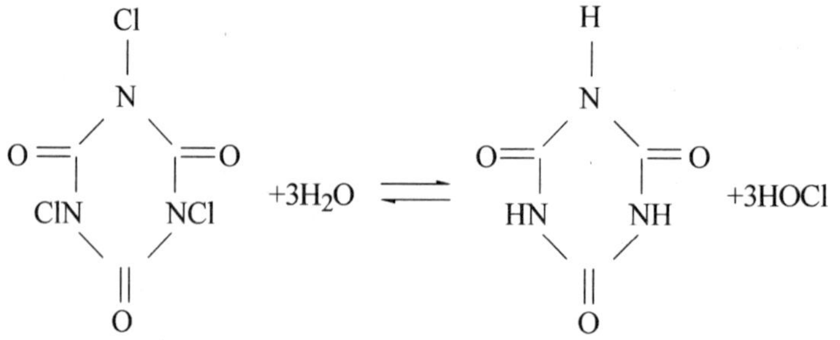

$$\text{(三氯异三聚氰酸：环上三个 N 各连 Cl，三个 C 各连 =O)} + 3H_2O \rightleftharpoons \text{(异三聚氰酸：环上三个 N 各连 H，三个 C 各连 =O)} + 3HOCl$$

水解产物为 HOCl，因此和氯一样具有杀菌作用。相比之下价格较高，但由于它们有效氯含量高，干燥状态稳定行性好，贮存使用方便和安全，同时还可以根据不同的用途制成各种剂型，且无毒性。从三氯异三聚氰酸的水解平衡反应，溶于水中的异三聚氰酸起到了贮蓄 HOCl 的作用，并维持水中的一定游离氯的浓度，所以氯化异三聚氰酸的药效持续时间很长。如果用于油田回注水中，对较长的地下管线保持清洁状态是有利的，但由于它们是氧化型杀菌剂，在油田注水系统中使用要慎重。

二氧化氯（ClO_2）对细菌的杀生能力是 Cl_2的 25～26 倍，除了具备比氯还高的杀生效果外，还能弥补氯气杀菌的不足之处，可以在 pH 值为 6～10 的范围内有效使用，而 Cl_2、NaClO 等只能在 pH 值较低的条件下使用。二氧化氯对水中含氨和含氨基的化合物、有机化合物等均无影响，也不会象氯那样会产生氯化作用而产生潜在的致癌物质。

氧化性杀菌剂是通过与细菌体内的代谢酶发生氧化作用，将细菌完全分解为二氧化碳和水，以杀死细菌。

2)非氧化性杀菌剂

非氧化性杀菌剂油田回注水处理系统常用季铵盐，它是一类能降低溶液表面张力的阳离子表面活性剂。由于它具有杀菌性能和表面活性作用，所以季铵盐在水处理技术中是一个很好的杀菌剂，也是一个很好的污泥剥离剂。

季铵化合物的杀菌力与碳链长度有关系，一般杀菌力 $C_{16} > C_{14} > C_{13} > C_{12}$，$C_{16}$的杀菌力为$C_{12}$的2倍。但由于$C_{12}$的来源较多，所以一般应用最广的是十二烷基二甲基苄基氯化铵(1227)，以及十二烷基三甲基氯化铵(1231)。1227和1231的结构式分别为：

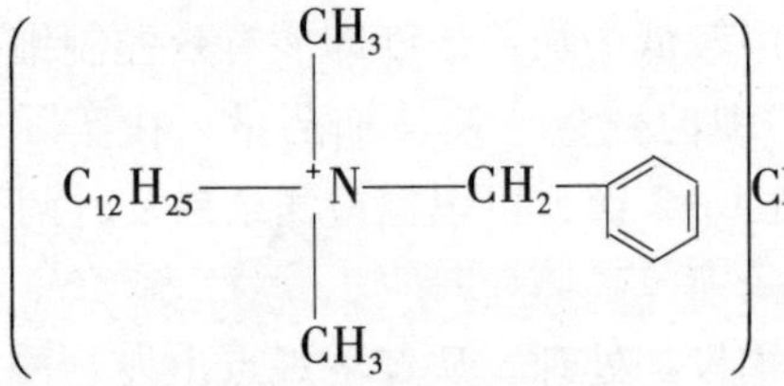

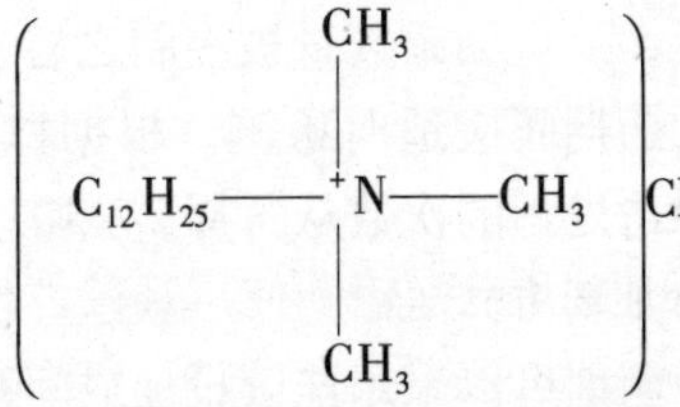

$$\left[C_{12}H_{25}-\overset{\overset{CH_3}{|}}{\underset{\underset{CH_3}{|}}{N^+}}-CH_2-C_6H_5\right]Cl^- \qquad \left[C_{12}H_{25}-\overset{\overset{CH_3}{|}}{\underset{\underset{CH_3}{|}}{N^+}}-CH_3\right]Cl^-$$

另一类分子中含有吡啶基，其杀菌力也很强，例如十六烷基氯化吡啶：

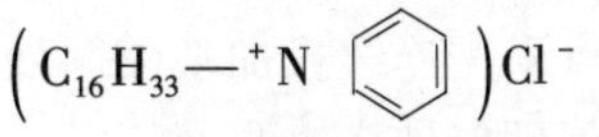

$$\left(C_{16}H_{33}-{}^+N\,C_5H_5\right)Cl^-$$

季铵盐化合物除了具有较强的杀菌作用和污泥剥离作用外，由于季铵盐的螯合能力强，因此与其他药剂共用时还具有缓蚀增效的作用。可以说是一种具有多种效能的水处理剂。此外，季铵盐化合物还具有化学性质稳定和使用方便等优点。一般投药量10～20mg/L即可抑菌，30～40mg/L可杀死细菌，4～7mg/L可杀死藻类，冲击式投加量一般为100mg/L。但油田回注水由于多年使用季铵盐导致细菌具有一定的抗药性，目前季铵盐的使用浓度成倍增加。另外由于季铵盐产品中有机氯含量较高，可能对后续原油的炼制有不利影响，杀菌剂需要更新换代。

非氧化性杀菌剂的作用机理以季铵盐为例，可有两种机理：

(1) 细菌表面一般带负电荷，季铵盐类阳离子杀菌剂，它可强烈地吸附在菌体表面，形成静电结合，产生压力，引起细胞壁的溶解和死亡。

(2) 吸附作用还可分解细胞的半渗透膜，引起细胞损害和细胞内部代谢物质的辅酶的泄漏。杀菌剂的亲油基能溶解菌体表面脂肪壁，溶解性能越好，越有利于破坏半渗透膜，加速细菌的死亡。

3. 处理方法的选择标准

当杀菌剂选择后，就要设计处理方法和处理地点，使充分发挥化学处理的效果。检查整个系统，并测定不同地点的细菌含量，编制各个地点存在细菌生长环境的综合比较图。这种系统分析就能选择出合理的处理方法：间歇、连续或是间歇—连续联合处理。

选择处理方法需要考虑的一些因素如下：

1)经济效果

杀菌剂选择后，必须考虑采用的投加方法。杀菌剂可以采用连续投加或间歇冲击处理。从经济观点出发，采用间歇冲击式处理是理想的方法。如果细菌含量不是那么高，可以采用冲击式处理，就足以控制细菌的生长。

2)加药浓度

由于杀死生物膜内的细菌比杀死浮游菌所需的杀菌剂浓度要高几倍甚至几十倍，因此，用间歇冲击式处理时，使用杀菌剂的浓度应保持在较高的水平，并持续一定时间。如果连续加入杀菌剂，通常要求开始浓度要高，使细菌数量处于控制之下，一旦细菌数量被控制之后，再采用较低的加药浓度即能有效控制细菌繁殖。加药期间应适时检测，根据检测到的细菌数量，调整加药量。在实际实施中，冲击处理的次数从每周2~3次到每月1~2次，可根据检测结果及时调整。

3)加药方式

杀菌剂可以采用连续投加或间歇冲击式投加处理。从经济观点出发、冲击式投加是最有效的，但必须是在细菌含量不太高的情况下采用才有效。对整个注水系统，应测定不同地点的细菌含量，在细菌含量高的地点采用连续投加杀菌剂处理，而在其余细菌含量不太高的地点采用间歇投加方式处理也是有效的。

4)加药部位

选择加药点，应了解系统适宜细菌增长的部位，例如，在注水系统中，微生物生长最严重的地方可能在注水罐以后的部位，那里通常采用了气封，保持在无氧的状态，也可能出现在淡水和咸水的混合地点。这些部位通常生长的是硫酸盐还原菌。在供水井和回注水集输系统可能只有很少的细菌生长。在这种情况下，应在细菌大量繁殖的设备前加药；处理好的回注水在下游可能又会出现问题，应适当增设加药点，以保护整个系统。

回注水中悬浮固体和油表面带负电荷，阳离子型杀菌剂投加在来水，在杀菌的同时，大部分杀菌剂与悬浮固体和油表面的负电荷发生电中和反应，使得杀菌剂被悬浮固体和油消耗，导致水中的杀菌剂浓度下降达不到细菌的致死浓度，无法将细菌全部杀灭。如果长期如此运行，水中的细菌容易产生抗药性，进而造成杀菌剂致死浓度的提高，增加杀菌剂用量，导致细菌难以控制。因此，杀菌剂需要投加在水净化处理后，在提高杀菌效率的同时，也降低杀菌剂的投加量。

5)杀菌剂的交替使用

细菌有一种非常强的适应能力，长期连续使用同一杀菌剂会产生抗药性，使杀菌力显著下降，用药量不断增加。因此，最好的方法是至少选择两种杀菌剂交替使用，或者改变投加方式等，以避免由于细菌的抗药性而造成的问题。图3-57是系统中间歇投入杀菌剂时的细菌总数，曲线上低的地方表示投入杀菌剂后的细菌数目，也就是说，经过几次反复投加杀菌剂以后，低的地方细菌数增加了，说明微生物对杀菌剂有了抗药性。图 3－58 是间歇投加有效杀菌剂后，水中细菌数回到了表示没有抗药性时的极低水平。

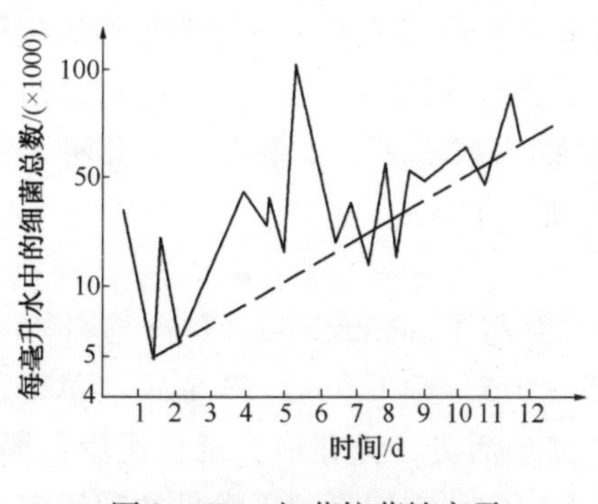

图 3－57 细菌抗药性离子

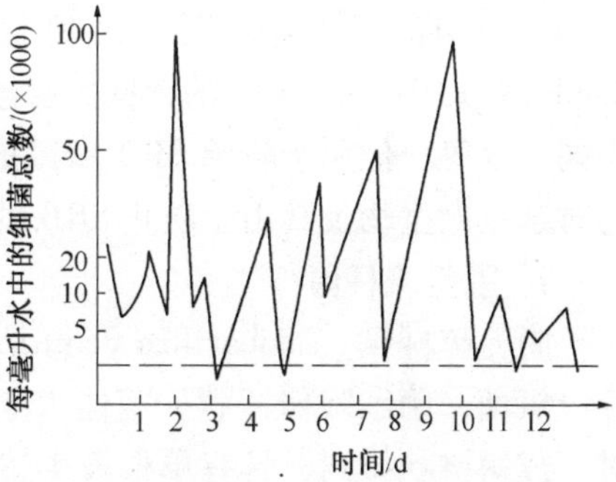

图 3－58 有效抑菌的离子

用投加杀菌剂的方法虽然能较好地控制油田回注水系统中的细菌，但不能视为唯一手段。由于 SRB 属于厌氧菌，其最有利的生存环境多位于缺氧的死水区域或沉积物区，极易在这些部位大量繁殖滋生，而且一旦形成生物膜后细菌就更加不易杀死，大大降低杀菌效果。很显然，在这种情况下如果单纯以提高杀菌剂投量来解决问题既不经济又不合理，必须在投加药剂的同时，从抑制 SRB 繁殖、提高杀菌效率方面入手，综合采取措施，主要包括：① 加强容器排污能力，减少积泥；② 尽量避免系统存在死水区和死水管路；③ 加强管线和容器的内防腐；④ 在过滤装置中采用滤头布水，取消易形成淤积的垫层；⑤ 新建站从投产开始即投加杀菌剂，控制生物膜形成。

四、微生物竞争抑制方法

微生物防治方法就是利用微生物的方法——生物竞争淘汰法，即通过微生物群的替代，将油田微生物问题变为有利因素，可替代生物群在就地生产天然气、聚合物、表面活性剂，同时防止和除去硫化物，既可提高油层采收率，又能防止油层酸化的方法。微生物防治方法机理是：所用细菌在生活习性上与 SRB 非常相似，只是它们不产生 H_2S，这些细菌注入地层和 SRB 生活在同一环境中，就可和 SRB 争夺生活空间和食物营养，从而抑制 SRB 的生长繁殖。另一机理是：某些细菌可以产生类似抗生素类的物质直接杀死 SRB，也就是利用微生物之间的共生、竞争以及拮抗的关系来防止微生物对金属的腐蚀。

G. B. Farquhar 在就微生物导致腐蚀的研究趋向的评论中指出以后研究，开发有效、低费用的细菌就是其中特别强调的一个方面。1995 年，The Eleacteic Power Research Institude（Pale Alto，California）调查了一种新防腐方法，即利用细菌产生的再生聚合物生物膜防止腐蚀。研究显示 Pseudomonas sp S9 和 Serratia marcescens 可降低低碳钢在人工海水中的腐蚀速率；Jayaraman 等的研究说明：与在无菌的 LB 培养基中相比，接种了 Pseudomonas fragi、Escherichia DH5 的碳钢(SAE 1018)的腐蚀速率降低 4 ~ 40 倍；Jack 等的研究发现与无菌溶液相比接种了 Bacillus sp、Hafnia alvei 的钢铁的腐蚀速率起初可降 2 - 6 倍，17d 后与无菌溶液相同，等等。但用于防治 SRB 腐蚀的微生物为数不多，主要有以下几种，下面就对这些微生物及其用于防止 SRB 的研究做一介绍。

1. 脱氮硫杆菌

脱氮硫杆菌(Thiobacillus denitrificans，简称 T. denitrificans)是严格自养和兼性厌氧菌，菌细胞球杆状，菌体大小(0.3 ~ 0.5) × (1.0 ~ 1.5) μm，单个、成对、或短链状排列，具有单根极生鞭毛，运动活泼，无芽孢，革兰氏染色阴性。存在于运河水、各种矿水、海洋、污泥和土壤中。它们不同于常见的利用有机物作为能源生长的异氧菌，而是能利用还原新型无机硫化物作为能源，将它们氧化成 SO_4^{2-}，在厌氧条件下 NO_3^- 作为电子受体被还原成 N_2，反应式为：

$$5HS^- + 8NO_3^- + 3H^+ \longrightarrow 5SO_4^{2-} + 4N_2 + 4H_2O$$

因而在硝酸盐存在并且培养在带塞的玻璃瓶中时，由于旺盛地产生氮气而导致泡沫的出现。

SRB 和脱氮硫杆菌之间就有生长竞争的关系。Sandbeck K A 等报道脱氮硫杆菌能将 SRB 产生的还原性硫化物氧化成 SO_4^{2-}，从而减少或抑制硫化物的形成。该技术主要通过操纵油藏微生物生态来改变最终电子受体，将硫酸盐还原作用转变成硝酸盐还原作用，从而抑制硫化物的积累。将有活性的脱氮硫杆菌加到含有 SRB 的环境中，能将 SRB 产生的还原型硫化物氧化成 SO_4^{2-}，从而减少或抑制硫化物的形成。在加拿大 Saskatchewan 的 Coleville 油藏卤水中补加硝酸盐和磷酸盐后，卤水中脱氮硫杆菌量大大增加，而 SRB 则没有明显增加。Sandbeck 和 Hitzman 等向油藏中加入硝酸盐和亚硝酸盐等电子受体，改变油藏微生物生态条件，使处理井中 SRB 水平下降，阻止了 FeS 和 H_2S 产生，解除了因 FeS 和结蜡造成的堵塞，油产量也有提高，生物竞争排斥技术不仅能控制油田 SRB 引起的腐蚀，而且在边缘井处理中有重大商业价值。

目前，已筛选出耐无机硫化物(1000μmol/L)和杀菌剂(25 ~ 40ppm)的 F 菌株，它有许多优点：①在纯培养条件下能很好穿透砂岩岩心，而 SRB 则较差；②不仅能够在严格厌氧条件下，而且在好气的井筒附近也能有效利用硫化物生长；③SRB 在中性 pH 产生腐蚀，F 菌的最佳生长 pH 也近中性，因此在与 SRB 混合培养时能抑制 SRB 的生长；④能与杀菌剂配合使用；⑤为严格自养菌，仅靠氧化无机化合物就能获得维持其生存所需的能量，在加入 NO_3^-、PO_4^{3-} 时，不会刺激油藏中其他不必要的异养菌的生长。

2. 硫化细菌

硫化细菌(SulpHide – Oxidizing Bacteria，简称 SOB)是好气性自养菌，以还原性硫化物如硫化氢、硫代硫酸钠等作为基质，其产生的代谢产物为硫酸盐。硫化细菌能将 SRB 产生的 H_2S 等还原性硫化物氧化成硫酸盐，从而降低环境中 H_2S 的浓度。朱增炎等的研究表明土壤中 SRB 和 SOB 的消长呈相反的变化趋势，即在两种菌的消长曲线中，当 SOB 处于峰值时，SRB 量处在较低值。但由于 SOB 在高 H_2S 浓度下生长会受到抑制，从而使其应用受到限制。因此，筛选耐高浓度硫化物的 SOB 成为利用这种细菌抑制 SRB 腐蚀的重点。

硫化细菌防治 SRB 的原理类似于脱氮硫杆菌，都是将 H_2S 转化，降低腐蚀。这种利用微生物从生态上抑制硫化物的积累不仅廉价、有效，可节省在油藏中累积了大量硫化物后再进行处理的昂贵费用，在环保上也是非常好的方式。

3. 短芽孢杆菌

短芽孢杆菌(Bacillus brevis，简称 B. brevis)，由于杀死生物膜中的 SRB 很困难，Miller 和 Cord – Ruwisch 等认为研究如何将 SRB 从生物膜中驱逐出来的方法比使用高剂量的杀菌剂要合理一些。尤其是好氧成膜菌可将 SRB 赶出生物膜，产生抗生素抑制 SRB 的生长，达到抑制其腐蚀的目的。

Jayaraman 等研究证实 ten – amine acid cyclic peptide gramicidin S(十氨基环缩氨酸短杆菌肽 S)可抑制 SRB，早在 1992 年 Azuma 等就发现 Bacillus brevis Nagano strain 能分泌 gramicidin S(短杆菌肽 S)。Jayaraman 等使用这种菌形成生物膜，分泌短杆菌肽 S，抑制不锈钢上 SRB。实验证明：Bacillus subtilis ATCC6633、Bacillus brevis ATCC35690 及 Bacillus brevis 18 都可以抑制 SRB 菌落形成达 7d，然而 7d 后补充培养基，除接种了 Bacillus brevis 18 的锥形瓶外，其余的 24h 内都变黑，检测到硫化亚铁，Bacillus brevis 18 抑制 SRB 高达 28d；电化学阻抗谱说明当 Bacillus brevis 18 在 304 不锈钢上形成生物膜后加入 SRB，120h 后，其极化电阻并不减小，即使在加入 SRB 48h 后检测到硫化物的存在，体系的极化电阻也不减小。产生抗生素的 Bacillus brevis 18 好象能抑制 SRB 在 304 不锈钢上吸附，进而推迟 SRB 在 SAE1018 软钢上生长形成生物膜。实验结果显示短杆菌肽 S 杀死 SRB 的潜力，证明在 SRB 形成菌落之前加入抗生素可有效抑制 SRB 的生长。

比起使用高剂量的杀菌剂，生物膜内产生抗菌素短杆菌肽抑制 SRB 的生长是一种有吸引力的选择。

4. 假单孢菌

假单孢菌(Pseudomonas fragi K，简称 P. fragi K). Jayaraman 等测试了在有 P. fragi K 和 SRB 时，SAE1018 试片在 modified Baar's medium 中的腐蚀失重。接

种了 SRB 时 SAE1018 钢的腐蚀 14d 后是无菌溶液的 1.4 倍，21d 后是其 2.5 倍，当 SRB 在试片上形成菌落之前，加入 ampicillin 和 P. fragi K，腐蚀失重是在 SRB 形成菌落之后再加 ampicillin 的 29%（10d）、13%（21d）；另外将 SRB 加入 P. fragi K 中，不锈钢的极化电阻降低，而软钢的增加。说明 P. fragi K 可以抑制软钢上 SRB 腐蚀。P. fragi K 是不产生抗生素的，其抑制 SRB 腐蚀的机理尚不明确，有待进一步的探讨。

第五节　回注水水质稳定控制综合技术

以上各节分别介绍了油田回注水的防腐、防垢、杀菌等处理技术，然而事实上各类化学药剂的处理几乎是同时进行的，因此必须有一个系统的综合考虑。例如应考虑到各类药剂之间的相互匹配，即希望各种药剂之间不产生相互干扰，不致于因共同存在时使药效相互降低甚至抵消，相反的，希望能做到各种药剂之间相互协同，相互促进。

此外，油田回注水的化学处理仅仅是处理技术的一个方面，有时还需要其他技术的配合，才能达到更好的防腐、防垢、杀菌等效果。也就是说有时仅仅依靠化学药剂处理还不能完全解决问题，而需要采用其他技术或方法加以辅助，例如采用耐蚀金属材料或非金属材料等。尤其需要考虑到下列因素：

（1）为了保护全流程，防腐、防垢、杀菌等药剂一般须在进处理站时投加，但这样投加的药剂将被水中的污油、污泥以及滤料等消耗或截留从而影响药剂效果。因此，如果站内处理设施部分采用耐蚀材料或防腐涂层，那么在此基础上缓蚀剂等可考虑在混凝沉降罐或过滤器后投加。

（2）水处理站内有些设备和部位中水的流速很低，这时仅仅用缓蚀剂等其保护效果是不够理想的，为此水处理站内的构筑物采用防腐涂层效果更好。

（3）在水处理站采用部分耐腐蚀材料后（如玻璃钢管线等），可少加或不加缓蚀剂，或对缓蚀剂的要求及投加量可以降低。

总之，要保障注水系统水质稳定，必须有一个系统的观点和综合考虑问题的方法。

目前，油田回注水由于水质稳定控制措施不到位、输送管线老化等造成回注水沿程水质二次污染严重，造成处理后的水从处理站外输到注水井口水质超标。导致地层堵塞、注水压力升高、吸水指数下降、水井欠注严重、维护周期缩短等问题。据统计，2010 年胜利油田井口水质综合达标率比外输降低了 7%，主要是悬浮物和 SRB 指标沿程变化较大，悬浮物降低 15.5%，SRB 降低 9.6%（见图3－59）。

通过研究可知，导致回注水中悬浮物含量增加的主要原因是腐蚀及腐蚀产物与水中其他不稳定物质发生化学反应。影响水质恶化程度的主次顺序：腐蚀产物、细菌繁殖、结垢、管线老化、硫化物、溶解气体等。根据水质特性、水质分类及沿程二次污染的主要原因，推荐水质控制模式：

（1）源头控制：控制腐蚀结垢及细菌繁殖，去除原水中铁离子、硫化物及成垢离子。

（2）沿程控制：加强过程控制，抑制腐蚀及细菌生长，延缓沿程管线腐蚀老化。

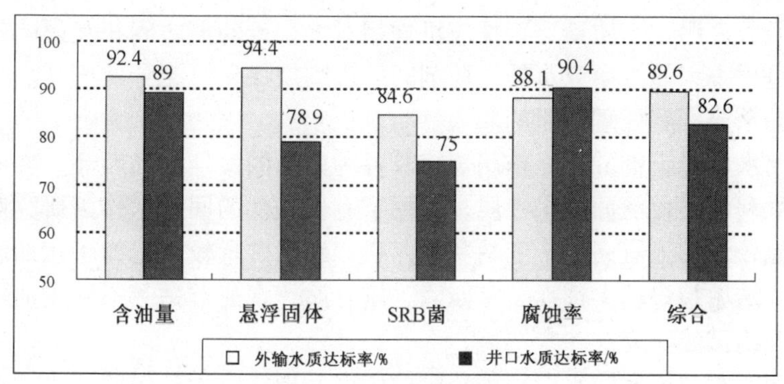

图3－59 2010年胜利油田注水达标率对比

一、回注水水质源头控制技术

水质源头控制技术主要是指回注水在污水站进行处理，配合水处理工艺在水质净化的基础上加强水质稳定技术的应用。目前应用的技术主要是水质稳定药剂的配伍使用，充分发挥各种药剂间的协同作用；改变水介质的状况，通过水质改性达到控制水质的目的；还可通过氧化的方法将水质不稳定的还原性物质去除。

1. 水质稳定药剂配伍性

目前使用的水处理药剂，几乎都是各种药剂的复合配方，因为复合配方可弥补各个药剂的局限性，同时也可发挥药剂之间的“协同效应”。例如，如果回注水不先进行絮凝净化，除去水中的机杂和油珠，那么加入的杀菌剂就有一部分被油珠等吸附而失去杀菌作用，而且水中的悬浮物吸附到管壁上，使缓蚀剂不能在金属表面成膜，还可能引起点蚀穿孔。同样，如果杀菌不利，或者阻垢效果不好，单靠缓蚀剂达不到控制腐蚀的目的。有时候各种单剂效果评价很好，但合在一起使用就可能降低各自的效果，有的发生沉淀，有的相互抑制。因此，在各种药剂使用前必须进行配伍试验，如果配伍的好，就可产生协同效应，相互增强效果。例如杀菌剂1227、阻垢剂HEDP与某些缓蚀剂配伍，即可产生协同效应，增强缓蚀作用。

油田回注水处理药剂经多年的筛选应用，已经形成一系列水处理药剂，在现场得到广泛应用。目前适应于油田回注水水质的各种药剂主要有：缓蚀剂、杀菌剂、阻垢剂、絮凝剂等。水质净化剂主要有：混凝剂和絮凝剂，目前常用的混凝剂有聚合铝、聚合铝铁；絮凝剂是不同类型的聚丙稀酰胺。水质稳定剂(俗称"三防"药剂)主要有：缓蚀剂、杀菌剂、阻垢剂、除氧剂等，目前常用的缓蚀剂有咪唑啉类、酰胺类、聚季铵盐类；杀菌剂有季铵盐类、醛类、有机胍类等；阻垢剂有有机膦酸盐、聚马来酸酐、聚丙烯酸等；除氧剂主要有亚硫酸钠、联胺、抗坏血酸钠、酮肟等。

使用经验表明，水质稳定剂反应机理相对复杂，药剂之间相互影响较大。在现场应用过程中，通过研究水处理药剂间的影响规律，可充分发挥其之间的协同作用，达到水质稳定处理的目的。

为找出水质稳定剂的相互作用规律及各种药剂的最佳投加顺序，参照相关标准，针对胜利油田目前回注水性质，选择了有代表性的回注水作为研究对象，如选择腐蚀性较强的王家岗、辛三站和东四联，细菌含量较高选择了东四联、坨四与坨一站，结垢趋势较大选择了东四联、坨一站、现河首站等不同采油厂的回注水进行了配伍试验研究。

根据多年对油田回注水处理用药剂的研究及现场应用效果的评价，拟选择以下(见表3－53)的药剂类型及型号作为研究对象，以考察水处理药剂间的相互影响，找出其中的影响规律及协同效应，目的是建立"三防"药剂间配伍性试验方法，找出药剂投加顺序。

表3－53　本试验研究拟采用的药剂类型及型号

药剂名称	产品型号	主要有效成分
缓蚀剂	SL－2C	咪唑啉衍生物
	BS－X	聚季胺盐
	M2	酰胺类
杀菌剂	1227	季铵盐类
	1227(Ⅰ)	1227与戊二醛复配
阻垢剂	SLFG－1	HEDP(膦酸盐)
	SLFG－2	ATMP(膦酸盐)
	SLFG－3	聚马来酸酐

1)其他药剂对缓蚀剂的影响

做配伍性试验用的缓蚀剂选择缓蚀效果良好的咪唑啉衍生物(型号SL－2C)，杀菌剂选用1227和戊二醛，阻垢剂选择HEDP和聚马来酸酐。表3－54的实验结果表明：杀菌剂1227和阻垢剂HEDP对缓蚀剂SL－2C有协同作用，而阻垢剂聚马来酸酐降低缓蚀剂 SL－2C 的效果，戊二醛对缓蚀剂 SL－2C 的效果影响较大，使缓蚀率下降 30%～40%。当缓蚀剂 SL－2C、杀菌剂 1227 和阻垢剂 HEDP 或聚马来酸酐共同加入时对缓蚀剂 SL－2C 有协同作用。

表 3－54　三防药剂对缓蚀剂的影响

缓蚀剂 SL－2C/(mg/L)	杀菌剂 1227/(mg/L)	戊二醛/(mg/L)	阻垢剂 SLFG－1/(mg/L)	阻垢剂 SLFG－3/(mg/L)	缓蚀率/%
50	0	0	0	0	83.5
50	50	0	0	0	89.2
50	0	50	0	0	51.6
50	0	0	10	0	84.1
50	0	0	0	10	79.0
50	50	0	10	0	92.1
50	0	50	10	0	63.8
50	50	0	0	10	90.3

注：空白的腐蚀速率 0.096mm/a。

2)其他药剂对杀菌剂的影响

做配伍性试验用的杀菌剂选用 1227 和 1227(Ⅰ)，缓蚀剂选择咪唑啉衍生物(SL－2C)和酰胺类(M2)，阻垢剂选择 HEDP 和聚马来酸酐。表 3－55 的实验结果表明：缓蚀剂、阻垢剂的加入对杀菌剂的效果无影响，说明缓蚀剂、阻垢剂和杀菌剂具有较好配伍性。

表 3－55　三防药剂对杀菌剂的影响

<table>
<tr><th>缓蚀剂/浓度/(mg/L)</th><th>阻垢剂/浓度/(mg/L)</th><th>杀菌剂/浓度/(mg/L)</th><th>杀菌率/%</th></tr>
<tr><td rowspan="2">SL－2C/30</td><td rowspan="2">HEDP/5</td><td>1227/20</td><td>100</td></tr>
<tr><td>戊二醛/20</td><td>100</td></tr>
<tr><td rowspan="2">SL－2C/30</td><td rowspan="2">聚马来酸酐/10</td><td>1227/20</td><td>100</td></tr>
<tr><td>戊二醛/20</td><td>100</td></tr>
<tr><td rowspan="2">M2/30</td><td rowspan="2">HEDP/5</td><td>1227/20</td><td>100</td></tr>
<tr><td>1227(Ⅰ)/20</td><td>100</td></tr>
<tr><td rowspan="2">M2/30</td><td rowspan="2">聚马来酸酐/10</td><td>1227/20</td><td>100</td></tr>
<tr><td>1227(Ⅰ)/20</td><td>100</td></tr>
<tr><td>—</td><td>—</td><td>1227/20</td><td>100</td></tr>
<tr><td>—</td><td>—</td><td>1227(Ⅰ)/20</td><td>100</td></tr>
</table>

3)其他药剂对阻垢剂的影响

本试验阻垢剂选用SLFG－1，缓蚀剂选用SL－2C、M2，杀菌剂1227、戊二醛。表3－56和表3－57的实验结果表明：阻垢剂SLFG－1和缓蚀剂SL－2C、M2两药剂配伍后，阻垢率均有降低，但降幅在4.2%～11%之间；SLFG－1与杀菌剂1227、戊二醛复配使用，阻垢率降幅较大为35.4%～41.7%。由此表明，阻垢剂SLFG－1和缓蚀剂SL－2C配伍性较好，与M2配伍性一般，与杀菌剂1227、戊二醛配伍性不好，阻垢率降低幅度较大。三种药剂复配使用，阻垢率降幅介于6.2%～16.2%。

表3－56　两药剂配伍阻垢性能实验

药剂名称		加药量/(mg/L)	阻垢率/%	阻垢率差值/%
SLFG－1	SL－2C	10＋30	83.3	－4.2
	M2	10＋30	76.5	－11.0
	1227	10＋40	52.1	－35.4
	戊二醛	10＋40	45.8	－41.7
SLFG－1		10	87.5	—

表3－57　三药剂配伍阻垢性能实验

药剂名称			加药量/(mg/L)	阻垢率/%	阻垢率差值/%
SLFG－1	SL－2C	1227	10＋30＋40	81.3	－6.2
		1227′	10＋30＋40	77.5	－10.0
SLFG－1	M2	1227	10＋30＋40	73.6	－13.9
		1227′	10＋30＋40	71.3	－16.2
HEDP			10	87.5	—

4)“三防”药剂间的影响规律

为找出水质稳定剂间的协同效应，单剂选择在油田回注水中效果良好的咪唑啉衍生物(缓蚀剂)、季胺盐(杀菌剂)、膦酸盐(阻垢剂)，并选择有代表性的胜利油田回注水，设计了缓蚀剂与杀菌剂、阻垢剂之间的配伍性试验。“三防”药剂间两两配伍的实验结果见图3－60～图3－65，研究结论如下：

(1)杀菌剂、阻垢剂在一定的浓度范围内与缓蚀剂具有较好协同效应，阻垢剂使缓蚀率提高了7%左右。

(2)缓蚀剂、阻垢剂在一定的浓度范围内与杀菌剂具有较好协同效应，缓蚀剂使杀菌率提高了20%以上。

(3)杀菌剂、缓蚀剂在一定浓度范围内对阻垢剂有负效应，因此在结垢严重的回注水中，首先投加阻垢剂，避免其他药剂对其产生影响。

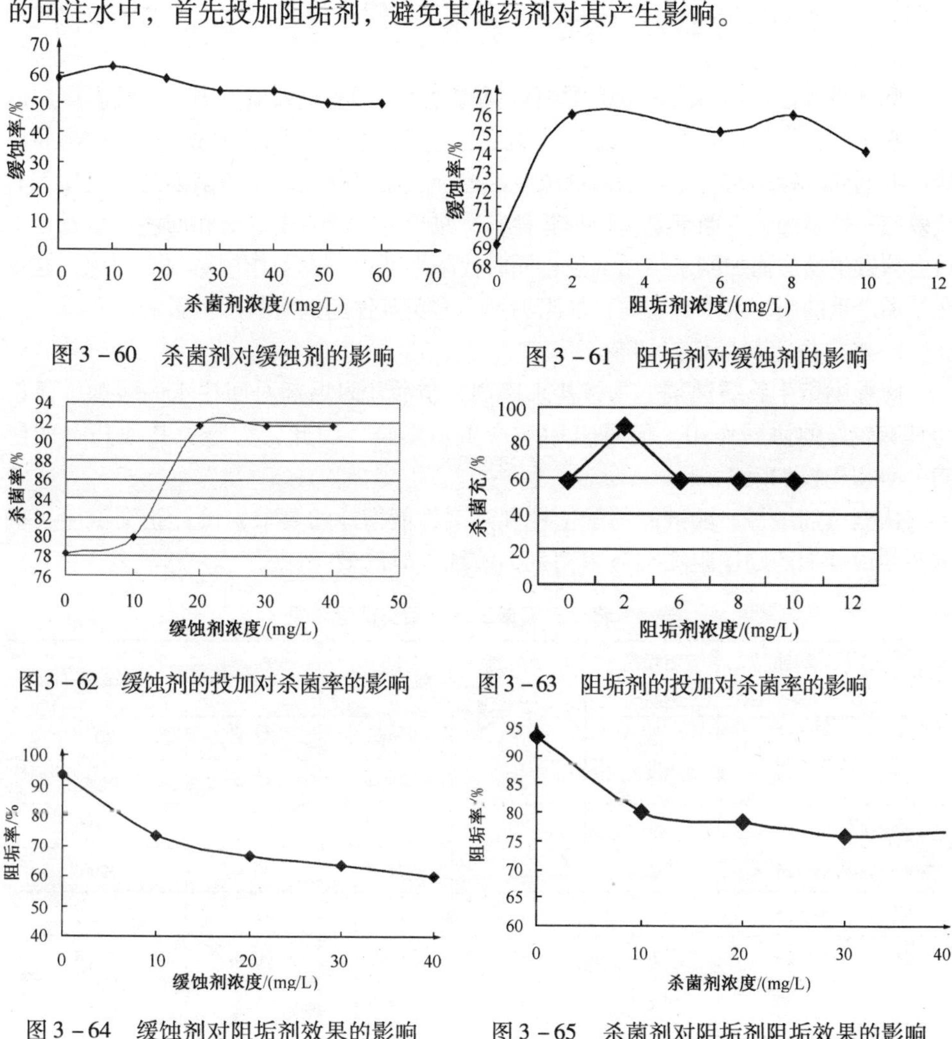

图 3－60　杀菌剂对缓蚀剂的影响

图 3－61　阻垢剂对缓蚀剂的影响

图 3－62　缓蚀剂的投加对杀菌率的影响

图 3－63　阻垢剂的投加对杀菌率的影响

图 3－64　缓蚀剂对阻垢剂效果的影响

图 3－65　杀菌剂对阻垢剂阻垢效果的影响

季铵盐杀菌剂在一定的浓度范围内与咪唑啉缓蚀剂具有协同效应，当杀菌剂浓度高于30mg/L 时，随着杀菌剂浓度的增加，缓蚀率有所降低。因此，缓蚀剂、杀菌剂同时投加时，尽量减少杀菌剂的用量；或杀菌剂采用冲击性加药方式，暂停缓蚀剂的投加。膦酸盐阻垢剂在一定的浓度范围内与缓蚀剂具有较好协同效应，阻垢剂使缓蚀率提高 7% 左右。

咪唑啉缓蚀剂与季铵盐杀菌剂同时投加后，杀菌效果比单加同浓度的杀菌剂好。随着缓蚀剂浓度的增加，杀菌率增大。缓蚀剂在一定的浓度范围内与杀菌剂具有较好协同效应，缓蚀剂使杀菌率提高 20% 。膦酸盐阻垢剂浓度在 2mg/L 时，杀菌率为 90% ，而单加同浓度杀菌剂的杀菌率仅为 58. 3% ，阻垢剂对杀菌剂有协同作用。但随着阻垢剂浓度的增大，杀菌率又降回到58.3%，说明阻垢剂对杀菌剂影响不大。

咪唑啉缓蚀剂在一定浓度范围内对膦酸盐阻垢剂有负效应，因此在结垢严重的回注水中，首先投加阻垢剂，避免其他药剂对其产生影响。而季铵盐杀菌剂与膦酸盐阻垢剂同时投加时，随着杀菌剂浓度的增加阻垢率降低，说明杀菌剂对阻垢剂有负效应。这是因为杀菌剂是一种季胺盐，N原子上所带的正电荷和回注水里颗粒的负电荷发生反应而加剧了结垢现象，同时使阻垢剂也失去了作用对象。因此，建议在结垢严重的回注水中，首先投加阻垢剂，避免其他药剂对其产生影响。

5）水质稳定剂最佳投加顺序

咪唑啉衍生物缓蚀剂、季铵盐杀菌剂、膦酸盐阻垢剂对回注水的缓蚀、杀菌均具有较好的协同作用，但对阻垢均产生负影响。因此，为避免其他药剂的影响，必须先投加阻垢剂。

依据单剂结果、药剂间的配伍性和药剂性能指标的要求，设计正交试验，确定药剂最佳加药顺序阻垢剂→杀菌剂→缓蚀剂时的效果（见表3－58、表3－59）。

表3－58　三因素三水平正交试验结果

序号	缓蚀剂 SL－2C	阻垢剂 HEDP	杀菌剂 1227	缓蚀率/%	阻垢率/%	杀菌率/%
1#	15	2	15	74.4	72.8	80.8
2#	15	4	25	74.4	87.4	100
3#	15	6	40	74.4	83.4	100
4#	25	2	25	71.8	68.8	100
5#	25	4	40	74.1	81.2	100
6#	25	6	15	69.2	90.4	80.8
7#	30	2	40	71.8	65.6	100
8#	30	4	15	74.4	80.4	80.8
9#	30	6	25	71.8	83.2	100

注：投加顺序：阻垢剂→杀菌剂→缓蚀剂。

表3－59　三防药剂按顺序投加的效果

药剂名称	加药浓度/(mg/L)	加药顺序	杀菌率/%	缓蚀率/%	阻垢率/%
杀菌剂1227	35	单加杀菌剂	90	—	—
缓蚀剂SL－2C	25	单加缓蚀剂	—	69.2	—
阻垢剂HEDP	6	单加阻垢剂	—	—	95.8
1227＋SL－2C＋HEDP	35＋25＋6	阻垢剂→杀菌剂→缓蚀剂	96.2	74.4	87.6

表中数据显示：按照阻垢剂→杀菌剂→缓蚀剂顺序投加，缓蚀、杀菌两项指标都得到协同提高；回注水的阻垢效果有所影响，但仍达到了阻垢率大于85%的阻垢剂通用技术条件的标准要求。

6)净化剂对“三防”药剂效果的影响

油田回注水经净化剂处理后，回注水的腐蚀速率，细菌含量明显降低，可降低杀菌剂，缓蚀剂的用量，净化剂的加入对阻垢剂的阻垢效果基本无影响。试验介质选择有代表性的利津联来水，参照相关标准对净化前后的缓蚀剂、杀菌剂、阻垢剂的效果进行了对比，结果见表3-60、表3-61、表3-62。

表3-60　净化前后缓蚀剂的缓蚀率

药剂类型	药剂浓度/(mg/L)	净化前		净化后	
		腐蚀速率/(mm/a)	缓蚀率/%	腐蚀速率/(mm/a)	缓蚀率/%
空白	—	0.084	—	0.057	—
缓蚀剂	20	0.015	82.1	0.006	89.5
	30	0.011	88.35	0.004	93.0

净化后水的腐蚀速率明显降低，降低了30%左右，说明净化能够减缓回注水的腐蚀。净化前后缓蚀剂的缓蚀率基本相当，但是腐蚀速率较净化前降低了。

表3-61　净化剂对杀菌剂杀菌效果的影响

药剂浓度/(mg/L)	杀菌效果	
	净化前	净化后
30	+ +	- -
40	- -	- -
50	- -	- -
60	- -	- -

注：“+”表示有细菌生长，“-”表示未见细菌生长；菌种为SRB。

油田回注水经净化处理后，杀菌剂杀灭水中SRB的最低致死浓度由40mg/L降至30 mg/L，表明净化剂的加入可减少杀菌剂的用量。

表3-62　净化剂对杀菌剂与缓蚀剂配伍性影响

药剂浓度/(mg/L)	阻垢率	
	净化前	净化后
2	80	78
4	92	93
6	92	92
8	90	91

对于净化前后回注水，阻垢剂阻垢效果基本不变。

综上所述，油田回注水处理剂如果选择得科学，相互之间不仅配伍性好而且具有协同效应，利用水处理药剂间的协同作用可降低药剂用量，提高水质处理效果。为发挥这种协同效应，水处理剂的最佳投加顺序为净化剂→阻垢剂→杀菌剂→缓蚀剂。以重力混凝沉降流程为例，配合水处理工艺，各种水处理剂的投加位置如图所示。如果“三防”药剂在同一点投加，需要提供20～30m的管输距离，便于药剂效果的发挥。在药剂使用过程中，要定期用大剂量的季铵盐类的杀菌剂对系统进行清洗，然后用大剂量的咪唑啉衍生物类的缓蚀剂对系统进行预膜处理，然后将缓蚀剂、杀菌剂恢复小剂量的连续投加方式，确保水质的稳定控制。

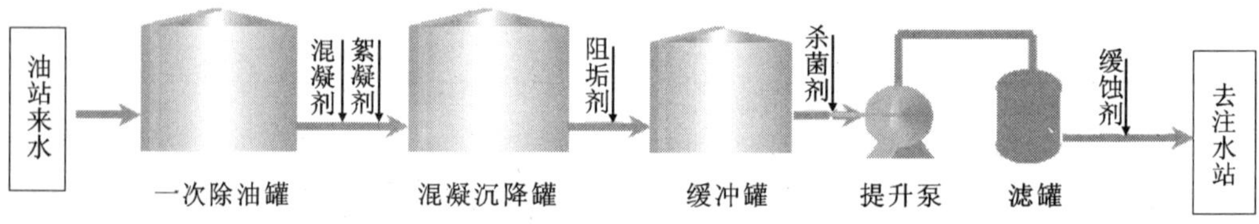

7)药剂的匹配性

由于在整个水处理系统中，缓蚀剂、阻垢剂、杀菌剂和净化剂等多种药剂几乎同时投加使用，因此应当十分注意药剂相互之间的匹配问题。根据有关实践经验，在选用药剂时应考虑下列原则：

（1）注意药剂的水溶性和药剂之间的互溶性。首先应做到投加的各类化学药剂的水溶性好，使所用化学药剂能与水互溶。有些药剂如果在浓盐水中会产生沉淀或发生“盐析”现象，应当尽可能避免出现上述情况。此外使用的杀菌剂最好能与缓蚀剂、阻垢剂等互溶，彼此之间也不产生沉淀和降效等不利影响。

（2）注意药剂的抗药性。这个问题在杀菌剂的选择中必须考虑。细菌具有一种较强的适应能力，某种杀菌剂被使用一定时期后，细菌会对它产生抗药性。因此，最好选择两种杀菌剂交替使用，当细菌开始对第一种杀菌剂产生抗药性时，就改换用第二种杀菌剂，以避免和解决抗药性的问题。

（3）注意系统的清洗以充分发挥药效。如果设备表面有许多沉积物或污垢，使缓蚀剂不能与腐蚀点、杀菌剂不能与细菌充分接触，则缓蚀效果和杀菌效果肯定较差。因此，为了充分发挥各类药剂的效果，对系统进行清洗是十分必要的。

（4）注意药剂的毒性和经济性。在选用药剂上应尽可能采用低毒、无公害的药剂。此外，药剂的成本直接影响到经常性的运行费用，因此从经济上考虑，药剂的费用应尽可能降低。

2. 改变水介质的性质

对于油田回注水主要通过调整水的 pH 值或去除水中的不稳定因素(如 CO_2、H_2S、Fe^{2+} 等)，对水质进行改性达到水质稳定的目的。

1)调整水的 pH 值

根据水的电位－pH 值图和碳酸盐垢的溶解曲线可知，通过加碱可将水的 pH 值升高值至腐蚀的稳定区和碳酸盐垢的介稳区(见图 3－46 和图 3－47)，达到水质稳定的目的。水质改性技术在中原油田和胜利油田的多个高矿化度、高腐蚀的回注水处理站采用，如胜利油田的临盘采油厂、滨南采油厂、纯梁采油厂等多个水站，水质改性后运行效果良好，水站外输水质各指标可达到 SY/T5329—1994 的标准要求，并稳定输送至注水井口。但水质改性技术的缺点是由于投加的碱剂量大，进而产生的污泥量大，给处理设备及后续污泥处理造成很大困难。另外由于投加了碱剂对水中的成垢离子有促垢作用，导致沉降罐出水管线结垢严重。

2)去除水中还原性物质

油田回注水中存在的还原性物质主要有 H_2S、Fe^{2+} 等，尤其是亚铁离子对水质的影响非常严重，与水中的溶解氧、碳酸氢根离子以及硫离子等发生反应生产沉淀物，导致水中再生悬浮物的产生。其主要的化学反应如下：

A. 细菌(SRB)与硫离子、亚铁离子的反应

$$SO_4^{2-} \xrightarrow{\text{SRB 代谢产生酶的催化作用}} S^{2-} + 4[O]$$

$$8H + 4[O] \longrightarrow 4H_2O$$

$$Fe^{2+} + S^{2-} \longrightarrow FeS \downarrow$$

B. CO_2 与碳酸氢根离子、亚铁离子的反应

$$CO_2 + H_2O \longrightarrow H_2CO_3 \longrightarrow HCO_3^- \longrightarrow CO_3^- + H^+$$

$$Fe^{2+} + CO_3^- \longrightarrow FeCO_3 \downarrow$$

C. 溶解氧与亚铁离子的反应

$$O_2 + 2H_2O + 4e \longrightarrow 4OH^-$$

$$Fe^{2+} + 2OH^- \longrightarrow Fe(OH)_2$$

$$Fe(OH)_2 + 2H_2O + O_2 \longrightarrow Fe(OH)_3 \downarrow$$

如果将上述反应中的 SRB、CO_2、H_2S、Fe^{2+} 等不稳定物质去除，需要投加氧化性物质对水进行氧化。油田常用的氧化剂是过氧化氢(H_2O_2)、次氯酸($HClO_2$)、氯气(Cl_2)、二氧化氯(ClO_2)、臭氧(O_3)等。其主要反应如下：

$$2Fe^{2+} + H_2O_2 + 2H^+ \longrightarrow 2Fe^{3+} + 2H_2O$$

$$Fe^{2+} + 2ClO^- + 4H^+ \longrightarrow Fe^{3+} + 2Cl^- + 2H_2O$$

$$4H^+ + 5Fe^{2+} + ClO_2 \longrightarrow 5Fe^{3+} + Cl^- + 2H_2O$$

$$HClO + S^{2-} + H^{+} \longrightarrow S\downarrow + Cl^{-} + H_2O$$

$$2S^{2-} + H_2O_2 + 2H^{+} \longrightarrow 2S\downarrow + 2H_2O$$

在油田回注水中如果要实现上述氧化还原反应，需要提供氧化剂。氧化剂的提供方式有多种，油田常用的一种方法是直接投加化学氧化剂，另一种是通过电解油田高矿化度的回注水，产生氯气、次氯酸、臭氧、羟基自由基等活性较高的物质，与水中的不稳定物质进行反应，即所谓的电解氧化技术。

电化学氧化技术是针对油田回注水中 NaCl 含量高、可以导电的特点，利用电化学氧化作用，对油田回注水中的 Fe^{2+}、各种形式的硫化物和细菌等还原性物质进行直接或间接氧化，并辅以少量必要的混凝剂、助凝剂和水性钝化剂，将油田回注水处理成达标的回注水的技术。

在氧化过程中，导致回注水稳定性差的 Fe^{2+} 和硫化物被氧化成具有凝聚作用的 Fe^{3+} 和单质硫，并在混凝剂和助凝剂的共同作用下，通过混凝、沉降分离去除。同时改变回注水中原有的胶体结构，并打破 $HCO_3^{-} - CO_3^{2-}$ 弱酸弱碱缓冲体系，除去容易产生腐蚀、结垢的成分如游离 CO_2、HCO_3^{-} 等，达到控制腐蚀、抑制结垢、提高回注水稳定性和净化水质的目的。

在氧化过程中，细菌也被杀灭，电解中产生初生态氧化性物质，如 Cl_2、$\cdot OH$、ClO^{-} 等，具有很强的氧化作用，将细菌中具有重要生理功能的巯基、羟基、氨基氧化，使其失去生理活性，有时甚至从机体上将细菌彻底分解、毁灭。

在氧化过程中，位于阳极附近的还原态物质，依其电极电位的高低，顺序被氧化，电极电位低的物质先被氧化，电极电位高的物质后被氧化。电极电位高的物质例如 Cl^{-} 被氧化后，形成氧化态的物质如游离 Cl_2 等仍然具有氧化性，在随后与远离阳极的还原性物质混合时，可以将这些还原性物质氧化，自身又被还原成 Cl^{-}。因此，总的结果是 Cl^{-} 经历一个循环，没有发生变化。

由于 S^{2-} 和硫化物（HS^{-}）的电极电位最低，最先被氧化，形成单质硫，其黄色的颗粒会伴随着絮状的 $Fe_x(OH)_m^{(3x-m)+}$ 等一起被凝聚、沉淀而去除，相关的反应式和电位势如下：

阳极：$S^{2-} - 2e \longrightarrow S\downarrow$（黄色） $E_0 = -0.508V$

阳极：$2HS^{-} - 2e \longrightarrow H_2\uparrow + S\downarrow$（黄色） $E_0 = -0.478V$

在处理过程中，电极附近的 HS^{-}、S^{2-} 被氧化，浓度下降。在浓差作用下，这些离子会从溶液中部向阳极表面迁移，但由于迁移速率低于电化学氧化速率，使电极附近与溶液中部形成浓度梯度，产生浓差极化电位，使电极电位上升。

随着电极电位的进一步上升，水中 Cl^{-} 和 H_2O 也可能被氧化形成 Cl_2 和 $\cdot OH$。这些物质都具有很强的氧化性，可以迅速氧化溶液中远离阳极未被阳极直接氧化的 Fe^{2+}、S^{2-} 和 $(FeS)_x$，使这些还原性物质被间接氧化。Fe^{3+} 与水中

OH^-结合，生成具有强吸附能力的絮状 $Fe_x(OH)_m^{(3x-m)+}$ 沉淀，相关的反应式如下：

$$xFe^{3+} + 3mOH^- \longrightarrow Fe_x(OH)_m^{(3x-m)+}（棕色）$$

利用氧化法处理油田回注水不仅具有选择性，而且氧化剂过量会增强回注水的腐蚀性，因此应用时要慎重，兼顾氧化与腐蚀之间的氧化剂的用量。

二、回注水水质输送过程控制技术

1. 水质的监控

在注重油田回注水处理技术应用的同时，也应重视水处理系统的水质监控，随时跟踪水处理的实际效果，以便在发现有关问题后可分析原因和采取措施，及时加以纠正。检查和分析水样，最好是沿着水处理流程从水源开始，经过整个水处理系统的各个节点直至注水井口，对选定的取样点进行取样分析，分析的指标及方法，执行行标 SY/T5329—1994“碎屑岩油藏注水水质推荐指标及分析方法”。

2. 药剂的使用

油田回注水处理用化学药剂一般投加在回注水处理站，但对于特殊的情况，如沿程或注水站细菌滋生严重等，需要考虑在注水站投加相应的药剂。

3. 注水系统清洗

油田地面集输管道内不可避免地会有油污、铁锈、泥砂、水垢、腐蚀产物等，由于这些杂质的存在很难使金属表面活化，影响缓蚀剂在金属表面成保护膜，也是造成水质二次污染的重要原因。清洗是水质稳定处理过程中极为重要的措施，无论新老系统，都应定期进行清洗，以除去系统内壁污垢，为后续的有效处理做好准备。

清洗方法有机械清洗及化学清洗两种：

（1）机械清洗分为人工清洗、冲洗（用清洁水正向或反向通过系统，除去松散的颗粒，碎片和积存的污泥）、空气搅动法（用压缩空气搅动清洗的管道、容器中的水流，使沉积物破碎松散）、不停产的机械清洗法（用海绵橡胶球清洗，或用一种特制的刷子清洗）。

（2）化学清洗：化学清洗就是利用酸、碱或有机螯合剂、分散剂等化学药剂，通过化学作用使附着的水垢，污泥等沉积物溶解、清洗干净的方法。在确定采用化学清洗法时，首先需要了解沉积物的化学组成，然后针对各种不同组成的垢，选择适合的化学药剂和清洗程序。最好先做沉积物溶解试验，以便确定清洗配方。

a. 酸洗

酸洗主要用来去除易溶解于酸的硬垢、金属氧化腐蚀产物等。一般可采用盐酸、硝酸、磷酸、柠檬酸等，主要为盐酸和硫酸两种，其中以盐酸用得最普遍，两种酸常用浓度是5%～10%。但选用酸的种类还要考虑所处理设备的材质，如系统中有不锈钢设备则不能选用盐酸，而宜选用10%的稀硝酸或15%磷酸清洗较合适。

酸洗时，酸不仅溶解水垢，还会腐蚀钢铁本身，发生氢的去极化作用，反应中产生的氢会向金属内部扩散，使被洗设备发生氢脆。另外，析出的氢气带出大量的酸性气体，使劳动条件恶化，因此酸洗时一定要投加缓蚀剂，以抑制酸对金属的腐蚀。常用的酸洗缓蚀剂有若丁、粗吡啶等。

一般在酸洗后，需用碱进行中和，还要用清水进行冲洗，再进行钝化处理。

b. 碱洗

碱洗主要是对新设备清洗以去除油脂，或使运转后设备里的硬垢变软。清洗时可以表面活性剂为主体，如磺化琥珀酸钠等，并添加一些碱性药剂，对硬垢进行处理时，可以增加药剂浓度及延长时间和提高温度，以提高清洗效果。常用的碱洗液成分有阴离子表活剂、非离子表活剂等。

另外，碱洗与酸洗可交替进行，以便清除较难去除的无水硫酸钙和硅酸盐等，若硅酸盐垢中SiO_2含量在80%以上时，可直接用15%左右的浓碱液进行溶解。对于含钙、锌、铁和铝较多的硅酸盐垢，必须用碱溶液进行预处理。

(3) 清洗剂：清洗剂中除了酸、碱之外，还有一些特殊的或专用的清洗剂，通常是一类表面活性剂(如磺化琥珀酸钠)，用于清洗金属表面的油污、砂泥、浮锈等杂物。以有机膦酸盐和聚丙烯酸钠的混合物作为清洗剂，也有较好的效果，在投加量为80～100mg/L，pH控制在6. 0～13. 5，清洗时间约24h时，对钙垢有良好的阻垢作用，对于清洗(用聚磷酸盐作为处理剂的)管道中的钙垢是有效的。

4. 抑菌防腐涂层

硫酸盐还原菌、腐生菌和铁细菌是油田回注水系统腐蚀性较强的主要菌群，浮游的微生物通常采用化学杀菌的手段加以控制，且对液体介质中的细菌数量检测手段比较成熟。而生物膜中的微生物(生长在管壁上的固着菌)由于取样困难，且生物膜中的胞外聚合物阻碍了化学杀菌剂对膜内细菌的作用，化学杀菌剂很难达到杀灭膜内细菌的目的，而老化的生物膜会脱落，将细菌带回流动水中，造成水环境中微生物二次污染。因此，使用抑菌防腐涂层，抑制细菌在管壁上形成生物膜。

1)生物膜的概述

生物膜可以简单地定义为附着在物体表面的微生物群。最先关于生物膜的报道来自于1933年Henrici的论文，Henrici在论文中陈述道："对于大部分水中细菌不是浮游的有机物，而是生长在水中的固体表面上"。对于生物膜的详细研究仅开始于30年前，Geesey用电镜研究了天然水体系中细菌在固体表面的附着，发现细菌在固体表面附着并最终形成多维的纤维状矩阵，浮游的细菌可以在其内部生长。此外，早在Henrici的论文发表前很多年船舶遭遇海洋微生物污损的现象就已经被意识到是一个严重的问题。虽然对于生物膜形成的认识已经有百年历史但真正从分子角度阐明这个过程才刚刚起步。在过去的一段时间，简单的分离筛选使生物膜的基因分析成为可能，这些研究已经为生物膜形成的基因分析提供了重要的依据。

生物膜可以包含简单的单一微生物种或复杂的微生物种群，在有生命和无生命体表面均可形成。虽然在大部分环境中混合种的生物膜占主要，但在某些环境下单一物种生物膜也是存在的，比如医疗器械表面形成的生物膜。这些单一菌种生物膜曾成为过去一段时间研究的主流，主要包括形成生物膜的革兰氏阴性菌Pseudomonas aeruginosa，Pseudomonas fluorescens，Escherichia coli，Vibrio cholerae和形成生物膜的革兰氏阳性菌StapHylococcus epidermidis，StapHylococcus aureus，enterococci。

2)微生物附着过程机制

生物膜形成过程及结构见示意图3－66。放在溶液中的任何物体表面很快就被单层的聚合物材料所覆盖，通常称为调节膜，它是由蛋白质占主要成分的大分子沉淀或吸附而形成的。调节膜平整且紧紧黏附在高表面能和高极性表面，对低表面能，非极性表面附着力很弱，随着调节膜的形成，细菌开始附着并形成基体膜，初始的细菌附着是可逆的，细菌可由水流冲掉。不可逆吸附是一个较长期现象，细菌在细菌体与基材间架桥形成牢固的黏着，从而产生细胞外的聚合物，这种聚合物拥有配位体和受体，能形成特定的立体黏接，配位体与受体间的作用(小范围里)将大大有助于细菌和表面、细菌体与基材之间的黏附。随着紧密层(不可逆吸附)的形成，细菌开始繁殖并由另外的细胞附着进而形成小菌落，产生大量细胞外聚合物(黏液)。这些本质上大多是多聚糖或糖蛋白，一些特殊假单胞菌的细胞外聚合物是由碳水化合物和蛋白质(占50%～80%干重)组成的。基体膜生长缓慢，细菌使用过去的营养，同时剥离的聚合物增长迅速，包围着碎片和其他微生物，最终形成第二微生物群，以茎生和丝状体细菌为特征，硅藻类以及兰－绿海藻一定程度上对基体膜也有贡献，大型污损生物的孢子和幼虫正是在这样的基体膜上定居和黏附的，黏膜厚度一般在2～3μm，最厚可达500μm。所以细菌黏膜是船舶等浸水设施表面上最早附着的生物层，是一个复杂而又可以控制的生态系。

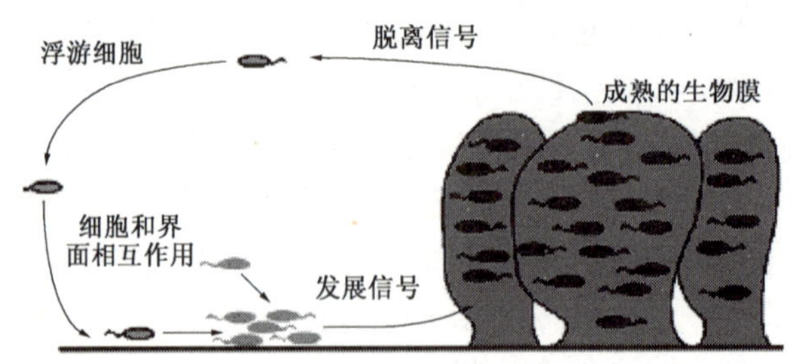

图 3-66　生物膜形成的结构示意图

生物膜在生物循环中是一个稳定的点，包括初始期、成熟期、稳定期和分解期，图 3-66 就表现了个体的浮游细胞由于细胞和细胞之间，细胞和界面之间的相互作用而导致形成微生物群，生物膜内细胞又会脱离膜返回浮游生活状态以完成生物膜发展的循环。细菌开始形成生物膜是要有特定的环境的，比如充足的营养。虽然各种细菌所处的环境都不同，除去 Myxococcus xanthus 和 E. coli O517：H7 革兰氏阴性有机体在富营养的介质中都要经历一个由浮游细胞到固定附着的细胞的过程。只要有新鲜的营养提供，生物膜就会持续发展，当营养缺乏时，生物膜又会从表面分离回到浮游状态。可以推测，这种饥饿反应允许细胞去寻找新的营养源。因此，这种饥饿反应方式是整个生物膜形成循环的一个必要过程。

早期研究表明，疏水性和细菌的表面荷电性可以作为有机物可能附着的很好的预警。虽然这些因素在细胞与界面和细胞与细胞的相互作用中很重要，但他们并不是全部的因素。细菌表面是异类的，更重要的是，他们可以戏剧性地改变自身性质来适应环境。因此，细菌不能被正确地模拟为一个同一均质表面的球。对于生物膜的形成需要对细菌成分有个深层次的了解，同时要全面分析这种到处存在的微生物现象，需要明白调节他们的代谢产物和活性的机制。

3）生物膜的影响因素

樊友军等人从腐蚀的角度总结了金属表面生物膜的特性及动力学模型，生物膜是环境中的微生物附着在物体表面并以非常复杂的方式相互作用而形成的，从而在生物膜/金属界面上产生一个不同于本体溶液的特殊环境，该环境中在各种微生物的作用下进行着大量复杂的化学反应。对此，Brenda Little 和 Patricia Wagner 曾提出了一种水环境中所形成的典型生物膜的分层模型，给出了各层中可能发生的化学反应。Percival S L 指出了饮用水系统中生物膜形成过程的 5 个步骤及其影响因素。Brenda J Little 和 Patricia Wagner 报道了影响微生物表面附着的两种因素，即细菌细胞的特性（如受营养条件、生长类型与碳源影响的细菌细胞的表面疏水性）和基底金属的性质（包括材料成分、表面膜的存在、组成与化学性质以及极化程度）。Percival 等还对自来水中 304 和 316 型不锈钢上生物膜的产生和形成过程进行了对比研究，发现 304 型不锈钢比 316 型不锈钢更容易建立生物膜；粗糙的表面比光滑表面积聚更多的细胞和碳水化合物，这说明生物膜的形成与介质中金属的组成成分及金属表面粗糙程度有关。

由于生物膜是一种不均匀的动态膜，其膜内环境的复杂性使我们很难对生物膜的性质和状态进行定量描述。有关生物膜的结构及其对金属腐蚀的影响 Zbigniew Lewandowski 曾作过具体评述。Fuhu Xia 等利用极限电流和动态微电极技术通过测定生物膜内的局部流速来估计膜内裂隙的几何形状和位置分布。Kjetil Rasmussen 和 ZbigniewLewandowski 通过对极化电流与微电极测量所得到的两组氧扩散流量数据进行比较，讨论了利用微电极技术测定生物膜内氧流量的可能性。Xu K 使用微电极技术测定生物膜内的溶解氧、锰、铁等物质的微小剖面来研究生物膜的形成及其对金属腐蚀的影响。L'Hostis E 建立了一种模拟生物膜物理行为的多孔性凝胶层研究方法，通过稳态测量和电流体动力学阻抗(EHD)相结合的技术来测定生物膜的扩散层厚度、氧扩散系数以及孔隙率等参数以表征生物膜的特性。一个主要的因素 EPS 对生物膜的结构完整性起主要作用。它对界面过程有多方面影响：① 在生物膜/金属界面上滞留水；② 捕获界面上的金属(Cu、Mn、Cr、Fe)和腐蚀产物；③ 降低扩散速度，使金属/生物膜/海水界面溶解氧和电介质扩散复杂化。EPS 含有带羧酸官能团的多糖，可以捕获金属离子从而改变了金属腐蚀行为。EPS 结构中的特征官能团与金属离子的作用是生物化学的新研究课题。由于微生物膜的特殊性质，目前人们对微生物腐蚀机制的研究只是获得了一些微生物影响腐蚀过程的共同特征，尚未发现更完善的微生物腐蚀作用机理。

生物膜(Biofilm)是在相对封闭水环境体系中形成的一层微生物膜。该膜主要由微生物体同水体中的盐及无机离子形成的一层有机质膜。在生物膜中，微生物生活在一个与自由悬浮状态完全不同的微生态环境中，微生物大体上是不动的，被包藏与水化的有机质中。生物膜中的细胞密度比悬浮状态要高，有时甚至高出 5～6 个数量级，相邻位置细胞之间通过长时间接触可能产生生理相互作用，导致协同微生物作用。微生物不仅能将水中组分转化成不溶性的生物质，使之沉积在表面，而且还将水中其他杂质带到表面形成污垢，内部可成为适合厌氧菌生存的环境。生物膜中可存在多种菌属，包括硫酸盐还原菌(SRB)、硝化菌、脱氮细菌和各种异养微生物，细菌密度在 10^7 ～ 10^{10} 菌落单位/cm^2 生物膜范围内波动。在管道系统的一些结瘤中细菌密度很高，结瘤对细菌起到一定的保护作用，难以杀死或去除瘤内的微生物。仅仅对单种微生物在纯培养的基础上分别在有菌和无菌条件下作暴露试验很难表达实际过程中微生物腐蚀的历程。这是因为生物膜在自然环境下是各种各样的微生物混杂在一起形成的混合群体，并且存在复杂的生态关系，因此生物膜下的 MIC 实际上并非一种微生物单独作用的结果，往往存在多种微生物联合的作用，因此研究生物膜中微生物的群落种群结构对于研究其腐蚀性是非常必要的。在生物膜中，常见的参与腐蚀的细菌种类不是很多，一般可分为好氧细菌和厌氧细菌两大类。其中好氧细菌指环境中在游离氧的条件下才能生存的一类细菌，主要有铁细菌和硫细菌等，和腐蚀过程有关的铁细菌主要是氧化铁杆菌，在中性含有机物和可溶性铁盐的水、土壤、锈层中都可以存在，最适宜生长温度为25～30℃，pH值在7.1～7.4之间。和腐蚀有关的硫细菌主要是硫杆菌属的细菌，如氧化硫杆菌、排硫杆菌和水泥崩解硫杆菌等，其中氧化硫杆菌最常见。它的最适宜生长温度是28～30℃，pH值在2.5～3.3之间。厌氧细菌指在缺乏游离氧或者几乎无游离氧的条件下才能生存，有氧反而不能生存的一类细菌。典型的与腐蚀过程相关的厌氧细菌主要是硫酸盐还原菌。生物膜的首要危害就是参与和加速了管道及相关设备的腐蚀。

此外，生物膜会因为老化、水流速度改变等原因造成的脱落会恶化水质，使用户水色度和浊度上升，使水中的细菌数量增加。管壁生物膜的影响因素很多，包括水中的营养基质浓度、水流速度等水力因素、消毒剂的浓度、水中悬浮菌的数量、水温、管段材质和使用年限等。但到目前为止，有关研究尚处于初级阶段，因为实际给水管网中生物膜的采样研究比较困难，而且在一个运行正常的给水管网中生物膜往往是一个小型的稳定生态系统，很难对实际生物膜的发生、发展和变化情况进行完整有效的监测。生物膜的研究近年来引起了国内外的高度重视，许多实验室和学者针对生物膜的形成、危害、预防等领域展开研究，目前已经取得许多成果。生物膜内细菌计数手段主要有：显微镜直接计数、最大可能细菌计数、以及琼脂平板计数等，这是在与腐蚀有关的实验室细菌研究方面的常用手段，主要是由于这些方法方便快捷，能够反映生物膜内有害微生物的生长趋势。通过平板菌落计数或MPN法求得生物膜内的总活菌数是典型的培养法，但实际上由于自然界中大部分微生物属于有活性但不可培养型（viable butnon cultural，VBNC），能被培养出的种类和数量都很少，如有的很悲观的看法认为只有0.01%～10%。而且人工培养基实际上已经不同于微生物的自然生活环境，在培养过程中已经具有一定的选择性，不适合培养基的微生物在与优势菌种的竞争中会逐渐处于劣势甚至被淘汰；加之生物膜的预处理非常困难，将菌胶团破碎成单细胞悬浊液几乎是不可能的，因而培养法得出的生物量实际上远远小于自然环境中的真实值，只具有相对意义。而先进的分子生物学技术如DGGE、PCR、FISH等，已经实现环境微生物多样性的检测、特定功能菌或功能基因的检测、量化环境中的微生物种群等，但操作繁琐费用高昂，也不适合复杂环境下操作。

原位测定不涉及生物膜与载体的分离及菌胶团的破碎，所用方法多为生物化学和物理（如称重和显微镜直接计数）方法等，可以避免培养法中细胞分离和培养基的选择性等缺陷，国内外常用的指标有MLSS、MLVSS、TOC、COD、胞外多聚物(EPS)、总蛋白质、肽聚糖、脂多糖等，这些指标又可以分为三类，前四个指标表征的是生物膜总组分，包括细胞和非细胞成分，EPS代表的是膜中的非细胞成分，后三者代表细胞内的组分或代谢物质，显然后者对于微生物生长动力学和工程设计等问题所要求的活细菌数更有意义。

4)抑菌防腐涂料

油田回注水中各种菌类的大量繁殖，导致输送管道腐蚀、回注水质恶化，仅靠杀菌剂存在费用高、对固着菌杀菌效果有限等问题。而赋予抑菌杀菌功能的防腐涂料可减少设备内壁固着菌的附着繁殖及水中游离菌的大量滋生。

涂料的防腐蚀作用主要有屏蔽作用、钝化缓蚀作用和电化学保护作用，涂覆在金属表面上的涂层把金属与腐蚀介质隔离开，起到防腐蚀作用。但一般防腐涂料都含有溶剂，在成膜过程中溶剂的挥发形成针孔，对水、氧及腐蚀介质产生渗透造成膜下腐蚀。腐蚀产物膨胀使涂层破裂，介质沿涂层向四周扩散，致使涂层成片脱落，失去防腐的作用。为了消除涂层的针孔，可用无溶剂防腐蚀涂层材料提高涂层的抗渗性能和防腐蚀性能。

根据目前国内杀菌剂市场产品情况，对杀菌剂进行筛选，选用的杀菌剂，有广谱抗微生物活性，药效高，活性持久。然后对其进行改性，使其耐热、耐水、耐化学腐蚀、无抗药性，并且使它均匀地分布于杂化体系中，经喷涂固化后，在涂层的每一个部位，当细菌、霉菌、藻类等有害微生物接触抑菌防腐涂层后，其中的抗菌成份能击穿微生物细胞膜进攻细胞的酶，打乱其正常的呼吸系统，致使其死亡，达到杀灭的目的，且自身无毒。在杀灭有害细菌的同时基本不消耗自己，在涂层中分散均匀、不迁移、不渗出、不被水萃取，只要涂层存在，其杀菌功能就不会丧失，所以此种杀菌涂层具有长效杀菌作用。对细菌、霉菌、藻类均有良好的杀灭功能，对油田损害最大的硫酸盐还原菌、铁细菌、腐生菌，杀灭率可达到95%以上，其涂层的质量完全能达到指标要求。

根据杀菌剂的评选标准，确定了三种无机抗菌剂、两种有机抗菌剂作为输油、注水管线内壁用防垢、杀菌防腐涂层的抗菌材料。

A. 无机抗菌剂的改性

为了保持抗菌剂的长效性，防止无机抗菌剂的迁移和被水等介质萃取，所以我们对无机抗菌剂进行了改性。利用偶联剂对无机粒子(银离子、纳米TiO_2、ZnO)包覆。所用偶联剂是：γ-(2，3-环氧丙氧)丙基三甲氧基硅烷

$$\underbrace{CH_2—CH}_{\backslash O /}—CH_2—O—CH_2—CH_2—CH_2—Si(OCH_3)_3$$

甲氧基硅烷与无机粒子反应结合，而有机基团与树脂结合，固化时与环氧固

化剂反应，牢固的结合在树脂中。改性后的结构为：

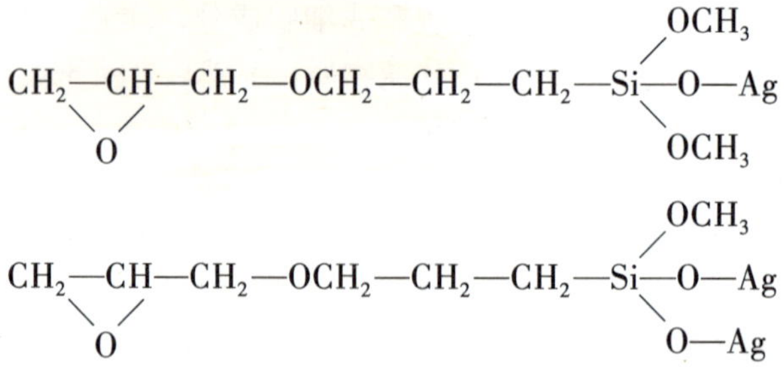

$$\underset{\diagdown\ \ O\ \ \diagup}{CH_2—CH}—CH_2—OCH_2—CH_2—CH_2—\overset{\displaystyle OCH_3}{\underset{\displaystyle OCH_3}{Si}}—O—Ag$$

$$\underset{\diagdown\ \ O\ \ \diagup}{CH_2—CH}—CH_2—OCH_2—CH_2—CH_2—\overset{\displaystyle OCH_3}{\underset{\displaystyle O—Ag}{Si}}—O—Ag$$

在反应瓶中每100g二甲苯中加入3g纳米材料、2g硅烷偶联剂，置于高速分散机上充分分散，而后移入三口烧瓶中，通 N_2 保护，搅拌加热并在二甲苯的回流温度下保温2h，改性后的纳米抗菌材料经丙酮多次洗涤、抽滤、常温下真空干燥、粉碎备用。

B. 抑菌防腐涂层的抗菌原理

该抑菌防腐涂层材料以改性环氧树脂为基料，将改性的无机抑菌材料添加到环氧树脂和氟树脂的杂化体系中，使涂层兼具抑菌功能。

目前使用的无机抗菌剂主要有两大类，以银为主无机抗菌剂和以钛、锌为主的催化型无机抗菌剂。本涂料是将纳米银系无机抗菌剂、纳米二氧化钛、纳米氧化锌和有机抗菌剂复配研制的新型抑菌剂与天然腰果壳油合成改性酚醛胺环氧树脂有机结合，研究了抑菌防腐涂料。该抑菌剂抗菌原理主要有氧化反应型抗菌和电中和抗菌两种。

（1）银系无机抗菌剂抗菌原理：银离子与细菌接触反应，造成细菌固有成分被破坏或产生功能障碍而导致细菌死亡。当微量银离子到达细胞膜时，因细胞膜带负电，银离子可牢固吸附在细胞膜上，且穿透细胞壁进入细菌内，破坏细菌的细胞合成酶的活性，使细胞丧失分裂增殖能力而死亡。

（2）纳米氧化锌抗菌原理：纳米氧化锌在光、水和空气中，能自行分解出自由移动的电子，同时留下带正电的空穴，空穴可激活氧和氢氧根使其具有很强的氧化还原作用，导致细胞膜损伤细菌死亡。

（3）有机抗菌剂：主要是阳离子通过静电力、氢键力及表面活性剂分子与蛋白质分子间的疏水结合等作用，吸附在带负电的细菌壁上产生室阻效应，导致细菌生长受抑而死亡。

C. 防腐涂料抑菌性能

按照JC/T897—2002进行抗菌能力试验，实验数据见表3－63。由试验数据可以看出，该新型抗菌剂具有杀菌速度快、抗菌广谱性高的优点，抑菌情况的照片见图3－67和图3－68。

表 3－63　对不同菌种的抑菌效果

不同菌种	大肠杆菌	葡萄球菌	SRB	FB
4h 杀菌率/%	90	86	85	90
12h 杀菌率/%	99	98	99.5	95

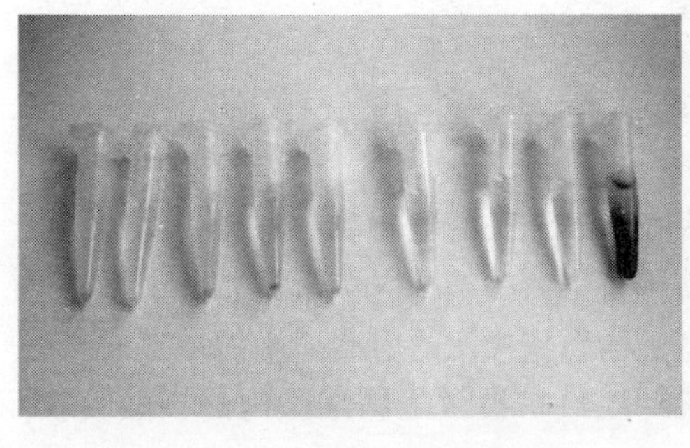

图 3－67　对 SRB 菌的抑制作用

图 3－68　对 FB 菌的抑制作用

在对不同菌种抑菌效果评价的基础上，选择了胜利油田细菌含量较高，采用单一杀菌剂对沿程细菌的大量滋生控制效果不理想的回注水，在室内对兼有抑菌功能的金属防腐涂层进行了长达 3 个月的效果评价试验，杀菌率达 99.7%（见表 3－64），试验后的涂层光洁如初（见图 3－69）。

表 3－64　抑菌涂料的杀菌效果

杀菌时间		4h	12h	1d	3 个月
杀菌率/%	SRB	85	99.5	99.5	99.7
	FB	90	95	95	99.7

注：空白菌量 2.5×10^{6} 个/mL。

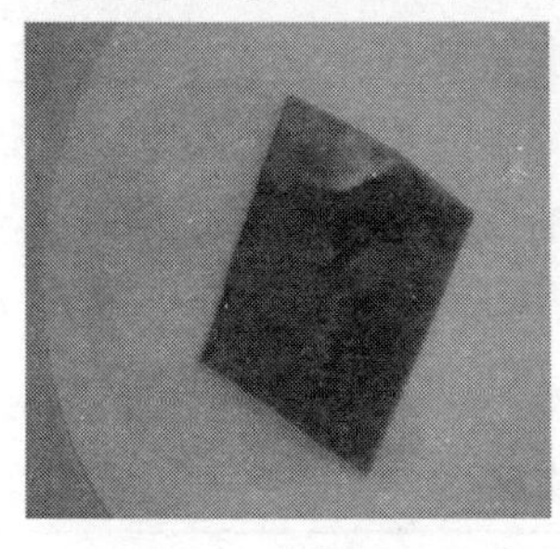

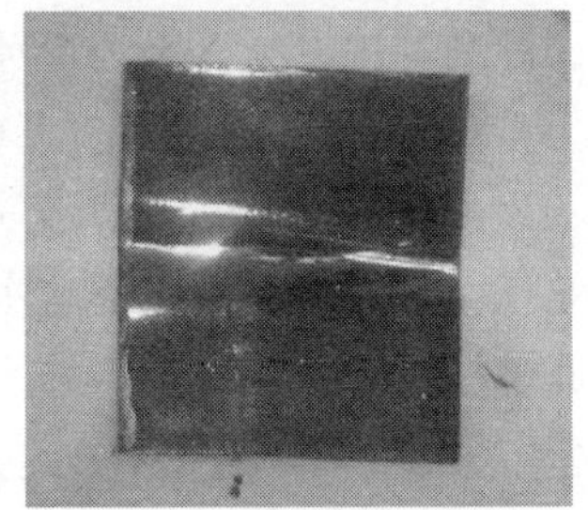

图 3－69　腐蚀后的试片形貌（依次为无涂层、一般防腐涂层、抑菌防腐涂层）

5）物理杀菌技术

物理杀菌方法主要有加热、加压、脱水、搅拌、振荡、紫外线照射、超声波的作用等，物理与化学结合的方法主要有电化学法。物理方法主要是破坏细菌蛋白质分子中的氢键，在变化过程中没有化学键的断裂和生成，也没有新物质生成。

A. 紫外线杀菌

紫外线的波长不同，具有的作用也不同。315～400nm 的紫外线，有附着色素及光化学作用，称为化学线。波长在 280～315nm 的紫外线有促进维生素生成的作用，称为健康线(特别有促进维生素 D 生成作用)。波长在 100～230nm 的紫外线能使空气中的氧气氧化成臭氧称为臭氧发生线(臭氧具杀菌力，可用于果蔬清洗时的消毒，环境中的标准浓度在 0.06mg/L 以下)。而波长在 200～280nm 之间的紫外线具有杀菌作用，称为杀菌线。

杀菌线之所以具有杀菌效果，是因为在各种波长的电磁波中，微生物最易吸收的是紫外线，微生物吸收的紫外线可使维持生命的细胞内核蛋白质分子结构发生变化，产生蛋白质变性，结果会带来微生物新陈代谢的障碍，不能增殖并产生细胞破坏作用，特别是 250～260nm 的紫外线最易被微生物细胞内的核酸吸收，所以它也最具杀菌效果。

紫外线主要用于对固体表面进行杀菌。在对液体杀菌时，由于穿透力弱，照射液体时会迅速衰减、穿透率低，所以液体过深时达不到良好的杀菌效果。同时紫外线在液体中的穿透率还随水中悬浮物质及铁离子等吸收紫外线物质的含量不同而不同，所以紫外线用于液体消毒，其灭菌效果与其水质情况关系较大。

国内最初将紫外线杀菌技术应用于油田注水的是河南油田设计院，现场试验是 1998 年进行的，分清水及油田回注水两部分，在清水试验是在河南油田江河清水厂进行，试验取得了良好的效果。在油田回注水中试验是在河南油田魏联回注水处理站进行的，试验初期效果良好，但随着水处理量加大，杀菌效果明显降低，现场试验表明了 SRB 菌属对紫外线很敏感，但在清水和回注水中，因其水质不同，杀菌效果差别较大。

胜利油田在纯良采油厂纯二注水站采用了全密闭型紫外线杀菌器，设计处理能力 1000m^3/d，处理回注水 600～700 m^3/d，试验后的水质检测书库见表 3－65。

该设备对水质的前期预处理要求较高，水中的含油及悬浮固体颗粒影响其杀菌效果。紫外线杀菌对进水水质要求：悬浮物含量＜20mg/L，含油量＜20mg/L，因此该设备安装位置基本处于回注水集输管路的末端，如注水站或配水间等。

表 3－65　纯二注水站紫外线杀菌效果

序号	悬浮物含量/(mg/L)	设备进口菌量/(个/mL)	设备出口菌量/(个/mL)	杀菌率/%
1	5.5	25	0.6	97.6
2	7.0	60	2.5	95.8
3	8.0	25	2.5	90

注：检测菌种为 SRB 菌。

B. 电化学物理杀菌技术

该技术的基本原理包括电化学原理、氧化原理和催化原理，主要通过对细菌代谢系统的破坏、对细菌细胞壁的破坏以及对细菌 DNA 的破坏，达到杀灭水中微生物的目的。

该技术在胜利油田的史南站和宁海站试用过。试验后的水质检测书库见表 3-66。史南站回注水经电化学杀菌处理后，水中三种细菌含量均有所降低，但效果不明显；宁海站回注水经电化学杀菌处理后，水中 SRB、铁细菌含量均有所降低，但对 TGB 效果不明显。

表 3-66　电化学杀菌效果检测

站名	菌种	杀菌设备进口	杀菌设备出口
史南站	SRB/(个/mL)	25~60	6~25
	TGB/(个/mL)	6×10^3	2.5×10^3
	铁细菌/(个/mL)	25	25
宁海站	SRB/(个/mL)	2.5×10^3	6.0×10^2
	TGB/(个/mL)	6×10^3	6×10^3
	铁细菌/(个/mL)	6×10^4	2.5×10^3

第四章

工程应用实例

油田回注水经水站处理后，输送至注水站、配水间、注水井口，会引起输水管道和设备的腐蚀、结垢、产生生物污垢，使设备损坏，水中悬浮物再生。为保障回注水水质在处理及输送过程中不因环境以及腐蚀、结垢、细菌等水质不稳定因素发生改变，针对水质特性采用的相应工艺技术和物理化学方法进行一体化处理，确保注水井口水质达标回注的技术通常称为水质稳定技术。保证回注水从水站到注水井口水质稳定达标回注的过程即为回注水沿程水质稳定控制。

第一节　油田回注水沿程水质稳定的一般技术要求

一、基本原则

水站处理后回注水作为油田回注水时，油田回注水工程设计应符合回注水沿程水质稳定控制要求。回注水沿程水质稳定控制工艺的选择，应以油田回注水的性质和油藏对处理后水质的要求为依据，通过试验或参考相似水处理站的运行经验，结合当地条件进行技术、经济比较后确定。

采用的回注水沿程水质稳定控制工艺，应保证从水站到注水井口的水质稳定。油田回注水处理后，注水井口水质应达到 SY/T 5329 规定要求。

1．水质稳定

回注水处理站设计时必须考虑回注水沿程水质稳定控制，强腐蚀性回注水宜采用相关水质稳定控制技术，如密闭处理技术、水质改性技术、氧化技术、抑菌技术等；中、弱腐蚀性回注水根据水质状况，采取投加水质稳定剂等措施。回注水处理站及回注水输送流程应配备相关清洗工艺设施。水站外输、注水站、配水间、注水井口等输水系统的重要环节设取样点和在线腐蚀检测装置。

2．日常管理

(1) 水质稳定剂：参照水质稳定剂投加方案，保证药剂的正常投加；并每一年评价一次药剂配方的适应性。

（2）注水管线：根据回注水管线污染情况，每半年到一年清洗一次注水管线。

（3）处理设备：水站内沉降罐等罐底部污泥应维持在小于50cm，注水站内注水罐底部污泥维持在小于30cm，建议每2～3年清罐一次。

3．水质分析检测

水站外输、注水站、配水间、注水井口等输水系统的重要环节设取样点，建立沿程水质检测线，定期进行水质检测。检测方法及检测设备执行SY/T 5329、SY/T 5523标准；对检测结果进行统计分析，发现问题及时反馈。针对存在问题及影响水质主要因素，确定解决方案。

二、确定影响水质主要因素的主次顺序

根据沿程水中悬浮物含量增加的原因分析，找出影响水质不稳定的因素。首先通过垢物分析确定腐蚀、结垢、细菌三者的影响主次顺序；然后通过正交试验确定其他水质不稳定因素的主次顺序，如游离二氧化碳、硫化氢、溶解氧、碱度等；综合二者结果，最后确定沿程水质不稳定主要影响因素。

1．水质分析检测一般规定

（1）采集注水系统的水样应具有代表性。

（2）取样前应准备好接头和胶皮管线，以便于取样端与注水系统的连接。

（3）取样前将取样阀门打开，以5～6L/min的流速畅流3min后再取样。

（4）溶解氧、硫化物、游离二氧化碳需在现场及时测定。

（5）腐生菌、硫酸盐还原菌、铁细菌含量分析应在现场接种，同时测定水温，室内培养。

（6）含油量分析取样时应该直接取样，不应用所取水样冲洗取样瓶，同时取对应的油站外输油做含油标准曲线。

（7）取侵蚀性二氧化碳水样时，需在取样瓶中加入固体碳酸钙3～5g。

（8）采样后随即贴上标签，标签上应注明取样日期、时间、地点、取样条件及取样人。

2．垢物分析

对回注水沿程处理设施、管线等内壁污垢进行油溶、酸溶等实验，将溶解的垢物测定其离子类型及含量、定量分析垢样的矿物组成及元素，综合分析检测结果确定污垢主要来源，如腐蚀、结垢、细菌等，进而可以确定腐蚀、结垢、细菌三者对水质影响主次顺序。污垢取样参照HG/T 3610—2000；元素分析参照标准SY/T 5162—1997、SY/T 6189—1996；矿物组成参照SY/T 5163—2010。需要分析的元素及矿物指标及其产生的原因见表4－1、表4－2。根据元素及矿物组成

分析结果，确定垢物主要来源，如腐蚀、结垢、细菌等。

表 4－1　需分析的元素及矿物指标

序号	元素	矿物
1	C	(1)铁矿物：如 $FeCO_3$、$Fe_2(OH)_3Cl$、$Fe_2O_3 \cdot nH_2O$、Fe_9S_8、FeS 等； (2) 钙、镁等矿物：如 $CaCO_3$、$Mg(OH)_2$ 等； (3) 硫化物等； (4) 其他矿物，如 SiO_2
2	O	
3	Si	
4	Cl	
5	Fe	
6	Ca	
7	Mg	
8	Ba	
9	S	

表 4－2　元素及矿物对应的来源

序号	元素	矿物	来源
1	Fe、O、C 等	铁矿物	腐蚀
2	Fe、S 等	硫矿物	SRB 细菌腐蚀
3	Ca、Mg、Ba、C、O 等	钙、镁、锶、钡等矿物	结垢
4	Si、O 等	硅的矿物质	地层的泥砂

3．影响因素主次顺序的确定

利用正交试验方法，确定游离二氧化碳、硫化氢、溶解氧、碱度等水质不稳定因素的影响主次顺序。根据不同水质特性，选择相应的水质不稳定因素，如游离二氧化碳、硫化氢、溶解氧、碱度等作为正交试验的因素；然后选择合适的水平，通过正交试验考察平均腐蚀速率；计算极值大小将不同因素排序，确定影响回注水稳定的主要因素。

三、水质稳定技术方案的制定及实施

1．回注水沿程水质稳定技术方案

根据研究结果，针对水质稳定的主要影响因素，制定回注水沿程水质稳定控制技术方案，针对输送回注水的水质特性采用相应的工艺和物理化学方法进行处理，消除或抑制水质不稳定因素，确保注水井口水质稳定达标回注。方案的制定应依据现有输送工艺条件，在现有基础上进行优化改进，原则上不推荐大幅度的工艺改造。

若水质不稳定因素来源于地层或水站，单纯通过治理回注水沿程，无法解决水质不稳定问题，可以针对水站制定相关技术方案，在现有水站处理工艺及药剂投加条件下，进行适当的工艺、药剂优化。水质稳定方案原则上不应影响正常的生产。

回注水沿程水质稳定技术方案应包括以下几方面的内容：

——前言：包括背景、目的意义、编制的原则等；

——现状及存在的问题；

——前期研究及结论；

——方案的制定：包括水质稳定控制方案、实施后效果检测方案两部分；

——投资与成本分析；

——效益分析。

2. 回注水输送系统

输水管线污垢较多，影响水质及注入压力时，建议进行管线清洗。清洗方案主要包括：

（1）根据垢样分析结果，结合水质特性，确定垢型；根据垢型、管道材质、壁厚、结垢和腐蚀状况等因素，通过试验或相似工程经验，结合技术经济对比确定清洗方案，清洗不得影响管道的正常机械性能。

（2）设备、管道的清洗方法，主要有常规水冲洗法、机械清洗法、化学清洗法等，也可采用几种方法结合的方式。

机械清洗包括人工清洗、空气搅动法、管道 PIG 清洗技术等；化学清洗包括酸洗、碱洗以及其他溶剂等清洗技术。

（3）管线采用机械或化学清洗后需进行预膜处理。将预膜剂投加到被清洗的系统内，预膜处理 24h，使清洗后处于活化状态的系统内壁表面，生成一层完整的保护膜，参照标准 HG/T 3778—2005。

（4）清洗安全规范参照标准 Q/SH1020 2069—2010，废酸液应集中处理或统一回收，排放应符合国家或地方排放标准。

输水管道腐蚀严重，管壁变薄、腐蚀穿孔频繁，清洗影响管道正常机械性能的，需要进行腐蚀与防护检测评价，确定该段管线腐蚀严重，防腐层失效，存在安全隐患，建议更换管道的，可制定管线更换方案。管线更换方案主要包括：

（1）更换管道材质的选择应根据回注水性质、水压、外部荷载、土壤腐蚀性、施工维护和材料供应等条件确定，强腐蚀性回注水宜优先采用非金属管道或金属内衬非金属管。

（2）当采用钢质管道时，防腐措施应根据输送介质、外部环境条件等因素综合确定。

（3）当采用非金属管道且地上敷设时，应具有优良的防紫外线性能。

（4）回注水处理工艺管道除应符合以上要求外，尚应符合现行国家标准 GB 50428 和 Q/SH1020 0481 的有关规定。

其次要确保注水站精细过滤装置运行稳定；注水站内回注水罐防腐涂层完好，底部污泥及时清理；注水站、配水间、注水井口等输水沿程的重要位置应设取样点和在线腐蚀检测装置。

3．药剂优化

根据水质分析结果，以及目前水站工艺、药剂投加状况，在保证水站外输水达标的前提下，确定沿程水质稳定药剂优化方案，主要包括药剂种类、投加位置、投加方式和投加量等的优化。

应按照输水沿程药效基本恒定、药剂投加量最少的原则，进行药剂选择和药剂投加工艺设计。根据药剂投加的需求，可以适当进行处理工艺的整改和完善。进行药剂成本、回注水处理成本分析，确保方案的经济性。

药剂的筛选优化参照标准 SY/T 5273—2000、SY/T 6301—1997、Q/SH1020 0688—2008、SY/T 5673—1993、Q/SHSLJ 1452—2002、SY/T 5889—1993、Q/SH1020 1143—2007 、SY/T 0026—1999、SY/T 5757—1995、Q/SH1020 1953—2008 的有关技术要求。

4．回注水处理工艺的优化

通过治理回注水沿程及优化药剂，还不能有效解决的水质不稳定问题，可以在现有水站处理工艺条件下，进行工艺优化。

水处理工艺设计应根据回注水的特性、水的用途及注水水质等因素，通过试验或相似工程经验，经技术经济对比后确定。应按照保证处理水质、不增加溶解氧、不增加腐蚀为基本原则，进行处理工艺的选择、流程和设备构筑物的布置、以及输水系统的设计，输水流程尽量缩短。

强腐蚀性回注水处理工艺：

主要腐蚀因素为溶解氧的强腐蚀水可采用密闭处理流程，必要时采取化学脱氧措施。

主要腐蚀因素为酸性气体的强腐蚀水可采用预氧化和水质改性工艺。

主要腐蚀因素为 SRB 菌的强腐蚀水可采用药剂杀菌、电化学杀菌或其他工艺。

高含铁或高含硫的油田回注水可以采用预氧化处理工艺，包括化学氧化、空气氧化、电化学氧化等。

水处理站场的站址选择、设计规模确定、平面及竖向布置、主要设施设计、噪声控制和环境保护等，应符合现行标准 GB50428、GB 50183、GB50428、GBJ 87、GBZ 1、SY/T 0048、Q/SH1020 0481 的有关规定。

5. 现场实施

回注水沿程水质稳定技术现场实施之前，应按要求提交下列主要技术文件：

（1）回注水沿程水质稳定技术方案；

（2）现场实施后效果检测方案；

（3）材料出厂合格证、质量证明书、检验证明书、施工图等。

6. 水质推荐指标

根据多年来对回注水稳定影响因素的研究，建议水质指标控制如下：

室内静态均匀腐蚀速率 ≤ 0.025mm/a，现场动态均匀腐蚀速率 ≤0.076mm/a；SRB 含量 ≤25 个/mL；矿化度 ≤5000 mg/L 时溶解氧含量 ≤ 0.05mg/L，矿化度 ≥5000 mg/L 时溶解氧含量 ≤0.02mg/L；硫化氢含量 ≤ 2.0mg/L；游离二氧化碳含量 ≤ 10.0mg/L；侵蚀性二氧化碳含量 -1.0 ~ 1.0mg/L，最好控制在 0 mg/L；pH 值控制在 7 ±0.5；铁离子含量≤0.5mg/L。

水质净化主要技术指标含油量、悬浮物含量、细菌含量执行局标 Q/SH1020 1860—2008 中“推荐水质主要控制指标”（见表 4-3）。

表 4-3　外输水推荐水质主要控制指标

注入层平均空气渗透率/μm^2	≤0.01	0.01 ~ 0.05	0.05 ~ 0.5	0.5 ~ 1.5	≥1.5
悬浮固体含量/(mg/L)	≤1.0	≤2.0	≤3.0	≤10.0	≤30.0
悬浮物颗粒直径中值/μm	≤1.0	≤1.5	≤2.0	≤40	≤5.0
含油量/(mg/L)	≤5.0	≤6.0	≤8.0	≤30.0	≤50.0
SRB/(个/mL)	0	≤10	≤25	≤25	≤25
IB/(个/mL)	$n\times10^2$	$n\times10^2$	$n\times10^3$	$n\times10^4$	$n\times10^4$
TGB/(个/mL)	$n\times10^2$	$n\times10^2$	$n\times10^3$	$n\times10^4$	$n\times10^4$

第二节　水质稳定剂配伍优化的应用示范——东四联

孤东四号联合站（东四联）水站的工艺流程见图 4-1，水质数据见表 4-4、表 4-5。

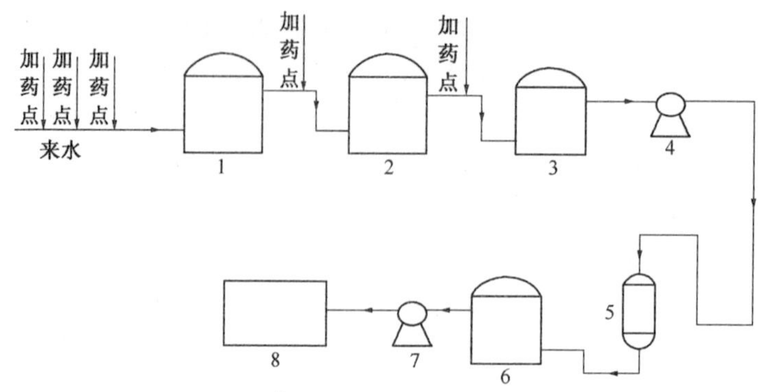

图 4-1　东四联水站回注水处理主要流程

1—一次除油罐；2—混凝沉降罐；3—接收罐；4—提升泵；

5—过滤罐(不用)；6—缓冲罐；7—外输泵；8—注水站

表 4-4　东四联水站水质检测数据

取样点	水站进水	水站外输水	执行标准 C3
悬浮物/(mg/L)	22 ~ 36	6.9 ~ 19.6	<4
含油量/(mg/L)	57 ~ 110.4	14.8 ~ 27	<10
O_2/(mg/L)	0.02	0.05	<0.05
总铁/(mg/L)	2.10	1.30	—
腐蚀速率/(mm/a)	0.25 ~ 0.42	0.23 ~ 0.39	<0.076
SRB/(个/mL)	6.0×10^3	5.0×10^2	<100
TGB/(个/mL)	$>1.1\times10^5$	$>1.1\times10^5$	$<n\times10^3$
FB/(个/mL)	$>1.1\times10^5$	$>1.1\times10^5$	$<n\times10^3$
pH 值	7.2	—	—
水型	氯化钙	—	—
矿化度/(mg/L)	13687.43	—	—

表 4-5　东四联水站来水分析

检测项目	检测结果	检测项目	检测结果
Cl^-/(mg/L)	8161.55	$Na^+ + K^+$/(mg/L)	4145.17
SO_4^{2-}/(mg/L)	0	Mg^{2+}/(mg/L)	865.74
OH^-/(mg/L)	0.00	Ca^{2+}/(mg/L)	137.449
CO_3^{2-}/(mg/L)	0	总铁/(mg/L)	2.1
HCO_3^-/(mg/L)	310.10	pH 值	7.2
矿化度/(mg/L)	13687	水温/℃	44

检测数据显示：站内回注水加药后，再经过4座2000 m^3一次、二次除油罐8~10h沉降处理，外输水水质含油量及悬浮物含量超标。水中细菌超标严重，其中硫酸盐还原菌平均超标20倍以上，腐生菌和铁细菌含量平均超标10倍以上。回注水平均腐蚀速率超标4~17倍。

从水质检测结果看，东四回注水的水质稳定控制措施不到位，细菌和腐蚀速率等指标超标，外输管线有结垢现象，造成问题的主要原因是化学药剂投加不当，投加点不适宜，原有的天然气密闭系统不能正常运行。因此，需要对站内在用药剂进行优化。

一、水处理药剂的筛选及优化

针对东四联水站回注水水质，筛选适宜的混凝剂、絮凝剂、缓蚀剂、杀菌剂、阻垢剂，通过药剂配伍性试验，将水处理药剂进行优化。

1. 单剂筛选

1）水质净化剂的筛选

按标准SY/T 5796“絮凝剂性能评价方法”，在室内对3种絮凝剂进行了筛选评价试验，试验结果见表4-6。

表4-6　东四联水站回注水絮凝净化试验

药剂名称	加药量/(mg/L)	悬浮物/(mg/L)	SS去除率/%	含油量/(mg/L)	去油率/%	现象
空白	—	89.6	—	94.7	—	水混，灰黑色
HN-1+LRS	30+20	35.7	60.2	37.6	60.3	水浊，部分絮团漂浮
	40+20	24.99	72.1	29.3	69.1	水浊，部分絮团漂浮
	50+20	19.5	70.1	20.5	78.4	水略清，部分小絮团漂浮
	60+20	14.2	75.4	18.7	80.2	水略清，部分小絮团漂浮
HN-2+PRS	30+20	36.4	59.4	43.7	53.8	水浊，部分絮团漂浮
	40+20	29.12	67.5	30.2	68.1	水浊，部分絮团漂浮
	50+20	26.5	70.4	25.9	72.6	水略清，部分小絮团漂浮
	60+20	15.3	82.9	19.12	79.8	水略清，部分小絮团漂浮
SH-1 SH-2	30+20	19.4	78.3	6.6	93.0	水略清，部分小絮团漂浮
	40+20	13.3	85.1	4.8	94.7	水较清，部分小絮团漂浮
	50+20	6.5	92.7	4.1	95.7	水清，有微小悬浮物
	60+20	4.0	95.5	2.8	97.0	水清，透亮

表4－6数据表明：混凝剂SH－1、絮凝剂SH－2效果最好，在加药浓度为(60＋40)mg/L时，含油及悬浮物去除率达95%以上，处理后悬浮物含量为4.0mg/L，含油2.8mg/L。

2)缓蚀剂的筛选

东四联水站回注水腐蚀比较严重，按SY/T0026—1999中腐蚀等级标准属于中。因此，依据SY/T5273—2000对东四联水站回注水进行了缓蚀剂筛选试验。试验材料：Q235钢，尺寸：50×13×1.5mm；试验温度：45±1℃；试验周期：168h。试验结果见表4－7。

表4－7 缓蚀剂筛选数据

药剂型号	加药浓度/(mg/L)	失重/mg	缓蚀率/%	备 注
空白	0	300	—	空白腐蚀速率为0.082 mm/a
SL－2C	20	79	75.7	
	30	68	82.3	
	40	65	88.3	
M2	20	82	72.7	
	30	79	75.7	
	40	74	84.3	
SLHS－1	20	136	64.7	
	30	93	69.0	
	40	67	77.7	

表4－7数据表明：SL－2C缓蚀剂缓蚀效果良好，在加药浓度为30mg/L时，缓蚀率达80%以上。主要因为缓蚀剂在金属表面形成一层吸附膜，把金属表面与水隔开，阻止了阳极反应产生的金属离子从金属表面转移到介质中；所以介质中的氧化剂不能吸收电子发生还原反应，中断了腐蚀反应过程中的电子传递，从而阻滞了金属在腐蚀介质中的腐蚀过程。

3)杀菌剂的研究筛选

东四联水站回注水中细菌含量超标，硫酸盐还原菌(SRB)是造成管线、设备腐蚀的主要原因之一。杀菌剂筛选依据SY/T5890—1993《杀菌剂性能评价方法》进行，结果见表4－8。

表4－8数据表明：杀菌剂SJ－1杀菌剂杀菌效果较好，杀灭SRB最低致死浓度为50mg/L。

表4-8　杀菌剂筛选结果

药剂名称	药剂浓度/(mg/L)				
	20	30	40	50	60
SJ-1	++	++	++	--	--
SJ-2	++	++	++	+-	--
SJ-3	++	++	++	++	--
1227	++	++	++	+-	--
醛类	++	++	++	++	+-
H_2O_2	++	++	++	++	+-

注：①"+"表示有细菌生长，"-"表示无细菌生长；②试验菌种为SRB；③试验介质为油站来水，试验温度为45℃。

4)阻垢剂的研究筛选

根据东四联水站回注水离子分析结果(见表4-5)，依据SY 0600—1997《油田回注水结垢趋势预测》标准，进行了结垢趋势预测，预测结果有碳酸钙结垢趋势。

参照SY/T 5673标准，有针对性的选择能有效抑制$CaCO_3$和$CaSO_4$垢的阻垢剂进行了筛选评价试验。阻垢剂筛选评价结果见表4-9。

表4-9　阻垢剂筛选评价结果

药剂名称	加药浓度/(mg/L)	阻垢率/%
SLFG-1	2	81.0
	5	95.7
	7	96.8
	10	99.4
SLFG-2	2	75.6
	5	92.3
	7	95.3
	10	98.4

注：试验温度：70±1℃；恒温时间：25h。

表4-9试验数据表明两种阻垢剂在加药量为5mg/L时，对东四联水站回注水阻垢率均能达到90%以上。这是因为东四联水站来水的结垢成分主要是碳酸盐垢，有机膦酸盐能在垢晶体中引起畸变，阻碍晶格生长，并具有吸附作用阻止了垢的继续长大，能有效抑制碳酸盐垢。

2. 药剂的配伍及优化

根据水处理三防药剂的配伍性研究结果可知：缓蚀剂和杀菌剂同时使用，可提高缓蚀剂、杀菌剂的效果，减少其用量。

1)回注水净化后的杀菌剂用量的确定

单剂筛选结果杀菌剂推荐SJ－1，先将东四联水站的回注水用混凝剂SH－1、絮凝剂SH－2净化后，再加入缓蚀剂及杀菌剂进行杀菌试验，结果见表4－10。

表4－10　净化后的杀菌剂筛选结果

实验条件	药剂名称	药剂浓度/(mg/L)						
		15	20	25	30	35	40	50
净化后	SJ－1＋SL－2C(30mg/L)	＋＋	＋＋	－－	－－	－－	－－	－－
	SJ－1	＋＋	＋＋	＋＋	＋－	－－	－－	－－
净化前	SJ－1	＋＋	＋＋	＋＋	＋＋	＋＋	＋＋	－－

注：①“＋”表示有细菌生长，“－”表示无细菌生长；②试验菌种为SRB；③试验介质为油站来水，试验温度为45℃。

试验结果显示：回注水经过净化后杀菌剂的致死浓度由50mg/L降到35mg/L，在加缓蚀剂后使杀菌剂的致死浓度降低到25mg/L。说明所筛选的几种药剂间配伍性良好，具有协同作用。

2)回注水净化后的缓蚀剂用量的确定

单剂筛选结果缓蚀剂推荐SL－2C，先将东四联水站的回注水用混凝剂SH－1、絮凝剂SH－2净化后，再加入杀菌剂进行缓蚀试验，结果见表4－11。

表4－11　缓蚀剂筛选数据

药剂型号	加药浓度/(mg/L)	缓蚀率/%	备　注
空白	0	—	空白介质腐蚀速率为0.079 mm/a
SL－2C	10	61.2	
	15	73.3	
	20	76.9	
	25	79.2	
SL－2C＋SJ－1(25mg/L)	10	73.2	
	15	81.7	
	20	87.3	
	25	88.3	

表4-11数据表明：回注水净化后，再投加杀菌剂，在保证缓蚀率大于80%的条件下，SL-2C缓蚀剂加药浓度由30mg/L时降到15mg/L。说明所筛选的几种药剂间配伍性良好，具有协同作用。

二、药剂优化后的投加方案

按东四联水站回注水处理药剂优化后的配方，在东四联水站进行了水质综合处理现场试验。经过半年的生产运行，现场处理后的水质达到了回注水水质标准要求，处理后的水中含油≤5mg/L，SS≤4 mg/L，颗粒粒径中值≤2μm，SRB≤100个/mL，腐蚀速率≤0.076mm/a。

1. 回注水处理加药方案

混凝剂SH-1：药剂投加位置：一次除油罐进口；投加方式：连续；加药浓度60mg/L。

絮凝剂SH-2：药剂投加位置：一次除油罐进口；投加方式：连续；加药浓度20mg/L。

缓蚀剂：药剂投加位置：缓冲罐出口；投加方式：连续；加药浓度15mg/L。

杀菌剂：药剂投加位置：缓冲罐出口；投加方式：连续；加药浓度25mg/L。

阻垢剂：药剂投加位置：二次除油罐出口；投加方式：连续；加药浓度4mg/L。

2. 现场加药流程的改变

按优化后的药剂配方，回注水首先进行净化后，再进行阻垢、缓蚀、杀菌，针对当时工艺流程选择阻垢剂的加药点与缓蚀剂、杀菌剂的相距30m。这与当时东四联水站的加药流程不同，为适用药剂投加新配方，需要对加药流程进行改造，改造前后的加药流程见图4-2。

三、现场实验

1. 含油量的检测

东四联水站油站来水水质不稳定，一般情况下，含油在100mg/L左右，有时高达660mg/L，经工艺与化学药剂的综合处理后，水质变好，外输含油小于4mg/L。检测数据见表4-12。

表4-12　东四联水站回注水含油检测数据

取样地点	不同检测日期的含油量/(mg/L)							
来水	29.2	36.5	45.1	41.5	30.4	39.2	32.9	41.9
一次沉降出水	18.6	8.2	12.0	7.2	9.6	10.5	8.4	10.8

续表

取样地点	不同检测日期的含油量/(mg/L)							
二次沉降出水	6.2	8.1	7.2	5.1	4.6	6.1	5.6	6.7
外输水	2.8	3.2	2.2	2.0	1.9	2.8	3.1	3.7

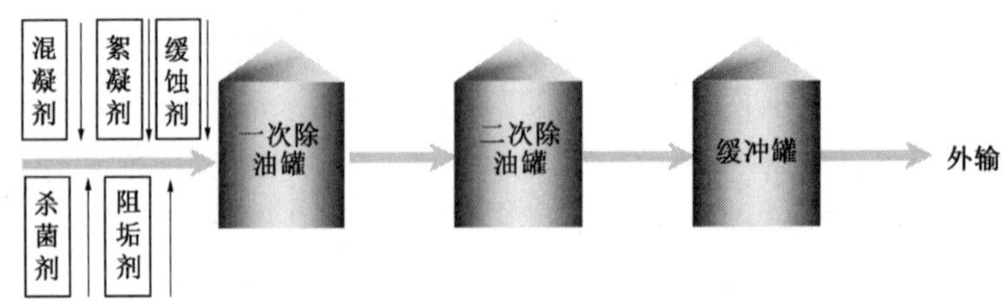

图4－2(a)　改造前的加药流程

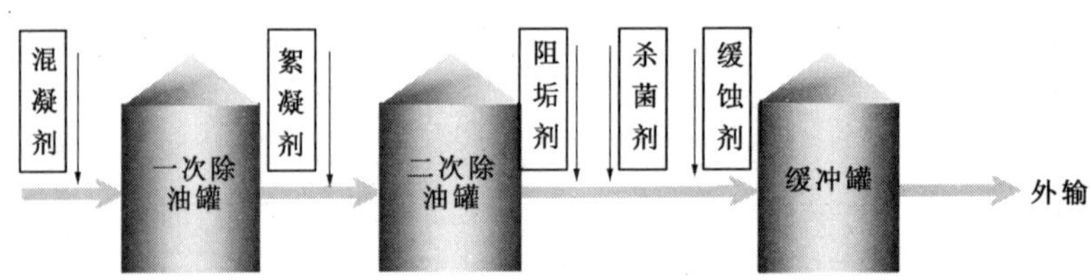

图4－2(b)　改造后的加药流程

2. 东四联水站外输水悬浮物

东四联水站油站来水悬浮物含量不稳定，一般情况下，悬浮物含量为26～80mg/L，经工艺与化学药剂的综合处理后，外输水悬浮物含量小于4mg/L，检测数据见表4－13。

表4－13　东四联水站回注水悬浮物检测数据

取样地点	不同检测日期的悬浮物含量/(mg/L)							
来水	52.6	57.6	30.2	45.0	37.1	44.0	47.7	49.5
一次沉降出水	47.0.	43.2	25.0	36.3	28.2	25.4	29.2	30.1
二次沉降出水	14.0	16.5	20.4	11.3	10.5	11.0	11.7	15.8
外输水	3.6	2.2	3.1	3.4	2.8	2.5	3.9	3.0

3. 东四联水站外输水中细菌检测

东四联水站油站来水细菌含量高，一般情况下，SRB含量在10^2～10^4个/mL，TGB含量在10^5个/mL左右，铁细菌含量也在10^5个/mL。将杀菌剂投加在二次除油罐出口，杀菌效果良好，外输水中SRB含量小于60个/mL。检测数据见表4－14。

表 4－14　现场加杀菌剂前后细菌检测数据　　单位：个/ mL

检测日期	菌种	取样地点		备注
		来水	外输水	
2007. 3. 05	SRB	6.0×10^2	6.0×10^2	药剂优化前
2007. 3. 16	SRB	6.0×10^3	1.3×10^2	
2007. 4. 01	SRB	7.0×10^2	2.5×10^2	
2007. 5. 16	SRB	2.5×10^3	5.0×10^1	药剂优化后
2007. 5. 20	SRB	2.5×10^4	6.0×10^1	
2007. 5. 24	SRB	6.0×10^3	2.5×10^1	

4. 现场试验结论

经过半年的现场试验运行，按优化后的药剂配方投加药剂，处理后的水质达到了回注水水质标准要求，处理前后水质对比数据见表 4－15。同时经过药剂配伍性和投加工艺优化，药剂费用降低了 0. 35 元/m^3。

表 4－15　优化药剂使用前后出水水质对比数据

取样点	水站进水	优化前外输水	优化后外输水	执行标准 C3
悬浮物/(mg/L)	36	19	<4	<4
含油量/(mg/L)	90	18	<4	<10
腐蚀速率/(mm/a)	0. 23	0. 23	<0. 076	<0. 076
SRB/(个/mL)	$6.0\times10^3\sim6.0\times10^4$	$1.3\times10^2\sim1.3\times10^3$	<60	<100
TGB/(个/mL)	$2.5\times10^4\sim2.5\times10^5$	$2.5\times10^4\sim2.5\times10^5$	$<n\times10^3$	$<n\times10^3$
FB/(个/mL)	$2.5\times10^4\sim2.5\times10^5$	$2.5\times10^4\sim2.5\times10^5$	$<n\times10^3$	$<n\times10^3$

第三节　水质改性技术的应用示范——滨一站

滨一区回注水处理站担负着单家寺稠油热采回注水、滨南油田滨一、滨二、滨三区等稀油油藏生产回注水的处理任务，处理后回注水回注到滨南油田、单家寺稀油、平方王以及尚店等油田。因此，滨一回注水处理的好坏直接影响到所服务四个油田的原油产量。

滨一污水站的水源主要是单家寺稠油回注水，其水量约 $1.2\times10^4 m^3/d$，其中还含有 2000 m^3/d 锅炉外排水。稠油回注水不仅是悬浮杂质含量多，而且原油密度高(一般在 950kg/m^3以上)，油水密度差小，重力分离困难，尤其稠油中含有大量胶质、沥青质，其特有的天然乳化性质造成了油珠凝聚困难，使油珠分离难度增加。稠油热采中的锅炉外排水含氯离子高带有大量的负电荷，影响微水油珠的碰撞凝聚。另外回注水总硬度高，CO_2 含量 100.69mg/L，HCO_3^{2-} 含量 732.2mg/L，所以滨一回注水腐蚀结垢趋势比较大。

一、滨一水站回注水处理情况

滨一站始建于 1995 年，主要工艺流程：油站来水 →接收罐 →浮选机 →缓冲罐 →提升泵 →过滤罐 →外输缓冲罐 →外输。原有处理工艺条件下，滨一外输水一直不能达标。2000 年滨一水站改造后，处理水质明显提高，改造后的工艺流程：5000m^3一次沉降罐 →700m^3回注水接收罐 →一次提升泵 →2000m^3粗粒化除油罐 →药剂混合反应罐 →3000m^3一次絮凝沉降罐→3000m^3二次絮凝沉降罐 →500m^3回注水缓冲罐 →二次提升泵 →全自动过滤罐 →200m^3回注水罐 →外输泵 →外输。但由于运行多年，站内处理设备、工艺流程等已经出现了一系列的问题，如设备设施腐蚀老化，不能发挥应有的作用；频繁更换水质改性剂，在一定程度上加剧了注水井的腐蚀结垢。造成水质时好时坏，管线腐蚀、水井结垢，影响了滨南低渗油藏的注水效果。

2006 年胜利油田分公司的注水水质考核结果(见表 4－16)和采油厂沿程水质检测结果(见表 4－17)显示：滨一污含油量达标；悬浮物固体含量一二季度达标，三季度超标；SRB 菌含量第一季度达标，二、三季度有所上升，高于考核值；平均腐蚀率均超标，且有上升趋势。

表 4－16 胜利油田分公司水质考核结果

时间	含油/(mg/L)	悬浮物/(mg/L)	SRB/(个/mL)	腐蚀速率/(mm/a)	符合率/%
一季度	3.64	3	25	0.085	97.2
二季度	1.44	8	600	0.092	88.6
三季度	7.42	12	600	0.15	76.5
考核指标	10	10	100	0.076	87

表 4－17 采油厂中心化验室沿程水质检测结果

月份	站名	含油/(mg/L)	悬浮物/(mg/L)	SRB/(个/mL)	腐蚀速率/(mm/a)
7	滨一污	4	6	1300	0.210
	滨一注	4.2	6.5	1600	0.145
	206 队 7#站	4.1	6.2	1600	0.103

续表

月份	站名	含油/(mg/L)	悬浮物/(mg/L)	SRB/(个/mL)	腐蚀速率/(mm/a)
8	滨一污	8.2	14	600	0.246
	滨一注	8.5	15.2	2000	0.133
	206 队 7#站	8.1	15.7	2000	0.103
9	滨一污	6.2	16	600	0.278
	滨一注	9.5	17.5	2500	0.320
	206 队 7#站	8.7	17.9	2500	0.103

由滨一水站来水水质分析数据(见表4－18)可知，滨一回注水属于 $CaCl_2$ 型，水中 Ca^{2+} 和 HCO_3^- 含量较高，相差也不多。经分析认为滨一回注水属于 $CaCl_2$ 水型，且具有离子浓度 $Ca^{2+} \leq HCO_3^-$ 的特点(见第三章第二节中的介质处理)，滨一回注水从离子组成上适合采用水质改性处理技术。

表4－18　滨一水站来水水质分析

主要离子/(mg/L)　　pH 值=6.9							
Cl^-	SO_4^{2-}	CO_3^{2-}	HCO_3^-	Na^+	Mg^{2+}	Ca^{2+}	K^+
12346.19	25.83	0.00	857.58	7184.17	192.75	573.71	53.40

滨一水站目前主要采用水质改性的方法处理回注水，站内主要投加的药剂品种包括：改性剂(液碱、石灰)、净化剂(A、B)、缓蚀剂。改性剂与净化剂在反应器投加，缓蚀剂投加在滤罐进水口。站内改性剂与净化剂投加顺序是先投加净化剂 A、B，再投加改性剂(液碱、石灰)。加药浓度见表4－19。

表4－19　滨一水站药剂投加浓度

药剂名称	加药浓度/(mg/L)	药剂名称	加药浓度/(mg/L)
液碱	300	净化剂 A	480
石灰	80	净化剂 B	4

二、站内在用药剂效果评价

1. 净化剂效果评价

参照标准 SY/T 5796—1993 和 Q/SL1356—1998，混凝剂、絮凝剂筛选结果见表4－20。

表 4－20　净化剂评价结果

絮凝剂名称	药剂用量/(mg/L)	净化效果描述	浊度
SH－1＋SH－2	40	产生絮团大，沉降快，水很清，水中悬浮物较少	10.6
现场药剂(A＋B)	40	产生絮团大，沉降稍快，水清，水中悬浮物多	16.8
DT－A＋DT－B	40	产生絮团大，沉降稍快，水清，水中悬浮物较多	18.9
KYSN－A＋KYSN－B	40	产生絮团大，沉降慢，水浑，少量絮团悬浮	25.3
JYF－15	40	产生絮团小，沉降慢，水浑，部分絮团悬浮	29.0
CH－01	40	产生絮团小，沉降慢，水浑，大量絮团悬浮	35.2

表 4－20 数据显示：絮凝剂 SH－1＋SH－2 的净化效果最好，处理后回注水浊度达到 10.6NTU；现场药剂(A＋B)处理效果次之，产生絮团大、沉降快、水清，但是水中仍有较多悬浮物，浊度为 16.8NTU，这说明站内在用药剂效果尚可，但若要提高水质，需对其进行优化。

2. 站内药剂投加方式评价

站内药剂的投加地点是反应器进口，加药顺序是先投加净化剂 A、B，再投加改性剂(液碱、石灰)。经检测，站内及站外各节点水的 pH 值均接近中性，在站内投加碱剂后 pH 由 7.0 提高到 7.3，说明站内水质改性没有达到预期的效果。为此对现场药剂的投加顺序进行了验证，试验均采用现场使用的药剂，试验浓度与现场药剂浓度相同，其实验现象见图 4－3。

图 4－3　药剂不同投加方式对比

1—加净化剂后立即加入改性剂；2—加改性剂后立即加入净化剂；3—先加改性剂，10min 后投加净化剂；4—先加净化剂，10min 后投加净化剂

试验结果表明(见表4－21)，采用不同投加方式的水质差别较大，效果好坏依次为2号>3号>1号>4号。当时滨一污站内采用的药剂投加方式为加净化剂后立即加入改性剂(同1号试验)。因此，建议采用加改性剂后立即加入净化剂，即站内改性药剂的投加点设置在前，净化剂的投加点设置在后，两者相距不超过2m。

表4－21 净化剂评价结果

序号	投加药剂	顺序	pH	含油量/(mg/L)	悬浮物含量/(mg/L)	实验现象
0	原水	—	7.06	27.6	107.0	水黑，浑浊
1	净化剂+改性剂	同时	7.75	6.0	56.4	浑浊
2	改性剂+净化剂	同时	8.51	4.8	10.1	絮团大，沉降快，水清
3	改性剂	先加	8.18	—	—	浑浊
	净化剂	后加	7.49	4.8	16.1	絮团较大，沉降较快，水较清
4	净化剂	先加	6.89	—	—	絮团小，沉降慢，水较清
	改性剂	后加	8.20	2.4	64.3	浑浊

注：3、4中先后加药间隔约10min。

3. 室内改性试验

在室内采用改性剂与净化剂同时添加进行改性试验，以确定合理的pH调整范围、碱剂投加量、净化剂浓度，并对改性效果进行评价。

试验药剂为滨一现场用的改性剂，包括液碱、石灰、净化剂A剂、净化剂B剂。试验介质为滨一水站来水。药剂投加方式为同时添加，先加改性剂，再加净化剂，前后间隔5～10s。pH值调节结果见表4－22，不同pH值条件下净化处理结果见表4－23。

表4－22 pH调节结果

序号	碱量/(mg/L)		净化剂/(mg/L)		pH值
	液碱	石灰	A	B	
1	50	40	100	6	7.51
2	80	40	100	6	7.70
3	150	40	100	6	8.09
4	200	40	100	6	8.30
5	300	40	100	6	8.56

表 4-23 不同 pH 条件下水处理效果

pH	含油量/(mg/L)	悬浮物含量/(mg/L)	腐蚀速率/(mm/a)	细菌含量/(个/mL)	污泥量/(kg/m^3)
7.06	27.6	107.0	0.0721	2500	—
7.51	4.8	19.3	0.0220	25	0.38
7.70	4.8	17.9	0.0180	25	0.48
8.09	2.4	10.1	0.0250	13	0.55
8.30	2.4	8.5	0.0240	6	0.80
8.56	2.4	7.8	0.0190	6	0.95

试验结果显示：通过调节回注水 pH 值，处理后的回注水含油量均小于 5mg/L，已经达到回注水水质要求；细菌含量(SRB)由 2500 个/mL 降低了两个数量级，达到了小于 100 个/mL 的要求；悬浮物含量在 pH 为 8.09 时基本达到小于 10mg/L 的要求；腐蚀速率有了大幅度降低，检测结果均小于 0.0250mm/a。水质改性产生的污泥量随着 pH 的提高而上升，再结合水质处理效果，pH 调整应在 8.0 左右。

由于净化剂 A 呈强酸性，在 pH 调整过程中具有较大的影响，为了保证改性回注水 pH 能达到 8.0 左右，室内实验选择 pH 值为 8.56 的处理方式进行净化剂浓度筛选，试验结果见表 4-24。

表 4-24 改性后净化剂浓度筛选结果

序号	碱量/(mg/L)		净化剂/(mg/L)		pH	含油量/(mg/L)	悬浮物含量/(mg/L)
1	液碱	石灰	A	B			
2	300	40	50	6	8.50	4.8	20.6
3	300	40	100	6	8.47	2.4	10.7
4	300	40	200	6	8.24	4.8	9.6
5	300	40	300	6	8.19	2.4	8.4
6	300	40	400	6	8.14	2.4	6.7

试验结果显示：随着净化剂 A 的浓度的增加，水的 pH 值下降、悬浮物含量逐渐减小。结合处理方式的性价比和产生的污泥量，推荐使用第 3 种处理方式（表 4-24 中的序号 3）。根据实验研究结果推荐药剂方案见表 4-25。

表4-25　推荐使用的药剂投加方式和浓度

<table>
<tr><th rowspan="2">药剂名称</th><th colspan="3">推荐使用</th><th colspan="3">站内目前在用</th></tr>
<tr><th>浓度/(mg/L)</th><th colspan="2">投加方式</th><th>浓度/(mg/L)</th><th colspan="2">投加方式</th></tr>
<tr><td>液碱</td><td>200～300</td><td rowspan="2">先加</td><td rowspan="4">前后间隔1min</td><td>300</td><td rowspan="2">后加</td><td rowspan="4">同时添加</td></tr>
<tr><td>石灰</td><td>40</td><td>80</td></tr>
<tr><td>净化剂A</td><td>200～300</td><td rowspan="2">后加</td><td>480</td><td rowspan="2">先加</td></tr>
<tr><td>净化剂B</td><td>6</td><td>4</td></tr>
</table>

三、现场应用

滨一水站内处理工艺整改后，化学药剂按照优化后的配方投加。根据SY/T5329-1994对滨一水站内及沿程的水质进行了跟踪检测，并对改造前、改造中和改造后的水质进行对比。沿程各节点的水质照片见图4-4，水质检测数据见表4-26、表4-27。

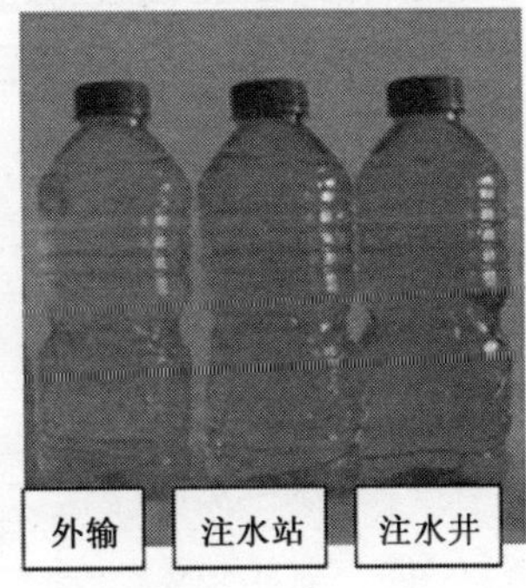

图4-4　方案实施后现场各节点水质变化情况

表4-26　站内各节点水质数据

<table>
<tr><th rowspan="2">时间</th><th rowspan="2">检测点</th><th colspan="6">检测指标</th></tr>
<tr><th>pH</th><th>含硫/(mg/L)</th><th>含油/(mg/L)</th><th>悬浮物/(mg/L)</th><th>SRB/(个/mL)</th><th>腐蚀速率/(mm/a)</th></tr>
<tr><td rowspan="2">改造前</td><td>来水</td><td>7.0</td><td>15</td><td>74.0</td><td>59</td><td>6000</td><td>—</td></tr>
<tr><td>外输</td><td>7.2</td><td>12</td><td>9.6</td><td>26</td><td>2500</td><td>0.057</td></tr>
<tr><td rowspan="2">改造中</td><td>来水</td><td>—</td><td>5～6</td><td>80.9</td><td>76</td><td>2500</td><td rowspan="2">—</td></tr>
<tr><td>外输</td><td>—</td><td>5～6</td><td>75.6</td><td>58</td><td>2500</td></tr>
<tr><td rowspan="2">改造后
2008.6.10</td><td>来水</td><td>6.66</td><td>5～6</td><td>182.2</td><td>55.3</td><td>600</td><td>—</td></tr>
<tr><td>外输</td><td>6.76</td><td>5～6</td><td>5.8</td><td>2.8</td><td>250</td><td>0.045</td></tr>
</table>

续表

时间	检测点	检测指标					
		pH	含硫/(mg/L)	含油/(mg/L)	悬浮物/(mg/L)	SRB/(个/mL)	腐蚀速率/(mm/a)
2008.08.25	来水	6.54	5~6	78.9	56.9	600	—
	外输	6.87	4~5	1.5	2.6	60	0.023
2008.10.26	来水	6.53	5~6	21.49	16.8	600	—
	外输	6.90	4~5	0.09	1.2	60	0.020
2008.11.5	来水	6.52	5~6	19.56	14.6	600	—
	外输	6.85	4~5	0.10	1.6	60	0.018
考核标准		—	—	<10	<10	<60	<0.076

表 4-27　沿程水质检测结果

检测时间	检测点	检测指标				
		含硫/(mg/L)	含油/(mg/L)	悬浮物/(mg/L)	SRB/(个/mL)	腐蚀速率/(mm/a)
改造中	滨一污外输	5~6	75.6	58	2500	0.057
	滨一注	5~6	8.4	51	2500	—
	18 号配水间	12	11.6	62	600	—
改造后 2008.6.20	滨一污外输	5~6	4.6	2.7	250	0.043
	滨一注	5~6	4.8	2.9	250	—
	18 号配水间	5~6	4.8	3.0	250	—
2008.07.03	滨一外输	4~5	3.6	4.2	60	0.025
	滨一注	5~6	5.6	5.5	60	—
	18 号配水间	4~5	4.3	6.0	250	—
2008.08.25	滨一外输	4~5	1.5	2.6	60	0.023
	滨一注	5~6	1.8	2.3	60	—
	18 号配水间	4~5	2.2	2.5	250	—
2008.09.10	滨一外输	5~6	0.09	2.7	60	0.025
	滨一注	5~6	1.8	2.5	60	—
	18 号配水间	4~5	2.2	2.6	250	—

续表

检测时间	检测点	检测指标				
		含硫/（mg/L）	含油/（mg/L）	悬浮物/（mg/L）	SRB/（个/mL）	腐蚀速率/（mm/a）
2008.10.28	滨一外输	4~5	0.09	1.2	60	0.020
	滨一注	5~6	0.08	1.8	60	—
	18号配水间	5~6	0.11	2.4	250	—
2008.11.05	滨一外输	4~5	0.10	1.6	60	0.018
	滨一注	5~6	0.13	1.8	60	—
	18号配水间	4~5	0.12	2.1	250	—

由检测数据和水样的照片可以看出：经过现场的整改，滨一污的水质有了明显的改善。投加改性药剂后，pH值在7.5~8之间，外输水各项指标均已达标，沿程回注水的水质有明显的改善，并且水质稳定，输送过程中无恶化现象。

四、效益分析

滨一油田共有26个开发单元，日产液2290t，日产油800t，综合含水65.1%，日注水量3600m^3。该技术实施后，滨一水站外输水达标率80.1%提升至95.7%。由于该区块开发单元混杂难以统计滨一站出水的直接受益区块，新增油量无法完全统计。年节省酸化压裂作业等费用为300万元左右。

第四节　电化学氧化技术的应用示范——广利站

高矿化度、高CO_2、高H_2S、高SRB、低pH的油田回注水相对腐蚀性较强，因腐蚀等原因导致水中含有大量的Fe^{2+}，Fe^{2+}的存在不仅加大水处理难度而且造成回注水水质沿程不稳定。高含铁油田回注水在胜利油田分布较广，如东辛油田、广利油田、滨二油田等，我们选择广利油田的广利联合站及其回注水系统作为研究对象，对广利回注水的腐蚀原因及Fe^{2+}回注水的处理技术进行了研究，选择了氧化作用、混凝沉降为主的水处理工艺，配合适当的药剂，实现了腐蚀控制和水处理达标回注的目的。

广利油田回注水系统存在的主要问题：油田回注水腐蚀性强，给地面管网、水井套管及管柱造成严重的腐蚀危害。在投加缓蚀剂条件下，回注水平均腐蚀速率0.4mm/a，局部腐蚀速率达4~6mm/a，注水干支管线使用寿命一般在3~5年，水井管柱使用8~10月就开始穿孔，造成水井大修及维护措施频繁，对油田开发和生产成本造成较大影响。处理后水质稳定性差，注水水质严重超标。注水能力逐年下降，油田自然递减率加大，2006年自然递减率高达10%，水驱开发效果差。

一、水质及垢物分析评价

广利油田回注水经水站处理后，基本上全部回注。2006年污水站处理后水中含油量在35mg/L以上，pH值在6.5左右，水中游离二氧化碳含量高，腐蚀严重，Fe^{2+}含量高。水质检测数据见表4－28和表4－29。

表4－28　广利回注水各节点水质检测数据

取样地点	检测项目								
	温度/℃	pH值	DO/(mg/L)	H_2S/(mg/L)	CO_2/(mg/L)	SRB/(个/mL)	腐蚀速率/(mm/a)	铁含量/(mg/L)	悬浮物/(mg/L)
广利来水	48	5.85	< 0.01	2～3	227.1	2.5	0.269	11	19.6
广利外输	51	5.83	0.5～0.6	2～3	218.3	6	0.203	13.5	16.0
广一注水站	48	5.86	0.7～0.8	1～2	221.8	6	0.159	6.1	20.3
14－7配水间	42	6.56	0.2～0.3	0.5	190.1	6	0.164	14	14.9
L24－14注水井	38	8.9	0.2～0.3	0.4	0	130	0.089	0	32.8
L24－14井/表层	38	8.9	0.2～0.3	0.4	0	130	0.085	0	32.8
L24－14井/500m	38	8.83	0.2～0.3	0	0	6.0×10^3	0.105	4.2	—
L24－14井/1000m	38	9.06	0.3	0	0	2.5×10^4	0.112	5.8	—

表4－29　广利水站来水及井口水中离子分析结果　　单位：mg/L

取样点	K^++Na^+	Ca^{2+}	Mg^{2+}	Cl^-	SO_4^{2-}	HCO_3^-	CO_3^{2-}	OH^-	矿化度	pH值
广利来水	11294	1614	271	20899	94	302	0	0	34392	5.8
广利外输	11355	1632	236	20919	90	309	0	0	34464	5.8
24－14注水井口	10429	1437	310	19293	52	396	0	0	31867	8.9
24－14井深1000m	100031	1437	310	18832	35	0	67	19	30697	8.9

现场调研及水质检测结果显示：广利油田回注水中游离二氧化碳含量高、矿化度高、溶解氧含量高、细菌在井下大量滋生，所以腐蚀严重，水中铁离子含量高。由于水质不稳定在沿程发生化学反应，如因腐蚀的发生沿程水中二氧化碳和硫化氢被消耗，到井下水中检测到碳酸根离子和氢氧根离子，水的pH值由5.8升高到8.9，水呈碱性增加了结垢趋势。取L38－94水井浅层油管内、外壁上的

腐蚀产物，利用溶解法和X射线衍射法，对垢样进行了分析检测，井下垢物分析见表4－30、表4－31。

表4－30 垢物溶解试验结果

垢物样品	垢物外观	油溶物	盐酸溶解	酸溶解物/%	酸不容物/%	备注
L38－94油管内壁	黑色渣状物、易碎	不溶解	反应强烈，有刺激性味气体产生，溶液呈深黄色	66.9	23.1	溶解物主要为硫化铁，不溶物主要是泥土
L38－94油管外壁	灰黑色层状垢样	不溶解	反应强烈，伴有刺激性味气体产生，溶液呈黄色	93.5	6.5	溶解物主要为硫化铁、碳酸盐垢，不溶物硫酸盐垢、少量泥土等

表4－31 垢样矿物组成分析

垢样名称	矿物组成	矿物含量/%
L38－94油管内壁腐蚀产物	石膏（$CaSO_4 \cdot 2H_2O$）	31
	食盐（NaCl）	16
	二氧化硅（SiO_2）	12
	四氧化三铁（Fe_3O_4）	41

注：由于腐蚀产物放置时间长，致使腐蚀产物曝氧、干燥、颜色变浅，硫化铁被氧化所以没被检出。

分析结果显示：该腐蚀产物主要是硫化物和碳酸盐垢、硫酸盐垢、泥土等，这与套管环空液中细菌的大量滋生，导致腐蚀加剧有关。

腐蚀产物硫化亚铁不稳定，和空气中的氧气接触容易氧化放热，甚至引起自燃。其反应化学方程式如下：

$$2FeS(s)+7/2O_2(g) \longrightarrow Fe_2O_3(s)+2SO_2(g)+370.02(kJ)$$

据有关文献报道，干燥的硫化亚铁粉末在空气中氧化速度非常缓慢；而当有液态水存在时，即潮湿的硫化亚铁氧化速度明显加快。

由SRB引起的广利油田注水井套管、油管腐蚀的最终产物为黑色沉淀硫化铁，而分析注水井内腐蚀产物矿物组成却为氧化铁。这主要是当注水井内的腐蚀产物取出后，含有一定量的水，和空气中的氧气接触，大部分硫化亚铁被氧化。

二、分析腐蚀产物反演腐蚀机理

经观察注水井莱14－9，其不同井深钢管的腐蚀情况差异较大，如图4－5所示。

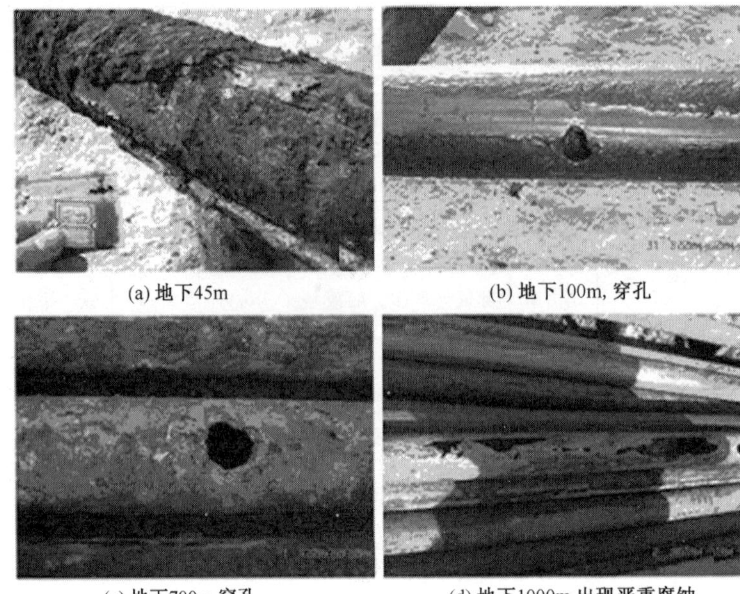

(a) 地下45m　(b) 地下100m，穿孔

(c) 地下700m，穿孔　(d) 地下1000m，出现严重腐蚀

图4－5　莱14－9注水井钢管腐蚀形貌

注水管的腐蚀有以下几个特征：

(1) 在看似很好的管上出现了孔洞，这应该是源于局部组织脆弱导致点蚀孔，蚀孔在注水压力作用下逐渐扩大；

(2) 钢管出现了台状腐蚀以及类似溃疡的腐蚀；

(3) 腐蚀最严重的钢管[见图4－5(d)]，其腐蚀形貌与CO_2气体流动导致的局部腐蚀类似，腐蚀相当严重，管壁已经大大减薄。

1．腐蚀垢物的一些典型微观腐蚀形貌及成分分析

研究腐蚀垢物扫描电镜和能谱分析时，观察到了一些典型的微观腐蚀形貌，其组成相对稳定，为分析不同井深的腐蚀机理提供了依据。下面逐一介绍。

1)蜂窝状(或针状)花纹(微观腐蚀形貌见图4－6)

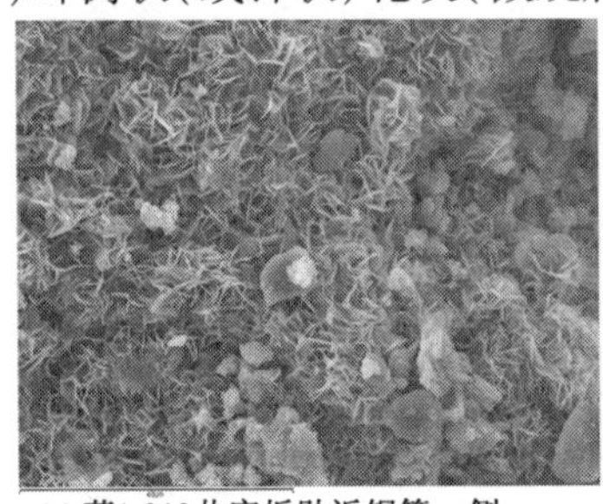

(a) 莱1-212井底垢贴近钢管一侧

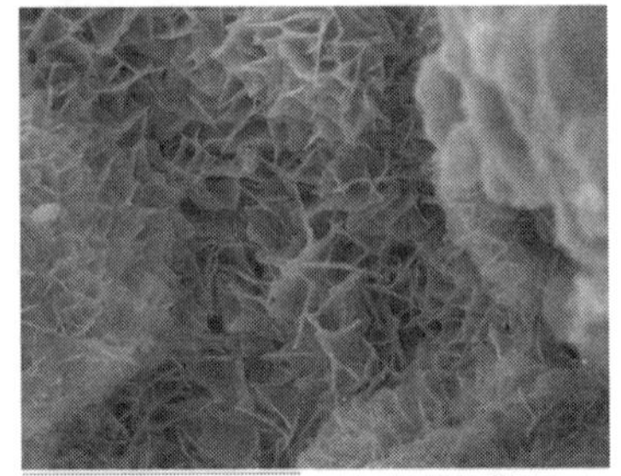

(b) 莱14-9井1000米附近垢样

图4－6　蜂窝状腐蚀形貌SEM照片

以上两张扫描电镜图片显示了典型的蜂窝状(或针状)花纹，根据能谱分析，以上腐蚀形貌对应的物质一般含有至少三种元素 Fe、Cl、O，且 Cl 元素含量较高。图 4－6 对应的选区能谱分析见表 4－32。

表 4－32　选区能谱分析

元素	OK	ClK	FeK	总量
重量百分比/%	30.44	14.90	54.66	100
原子百分比/%	57.62	12.73	29.65	

蜂窝状花纹腐蚀形貌形成的可能机理：首先，溶解在水里的 O_2 与铁反应，生成铁的层状氧化物；之后，水中高含量的 Cl^- 与铁氧化物络合，破坏钝化过程，并将层状结构撑开，并逐渐分散成为纳米片。这些纳米片相互交织，形成了类似蜂窝状的花纹。

可以看到，这种结构是疏松而多孔的，不仅无法起到防止腐蚀的作用，而且还促进了腐蚀性气体(O_2、CO_2、H_2S 等)的吸附。

2)形状不规则的白色块状物体(微观腐蚀形貌见图 4－7)

(a) 莱1-212井底垢中间部分

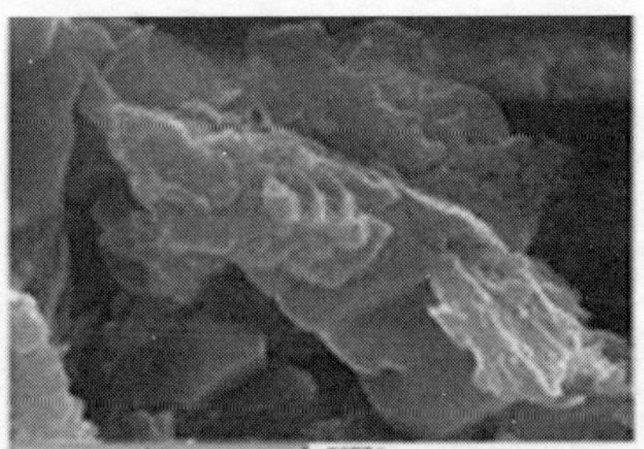

(b) 莱14-9井650m左右垢物

图 4－7　SEM 观察到的形状不规则的白色块状腐蚀形貌

如图 4－7(a)、图 4－7 (b)所示，其相应的能谱分析见表 4－33。这种不规则块状物体通常连在一起，黏结成块，一般含有 C、O、Fe、Si、Ca 等元素。

表 4－33　选区的能谱分析

对应垢层	元素	CK	OK	AlK	SiK	ClK	CaK	FeK	总量
图 4－7(a)	重量百分比	19.25	29.25	—	1.53	—	—	49.97	100
	原子百分比	36.59	41.74	—	1.24	—	—	20.43	
图 4－7(b)	重量百分比	17.17	20.28	1.75	3.33	2.11	26.00	29.36	100
	原子百分比	34.74	30.81	1.57	2.88	1.45	15.77	12.78	

推测其腐蚀机理为：部分 C 源于 CO_2腐蚀产生，部分源于水中本来溶解的 CO_3^{2-}，但无论是哪一类，最终都与 Ca、Fe 等元素形成了碳酸盐化合物；腐蚀产生的铁的氧化物以及碳酸盐类化合物与土壤中的带负电的硅酸结合，从而黏成块，且形状不规则。

3）疏松的小颗粒状物质

表 4－34　选区能谱分析

元素	CK	OK	SK	ClK	CaK	FeK	总量
重量百分比/%	42.96	25.90	3.07	1.98	1.02	25.18	100
原子百分比/%	61.49	27.72	1.64	0.96	0.44	7.75	

图 4－8(a)、图 4－8（b）展现了另一种典型的腐蚀形貌，对应的选取的能谱分析结果见表 4－34。这种腐蚀产物一般比较疏松和分散。在类似的腐蚀产物中，一般都能找到 S 元素。推测可知这些疏松的小颗粒物质属于是硫化铁 FeSx 类化合物。

(a) 莱1-212井底垢中层　　(b) 莱14-9第67根油管垢样

图 4－8　SEM 下的疏松小颗粒物质

2. 不同井深的油套管腐蚀机理

广利的注水井一般都有 2000 多米，从地表到井底，其腐蚀机理必然会存在差异。找出其中的差异，分井段的讨论腐蚀机理，对于认清腐蚀原因、展开局部防腐具有重大的意义。

1）地下第一根油套管的腐蚀机理

采集了注水井地下第一根钢管的腐蚀垢物，并进行了分析。其扫描电镜照片及能谱分析见图 4－9 及表 4－35。

图4-9　第一根油管垢物电镜照片及选区能谱

表4-35　第一根油管垢物的能谱分析结果

元素	OK	ClK	FeK	总量
重量百分比/%	40.42	7.95	51.63	100
原子百分比/%	68.74	6.10	25.15	

从电镜照片可以看出，腐蚀产物在微观层面是比较疏松的，因而无法阻挡腐蚀性液体对钢体进一步的侵蚀。能谱分析表明，腐蚀产物主要含有 Fe、Cl、O 三种元素，说明它的腐蚀类型是 Cl^- 促进下的溶解氧的电化学腐蚀。

2)地表至地下 100m 附近的油套管腐蚀机理

该管段的腐蚀产物的微观腐蚀形貌见图4-10，对应选取的能谱分析结垢见表4-36。

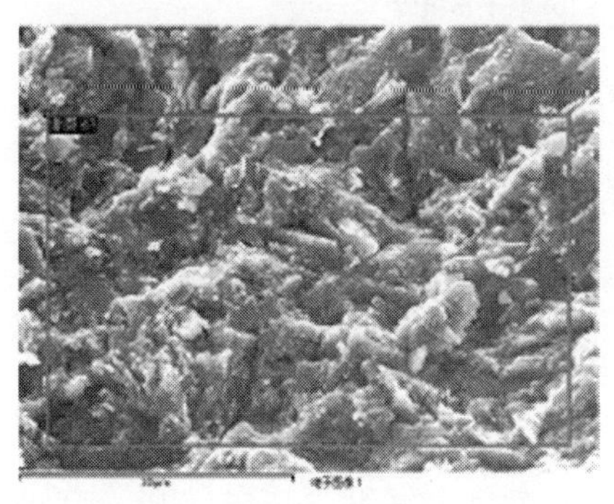

图4-10　电镜照片及选区能谱

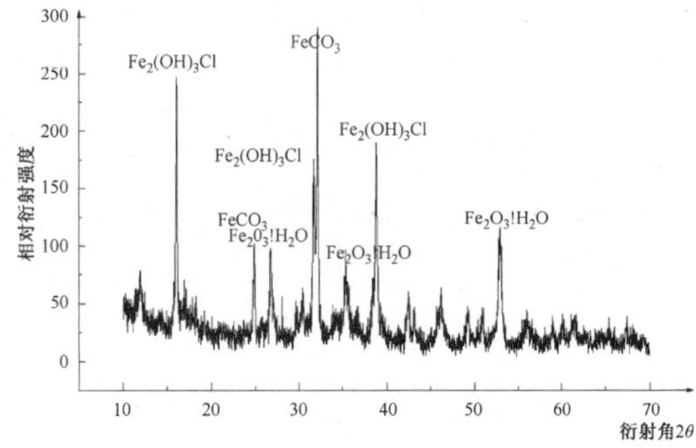

图4-11　垢物 XRD 分析图谱

表 4-36　选区能谱分析

元素	CK	OK	SiK	ClK	FeK	CuK	总量
重量百分比/%	16.11	22.82	0.56	12.02	47.32	1.15	100
原子百分比/%	33.59	35.73	0.50	8.51	21.22	0.45	

由能谱测试可知，腐蚀产物主要含有 C、O、Fe、Cl 元素，并且 C 元素含量较高。进行 X－射线衍射分析，表明腐蚀产物中多数物质为 $FeCO_3$、$Fe_2(OH)_3Cl$、$Fe_2O_3 \cdot nH_2O$ 等，如图 4-11 所示。可见引起腐蚀的主要介质为 Cl^- 促进下的 O_2 腐蚀以及 CO_2 腐蚀。

CO_2 腐蚀的电化学机理如下：

$$CO_2 + H_2O \longrightarrow H_2CO_3 \longrightarrow H^+ + HCO_3^- \longrightarrow H^+ + CO_3^{2-}$$

$$Fe \longrightarrow Fe^{2+} + 2e,\ 2H^+ + 2e \longrightarrow H_2$$

$$\text{总反应式：} Fe^{2+} + CO_3^{2-} \longrightarrow FeCO_3$$

3）地下 100～1000m 区段的油套管腐蚀机理

分析了井底第 67、73 根管以及 1000m 附近几根油管的腐蚀情况，结果见图 4-12，元素分析结果见表 4-37。

(a) 地下67根管(600m)

(b) 地下73根管(700m)

图 4-12　地下 100～1000m 垢物电镜照片及选区能谱

表 4-37　对应选区能谱分析

元素	CK	OK	SiK	SK	CaK	FeK	总量
重量百分比/%	24.38	26.66	0.58	7.40	16.73	24.26	100
原子百分比/%	42.30	34.72	0.43	4.81	8.70	9.05	

这一区段腐蚀产物大多含有大量的 C 元素、O 元素，以及少量的 S 元素。相应垢物 XRD 分析结果表明，地下 600m 套管的垢样组成主要有：$CaCO_3$、$FeCO_3$、Fe_9S_8 等，如图 4-13 所示。但是地下 73（700）根管的 XRD 分析却没有得到硫化物的信息，这或许与硫化物不结晶有关系。由于硫化物一般为疏松的颗粒状，不

呈结晶态，因而在 XRD 分析中比较难以发现。

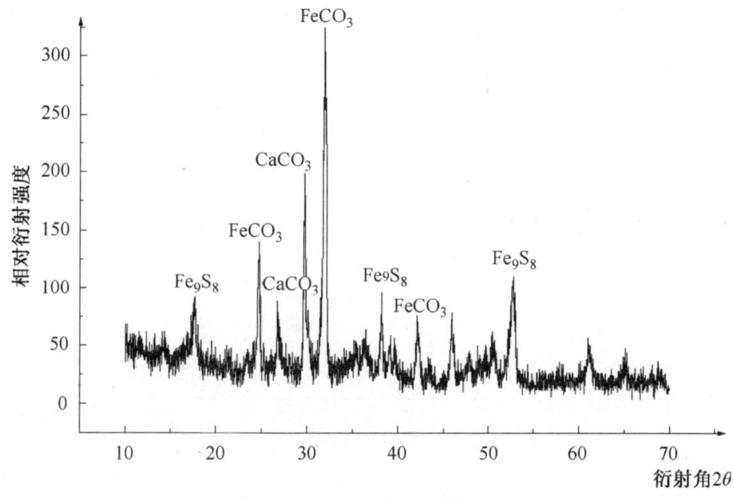

图 4－13 地下 67 根油管外壁垢物 XRD 分析图谱

推断此处 S 元素的出现应该主要是源于 SRB 腐蚀，原因如下：

第 1，地下 100～1000m 这段井位的温度区间在 30～40℃左右，属于适合 SRB 菌生长和繁殖的温度范围；

第 2，经检测井下环套水中存在大量的 SRB 菌；

第 3，XRD 分析中发现的 Fe_9S_8 是硫酸盐还原菌（SRB）腐蚀的一个典型产物。

SRB 腐蚀机理如下：

阳极 $4Fe \longrightarrow 4Fe^{2+} + 8e$；阴极 $8H^+ + 8e \longrightarrow 8H$

SRB 引起的阴极去极化作用：$SO_4^{2-} + 8H \longrightarrow S^{2-} + 4H_2O$

水分解：$8H_2O \longrightarrow 8H^+ + 8OH^-$

腐蚀产物：$Fe^{2+} + S^{2-} \longrightarrow FeS$；$3Fe^{2+} + 6OH^- \longrightarrow 3Fe(OH)_2$

总反应：$4Fe + SO_4^{2-} + 4H_2O \longrightarrow FeS + 3Fe(OH)_2 + 2OH^-$

为了进一步验证电镜以及 XRD 分析得到的结论，对腐蚀垢物进行了热重分析（TGA）。在对 600m 该垢物样品进行 TGA 分析，温度范围设定在 20～900℃，保护气体为 N_2，升温速度为 20℃/min，如图 4－14 所示。

根据 TGA 结果可以看出，样品有两个主要的快速失重温度区间：141.3～240.23℃和 333.24～464.36℃。对比 $FeCO_3$ 的分解温度（382℃），并结合 XRD 的分析，可以认为后者温度区间主要对应的是 $FeCO_3$ 的分解过程；而前者，则可能对应着水合物的分解。同时，从图 4－14 中可以看出，曲线整体波折比较多，因而样品中应含有多种不同成分的化合物。但由于 TGA 分析无法确定失重过程是

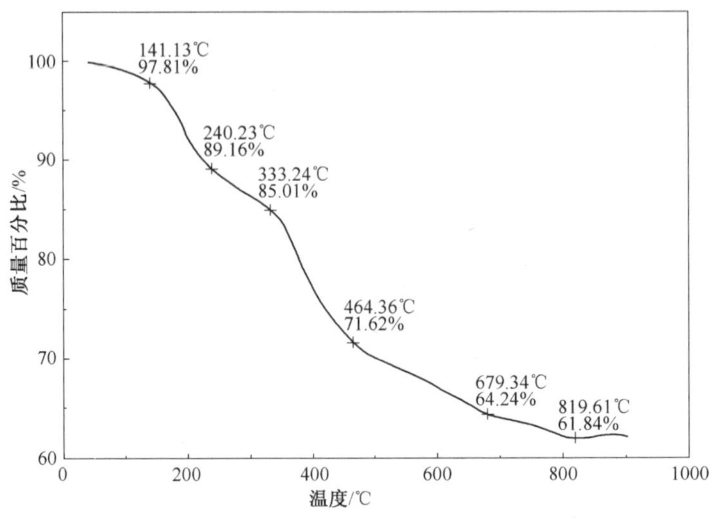

图 4－14　第 67 根油管垢物的 TGA 分析

源自挥发还是样品分解，并且腐蚀垢物成分复杂，因而难以确定其中的每一个成分。

综合以上分析，地下 100～1000m 的主要腐蚀因素为 CO_2 腐蚀以及少量的 SRB 腐蚀。

4）地下 1000～2000m 区段的油套管腐蚀机理

这个区段的垢物主要来自于莱 1－212 注水井的第 136 根、195 根油管的外壁。整体而言，以上垢物的成分主要依然是 C、O、Fe，有的含有少量的 S 元素。其电镜照片和能谱分析见图 4－15(a)、图 4－15(b) 和表 3－38。

(a) 第136根油管外壁垢物

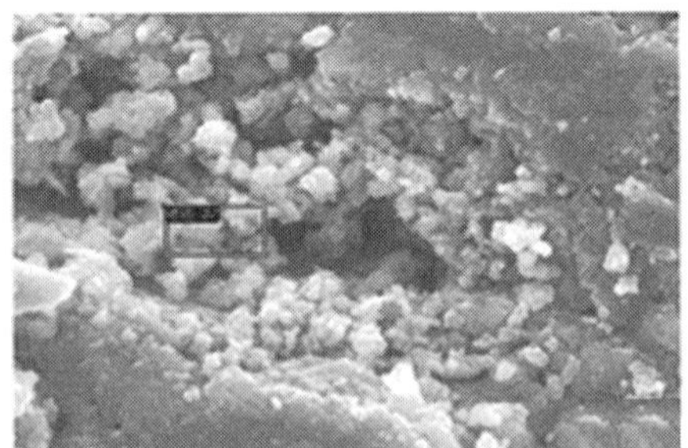

(b) 第195根油管外壁垢物

图 4－15　地下 1000～2000m 垢物电镜照片及选区能谱

表 4－38 对应的选区能谱分析

对应垢层	元素	CK	OK	SiK	ClK	CaK	FeK	总量
图 4－15(a)	重量百分比/%	16.09	52.75	—	1.19	13.81	16.16	100
	原子百分比/%	25.26	62.16	—	0.63	6.50	5.46	
图 4－15(b)	重量百分比/%	24.52	31.55	1.55	1.05	6.27	35.06	100
	原子百分比/%	41.81	40.39	1.13	0.61	3.20	12.86	

XRD 结果表明，地下 136 根油管外壁垢物主要为(Ca，Mn)CO_3(见图 4－16)，表明该井结垢现象严重，也可以看出 CO_2 在其中起到的作用。

根据以上分析，这段区间的腐蚀主要为 CO_2 腐蚀以及由结垢引起的垢下腐蚀。

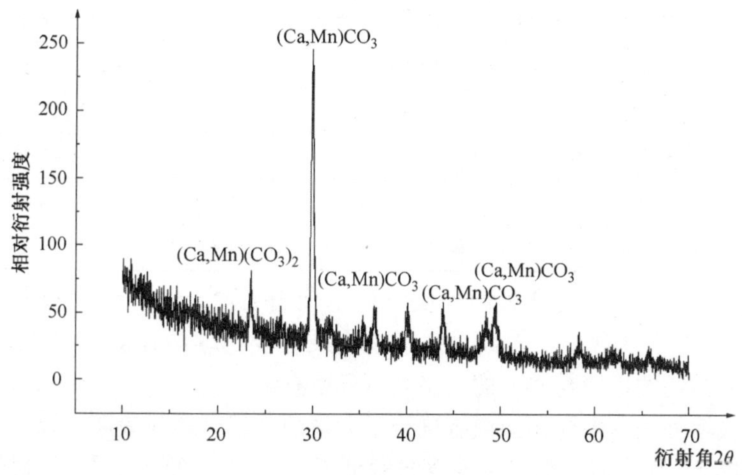

图 4－16 地下 136 根油管外壁垢物 XRD 分析

5)地下 2000m 至井底区段的油套管腐蚀机理

注水井地下 2000m 以后，温度已经比较高，一般能够达到 50～60℃。

通过采用逐层剥离分析的方法，对注水井底最后一根油管的腐蚀产物进行了全面细致的分析。逐层剥离的方法见图 4－17。

外表面外层
外表面中层
中层垢
内表面中层
内表面外层
钢体

图 4－17 井底垢物逐层剥离方法

钢体上面的井底垢在研究中被分为五层：外表面外层、外表面中层、中层、内表面中层、内表面外层。分析结果表明，不同层的腐蚀产物有所差异，这有助于在理论上重现腐蚀过程。图 4－18(a)、图 4－18(b)、图 4－18(c)、图 4－18(d)、图 4－18(e)、

图4－18(f)分别代表垢物外表面外层形貌(低放大倍率)、垢物外表面外层微观形貌(高放大倍率)、井底垢外表面中层微观形貌、井底垢中层微观形貌、井底垢内表面中层微观形貌、井底垢内表面外层微观形貌。相应的能谱分析见表4－39。

表4－39　对应的选区能谱分析

对应垢层	元素	CK	OK	SK	ClK	CaK	FeK	总量
图4－18(b)	重量百分比/%	42.70	36.27	—	2.39	—	18.63	100
	原子百分比/%	57.12	36.43	—	1.08	—	5.36	
图4－18(c)	重量百分比/%	16.82	32.60	8.45	3.67	—	38.47	100
	原子百分比/%	31.17	45.34	5.86	2.30	—	15.33	
图4－18(d)	重量百分比/%	23.62	27.11	0.95	—	—	48.32	100
	原子百分比/%	43.16	37.19	0.65	—	—	18.99	
图4－18(e)	重量百分比/%	42.96	25.80	3.07	1.98	1.02	25.18	100
	原子百分比/%	61.49	27.72	1.64	0.96	0.44	7.75	
图4－18(f)	重量百分比/%	—	30.44	—	14.90	—	54.66	100
	原子百分比/%	—	57.62	—	29.65	—	29.65	

可以看出，井底垢的外表面外层整体呈现岩石状，主要元素成分为C、O、Cl、Fe。其中C、O含量比较高，说明该物质主要为碳酸盐类，如碳酸亚铁等。这种岩石状垢物的形成与井底的高温高压环境有关。

对井底垢外表面中层不同微区进行了大量的分析，结果表明，该层垢物中发现了较多的S、O元素，而C元素含量很低或不存在。总的来看，其腐蚀形貌呈疏松的颗粒状，这同之前的研究结果是一致的。S元素的出现是与SRB腐蚀是对应的，由于这种腐蚀产物疏松多孔，具有腐蚀介质传输通道，因而容易加速腐蚀的进行。

从井底垢内表面中层看，我们又发现了疏松的颗粒状物质，这些物质证明含有S元素。从井底垢外表面外层、外表面中层、中层以及内表面中层的分析可以看出，SRB腐蚀主要是垢下腐蚀，因而腐蚀集中发生在钢管中层部位。但是S的含量并不高，说明尽管存在SRB腐蚀，推测它应该不是影响腐蚀的主要因素。

根据图4－17显示的剥离方法，井底垢内表面外层为贴近钢铁表面的一层腐蚀产物。可以看出，在“贴近钢样表面”的位置又出现了蜂窝状花纹腐蚀形貌，并且能谱分析表明，无一例外的出现了大量的Cl元素。因而，可以推断Cl^-是最初对钢样进行腐蚀的因素之一，因而这种蜂窝状腐蚀形貌总是出现在贴近钢样表面的腐蚀产物中。

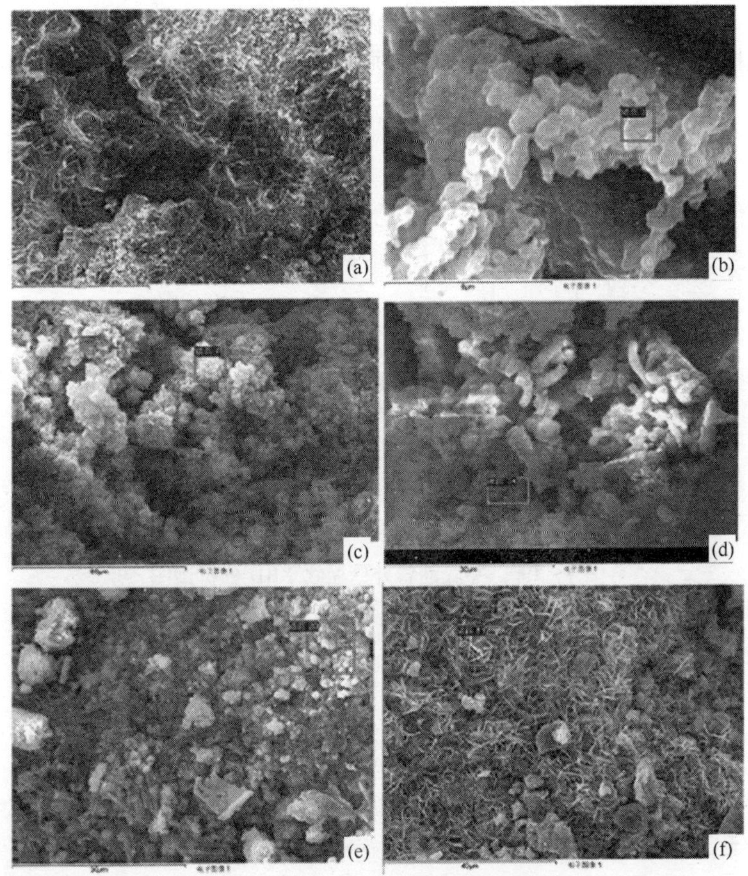

图 4－18　井底垢不同层的扫描电镜照片

对井底油管外壁垢物进行了 XRD 测试和 TGA 分析，如图 4－19、图 4－20 所示。结果表明，其主要组成为碳酸盐类物质。

通过对垢物的 XRD 检测结果可以看出，垢物的主要成分是 $FeCO_3$，说明井底的腐蚀以 CO_2腐蚀为主，通过对选区的能谱分析，检测到了硫元素，说明在井底油套管腐蚀过程中存在 SRB 腐蚀。能谱的分析中发现氯元素，说明回注水中的 Cl^-参与了腐蚀过程。

总之，在广利油田可能造成油套管腐蚀的各个因素中，CO_2、氧、SRB、矿化度都起了一定的作用，但 CO_2是最主要的腐蚀因素。

三、腐蚀主要影响因素的确定

正交实验结果见表 4－40，其中每一行代表一种实验条件，每列代表各影响因素的不同水平。以腐蚀电流作为试验结果。表中的 K_1、K_2、K_3、K_4分别代表每个因素1、2、3、4水平所对应的腐蚀电流均值，而R为各因素对应于腐蚀电流均值的极差($k$max - $k$min)，其值越大则代表该因素对实验指标的影响越显著。

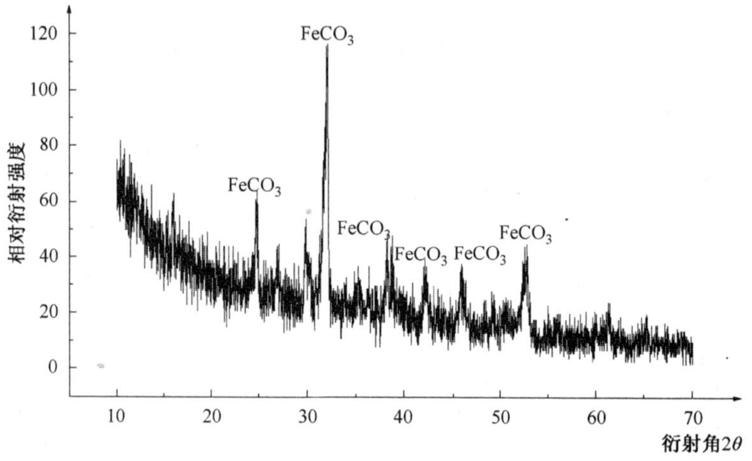

图4-19　井底油管外壁垢物XRD分析谱图

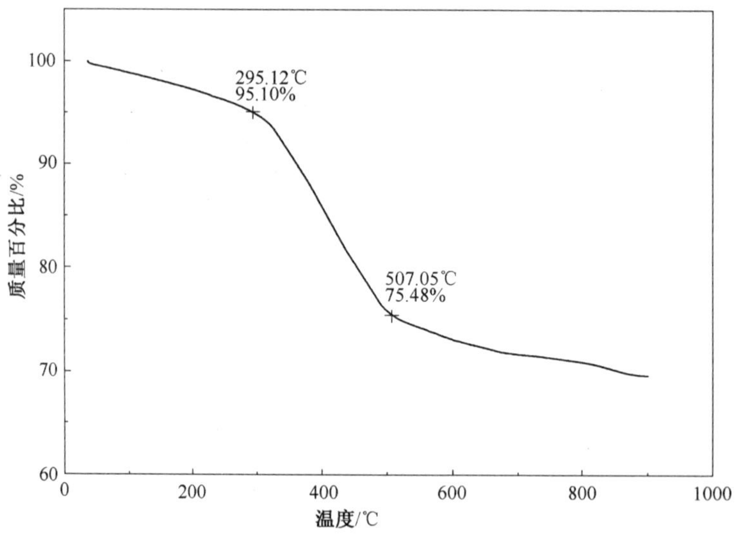

图4-20　井底油管外壁垢物TGA分析

从表4-40正交实验结果可以得出，影响腐蚀的主要因素为：CO_2 > S^{2-} > O_2 > 矿化度 > pH。可知CO_2对腐蚀有着重要的影响，这一试验结果验证了前文由腐蚀垢物反演推测的腐蚀机理。

表 4－40　模拟水样正交实验结果

实验序号	O_2	CO_2	pH	S^{2-}	矿化度	腐蚀电流/μA
1	0.15	0	5	0	15	2.030
2	0.15	100	6	0.5	25	6.720
3	0.15	200	7	2	35	4.240
4	0.15	300	8	6	45	14.600
5	0.35	0	6	2	45	2.190
6	0.35	100	5	6	35	3.740
7	0.35	200	8	0	25	6.540
8	0.35	300	7	0.5	15	3.210
9	0.7	0	7	6	25	9.030
10	0.7	100	8	2	15	1.990
11	0.7	200	5	0.5	45	3.850
12	0.7	300	6	0	35	8.850
13	1	0	8	0.5	35	2.200
14	1	100	7	0	45	9.570
15	1	200	6	6	15	9.780
16	1	300	5	2	25	10.300
K_1	6.898	3.863	4.980	6.748	4.253	
K_2	3.920	5.505	6.885	3.995	8.148	
K_3	5.930	6.103	6.513	4.680	4.758	
K_4	7.963	9.240	6.333	9.288	7.553	
R	4.043	5.378	1.905	5.293	3.895	

四、水处理工艺技术的确定

通过对油田回注水腐蚀机理及影响因素的全面分析研究，结合广利站来水的离子组成及水质分析结果，广利站回注水矿化度34000mg/L，pH值为5.5～6.0，游离CO_2含量233mg/L，水中存在$CO_2-HCO_3-CO_3^{2-}$构成的弱酸弱碱缓冲体系，并含有少量的H_2S和溶解氧，部分H_2S已经与Fe^{2+}反应生成了黑色的FeS沉淀，这是造成水体具有强腐蚀性的主要原因。

水质不稳定及净化指标超标原因分析：广利水质稳定性差的根本原因是水中

Fe^{2+}含量高(13mg/L)，Fe^{2+}会逐渐被氧化形成$Fe_x(OH)_{m(3x-m)}$胶体沉淀，形成新的SS，使水质沿流程逐渐恶化，最终导致注水井井口水中SS含量较水站外输水高数倍，造成实际注入地层水质严重超标。

综上所述，广利油田回注水腐蚀的最主要因素为CO_2，而水质不稳定的主要因素为Fe^{2+}，因此广利油田回注水处理应对症下药，注重去除CO_2和Fe^{2+}，目的是降低腐蚀、稳定水质。

1)通过调整pH值控制腐蚀

CO_2在溶液中的反应为：$CO_2+H_2O \longrightarrow H_2CO_3$，其中反应产物碳酸是二元弱酸，可以发生二级离解：

$$H_2CO_3 \longrightarrow HCO_3^- + H^+$$

$$HCO_3^- \longrightarrow CO_3^{2-} + H^+$$

由于第二个反应的平衡常数太小，所以溶液中存在大量的HCO_3^-和H^+，是阴极反应的主要物质。为了减少HCO_3^-和H^+的浓度，降低CO_2的腐蚀，可以通过调整pH值的方式。将溶液的pH值调高，使整个溶液略偏碱性，减少溶液中存在的H^+，并将大量HCO_3^-转化为CO_3^{2-}，从而降低溶液中阴极去极化剂的含量。

取广利油田莱12－24的套管水为实验用腐蚀介质，原有腐蚀介质的pH值为6.84，调整pH值分别为7，7.5，8和8.5，分别测定在不同pH值条件下的腐蚀电流的变化趋势。在调整溶液pH值的过程中发现当pH值调整至7的时候溶液开始有絮状沉淀，调整到8的时候出现大量白色和黄色沉淀。腐蚀介质pH从6.8到8.5的腐蚀电流见表4－41。当pH＝8.5时，腐蚀电流最小但溶液中产生大量沉淀物，为达到控制腐蚀和污泥量的双重目的，可选择pH＝7.5。

表4－41　套管水不同pH值的腐蚀电流

pH值	6.8	7.5	8	8.5
腐蚀电流/μA	12.5	4.33	16.4	1.93

2)选择耐蚀管材

选择适合的材料或改变材料的组成。根据材料的使用环境，合理选用材料，或通过调整碳钢和低合钢的成分以增加金属的耐蚀性，但耐蚀材料成本较高。目前国际上在含CO_2的油气田已采用含铬铁素体不锈钢管(9%～13% Cr)；在含CO_2和Cl^-的条件下，采用Cr_2Mn_2N不锈钢(22%～25% Cr)做油管和套管，但是这类材料含贵重元素，使用价格昂贵的13Cr或更高的油管，投入太大。油田生产系统不易采用。

目前玻璃钢材料在耐压、抗温等方面有了很大的改善，技术上取得了突破，投资是普通碳钢的 1.5 倍左右，因此油田回注水处理系统可采用玻璃钢管线和储罐。

3）电化学氧化处理技术

电化学氧化处理工艺主要是除 Fe^{2+}，使水质稳定；再通过添加少量的碱与 CO_2反应，使 pH 值升高，腐蚀性降低；另外电化学产生的电场作用强化 SS 凝聚絮凝过程。

电化学氧化 - 还原的基本原理是通过电解高矿化度（含 Cl^-）的回注水，使得水中不稳定物质在电极上直接发生电化学反应，或利用电极表面产生的强氧化性物质与水中不稳定物质发生氧化还原反应，后者为间接电化学转化。电化学氧化 - 还原作用通过改变水中部分离子成分含量，从而改变水的 pH 值等水性指标，打破原有水中的离子及胶体平衡态，进而控制腐蚀、结垢的特性及水中其他有害成分含量。

由于在高矿化度油田回注水中电化学反应过程与化学反应过程同时进行，加之电化学产生的催化作用，导致水中许多有机物的降解反应机理及多种无机物反应十分复杂。

A. 电化学氧化过程

电化学氧化法是在阳极反应过程中，先生成具有极强氧化性的化学活性物质，这些物质主要是氯气、次氯酸、次氯酸根、羟基自由基（·OH）等，这些强氧化性的活性物质与水中还原性物质（如 S^{2-}、Fe^{2+}等）发生氧化还原反应。同时在直流电流的作用下，阳极过程发生副反应析出氧和氯等氧化剂，能起到氧化杀菌、电气浮等作用。

B. [II]的还原反应

电极反应中得到的新生态[H]具有较大的活性，[H]在 Fe^{2+}的共同作用下能与回注水中的许多组分发生氧化还原作用。

C. 铁离子等的氧化还原及混凝作用

在电化学反应过程中，Fe^{2+}和 Fe^{3+}经过水解、氧化、聚合等一系列反应，生成 $Fe(OH^{2+}$、$Fe(OH)_2{}^+$、$Fe_2(OH)_2{}^{4+}$、$Fe_3(OH)_4{}^{5+}$等具有很强的絮凝功能的络合离子，这些络合离子比一般的三氯化铁、聚合硫酸铁等混凝药剂水解得到的络合离子的吸附能力强。这样，水中原有的悬浮物，通过絮凝反应产生的不溶物因絮凝而从水中去除，使处理后的水质趋于稳定。

D. 混凝净化及水质稳定

油田回注水是一种集悬浮固体、油、溶解气体和溶解盐于一体的多相体系，其中含有悬浮固体、胶体粒子、分散油及浮油、乳化油等杂质，与水形成溶胶状态的细小胶体微粒。这些微粒利用重力自然沉降的方法难以除去，必须通过化学作用使溶胶以不同的方式脱稳、凝聚或絮凝，变成较大的颗粒后才能沉降分离。

混凝的机理可分为压缩双电层、吸附电中和、吸附架桥和沉淀网捕四种。电化学凝聚与混凝是通过电场对水中悬浮物碰撞运动的强化作用和电化学反应产生的强氧化性物质，将回注水中难以混凝沉降的 Fe^{2+} 、硫化物等氧化成易于沉降的 Fe^{3+} 、单质硫。再与配套的混凝剂共同作用，使回注水中的各类杂质全部快速混凝沉降下来，实现水质净化、稳定达标。

4）死水变活水

环套空间内的死水会引起细菌大量繁殖，加剧腐蚀。死水变活水工艺能够抑制细菌滋生，控制腐蚀。具体措施是每周反注 $30m^3$ 水。

针对广利回注水的特性，在室内进行了水质改性、预氧化、各种水质稳定剂、耐蚀材料等的大量研究工作，最终选择电化学氧化 + 混凝沉降处理工艺 + 化学药剂 + 玻璃钢耐蚀材料联防的处理方案。

五、综合处理方案的现场实施

广利联合站的水处理规模 $1.1\times10^4m^3/d$，主要工艺流程见图 4 – 21，技术方案实施后胜利油田分公司的水质考核结果见表 4 – 42。

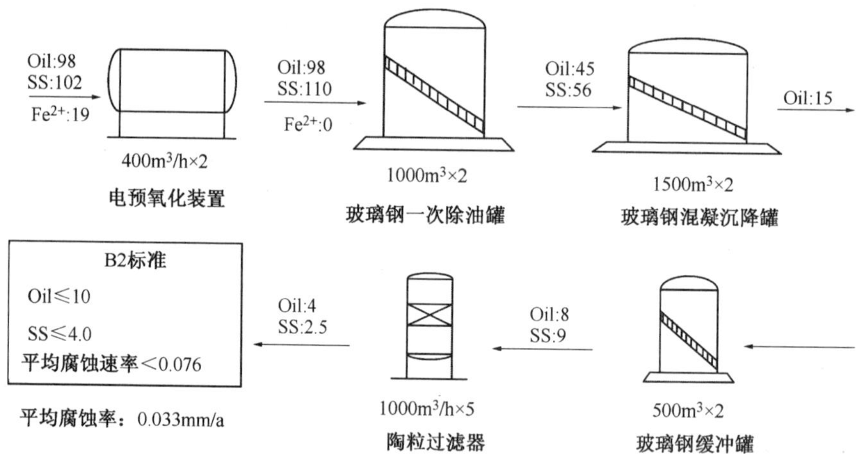

图 4 – 21　实施后的现场工艺流程

表 4 – 42　广利联合站胜利油田分公司水质考核结果

测试日期	含油/(mg/L)	SS/(mg/L)	SRB/(个/mL)	腐蚀速率/(mm/a)
2008.01	1.34	1.50	2.5	0.059
2008.02	0.80	5.30	6	0.055
2008.03	2.2	4.4	0.6	0.036

续表

测试日期	含油/(mg/L)	SS/(mg/L)	SRB/(个/mL)	腐蚀速率/(mm/a)
2008.04	1.4	4.4	2.5	0.055
2008.05	0.9	1.3	25	0.062
2008.06	0.3	3.5	6	0.028
2008.07	2.6	4.9	25	0.047
2008.08	0.4	0.6	25	0.035
2008.09	0.5	4.5	6	0.014
2008.10	0.9	2.2	2.5	0.008
2008.11	0.4	2.3	2.5	0.004
2008.12	0.6	0.3	2.5	0.082
2009.01	5.9	3.5	2.5	0.050
2009.02	1.3	1.3	25	0.060
2009.03	0.5	1.7	2.5	0.018
2009.04	0.3	2.1	2.5	0.051
2009.05	0.3	2.9	2.5	0.042
2009.06	0.4	2.7	2.5	0.046
标准	10	4	60	0.076

胜利油田分公司考核结果(见表4-42)显示：广利联合站自改造后，外输水四项指标都达标，沿程水质稳定达标回注。沿程水质检测数据表4-43。

表4-43　广利水站沿程水质检测数据

检测指标	含油量/(mg/L)	SS/(mg/L)	SRB/(个/mL)	腐蚀速率/(mm/a)
广利站外输	1.9	4.6	25	0.031
广一注水站	2.0	4.5	25	0.050
莱1-292配水间	2.2	4.6	25	0.054
莱1-226注水井	2.2	5.0	60	0.043

六、经济效益分析

沿程水质稳定控制技术在广利回注水处理系统的应用：技术实施后，广利油田回注水质由C3级提高到B2级，腐蚀速率由0.4mm/a下降到0.033mm/a，腐蚀问题基本得到改善，油水井检泵周期由347d延长到385d。日注水量由6393m^3

上升到 8500m^3，注采对应率由 73.8% 上升到 91.6%，恢复（增加）水驱储量 1063 ×10^4t，增加（恢复）可采储量 220 ×10^4t。自然递减由 24.4% 下降到 6.7%，日油能力由 279t 上升到 391t。直接经济效益如下：

（1）降低了吨油生产成本。吨油生产成本由实施前的 811 元/吨降低到 732 元/吨，按平均年产原油 12 ×10^4t 计算，年节约的生产成本为：

$$(811 - 732) \times 120000 = 948(\text{万元})$$

（2）增加了原油日产量。原油日产量由实施前的 279t/d 增长到 379t/d，按原油价格 3000 元/吨计算，2008 年新增销售收入：（379 －279）×365 ×3000 = 10950（万元）；新增利润：

$$(379 - 279) \times 365 \times (3000 - 732) = 8278.2(\text{万元})。$$

第五节　杀菌剂及抑菌涂层的应用示范——利津站

利津回注水处理站 1987 年建成投产，采用重力沉降流程，2007 年进行改造后仍采用重力沉降流程，设计处理量 1.3 ×10^4m^3/d，目前实际处理回注水 1.2 × 10^4m^3/d，回注水来源主要为利津油田和郑王油田来液。其中，利津油田采出液量 4000m^3/d，含水 96% ~97%；郑王油田液量 6500 m^3/d，另外处理后回注水输往利津注水站和郑王接转站降黏回掺，掺水量 1500m^3/d。

利津水站主要处理设备有 2000m^3一次除油罐 2 座，1000m^3二次混凝沉降罐 2 座，300m^3缓冲罐 2 座，过滤罐 4 座。站内加药系统共有 8 个加药罐，11 台加药泵，目前运行基本正常。站内主流程如图 4 －22 所示：

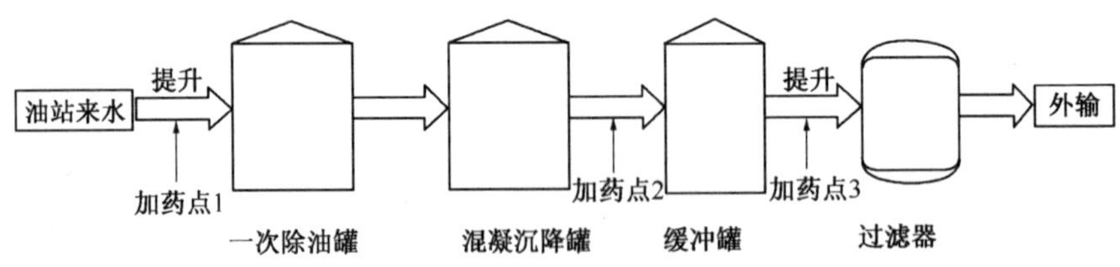

图 4 －22　利津污处理流程示意图

滨南采油厂于 2007 年对利津水站进行改造，回注水达标率提升至 94.7%，但由于水质不稳定，处理后合格的水沿注水管网发生变化，导致井口水质恶化，目前利津油田因注水水质不合格导致注水量下降乃至注不进水共计 15 口井，日欠注水量 400m^3，严重影响了老区稳产。处理后及沿程水质变化情况见表 4 －44。

表 4－44　利津回注水沿程水质变化表

取样地点	利津污	利津注	13 号配水间	LJL29－14	设计指标
悬浮物含量/(mg/L)	3.5	6.2	12.6	22.3	4
含油量/(mg/L)	2.8	3.0	2.9	2.8	10
SRB/(个/mL)	250	2500	2500	6000	25
平均腐蚀率/(mm/a)	0.005	0.007	0.004	0.011	0.076

根据表中数据显示：利津水站的外输水在含油量、悬浮固体含量、平均腐蚀率等主要指标上均能够满足设计要求，但是 SRB 菌含量较高超出了设计要求。随着回注水的输送，水中悬浮物及细菌不断升高，到井口已超出设计指标上百倍。

一、利津回注水腐蚀特性分析

1. 腐蚀分类

在腐蚀领域中存在着大量分类问题，比如油田回注水，有矿化度、不同离子、腐蚀速度、温度等非常多的指标，由于指标太多，研究起来很困难，通常先对某些回注水进行分类。聚类分析这个有用的数学工具越来越受到人们的重视，将聚类分析和其他方法联合起来使用，它在许多领域中都得到了广泛的应用。利用聚类分析中系统聚类的方法对胜利油田回注水进行腐蚀类型分类，可主要分为以下三类：

（1）矿化度和各种离子的含量都较低，腐蚀速度普遍不是很大；

（2）矿化度和各种离子的含量都是最高的，腐蚀速度也最大；

（3）矿化度和各种离子的含量居中，腐蚀速度较大。

利用系统聚类的分析方法，利津回注水属于第一类腐蚀类型，即矿化度和各种离子的含量都较低，腐蚀速度不高。

2. 溶解氧的影响

在影响腐蚀的因素里，溶解氧是首要影响因素，是阴极去极化剂，直接参与腐蚀电化学反应。因此，溶解氧的多少，直接影响到腐蚀速度的大小。

利津回注水矿化度接近 10000mg/L，在矿化度为 10000mg/L 的回注水中，腐蚀速度和溶解氧的关系见图 4－23。

从图中可以看出，腐蚀速率与溶解氧含量之间近似成线性关系，腐蚀速率随着溶解氧含量的升高而增大。但利津沿程溶解氧含量基本低于 0.05mg/L，对腐蚀影响很小。

3. 其他影响因素

将胜利油田 52 座水站作为研究对象，把腐蚀速率作为参考目标序列，选取

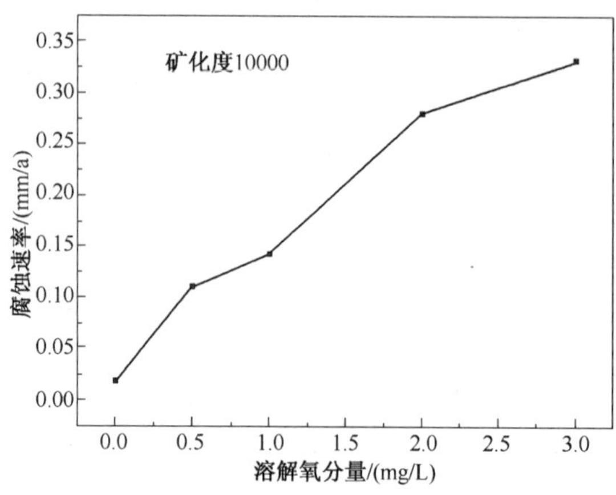

图 4－23　矿化度 10000mg/L 时腐蚀速率与溶解氧含量关系曲线

矿化度、pH、各种离子浓度（Cl^-、SO_4^{2-}、CO_3^{2-}、Na^+、K^+、Fe^{3+}）TGB、SRB等作为影响腐蚀的因素，将影响因素的时间序列与参考目标序列进行灰色关联分析，结果见表 4－45。由灰色关联度可知胜利油田回注水中的 SO_4^{2-} 和 CO_3^{2-} 是影响腐蚀的主要因素。但利津回注水对腐蚀速度有显著影响的因素为 SO_4^{2-} 与 CO_3^{2-} 含量仅为微量（见表 4－46），因此对腐蚀无影响。这也是在利津回注水细菌含量高的情况下，腐蚀速度依然能够维持达标的主要原因。

表 4－45　分类后回注水腐蚀速率与各影响因子间的灰色关联度

影响因子 / 分类	矿化度	pH	Cl^-	SO_4^{2-}	CO_3^2	HCO_3^-	Mg^{2+}	Ca^{2+}	$Na^+ + K^+$	Fe^{3+}	TGB	SRB	铁细菌
第一类	0. 59	0. 38	0. 61	0. 81	0. 80	0. 65	0. 74	0. 78	0. 58	0. 79	0. 76	0. 69	0. 76
第二类	0. 64	0. 67	0. 64	0. 99	0. 67	0. 67	0. 67	0. 58	0. 62	0. 49	0. 67	0. 67	0. 67
第三类	0. 43	0. 40	0. 43	0. 81	0. 41	0. 48	0. 48	0. 48	0. 44	0. 53	0. 80	0. 59	0. 59

总之，利津回注水在腐蚀分类上属于腐蚀速度较低的类型，在目前水质条件下，没有显著的腐蚀因素，针对利津回注水的腐蚀控制，主要措施为控制好溶解氧含量和投加适量的缓蚀剂。

二、利津回注水细菌生长及影响分析

1. 细菌在系统中大量繁殖，是造成悬浮物增加的主要原因

水质变化造成的悬浮物增加，主要由腐蚀氧化、水质结垢、细菌硫化物及系统平衡变化导致的氧化还原作用等引起。利津水站各节点及沿程水质检测结果见表 4－48。利津回注水腐蚀速度较低，沿程溶解氧变化较为稳定，铁离子与硫化氢未检出。

表 4-46　利津站来水离子分析结果

分析项目		$\rho(B)/(mg/L)$	分析项目		$\rho(B)/(mg/L)$
阴离子	F^-	0.00	阳离子	Li^+	0.00
	Cl^-	4179.88		Na^+	3085.55
	Br^-	0.00		NH_4^+	31.93
	NO_2^-	5.63		K^+	38.04
	NO_3^-	0.00		Mg^{2+}	27.12
	SO_4^{2-}	微量		Ca^{2+}	102.47
	OH^-	0.00		Sr^{2+}	14.14
	CO_3^{2-}	0.00		Ba^{2+}	9.65
	HCO_3^-	1631.31		总 Fe	0.77
矿化度		9125.7	pH		7.8

表 4-47　不同水样水质检测数据

取样点	水站来水	一次罐出水	二次罐出水	滤前	外输	利津注出口	13 号配水间	LJL29-14 井
温度/℃	48	47	47	—	—	46	45	44
$Fe^{2+}/(mg/L)$	0.2	0	0	—	0	0	0	0
游离 CO_2	0.07	0.06	0.07	0.08	0.09	0.03	0.04	0.04
pH	7.8	—	—	—	7.8	—	—	—
$H_2S/(mg/L)$	4	4.25	4.25	4.75	4.25	5.75	5.5	6
$O_2/(mg/L)$	0.05	0	0.06	0.06	0.06	0.06	—	0.04
腐蚀速率/(mm/a)	0.017	0.029	0.026	0.018	0.005	0.007	0.004	0.011
SRB/(个/mL)	2500	2500	6000	60	25	2500	600	600
TGB/(个/mL)	250	25	25	6	0	250	250	600
FB/(个/mL)	6000	6000	2500	6000	1300	250	1300	7000

沿程回注水中 SRB 数量的变化与其代谢产物硫化氢以及悬浮物的变化趋势基本吻合(见图 4-24)。随着 SRB 含量的增加，硫化氢含量随之增加，除与铁离子生成沉淀外，仍有残余硫化氢存在，反映在检测数据上沿程不断增加，悬浮物的趋势也与此类似。对于利津回注水，细菌沿程大量增殖，产生的还原性代谢物及菌体污垢等是引起水质变化，悬浮物增加的主要原因。

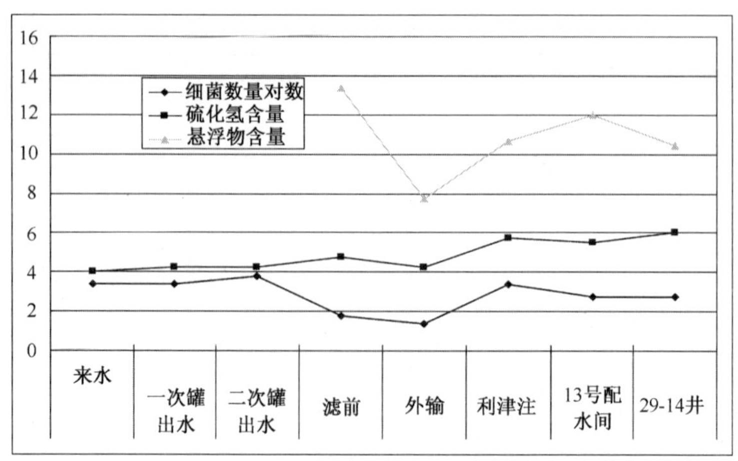

图 4-24　利津沿程回注水中 SRB 与硫化氢变化情况

2. 利津回注水细菌生长分析

在利津回注水中，3 种细菌含量均大大超出控制要求，造成沿程水质恶化。主要原因为水质条件非常适合细菌生长和固着菌的影响。

1)利津回注水水质条件利于细菌生长

利津联合站来水水质分析结果见表 4-48。利津回注水中 SRB 是一种以有机物为营养物质的厌氧型细菌，其最适生长条件为：① 厌氧环境。② pH 在中性范围。当 pH 在 6.48~7.83 之间变化时，硫酸盐还原效果最好。③ 中温性的水体。SRB 最适温度一般在 20~40℃左右，但在含硫酸盐废水和各菌群混合共生的复杂体系中，SRB 的硫酸盐还原速度不仅仅取决于环境的温度是否为最佳温度，还是受竞争的影响，一般在 35℃时，其硫酸盐还原速率最大。④ 适宜的盐度和大量有机碳源。

表 4-48　利津联合站来水水质分析

温度/℃	DO/(mg/L)	pH 值	含油量/(mg/L)	SS/(mg/L)	矿化度/(mg/L)	SRB/(个/mL)	TGB/(个/mL)	铁细菌/(个/mL)
48	0.05	7.8	543	32	9125	2500	250	6000

TGB 为黏液产生菌，它的大量存在，在管线和设备上形成黏膜，不仅为其他菌类的生长繁殖创造了有利条件，也是与悬浮杂质等形成集输系统管线污垢的主要原因。铁细菌是一种好气异养菌，适于在偏低温度下生长。促使 Fe^{2+} 氧化为 Fe^{3+}，起到了阴极去极化的作用，加快了腐蚀。

由利津回注水的水质分析数据(见表 4-48)可见，利津回注水溶解氧氧含量 <0.05 mg/L，pH 为 7.8，水温 48℃，矿化度适中，悬浮物含量较高，含有大量

细菌生长需要的的石油烃等有机碳源，这些水质条件非常利于细菌生长繁殖，加上来水引入细菌含量即达到 2500 个/mL，导致该站回注水中细菌大量繁殖，细菌控制难度较大。

2）利津集输系统停留时间过长，利于固着菌沿程沉积生长

对利津回注水细菌控制更为不利的另一个主要原因为回注水在集输系统停留时间过长，造成污垢沉积，固着菌大量生长。

如图 4 – 25 所示，回注水从利津污外输至 29 – 14 井口，总的停留时间约 21h。尤其注水站缓冲罐内停留时间长达 15h；利津注出口② 至 13 配水间③ 之间 3 ~ 4km 的集输管线，按照水量 500m^3/d 计算，管路内回注水停留时间约 5h。

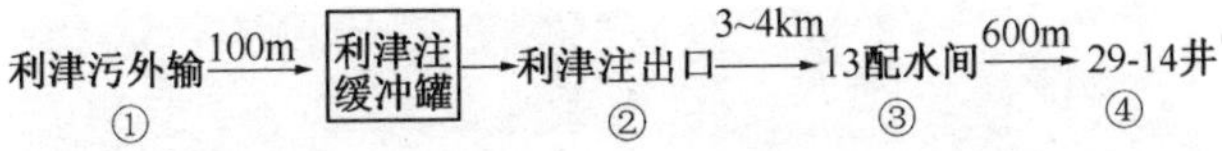

利津污外输①　—100m→　[利津注缓冲罐]　→利津注出口②　—3~4km→　13配水间③　—600m→　29-14井④

图 4 – 25　利津污至井口集输线路示意图

由检测数据还可发现，这两段正是细菌及悬浮物发生激增的阶段。

在这两段流程中，常年处于水质恶劣环境中，水流缓慢，易于污垢沉积。垢及污泥增大了对杀菌剂、缓蚀剂等药剂吸附的表面积，增大药剂损耗，导致杀菌剂难以穿透杀灭垢内固着菌，缓蚀剂也难以在金属管壁吸附成膜，增加了细菌与腐蚀控制的难度。

更重要的是，垢及污泥成为细菌繁殖的有利环境。现场回注水中检测到的 SRB 量如为 1 个/mL，则管壁腐蚀产物中 SRB 量可能高达 10^4个/mL。集输管壁上会存在许多腐蚀产物瘤或膜，瘤或膜下有大量 SRB 繁殖，SRB 常与其他微生物共存于微生物产生的多糖胶中而被保护起来，渗透能力不强的一般杀菌剂不易进入瘤或膜内，使其中的 SRB 长期处于低浓度杀菌剂环境中，逐渐获得了抗药性。对这些细菌来说，一般的杀菌剂很难起到有效的杀菌效果；而当外界条件合适时，这些 SRB 可穿过腐蚀产物膜进入水体而大量繁殖，使水体变为“黑水”。造成污垢中细菌的大量生长，一旦水中杀菌剂达不到致死浓度，它们就会卷土重来，大量增殖，成为利津回注水处理中细菌总是难以彻底清除的主要原因。

对于利津回注水，由于水性适宜和大量固着菌存在，使用杀菌药剂可以杀灭回注水中的游离细菌，但大量具有抗药性的固着菌的存在，使药剂难以达到彻底杀灭的作用。

因此，针对利津回注水的细菌控制，必须配合管线清洗等措施，首先清除掉系统常年累积的污垢，消除固着菌影响的前提下，配合使用杀菌剂和抑菌防腐涂层，才能达到控制目的。

3. 抑菌防腐涂层现场试验

为解决利津注水罐停留时间较长，细菌增殖严重的问题，应用该抑菌涂料在

利津水站进行抑菌效果试验，利津污抑菌涂料现场试验装置见图4－26。

（1）试验目的：考察不同停留时间条件下，抑菌涂料对管线内细菌的抑制情况。

（2）试验时间：2009.11.10～2010.02.15。

（3）试验水质：利津水站来水。

（4）试验管材：Φ529×9钢制管材，长度均为12m，分别涂覆杀菌涂料与普通涂料。

（5）试验内容：调节进水流量，测试不同停留时间条件下，进、出口菌量变化。

图4－26　利津污抑菌涂料现场试验

现场试验结果表明，抑菌涂料对管线内细菌有一定的抑制作用，可减少细菌1个数量级。抑菌涂料现场试验结果见表4－49。

表4－49　利津污抑菌涂料现场试验结果

日期	来水	抑菌涂层	普通涂层	备注
11.18	2500	2500	2500	每小时0.5m^3，停留时间5.1h
12.11	600	600	1300	
12.22	2500	600	6000	
01.08	2500	600	2500	
01.25	6000	250	2500	每小时0.3 m^3，停留时间8.5h
03.12	2500	250	2500	
03.19	2500	250	6000	
04.02	2500	250	6000	

三、利津回注水结垢趋势分析

利津回注水结垢趋势预测(见表4-50)显示：具有$CaCO_3$垢的结垢趋势，但利津回注水中钙离子含量比较低，结垢量很小，现场也没有反映出结垢问题，可不作为重点研究对象。

表4-50　结垢趋势预测结果

依据标准 SY 0600—1997										
温度/℃	$CaCO_3$			$CaSO_4$			$SrSO_4$		$BaSO_4$	
	μ	SI	结垢趋势	S	C	结垢趋势	Q/K_{sp}	结垢趋势	B	结垢趋势
48	0.15	1.53	有	—	—	无	—	无	—	无

四、井口水质恶化原因

(1) 利津注水罐及沿程管网内壁污垢沉积，加上水性适宜，固着菌大量繁殖，导致水中细菌沿程增加。

回注水在注水罐内及利津注至13配水间之间的集输管线自投产后未进行清洗。在长期运行过程中，腐蚀产物、菌体及代谢产物与水中油、有机残渣、黏土颗粒等在管壁附着，导致管线内壁污垢沉积，形成有利于固着菌繁殖的优良环境，并保护具有抗药性的固着菌，使其大量繁殖，引起水中细菌含量激增。

(2) 利津回注水输送过程中，细菌沿程大量增殖，产生的还原性代谢物及菌体污垢等引起水质变化，悬浮物增加。

五、对策及处理措施

针对上述分析，由以上对利津联沿程水质分析数据可见，目前利津污至井口水质不稳定表现出的突出问题是悬浮物及细菌含量沿程增加，主要原因是系统内壁污垢沉积及细菌控制不力，因此总体控制思路为彻底清洗管路及缓冲罐和有效的杀菌控制。

1. 利津注至L29-14井口管网清洗

1)清洗方法

针对利津污以有机垢较多，腐蚀产物及水垢较少的特点，采用先化学清洗软化剥离，后物理清洗扫线的方法进行管线清洗。

2)清洗步骤

A. 化学清洗

在利津水站外输口安装大型清洗泵站(或水泥车)，在管线焊接清洗系统接入口，依次进行除油清洗、污垢清洗、杀菌清洗、预膜处理。

在L29－14配水间设置末端回注水收集点，清洗过程中30min采样一次，进行水样分析。当冲洗水中悬浮物含量、Fe^{2+}、Fe^{3+}无变化时化学清洗结束。

B. 物理清洗

待清洗的利津注至L29－14井口管线现状见表4－51。在利津水站外输口安装PIG发射装置、动力驱动系统，在Q9配水间安装PIG发射装置及回注水回收设备。拆除管线上影响PIG正常通过的部件，发射探测PIG，观察PIG的磨损程度和污物排出量，判定清洗PIG的型号和工艺参数。待管壁污物彻底排除后，停止清洗。

表4－51　待清洗利津注至L29－14井口管线情况

	管径	长度	材质
利津注水站至13#站	DN200	3000m	碳钢
	DN150	200m	碳钢
L29－14单井管线	$\Phi76$	600m	碳钢

2. 注水罐清洗及涂覆杀菌涂层

将利津注现运行的2座3000m^3注水罐单罐运行，分别人工清罐，清理后罐内壁涂覆杀菌涂层。

3. 水质稳定药剂研究

为解决利津联及沿程细菌控制不力的主要问题，首先针对利津回注水SRB进行了菌种特性研究，包括菌株对杀菌剂敏感性试验、SRB(生长曲线)加药周期试验、杀菌剂筛选试验等，以此为依据，确定杀菌剂的投加方式、投加点等具体实施方案，同时考察杀菌剂对腐蚀控制的影响。

1)利津回注水SRB菌株对杀菌剂敏感性试验

SRB在自然界中广泛存在，在油田回注水中也有多种类型。据不完全统计，目前SRB已有12个属近40多个种。由于各油田地理位置和地层条件不同，其中生长的脱硫弧菌种遗传特征就各不相同，表现出对杀菌剂的敏感性差异。

另外，利津回注水集输系统由于长期水质较差，细菌含量较高，管壁及构筑物内壁污染严重，局部位置的SRB长期处于低浓度抗菌物环境中不能被杀死，其中少数个体通过染色体的抗药性突变，或生理适应等方式，易形成对“1227”的抗药性。因此，对利津回注水中的SRB菌株进行杀菌剂敏感性试验，以确定适宜的杀菌剂类型。结果见表4－52。

表 4-52 利津回注水 SRB 杀菌剂敏感试验

杀菌剂类型	季铵盐类	双季铵盐类	胍类	复合类
致死浓度	70	50	60	60

由上可见，利津回注水中 SRB 对双季铵盐类杀菌剂较为敏感。是因为双季胺盐具有两个带正电荷的 N 原子，更容易通过静电作用吸附于带负电荷的 SRB 细胞壁上，并进一步渗透到由卵磷脂组成的细胞膜，使细胞内容物外渗，达到杀菌目的。

2）利津回注水 SRB（生长曲线）加药周期试验

冲击式加药是油田杀菌剂常用的加药方式之一，短期内大剂量的杀菌剂的加入可剥离并抑制管道内壁生物膜的形成，起到保护系统，减缓微生物腐蚀的作用。对于不同细菌基数，不同菌种的油田回注水，加药周期和加药量也视具体情况不同有所调整，以达到科学的控制目的。

为了控制体系中 SRB 大量繁殖，冲击式加药周期需要和 SRB 生长周期协调，菌株生长曲线各个时期的特点，反映了所培养的细菌细胞与其所处环境间进行物质与能量交流，以及细胞与环境间相互作用与制约的动态变化。

因此，提取利津回注水中的 SRB 菌株，对其生长曲线进行了测试，通过了解该回注水中 SRB 菌种的生长特性，以指导加药方式。结果见图 4-27。

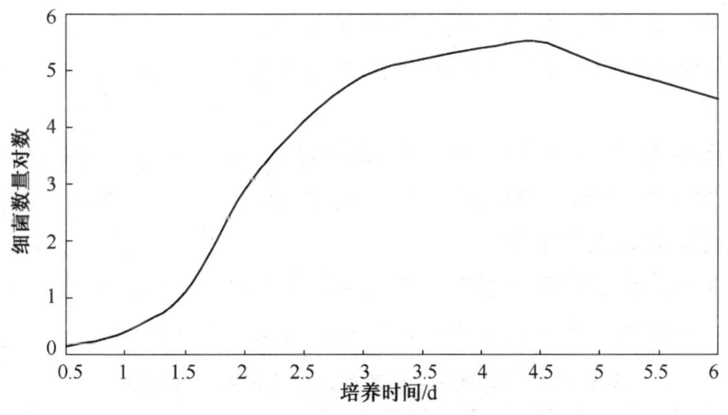

图 4-27 利津回注水中 SRB 的生长曲线

实验发现利津回注水 SRB 的潜伏期为 1.2d，当细菌转入新的培养液内，它们一般并不立即繁殖，而是需要一段时间来适应新的环境，最初的细菌数目可能很少，而每个活细胞的体积时常增大，原生质变得更加均匀，贮藏的物质逐渐消失。1.2d 后，细菌进入对数生长期，在此期间群体细胞以二分裂方式快速繁殖，单个细胞完成分裂所需的时间为世代时间 G，G 是细菌群体数目增加的一个决定因子。在这一时期 G 是稳定的，$G=(t2-t1)/3.32\lg(x2/x1)$，$x1$，$x2$ 为在 $t1$，

$t2$ 测的得的菌量。线性回归得 $G=1.9h$。约 3d 后，进入稳定生长期期。因此，根据利津回注水 SRB 的生长曲线与代时计算，使用冲击式杀菌处理，加药间隔为 4d 左右。

3）杀菌剂筛选

采集目前胜利油田在用不同厂家生产的 10 种杀菌剂，对利津污来水进行杀菌试验。在试验药剂中，SJ－2 双季铵盐型杀菌剂效果较好，在 50mg/L 加量浓度下，室内试验可使细菌全部致死。因此，选择该杀菌剂进行现场试验。

4）加药方式确定

冲击式加药方式，适合细菌含量较低的回注水。利津回注水细菌含量较高，若单独使用冲击式加药，抑菌时间较短，在加药时间以外不断有含有大量细菌的回注水补充进来，尤其到系统后端，药剂浓度不足，起不到全程控制作用。因此，考虑水站连续式加药，将细菌控制在较低水平，并保证外输水达标。

加药点的设置，应首先考虑设在存在细菌大量增殖的设备前面，同时尽量避开净化剂投加点；在集输管线比较长，下游易出现细菌增殖的时候，应适当增设加药点，以保护整个系统。

综合考虑利津回注水出现的两个细菌增殖严重段，即站内停留时间长，细菌增殖，外输细菌超标；注水站缓冲罐有细菌增殖，主要在这两点采取连续－冲击联合加药方式，即前段水站缓冲前连续式投加，清理设施内壁细菌，使外输水细菌控制在标准要求之内，降低后端处理难度；然后在注水站缓冲罐前定期冲击式投加，保证回注水经注水站后不再激增，维持杀菌效果，保护后段管网直至注水井口。

建议杀菌剂投加方式为：利津污缓冲罐入口连续式投加，加药浓度为 40mg/L，利津注缓冲前以 100mg/L 浓度冲击投加，每次 6h，每 4d 投加一次。

5）水质稳定药剂投加方案

利津回注水质稳定控制药剂投加方案见表 4－53。在沿程管线及注水罐清洗完成后，按药剂投加方案进行现场实施，跟踪监测水质状况。

表 4－53　利津回注水质稳定控制药剂投加方案

序号	药剂种类	投加浓度/(mg/L)	投加方式	加药点	吨水处理成本
1	净化剂	12	连续	来水	0.29
2	杀菌剂	40	连续	滤后	0.48
3	缓蚀剂	15	连续	缓冲罐进口	0.15

六、现场实施效果

技术实施后，加强沿程水质检测，跟踪水质变化情况，及时做出调整。

检测点：利津水站出口，13 号配水间，利 29－14 井口。

检测项目：含油，悬浮固体含量，细菌含量，腐蚀速率。

检测频次：含油，悬浮固体含量，SRB 菌每天检测一次，腐蚀速率每月一次。

检测数据见表 4－54。

表 4－54 利津沿程水质检测数据

	含油量/（mg/L）	悬浮固体含量/（mg/L）	SRB 菌/（个/mL）	平均腐蚀率/（mm/a）
外输水	10	4	25	0.076
井口水	11	4.4	25	0.076

注：数据为多次检测结果的平均值。

效益分析：

利津油田共有 17 个开发单元，日产液 6524t，日产油 510t，综合含水 92.2%，日注水量 7800m^3。该技术自 2007 年 8 月实施后，利津水站外输水达标率 75.6% 提升至 94.7%。日注水增加 350m^3，日产油上升 30t 左右，有效注采比提高到 1.00，单元产量趋于稳升。3 年累计增油 32850t，每吨原油按油价 3000 元/吨，完全成本按 1000 元/吨计算，则新增销售收入：3000 × 32850/10000 = 9855 万元。新增利润：9855 －（1000 × 32850）/10000 = 6570 万元。据统计，3 年节省酸化压裂作业等费用 420 万元。

第六节 化学药剂综合处理技术的应用示范——尕斯水站

截至 2003 年，青海油田采油一厂的尕斯油田因腐蚀结垢造成的 E_3^1 油藏注水井换封周期已由 2000 年的 2 年降到不足 1 年，甚至出现换封时拔断管柱的状况，仅此一项每年多支出换封、大修成本费用 1135 万元。此外腐蚀结垢还导致有些分注井换封仅三个月就无法进行投捞，调配作业时时常发生仪器掉、卡现象，严重影响分注符合率，增加了投捞成本，降低了工作效率，劳动强度剧增。同时还造成了一些分层措施无法实施等一系列不良后果。

采油一厂尕斯联合站是所辖尕斯油田、油砂山油田、花土沟油田和沙西油田的原油、天然气、清水、回注水处理中心。回注水处理系统自1990年投产以来，主要对所辖油田回注水进行水质达标处理。该站回注水处理系统于2003年11月完成改造。设计规模：12000m^3/d，其中包括来自采油二厂采油回注水量2000m^3/d，处理后的回注水水质达到尕斯油田生产回注水要求。但各注水井口水质仍然严重超标，主要表现为：井口回注水是“黑水”，悬浮物含量高，腐蚀结垢严重。注水符合率及分注井换封周期等都达不到要求，注水单井管线回压上升快，水井措施费用逐年增加，已成为制约油田开发的主要瓶颈之一。

根据目前水质调研结果，尕斯联回注水矿化度高，成垢离子含量高，经现有工艺及药剂综合处理后，外输水中悬浮物含量严重指标，且含有铁离子、细菌等。外输水经长输管道输送后，细菌含量、硫化物含量增加，使水质进一步恶化，导致回注水水黑，悬浮物含量高达100mg/L，势必会引起地层堵塞，导致注水压力增高，管线结垢、腐蚀加重，影响原油开采的正常运行。

沿注水流程水质变差的主要原因：① 回注水的高温、高盐以及大量的机杂造成系统结垢严重；② 硫酸盐还原菌、嗜铁菌、硫化菌和腐生菌等沿地面流程各节点逐级增加，直到井口达到最高值；③ 细菌腐蚀和垢下腐蚀严重。

为保证油田持续稳产高产，结合现有水处理工艺，在对尕斯联各级构筑物出水进行水质分析的基础上，研究筛选了适宜的化学助剂，提出可行的实施方案。经过现场实施后，沿程水质得到控制，注水井口水质达标回注。

该站的设计指标按行业标准SY/T 5329—1994《碎屑岩油藏注水水质推荐指标及分析方法》划分，除悬浮固体含量为A2级指标外，其余为A3级指标，具体指标见表4－55。

表4－55　尕斯联合站外输水水质指标

检测项目	含油量/（mg/L）	SS/（mg/L）	粒径中值/μm	腐蚀速率/（mm/a）	SRB/（个/mL）	TGB/（个/ mL）	含铁/（mg/L）	DO/（mg/L）
控制指标	< 8	< 2	<2	<0.076	<25	<300	<2	<0.1

该站的处理流程采用的是典型的“重力混凝沉降＋压力过滤”工艺，主流程为：油站来水⟶一次沉降罐⟶二次沉降罐⟶缓冲罐⟶提升泵⟶双滤料过滤器⟶核桃壳过滤器⟶纤维球过滤器⟶外输净化水罐⟶外输泵⟶外输。

一、尕斯联合站内回注水处理方案

1. 尕斯联合站内特点分析

2004年依据有关标准对尕斯联合站各节点水质进行检测，结果见表4－56、

表4－57。

表4－56 各级构筑物出水水质检测数据

处理类型	取样点	油站来水	一次沉降后	二次沉降后	压力滤前	压力滤后	核桃壳滤后	外输水
水质净化数据	悬浮物/(mg/L)	46	36	40	40	35．6	27	32
	含油量/(mg/L)	—	4	4	4	4	3	1
水质稳定数据	溶解氧/(mg/L)	0.01	0.15	0.1	0.1	0.05	0.05	0.01
	硫化物/(mg/L)	0.1	0.1	0.6	0.5	0.6	1.1	1.1
	SRB/(个/mL)	0	0.6	6	0.6	2.5	0.6	2.5
	TGB/(个/mL)	25	25	25	25	60	25	25
	铁细菌/(个/mL)	6.0	6.0	6	6.0	2.5	25	25
	总铁/(mg/L)	7.5	6.0	4.5	4.4	3.7	3.0	2.3
	Fe^{2+}/(mg/L)	6.0	2.1	0.5	0.4	0.5	0.4	0.4
其他	温度/℃	66	64.5	65	65.5	65	64	64
	pH值	5.75	6.80	6.80	6.75	6.80	6.80	6.80

表4－57 各级构筑物出水离子含量分析

测试项目	取样地点			
	联合站来水	联合站外输	计注6站	注水井口(8－5)
Ca^{2+}/(mg/L)	4134.44	3333.48	3147.48	2867.48
Mg^{2+}/(mg/L)	2220.00	1905.60	1452.00	1202.4
Sr^{2+}/(mg/L)	73.94	60.41	58.17	55.76
$Na^{+}+K^{+}$/(mg/L)	26644.99	27278.04	28207.05	28123.80
Cl^{-}/(mg/L)	47564.7	47382.1	47728.3	47492.5
$SO_4{}^{2-}$/(mg/L)	966.72	908.45	861.41	854.40
$HCO_3{}^{-}$/(mg/L)	325.01	314.03	354.84	346.24
矿化度/(mg/L)	79931.8	78182.11	81809.25	80942.58

检测数据显示，回注水经联合站回注水处理系统处理后，除油效果较好，达到了注水水质指标要求，但悬浮固体去除效果较差，总体去除率仅有41.3%，悬浮物含量严重超标。另外，尕斯油田回注水矿化度高，成垢离子含量高，而且硫酸根离子较其他油田回注水的含量高，这就为引发SRB腐蚀提高了有利条件。

总之，尕斯联合站的回注水具有温度高、矿化度高、成垢离子含量高、悬浮物含量高、游离菌含量较低、来水pH值较低、铁离子含量高等特点，溶解氧含量沿流程有所变化，这主要由于一次沉降罐水箱暴氧，导致一次沉降罐溶解氧含量增加，导致罐体腐蚀严重，水中再生悬浮物，但随着腐蚀反应的进行，溶解氧含量沿流程逐步降低。因此，尕斯联合站回注水的特点：

（1）站内来水pH值较低、温度高、矿化度高，成垢离子及铁离子含量高；

（2）站内回注水经处理后，悬浮物含量超标；

（3）回注水中游离菌含量低，但沿流程增长；

（4）一次沉降罐出水箱暴氧，导致水中含有溶解氧；

（5）系统腐蚀结垢严重，导致水中产生再生悬浮物。外输水取样后在取样器中很快变混浊。检测数据见表4-58。

表4-58　联合站外输水不同放置时间后悬浮物含量

取样时间	水样放置时间	悬浮物含量/(mg/L)	水样外观
2004.9.23	0	3.3	水清
	11h	15.3	水微黄，浑浊
	48h	18.3	水微黄，浑浊
2004.9.24	0	3.9	水清
	6h	15.6	水微黄，浑浊
	24h	16.0	水微黄，浑浊

表4-58数据表明：尕斯联合站外输水放置时间越长，悬浮物含量越高，但经过6h后，水质基本稳定，水色变为土黄色，同时变混浊，经过48h后，取样器中的水变清，容器底部有土黄色沉淀。造成水质不稳定的原因主要有：

（1）联合站来水铁离子含量高，一般为4~8mg/L，回注水经处理流程处理后，部分铁离子被消耗，联合站外输水铁离子含量一般为2~3mg/L。取样后在容器里被进入的氧氧化，再与氢氧根反应生成氢氧化铁沉淀，导致水中悬浮物含量增加。

（2）联合站来水溶解氧含量小于0.05mg/L，回注水经一次沉降罐暴氧，造成一次沉降罐出水、二次沉降罐出水溶解氧含量升高，含量为0.1~0.2mg/L，加之高温、高盐、低pH值的相互影响，导致处理系统腐蚀严重，一次沉降罐、二次沉降罐以及外输管线经常腐蚀穿孔。腐蚀产物的增加也导致回注水中悬浮物含量的升高。

(3) 联合站来水 pH 值低，一般为 5.5～6.5，通过在一次沉降罐进口投加烧碱，将回注水的 pH 值调制 7 左右，这有利于系统的腐蚀控制，但增加了产生再生悬浮物的机会。

(4) 联合站回注水高温、高矿化度，成垢离子含量高，具有结垢趋势。水垢的形成也导致水中悬浮物的增加。

2. 联合站内回注水稳定处理方案

尕斯联合站一次沉降罐落水箱暴氧，导致一次沉降罐出水溶解氧含量高。因此在没有恢复天然气密闭系统之前，需要在联合站一次沉降罐进口适当投加除氧剂，以除去回注水中溶解氧，减少系统腐蚀的发生，同时也降低再生悬浮物的增加。

其他水处理剂，如缓蚀剂、杀菌剂、阻垢剂、净化剂正常使用。

1)除氧剂的筛选

除氧剂 Na_2SO_3 具有价格便宜，除氧效果良好等特点，在催化剂 $CoCl_2$ 的作用下，除氧反应在 5min 内完成。联合站一次沉降罐出水在 Na_2SO_3 加药浓度为 10mg/L，有催化剂作用下反应 10min 后，水中溶解氧含量小于 0.05 mg/L；无催化剂反应 30min 后，水中溶解氧含量小于 0.05 mg/L。在现场对除氧剂 Na_2SO_3 除氧效果评价结果见表 4－59。

表 4－59　除氧剂 Na_2SO_3 除氧效果评价结果

反应时间	除氧剂浓度/(mg/L)					
		2	5	10	15	20
10min（有催化剂）	氧含量/(mg/L)	0.06	0.06	0.05	0.05	0.05
10 min（无催化剂）		0.08	0.08	0.08	0.08	0.08
30 min（无催化剂）		0.06	0.06	0.05	0.05	0.05
60 min（无催化剂）		0.05	0.05	0.05	0.05	0.05

注：① 试验介质为联合站一次沉降罐出水，溶解氧含量为 0.2mg/L；② 反应温度为 60℃，催化剂用量为 0.05 mg/L。

2)水质稳定处理药剂应用配方

烧碱：投加点：一次沉降罐进口；投加方式：连续；投加浓度：100～120mg/L。

除氧剂：Na_2SO_3；投加点：一次沉降罐进口；投加方式：连续；投加浓度：10～20mg/L。

混凝剂：投加点：一次沉降罐进口；投加方式：连续；投加浓度：40～50mg/L。

如果效果不理想，可加大药量，或者将混凝剂改投在二次沉降罐进口。

絮凝剂：投加点：一次沉降罐进口；投加方式：连续；投加浓度：2～3mg/L。

如果效果不理想，可将絮凝剂改投在二次沉降罐进口。

缓蚀剂：投加点：二次沉降罐进口；投加方式：连续；投加浓度：20～30mg/L。

阻垢剂：投加点：一次沉降罐进口；投加方式：连续；投加浓度：10～20mg/L。

杀菌剂：投加点：二次沉降罐出口；投加方式：间歇式，投加周期为4～5d；投加浓度：150～200mg/L。

二、尕斯油田回注水系统水质综合处理方案

1．尕斯油田注水系统水质评价分析

依据有关标准对回注水系统各级构筑物出水进行了检测，检测数据见表4－60。

表4－60　注水系统沿程各节点水质检测数据

测试项目	设计标准	取样点			
		联合站外输	计注6站	计注9站	10－7井口
SS/(mg/L)	<2.0	4.6	9.2	10.1	46.5
pH值	7±0.5	6.8	6.8	6.5	6.5
溶解氧/(mg/L)	<0.1	0.01	1.0	0.03	0.03
硫化物/(mg/L)	<2.0	1.1	1.6	4.6	5.8
含油量/(mg/L)	<8.0	1.0	1.0	1.0	1.0
腐蚀速率/(mm/a)	<0.076	0.073	0.089	0.066	0.094
SRB/(个/mL)	25	2.5	6.0	2.5×10^1	6.0×10^1
TGB/(个/mL)	3×10^2	2.5×10^1	2.5×10^1	2.5×10^1	6.0×10^1
铁细菌/(个/mL)	3×10^2	2.5×10^1	6.0×10^1	1.3×10^2	1.3×10^2
温度/℃	—	64	63	64	63
总铁/(mg/L)	2	2.3	3.7	4.5	4.6
Fe^{2+}/(mg/L)	—	0.4	0.8	1.1	1.3
水样外观	—	水稍混	水稍混	大量黑色沉淀	大量黑色沉淀

注：检测日期2004年09月。

表中检测数据显示：沿注水流程，回注水中的悬浮物含量、细菌含量、铁离子含量、硫化氢含量等均有增加的趋势，水经计注6站由于注水罐顶部和注水泵暴氧，导致溶解氧含量增加，腐蚀加剧，铁含量增加。但计注9站采用的是泵对泵输送，水中溶解氧含量基本稳定。

细菌沿注水流程在适宜的条件下不断滋生，尤其是硫酸盐还原菌(SRB)在代谢过程中产生硫化氢，硫化氢与Fe^{2+}反应，生成FeS黑色沉淀，在加剧腐蚀的同时，导致回注水沿注水流程悬浮物含量增加，水变黑。但在室内能检测到的游离菌含量不高，因此，注水井口水质变差主要是由系统中长期存在的固着菌引起的。

联合站外输水沿注水流程的变化特点：

（1）回注水到注水井口变黑，悬浮物含量较联合站外输水增加了10倍左右；

（2）沿注水流程细菌含量增加；

（3）沿程铁离子含量逐级减少，硫离子先增大后减少，进而产生黑色再生悬浮物。

2. 注水井井口水质不达标的原因分析

根据水质检测数据：尕斯联合站回注水矿化度高，而且经现有处理工艺及药剂处理后，外输水的悬浮物含量、总铁含量等指标没有达到该站设计处理指标。尕斯联合站外输水沿注水流程水质变差，水黑同时悬浮物含量升高，到井口最高，有时悬浮物含量高达100mg/L以上。

联合站外输水水质不达标的主要原因：

（1）水质净化段处理效率低。根据现场回注水经沉降除油、混凝沉降、两级过滤等处理工艺的各级构筑物出水水质情况来看，水质净化段处理效率低，悬浮物含量由40mg/L降至27mg/L，去除率仅有30%，未达到设计要求。

（2）水质不稳定。尕斯联站内回注水中溶解氧、铁离子含量高，加之高温、高矿化度，偏酸性的水质特点，腐蚀结垢比较严重，导致悬浮物的再生。

回注水沿程水质恶化的主要原因：

（1）回注水沿注水流程，在长输管道内滞留时间长，水中细菌尤其是硫酸盐还原菌长期与腐生菌共生，形成菌黏膜，与腐蚀结瘤等污垢在管壁上形成难以去除的固着菌。另外，硫酸盐还原菌将硫酸盐还原为硫化物，硫化物再与回注水中原有的铁离子反应，生产黑色硫化铁沉淀，导致注水水质变黑，悬浮物增多。

（2）由于外输水在输送前，与部分含有溶解氧的清水混合，因此回注水中溶解氧含量沿注水流程有所增加，加之回注水中细菌、硫化物的存在，导致管线腐蚀加剧。细菌黏膜、腐蚀产物及结垢物的沉积，导致垢下腐蚀加剧。

(3) 联合站外输水中含铁离子，加之沿程腐蚀产生的铁离子，细菌产生的硫化物，在水中铁离子与硫化物反应生成黑色沉淀硫化铁，导致配水间及注水井口的水黑，悬浮物含量升高。

建议在注水站间歇式大剂量投加杀菌剂和表面活性剂，以控制细菌的孳生和悬浮物的再生。

3. 注水系统细菌控制技术研究

造成处理后回注水沿注水流程细菌含量升高的主要原因有：

(1) 输送管线污染。水中大量悬浮物颗粒及细菌代谢产物、黏液等形成污泥附着在管壁上，形成细菌增殖的温床。

(2) 输送管线长。联合站内投加的杀菌剂在沿程逐渐被消耗，抑菌效果减弱。

(3) 长期清回注水混注。清水的掺入使回注水矿化度、温度降低(38 ~ 40℃)，改善了细菌生存条件，有利于细菌生长。

针对以上原因，可采用以下控制手段：

(1) 清洁长输管线及缓冲罐，提高净化段处理效率，减少管线二次污染。

(2) 在尕斯联合站回注水外输前投加长效杀菌剂，抑制细菌增殖，以保护系统后段直至井口。

(3) 建议清、回注水分注。

杀菌剂的筛选应符合下列要求：

(1) 杀菌剂效果好。在相同条件下，应选择对试验菌种致死时间短并且用量少的杀菌剂。

(2) 穿透性强。真正对油田生产造成危害的是那些黏附在管壁生物膜下的细菌，杀死膜下细菌才能从根本上解决微生物腐蚀，因此，穿透性强并具有剥离作用成为选择杀菌剂的重要指标。

(3) 配伍性好。由于油田回注水处理系统同时要投加缓蚀剂、阻垢剂、絮凝剂等水处理剂，杀菌剂必须与其他化学药剂具有较好的配伍性。若配伍性不好可能导致杀菌剂在系统中与其他化学药品(如防垢剂、除氧剂等)发生反应而失效。杀菌剂醋酸二胺盐与阻垢剂有机的膦酸盐化合物的反应就是这样一个例子，它们反应生成一种新的不溶解的二胺基膦酸盐。

杀菌剂杀菌效果评价结果见表 4 - 61，杀菌剂抑菌持续时间试验结果见表4 - 62。

表 4-61 杀菌剂杀菌效果评价

药剂名称	加药浓度 ρ/(mg/L)	检测结果
SJ-01	20	++
	30	--
	40	--
	50	--
SJ-11	20	++
	30	--
	40	--
	50	--
SJ-12	20	++
	30	++
	40	+-
	50	--
	60	--
尕斯联用杀菌剂	20	++
	30	++
	40	++
	50	+-
	60	--
空白菌量/(个/mL)		2.5×10^2

注：①"+"表示有细菌生长，"-"表示无细菌生长；② 由于现场空白菌量较少，评价试验对 SRB 进行了富集；③ 实验时间：2004 年 06 月 11 日。

表 4-62 杀菌剂抑菌持续时间

药剂名称	加药浓度/(mg/L)	抑菌效果(杀菌率/%)		
		杀菌后 1h	杀菌后 12h	杀菌后 24h
SJ-01	40	100	100	100
SJ-11	40	100	100	100
SJ-12	50	100	100	100
现用杀菌剂	50	90	90	90
空白菌量/(个/mL)	2.5×10^2			

试验数据显示：在杀菌剂试验中，SJ-01 、SJ-11 杀菌剂效果叫好，室内

最低致死浓度为30mg/L；推荐使用SJ－01杀菌剂，SJ－11杀菌剂作为备用药剂，可定期交替使用。

4．缓蚀剂筛选研究

依据SY/T5273－2000用尕斯联合站外输水对缓蚀剂进行了效果评价试验。试验材料：Q235钢；试验温度：65±1℃；试验周期：168h。试验结果见表4－63。

表4－63　缓蚀剂筛选数据

药剂型号	药剂浓度/(mg/L)	缓蚀率/%	试片表面状况
SLHS－02	30	89.7	水浅黄，片光亮
	40	89.9	水浅黄，片光亮
	50	91.9	水浅黄，片光亮
SLHS－01	30	88.5	水黄，有黄色沉淀，片光亮
	40	88.4	水黄，有黄色沉淀，片光亮
	50	88.7	水黄，有黄色沉淀，片光亮
SL－2C	30	87.2	水黄，有黄色沉淀，片光亮
	40	88.1	水黄，有黄色沉淀，片光亮
	50	89.3	水黄，有黄色沉淀，片光亮
青海提供药剂	30	35.8	水浅黄，片黑
	40	47.9	水浅黄，片黑
	50	53.6	水浅黄，片黑

注：空白介质腐蚀速率为0.094 mm/a。

表4－63数据表明：被试验的缓蚀剂SLHS－02、SLHS－01、SL－2C在青海回注水中的缓蚀效果良好，在加药浓度30mg/L时，缓蚀率达85%以上。

5．阻垢剂筛选研究

尕斯油田各节点水中成垢离子分析结果，预测有碳酸钙、硫酸钙、硫酸锶结垢趋势，预测结果见表4－64。

表4－64　结垢趋势预测

结垢类型	碳酸钙	硫酸钙	硫酸锶	硫酸钡
外输水	有	有	有	无
计注6站	有	有	有	无
8－5井口	有	有	有	无

1）计注6站外输水管线内垢样分析

2004年9月25日在计注6注水站取现场垢样，在室内对垢样成分进行了分析。分析结果注水管线内垢物主要是铁垢和钙垢，说明注水管线腐蚀结垢严重。分析结果见表4－65。

表4－65(1) 注水管线内垢样中溶解物质分析结果

含水率/%	垢样含油量/%	水溶物含量/%	酸不溶物含量/%	酸溶物含量/%
11.07	2.39	5.41	12.25	67.87

注：分析时间为2004年10月，酸溶过程中产生大量气泡，但无硫化氢气味。

表4－65(2) 注水管线内垢样酸溶物中离子含量分析结果

总铁含量/%	钙盐含量/%	镁盐含量/%
12.44	16.39	2.62

注：分析时间为2004年10月，离子含量相对于垢样总重量。

2）注水井管柱内垢样组成分析

2004年8月12日在尕斯油田南区，现场取某口注水井约1000m深度的垢样，在室内对垢样成分及矿物组成进行了分析，分析结果见表4－66。

表4－66(1) 垢样中溶解物质分析结果

垢样含水量/%	垢样含油量/%	水溶物含量/%	酸不溶物含量/%	酸溶物含量/%
15.91	3.79	10.9	8.67	61.6

表4－66(2) 垢样酸溶物中离子含量分析结果

总铁含量/%	钙离子含量/%	镁离子含量/%
22.17	3.10	5.41

利用X－衍射法矿物组成得分析结果见表4－67。分析结果表明：注水井柱管壁内垢物主要是三氧化二铁垢，说明注水井柱腐蚀严重。

表4－67 矿物组成分析结果

三氧化二铁垢含量/%	硫酸钙垢含量/%
≈90	≈10

注水管线和注水井筒内的主要垢型有差异，注水管线以铁盐和钙盐为主要垢型，而注水井筒内主要垢型为三氧化二铁。因此，注水系统产生的垢物主要是腐蚀产物。

3）阻垢剂的筛选

参照SY/T5673—1993“油田用防垢剂性能评定方法”中的实验方法，用尕斯油田回注水做阻垢剂筛选试验。阻垢剂 HEDP 和 EDTMP 对尕斯油田回注水均有良好的阻垢效果，其阻垢率能达到95%以上。建议选择阻垢剂 HEDP 和 EDTMP，加药量暂定为10mg/L。结果见表4-68。

表4-68　阻垢剂筛选评价结果

药剂名称	加药浓度/(mg/L)	阻垢率/%
HEDP	5	82.6
	7	87.7
	10	94.5
	15	95.5
EDTMP	5	80.6
	7	84.7
	10	87.5
	15	90.5
马来酸酐	5	70.0
	7	75.4
	10	78.3
	15	82.5

注：试验温度：70±1℃；加热时间：25h。

6. 各种药剂间的配伍性

1)阻垢剂的效果评价及与其他药剂的配伍性

依据有关标准方法用联合站外输水，评价阻垢剂 HEDP\ EDTMP 阻垢性能，及与其他水处理剂的配伍性。评价结果见表4-69。

表4-69　阻垢剂性能评价及其配伍性

药剂名称及浓度/(mg/L)					阻垢率/%
HEDP	EDTMP	SJ-01	SLHS-02	SLPS-1	
10	0	0	0	0	57.1
15	0	0	0	0	85.7
20	0	0	0	0	85.7
0	15	0	0	0	14.3
0	20	0	0	0	57.1

续表

药剂名称及浓度/(mg/L)					阻垢率/%
HEDP	EDTMP	SJ－01	SLHS－02	SLPS－1	
0	25	0	0	0	57.1
15	0	60	0	0	78.6
15	0	0	30	0	85.7
0	20	60	0	0	57.1
0	20	0	30	0	42.8
15	0	0	0	20	71.4
0	20	0	0	20	57.1
15	0	60	30	20	85.7
0	20	60	30	20	57.1

注：试验日期为2004年10月，在85℃条件下，恒温24h。

表4－69数据表明：阻垢剂HEDP单剂的阻垢效果比EDTMP好，阻垢率可达85%。但由于水中铁离子含量较高，导致阻垢剂使用浓度较大。SLHS－02缓蚀剂、SJ－02杀菌剂及SLPS－1表活剂的投加，对阻垢剂HEDP、EDTMP的阻垢效果无影响，因此SLHS－02缓蚀剂、SJ－01杀菌剂、SLPS－1表活剂同时与阻垢剂HEDP、EDTMP使用，阻垢效果良好。

2)缓蚀剂的效果评价及与其他药剂的配伍性

依据有关标准方法，用联合站外输水评价SLHS－02缓蚀剂与其他水处理剂的配伍性，评价结果见表4－70。

表4－70 SLHS－02缓蚀剂性能评价结果及配伍性

药剂名称及浓度/(mg/L)					失重/mg	缓蚀率/%	试片表面状况
SLHS－02	SJ－01	SLPS－1	EDTMP	HEDP			
20	0	0	0	0	0.0040	58.8	片黑光滑
30	0	0	0	0	0.0035	63.9	片光亮
40	0	0	0	0	0.0034	64.9	片黑光滑
0	60	0	0	0	0.0040	58.8	片黑光滑
0	0	20	0	0	0.0035	63.9	片灰光滑
30	60	0	0	0	0.0034	64.9	片黑光滑
30	—	20	0	0	0.0030	69.1	片灰光滑

续表

药剂名称及浓度/(mg/L)					失重/mg	缓蚀率/%	试片表面状况
SLHS－02	SJ－01	SLPS－1	EDTMP	HEDP			
30	—	0	0	15	0.0035	63.9	片黑光滑
30	60	0	0	15	0.0030	69.1	片黑光滑
30	60	20	0	0	0.0030	69.1	片光亮
30	60	20	15	0	0.0028	71.1	片光亮
30	60	20	0	15	0.0030	69.1	片光亮
空白原水					0.0097	—	局部腐蚀

注：试验日期为2004年10月，试验介质为联合站外输水，溶解氧含量0.5mg/L，铁离子含量2.0mg/L。

表4－70试验结果显示：SLHS－02缓蚀剂单剂在溶解氧含量0.5mg/L的尕斯油田回注水中，加药浓度为30mg/L时，缓蚀率达60%以上。而杀菌剂、表活剂均有一定的缓蚀作用，缓蚀剂、杀菌剂、表活剂、阻垢剂复配使用缓蚀率达70%以上。所以几种水质稳定剂具有良好的协同作用。

3)杀菌剂的效果评价及与其他药剂的配伍性

依据有关标准方法，用联合站外输水评价SJ－01杀菌剂杀菌性能及与其他水处理剂的配伍性。评价结果见表4－71。

表4－71　SJ－01杀菌剂性能评价结果及配伍性

药剂名称及浓度/(mg/L)					SRB/(个/mL)	杀菌率/%
SJ－01	SLHS－02	SLPS－1	HEDP	EDTMP		
50	0	0	0	0	0	100
60	0	0	0	0	0	100
70	0	0	0	0	0	100
60	30	0	0	0	0	100
60	0	20	0	0	0	100
60	0	0	15	0	0	100
60	0	0	0	20	0	100
60	30	20	15	0	0	100
60	30	20	0	20	0	100
原水空白					1.3	—

注：试验日期为2004年9月，试验介质为联合站外输水，试验温度48℃，试验周期14d。

表4-71试验结果显示：SJ-01杀菌剂单剂在溶解氧含量0.5mg/L的尕斯油田回注水中，加药浓度为50mg/L时，对SRB杀菌率达100%。缓蚀剂、杀菌剂、表活剂、阻垢剂复配使用对SJ-01杀菌率无影响。所以几种水质稳定剂具有良好的配伍性。

7. 注水系统水质稳定处理方案

根据以上研究结果，尕斯油田注水水质稳定处理用化学剂(缓蚀剂、防垢剂、杀菌剂、表面活性剂)投加点应设置在联合站外输管线上，杀菌剂另一个投加点设置在计注6站(联六站)注水罐进口，化学剂应用配方见表4-72。

表4-72 尕斯油田注水水质稳定现场药剂投加配方

序号	药剂种类及型号	投加量/(mg/L)	投加方式	加药点
1	SLHS-02缓蚀剂	30	连续	联合站回注水外输泵出口
2	HEDP防垢剂	15	连续	联合站回注水外输泵出口
	EDTMP防垢剂	20	连续	联合站回注水外输泵出口
3	SJ-01杀菌剂	40	连续	联合站回注水外输泵出口
		150	间歇	计注6站注水罐进口
4	SLPS-1表活剂	20	连续	联合站回注水外输泵出口

注：① 杀菌剂、表活剂首次投加浓度为200 mg/L，连续投加8h后，转入正常；② HEDP与EDTMP不能同时投加。

三、回注水系统清洁技术方案

尕斯油田注水管线，尤其是注水井结垢堵塞严重，为此需对注水系统进行清洗，除去管内壁的污垢，以保证注水水质的稳定，减少水质二次污染。

1. 机械除垢

机械除垢就是采用物理机械的方法，高强度或大冲击力地将管线中的污垢(水垢、结蜡、锈垢、沉积物等)清除。主要有：

1)物理机械清洗技术

采用专业的清理设备，如清管器、地面跟踪仪、发射筒、接受筒等。该方法清洗管径大，可不停产清洗，安全可靠；但操作复杂，配套设施多，实施周期长，特别是清除管内壁密实的硫酸盐垢，容易造成管壁的损伤，清洗后管线很快腐蚀穿孔，缩短管线的使用寿命。

2)高压水射流清洗解堵技术

引进国外技术，采用专业高压水射流清洗设备和工具，产生压力高达1000bar的强力水射流。靠水射流的强大冲击力直接剥离、冲除设备上的污垢。

水射流清洗具有工作效率高、对管道磨蚀和损伤小优点，但施工机械庞大，必须停产操作。因此，油田注水系统一般不采用机械方法清除污垢。

2. 酸洗法

如果现场腐蚀结垢非常严重，难以维持生产，还可选用酸洗法清洗注水系统。清洗过程需要停产。

清洗的步骤：

（1）酸洗：将选择好的酸液以及酸化缓蚀剂按一定浓度配制好，然后加入水系统，清洗4~8h。在清洗过程中，每隔3~4h检测一次水的浊度、pH值、铁离子浓度，同时现场挂片检测腐蚀数据。最后加入碳酸钠以中和过量的酸。

（2）冲洗：酸洗结束后，用清水或油田回注水对管壁进行冲洗，洗掉管内的残余酸液。根据现场实际运行情况，可适当加碱中和酸液，以减小系统内的腐蚀。

酸洗存在的问题：

（1）酸洗法在清洗过程中，对管线的腐蚀控制不会有大的影响，但直接注入会对地层造成大的伤害。

（2）酸洗法需要有循环系统将酸洗液打回回注水处理系统，经稀释处理后，再注入地层。目前的注水系统通常没有回流系统，将酸洗液外排，外排后对周围的环境造成污染。

3. 表面活性剂清洗

如果系统内油污和附垢较多，可选择使用表面活性剂清洗，清洗过程不需要停产。这种方法比较安全，不影响生产，同时对管线腐蚀轻微，对地层造成的伤害较小，但费用高，清洗周期长，一般运行周期为30~60d。

4. 方案比选

注水管线口径较小，取1km长的DN80注水管线，对以上三种方案进行技术经济比较，见表4-73。

表4-73 几种方案的比选

序号	方法	费用	技术优缺点
1	物理机械清洗	清理费：18.6万元(DN150) 路费：2万元 合计：20.6万元	适合DN150以上管线清理，建议使用在碳酸盐软垢的清除上，不适合锶、钡垢
2	水射流清洗	清理费：5.2万元(DN80) 路费：3万元 合计：8.2万元	清洗的较为彻底，除垢率大于90%，可有效地去除锶、钡垢，必须停产操作

续表

序号	方法	费用	技术优缺点
3	酸洗法	剥离清洗剂：0.25 万元 酸洗剂：3.5 万元 预膜缓蚀剂：0.45 万元 路费：2 万元 回流管道(现场定)	适合结垢比较严重的管道，除垢效果好，但可能对管线尤其是地层造成伤害
4	清洗剂清洗	清洗剂：10.0 万元(60d) 路费：2 万元	适合结垢不是很严重的情况，清洗时间长

在清洗过程中，需进行现场腐蚀挂片，检测铁离子、成垢离子等的变化，判断系统的清洗效果和运行状况。

5. 复合酸洗清洗技术

根据对尕斯油田回注水离子及垢物分析结果，尕斯油田注水管线的垢主要为铁垢和钙垢，另外管壁上还附有油污。由于一般酸洗法对清洗管线伤害大，去除油污效果较差，因此将酸洗法和表活剂清洗法有机结合，形成复合酸洗除垢法。主要是用酸洗液和表活剂对管线内的污垢进行剥离、溶解，以达到溶垢的目的，最后用预膜剂进行预膜。

复合酸洗清洗的步骤：

(1) 酸洗：将筛选出的酸化缓蚀剂、分散剂、酸洗剂、表面活性剂等按一定浓度进行配制，然后容高压泵将其压入被洗系统，清洗 16~20h。在清洗过程中，每隔 3~4h 检测一次水的浊度、pH 值、铁离子浓度。

(2) 冲洗：酸洗结束后，用清水或水站处理后的水对管壁进行冲洗，洗掉管内的残余酸液。根据现场实际运行情况，可适当加碱中和酸液，以减小系统内的腐蚀。

(3) 污泥剥离：冲洗后，将筛选出的污泥剥离剂，大剂量的投加到被清洗的管线内，将管线内壁污泥进行剥离，剥离清洗时间较长，需要 24h。剥离清洗剂的使用浓度为 250~300mg/L，采用连续加药方式投加。在清洗过程中，每隔 3~4h 检测一次水的浊度，当水的浊度趋于平缓变化不大时，即可结束清洗。

(4) 预膜：酸洗和污泥剥离结束后，将筛选出的预膜剂大剂量的投加到被清洗的管线内，预膜处理 24h，使清洗后处于活化状态的管内壁表面，生成一层完整耐蚀的保护膜，防止腐蚀发生。

(5) 水质稳定：清洗后生产恢复正常运行，现场正常投加水质稳定剂。

四、尕斯油田南区注水系统水质稳定方案现场实施

1．现场实施注水系统酸洗

注水系统现场清洗流程见图4－28。

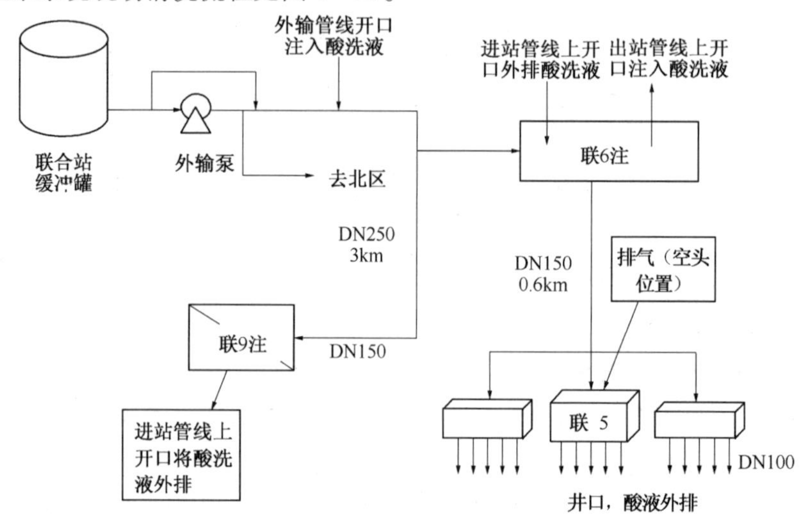

图4－28　现场清洗流程

清洗之前，清洗流程需要整改，需要停产24h。

清洗过程注水系统需要停产24～48h。

清洗过程分两步：第一步：清洗联合站至计注6站、计注9站低压管段；第二步：清洗计注6站至计配5站再至注水井口的高压注水管段。

由于联合站外输管线和注水管线生产运行时间长，腐蚀结垢比较严重，在清洗过程中可能出现局部漏水现象，有关部门及时补救。

1)低压管段清洗

管线清洗的流程为：尕斯联合站外输至计注6站、计注9站进站管线。在尕斯联合站用水泥罐车将酸洗液投加到尕斯联合站外输管线内。清洗反应时间为4 h。

酸洗操作工序：

(1) 酸洗液配制：酸洗液在配液站用清水配制。配制过程依次投加清水、33%的盐酸、酸洗缓蚀剂、表活剂，化学剂投加过程需还要慢速搅拌，操作工人需要佩带安全防护服，如护目镜、耐酸碱手套和工作服、口罩、雨鞋等。

(2) 管线清洗：用水泥车(罐车压力视现场情况确定，控制在1.5～2MPa以内)将配制好的酸洗液在联合站外输泵后压入管线。在此过程中，将水泥罐车泵和计注6站、计注9站外排口同时打开，管线内回注水逐渐被酸洗液替换，待酸

洗液充满管线后，将水泥罐车泵和计注6站、计注9站外排口同时关闭，但计注6站、计注9站外排口不能完全关闭，目的是使管内产生的气体外排，清洗反应4 h。在此期间，检测水中的铁离子、钙镁离子含量稳定，水的pH值。

（3）低压管段的冲洗：清洗反应4h后，将计注6站、计注9站外排口打开，同时打开联合站外输泵，提高外输泵压力，加大回注水流速，冲洗外输管线。随时检测水质，直到计注6站、计注9站外排口出水中铁离子、钙镁离子含量稳定，水的pH值接近中性为止。

（4）低压管段的预膜处理：用预膜剂预膜处理24h，预膜剂使用浓度300mg/L。利用联合站外输加药装置，采用连续投加方式，连续投加24h。

（5）稳定处理：管线清洗、预膜完成后，转入稳定处理阶段。

2）高压管段清洗

管线清洗的流程为：计注6站(联6站)至计配5站再到注水井口。用水泥罐车在计注6站的出站管线上投加酸洗液。管线清洗反应时间为4h。酸洗液到注水井井口外排。此过程需要将计注6站(联6站)至其他计配站的阀门关闭。清洗完成后，酸洗液在注水口外排。酸洗过程随时检测水质。

酸洗操作工序基本与抵押管段相同，用水泥车将配制好的酸洗液在计注6站压入注水管线。在此过程中，将水泥罐车泵和注水井外排口同时打开，管线内回注水逐渐被酸洗液替换，待酸洗液充满管线后，将水泥罐车泵和注水井外排口同时关闭，反应4h。在此期间，在联5站(配水间)有专人负责利用分水缸上的空头排气，同时在联5站检测水中铁离子、钙镁离子含量，水的pH值。

2. 水质稳定处理方案实施

尕斯油田注水系统清洗后，水质稳定处理可按化学剂应用配方(见表4-73)在现场实施。

3. 现场试验效果检测

沿注水流程不同取样点(联合站外输、联六站外输、联五站、井口)部分水质检测数据见表4-74。

表4-74　现场加药后沿程各节点水质检测结果

取样地点	pH值	SS/(mg/L)	铁含量/(mg/L)	氧含量/(mg/L)	H_2S含量/(mg/L)	平均腐蚀速率/(mm/a)	SRB/(个/mL)	水色
联合站外输	7.0	8.9	0.2	0.03	0	0.020	0.6	水清
联6站外输	7.0	8.7	0.6	0.03	0	0.019	0	水清
联5站外输	7.0	9.0	—	0.02	0.2	0.017	0.6	水清
井口(8-5)	7.1	9.4	0.7	0.02	0.3	0.015	2.5	水清

加药前后，联合站外输、计注6站外输、联五站(配水间)、注水井口(8－5)四种水样的外观、抽滤膜、腐蚀试片表面状况见图4－29、图4－30、图4－31、图4－32。

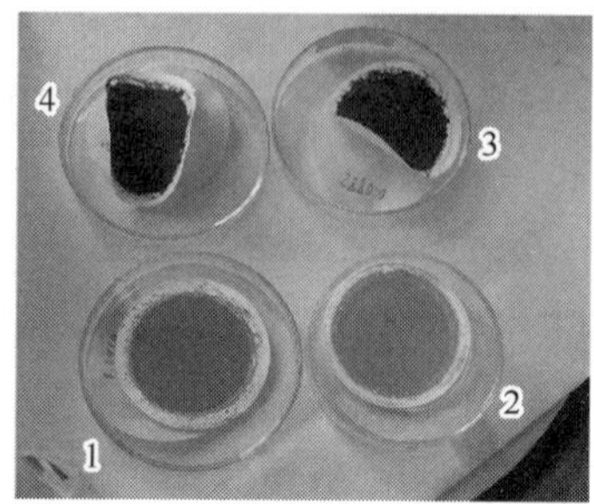

图4－29　加药前沿流程水质变化情况

图4－30　加药后沿流程水质变化情况

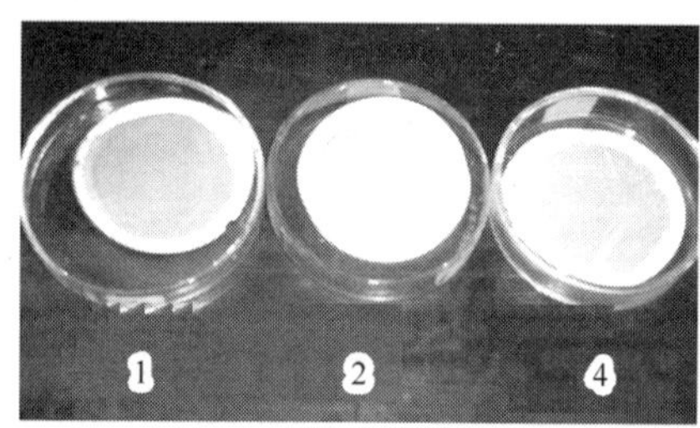

图4－31　加药后沿流程水样的抽滤膜

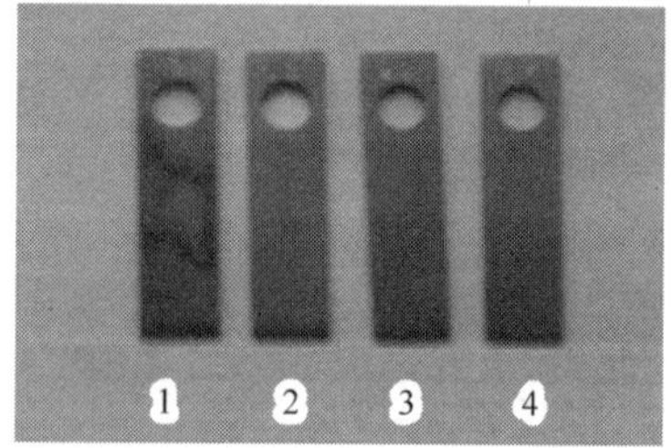

图4－32　加药后沿流程水样的腐蚀试片

图4－31～图4－32中的标注“1”为联合站外输水，“2”为计注6站外输水，“3”为联5站外输水，“4”为井口水。

检测数据及照片显示：加药前，尕斯油田回注水水质较差，尤其是联五站、井口(8－5)水黑，悬浮物含量高，含铁量较高，水中细菌含量、平均腐蚀速率沿程有增大趋势。加药后尕斯油田回注水水质变好，井口(8－5)水清，悬浮物含量由大于100mg/L下降到5～15mg/L，含铁、细菌、腐蚀速率基本稳定。

4．部分注水井管柱方案实施前后的对比

以13－5注水井为例，图4－33是尕斯油田回注水质稳定技术实施前13－5注水井的腐蚀结垢状况的照片（2002年9月～2004年4月）；图4－34是尕斯油田回注水质稳定技术实施后13－5注水井的腐蚀结垢状况的照片（2004年5月～2005年6月）。两组照片显示：注水系统实施管道清洗及水质稳定综合处理技术后，有效地抑制了管柱腐蚀结垢的发生，具有良好的效果。

图4－33　注水井13－4实施前状况

图4－34　注水井13－5实施后状况

5．效益分析

尕斯油田自1991年底全面进入注水开发以来，效果良好。但因回注水水质不达标，腐蚀结垢严重，造成注水井换封周期由2000年的2年降到不足1年，甚至出现换封时拔断管柱的状况。仅此一项尕斯油田每年多支出换封、大修成本费用1135万元，严重影响了尕斯油田生产的正常运行。采用该技术后，可提高回注水的回注利用率，减少酸洗作业、措施的次数，有利于保护环境，具有良好的社会效益和环境效益。

参 考 文 献

[1]陆柱，等. 油田回注水处理技术[M]. 北京：石油工业出版社，1988.
[2]冯永训，等. 油田回注水处理设计手册[M]. 北京：石油石化出版社，2005.
[3]曹楚南. 腐蚀电化学原理[M]. 北京：化学工业出版社，1980.
[4]魏宝明. 金属腐蚀原理及应用[M]. 北京：化学工业出版社，1991.
[5]杨武，等. 金属的局部腐蚀[M]. 北京：化学工业出版社，1995.
[6]E. 马特松著，黄建中，钟积礼译. 腐蚀基础[M]. 北京：冶金工业出版社，1990.
[7]查理斯 C. 帕托. 油田回注水处理工艺[M]. 北京：石油工业出版社，1979.
[8]L. C. 凯斯. 石油生产中水问题[M]. 北京：石油工业出版社，1984.
[9]徐寿昌，等. 工业冷却水处理技术[M]. 北京：化学工业出版社，1984.
[10]吴荫顺，等. 腐蚀试验方法与防腐蚀检测技术[M]. 北京：化学工业出版社，1996.
[11]汪祖谟，许学文，等. 油田回注水处理药剂[D]. 山东：华东化工学院，1984.
[12]杨尚军，谭世语，张研. 生物缓蚀剂的研究进展[J]. 重庆：表面技术，2006.
[13]汪梅芳. 微生物腐蚀生物抑制技术研究[D]. 武汉：华中科技大学，2003.
[14]董慧明. 油田硫酸盐还原菌的生物控制技术研究[D]. 辽宁：辽宁师范大学，2007.
[15]刘宏芳，汪梅芳，许立铭. 脱氮硫杆菌生长特性及其对 SRB 生长的影响[J]. 北京：微生物学通报，2003.
[16]中国石油天然气总公司. SY/T 5329—1994 碎屑岩油藏注水水质推荐指标及分析方法[S]. 北京：石油工业出版社，1995.
[17]中国石油化工集团公司. Q/SH 1020 1860—2008 碎屑岩油藏注水水质指标及分析方法[S]. 北京：中国石化出版社，2008.
[18]中国石油天然气总公司. SY/T 5523—2006 油气田水分析方法[S]. 北京：石油工业出版社，2006.
[19]中国石油天然气总公司. SY/T 0026—1999 水腐蚀性测试方法[S]. 北京：石油工业出版社，1995.
[20]中国石油天然气总公司. SY/T 5273—2000 油田采出水用缓蚀剂性能评价方法[S]. 北京：石油工业出版社，2000.
[21]中国石油天然气总公司. SY/T 6301—1997 油田采出水用缓蚀剂通用技术条件[S]. 北京：石油工业出版社，1997.
[22]中国石油天然气总公司. SY/T 5673—1993 油田用防垢剂性能评定方法[S]. 北京：石油工业出版社，1993.
[23]中国石油天然气总公司. SY/T 5890—1993 杀菌剂性能评定方法[S]. 北京：石油工业出版社，1993.
[24]胜利油田分公司技术检测中心. Q/SL1020 0688—2008 油田采出水处理用杀菌剂通用技术条件[S]. 2008.
[25]中国石油天然气总公司. SY/T 5757—1995 油田采出水杀菌剂通用技术条件[S]. 北京：石油工业出版社，1995.
[26]中国石油天然气总公司. SY/T 5889—1993 除氧剂性能评定方法[S]. 北京：石油工业出版社，1993.
[27]中国石油化工集团公司. Q/SH 1020 1143—2007 油田采出水处理用除氧剂通用技术条件[S].

北京：中国石化出版社，2007.

[28]中国石油化工集团公司. Q/SH 1020 1953—2008 油田常规水驱采出水处理用三防药剂配伍性评价[S]. 北京：中国石化出版社，2008.

[29]天津化工研究院. HG/T 3610—2000 工业循环冷却水污垢和腐蚀产物分析方法规则[S]. 2000.

[30]中国石油天然气总公司. SY/T 5162—1997 岩石样品扫描电子显微镜分析方法[S]. 北京：石油工业出版社，1997.

[31]中国石油天然气总公司. SY/T 6189—1996 岩石矿物能谱定量分析方法[S]. 北京：石油工业出版社，1996.

[32]中国石油天然气总公司. SY/T 5163—2010 沉积岩中黏土矿物和非黏土矿物 X 射线衍射分析方法[S]. 北京：石油工业出版社，2010.

[33]中华人民共和国国家发展和改革委员会. HG/T 3778—2005 冷却水系统化学清洗、预膜处理技术规则[S]. 北京：化学工业出版社，2005.

[34]中国石油天然气总公司. SY/T 6276—2010 石油天然气工业健康、安全与环境管理体系[S]. 北京：石油工业出版社，2010.

[35]中国石油天然气总公司. GB 50183—2004 石油天然气工程设计防火规范[S]. 北京：石油工业出版社，2004.

[36]中国石油天然气总公司. SY/T 0048—2009 石油天然气工程总图设计规范[S]. 北京：石油工业出版社，2009.

[37]中华人民共和国国家计划委员会. GBJ 87—85 工业企业噪声控制设计规范[S]. 北京：中国计划出版社，1985.

[38]中华人民共和国卫生部. GBZ 1—2010 工业企业设计卫生标准[S]. 北京：人民卫生出版社，2010.

[39]中国石油化工集团公司. Q/SH 1020 2069—2010 原油(回注水)金属管道酸洗安全技术规程[S]. 北京：中国石化出版社，2010.

[40]中国石油化工集团公司. Q/SH1020 0481—2009 油田回注水工程设计技术规定[S]. 北京：石油工业出版社，2009.

[41]NACE. Basic Corrosion Course[M] National Association of corrosion Engineers, 1970.

[42]B. J. Moniz. Process Industries Corrosion[M]. National Association of Corrosion Engineers, 1975.

[43]J. A. Von Fraunhofer. Concise Corrosion Science[M]. Portcullis Press Ltd, 1974.

[44]J. M. West. Electrodeposition and Corrosion Process[M]. Van Nostrand Reinhold , 1970.

[45]R. Baboian. Electrocbemical Techniques for Corrosion[M]. National Association of Corrosion Engineers, 1977.

[46]ASTM. Galvanic and Pitting Corrosion[M]. ASTM International , 1976.

[47]Brenda Little, Jason Lee, Richard Ray. A review of green strategies to prevent or mitigate microbiologically influenced orrosion[J]. Biofouling, 2007, 23(2): 87 -97.

[48]H. Liu, M. Wang, Z. Huang, H. Du , H. Tang. Study on biological control of microbiologically induced corrosion of carbon steel[J]. Materials and Corrosion, 2004, 55: 387 -391.